普通高等教育经济管理科学系列教材

概率论与数理统计

江海峰　庄　健　刘竹林　编著

中国科学技术大学出版社

·合肥·

内 容 简 介

本书是普通高等教育经济学和管理学各专业(包括经济统计学方向)的本科生数学基础教材之一,共有9章内容.第1~4章为概率论部分,分别是第1章随机事件与概率、第2章随机变量及其分布、第3章随机变量的数字特征、第4章大数定律与中心极限定理.第5~8章为数理统计部分,分别是第5章抽样分布、第6章参数估计、第7章假设检验和第8章方差分析.第9章介绍MATLAB在概率论与数理统计中的应用.前8章都配有适当数量的习题,部分习题来自近几年的考研题目,并配有答案,以满足不同层次读者的需要.

本书既可以作为经济和管理类各专业的本科生教材,也可以作为理工科非数学专业本科学生的教学参考书,同时还可以供其他相关人员学习时参考.

图书在版编目(CIP)数据

概率论与数理统计/江海峰,庄健,刘竹林编著. —合肥:中国科学技术大学出版社,2013.1

ISBN 978-7-312-02980-6

Ⅰ.概… Ⅱ.①江… ②庄… ③刘… Ⅲ.①概率论—高等学校—教材 ②数理统计—高等学校—教材 Ⅳ.O21

中国版本图书馆 CIP 数据核字(2012)第 005917 号

出版	中国科学技术大学出版社
	安徽省合肥市金寨路 96 号,230026
	网址:http://press.ustc.edu.cn
印刷	合肥市宏基印刷有限公司
发行	中国科学技术大学出版社
经销	全国新华书店
开本	710 mm×960 mm 1/16
印张	22
字数	430 千
版次	2013 年 1 月第 1 版
印次	2013 年 1 月第 1 次印刷
定价	32.00 元

前　　言

　　本书是为经济学和管理学各专业(包括经济统计学方向)的本科生编写的"概率论与数理统计"教材."概率论与数理统计"是一门非常实用的工具性学科,也是学习许多其他课程如"计量经济学""应用多元统计""时间序列分析""预测与决策"的基础课程.学习本教材需要先修完"高等数学"和"线性代数".目前这方面的教材很多,和其他同类型教材相比,本教材有以下几个特色:

　　(1)适合经济学和管理学各专业学生的学习.本教材涵盖了经济学和管理学各专业所需的概率论和数理统计学的基础知识,教师和学生可以根据各自的情况做适当的取舍.鉴于经济学和管理学各专业都开设了"计量经济学",所以本书省略了回归分析的内容.需要说明的是,为了满足经济统计学专业的需要,编者增加了条件期望、特征函数和多维正态分布的内容.介绍条件期望是为以后学习时间序列的预测奠定基础.特征函数是研究随机变量基本而有效的工具,在经济学领域的概率统计问题的研究中有着广泛的应用,是经济统计专业的学生必须掌握的概率论基础知识,同时特征函数也是学习多维正态分布的基础.使用本书学习特征函数,不需要具备复变函数的知识,书中介绍了所涉及的复变函数的基本概念和结论,对需要较多复变函数知识的定理,编者不加证明地直接引用,但对定理的实际意义给出了充分的说明.另外,多维正态分布在经济学和管理学领域的重要性是不言而喻的.还必须说明的是,作为经济统计专业的学生,只知道结论是不够的,必须有概率论和统计学的基本训练,为以后学习统计学各分支的内容、开发研究新的经济统计方法打下基础,所以编者对本书中绝大部分的性质和定理都给出了证明或证明思路,但许多证明都标注星号,对经济学和管理学其他专业的学生可以不要求掌握.最后要说明的是,本书的内容除了回归分析外也涵盖了理工科非数学专业所需的概率论和数理统计的基础知识,同时所举的部分例题和许多习题都来自工业和自然科学,因此本书也可以作为理工科非数学专业的教学参考书.

　　(2)适合各层次学生的学习.对于同一门课程,由于专业和学习目标的不同,不同学生有不同的学习期望,对"概率论与数理统计"这门课程而言,有的学生希望自己能深入熟练地掌握这门课,有的学生只需要一般的了解.作为一本教材,编者认为它必须能兼顾不同学生的学习要求.为此本书中编者做了这样的尝试,把讲授的内容分为两部分:一部分是最基本的,主要是基本的概念、结论和容易理解的推导证明,对这些内容力求说明阐述详尽易懂;另一部分内容是提高性的,以满足希望深入学习的学生的需要,同样对这部分内容,也力求做到深入浅出、通俗易懂,方便学生自学.另外,在习题中还安排了一定数量的历届考研的题目,以满足准备考研的学生的需要.考虑到目前许多高校的数量经济、金融和管理工程专业的硕士课程都开设"测度论和现代概率论"这门课,为了满足将来准备进一步深造的学生的需要,本书介绍了概率的公理化结构、随机变量和随机变量函数的严格定义.书中主要说明了为什么要把样本空间的 σ 代数作为事件域,为何要把随机变量定义为概率空间上的可测函数,而一般的近代概率论书中都没有这样的说明.编者这样做的目的是在初等概率论和现代概率论之间架起一座桥梁,使这些学生在刚开始学习现代概率论时不会感到迷茫和费解.

(3)深入浅出的说明与详细完整的推导证明相结合,力求内容完整.本书对每个概念的来龙去脉都做了深入浅出的说明.以概率这个概念为例,先从随机事件的频率稳定性引入概率的雏形,从频率的有限可加性得出概率也应满足有限可加性这个结论,从而引入了有限可加概率的定义,并在此基础上得到了古典概型的概率计算公式;接着再引入几何概率的概念,并说明几何概率定义的合理性;以后又举例说明几何概率具有可列可加性,从而得到了可列可加概率的定义.在引入了事件域和概率空间的概念后,把古典概率和几何概率统一为事件域上的可列可加测度,最后得到了概率的完整定义.同时本书也对每个概念都浅显易懂地说明它的实际背景和意义,比如条件概率、事件的独立性和随机变量的独立性等概念就是如此.同样,对定理和公式也是这样做的,如贝叶斯公式、描述特征函数与随机变量分布的关系定理和中心极限定理等,编者都详尽地说明了它们的实际意义.这样做可以使学生对抽象的概念和结论有直观的理解.另一方面,对公式、定理的推导和证明,本书也尽可能做到详细完整,并在语言叙述上力求通顺,适合学生自学,比如求两个随机变量之和的概率密度函数,许多教材对其中的变量替换没给出具体的推导,学生往往看不懂,本书则给出了完整的推导过程,对有一定难度的证明更是如此.现在许多教材都存在这样的缺陷:一方面,对定义和定理不说明它们的实际含义和意义,就数学论数学;另一方面,推导证明省略了许多关键的中间过程,其结果是学生既不能理解定义、定理的理论含义与实际意义,也不明白它们是怎么得到的.编者认为这种写法是不妥的,所以在编写本书时,编者尽量避免犯这样的错误.

另外,"概率论与数理统计"是应用性很强的数学分支,通过学习概率统计,学生可以了解怎样从现实问题中抽象出数学概念,归纳出这些数学概念背后的数学原理,建立一套数学理论来分析解决实际问题.因此把深入浅出的说明和详细完整的推导证明结合起来是学习"概率论与数理统计"的有效方法,其实这也是学习其他应用数学课程的有效方法.另外在内容安排上,力求系统完整,例如,在第 7 章中增加了第二类错误概率的计算;在第 8 章中增加了方差的齐次性检验和多重比较.

（4）适应科学计算软件日益普及的趋势."概率论与数理统计"中涉及大量的数值计算问题,随着个人计算机性能的不断提高,面向个人计算机的科学计算软件日益普及,人们可以直接在个人计算机上使用这些软件来解决这些计算问题.为此,本书做了有益的尝试,例如,在第 7 章除了介绍传统的基于分位数的假设检验方法外还介绍了 P 值检验法;在第 4 章给出了中心极限定理的计算机模拟结果;在第 7 章介绍犯第二类错误概率的计算时,采用蒙特卡罗法给出了演示结果;此外还单独编写一章介绍如何使用 MATLAB 软件来解决本书各个章节中出现的计算问题.

综上所述,编者力求把本教材编写成这样的一本教科书:如果不看标注星号的内容,本书是一本浅显易懂的概率统计入门书,适合大多数学生的需要;如果加上标注星号的部分,本书就是一本深入浅出、适合自学的具有丰富内容和一定深度的概率统计教材,以满足肯钻研、想深入学习的学生和以后准备考研的学生的需要.但由于编者的水平有限,本书离这个目标还有一段距离,需要在今后的使用过程中不断修改和完善.

本书共分为 9 章,第 1 章为随机事件与概率,主要介绍随机事件、概率和概率空间、条件概率、事件的独立性、乘法公式、全概率公式和贝叶斯公式.第 2 章为随机变量及其分布,主要介绍随机变量的定义、常见离散型随机变量的概率分布律和连续型随机变量的概率密度函数、随机变量的函数、随机变量的条件概率分布和条件概率密度函数、随机变量的独立性以及多维随机变量.第 3 章为随机变量的数字特征,主要介绍随机变量的期望、方差、协方差、相关系数以及随机变量的特征函数等.第 4 章为大数定律与中心极限定理,主要介绍切比雪夫不等式和常见的几种大数定律及中心极限定理.第 5 章为抽样分布,主要介绍统计量的概念、三个常见的抽样分布以及基于正态分布总体下关于样本均值、样本方差统计量的抽样分布.第 6 章为参数估计,主要介绍参数点点估计方法和基于正态分布总体下期望与方差的区间估计方法以及非正态分布总体下参数的区间估计.第 7 章为假设检验,主要介绍假设检验中的基本概念和原理、正态分布总体下参数假设检验、假设检验的区间估计方法和犯第二类错误的概率以及非参数假设检验.第 8 章为方差分析,主要介绍单因素、双因素方差分析的基本模型、原理与应用,还增加了方差的齐次性检验和多重比较内容.第 9 章为 MATLAB 在概率论与数理统计中的应用.

本书的前言、第 1 章和第 2 章初稿由庄健编写,第 3 章初稿由刘竹林编写,第 4 章和第 5 章初稿由陈启明编写,第 6 章初稿由董梅生编写,第 7 章初稿由江海峰编写,第 8 章初稿由余明江编写,第 9 章初稿由吴小华编写.本书各章最后由江海峰和庄健修改定稿,其中第 8 章的定理 8.2、定理 8.4 和定理 8.6 的证明由江海峰给出,并由江海峰对全书做最后的校对.

　　此外,研究生李健对全书公式的编辑做了大量的工作,研究生吴瑞柳、张伟和段存章也为本教材的编写做了一定的工作,中国科学技术大学有关专家对本书的出版给予了大力支持,在此一并表示衷心的感谢.

　　限于编者的水平,书中疏漏和不当之处在所难免,恳请同行、专家、学者、读者不吝赐教,以便我们在将来再版时予以修正和进一步完善,从而使本书内容日臻完善.

编　者

2012 年 9 月

目　　录

第 1 章　随机事件与概率

本章从随机试验开始,介绍研究随机现象的基本方法.我们首先介绍随机试验、随机事件及其运算、概率测度等基本概念,然后给出概率论的公理化结构和概率空间的概念,接着讲解条件概率和事件的独立性,同时介绍全概率公式和贝叶斯公式.

1.1　随机事件及其关系

1.1.1　随机事件的概念

在自然界以及人类的工农业生产和经济社会活动中存在两种现象:一种是在一定条件下必然发生或不发生的现象.如在一个标准大气压下,水加热到 100 ℃ 就一定沸腾,不沸腾是不可能的,这样的现象称为确定性现象;另一种是在一定的条件下某个结果可能发生也可能不发生,或有多种可能结果的现象.如我们测量一个机械零件的尺寸,即使在同样条件下,由于受各种无法人为控制的偶然因素的影响,每次测量的结果都不完全一样,这样的现象称为随机现象.

研究随机现象的第一步就是研究随机试验,这是最简单的随机现象.一个试验,如果满足以下三点:

(1) 可以在同样条件下重复进行;

(2) 试验的结果多于一个;

(3) 在试验前,其结果是不可知的,一般只知道是几个结果中的一个或在某个范围内,或只知道有某种可能性,而试验进行之后,结果是明确的.

我们就称这种试验为随机试验.如抛硬币试验,其结果可能是正面朝上,也可能是反面朝上,在抛之前我们无法断言是正面朝上还是反面朝上,但抛了之后就知道是正面朝上还是反面朝上了,所以这是一个随机试验.还有从袋里摸球,假设袋中有三个球,两个红球和一个白球,球的大小、形状和质量都相同,在摸球之前,摸出的是红球还是白球是不知道的,但摸出之后,便知道是红球还是白球,因此这也是一个随机试验.

随机试验的结果称为样本点,常用 ω 表示,称所有可能结果的集合为样本空间,常用 Ω 表示.如在抛硬币的试验中,样本点是"正面"和"反面",样本空间是集合{正面,反面}.若记 $\omega_1 =$ "正面",$\omega_2 =$ "反面",则样本空间是 $\Omega = \{\omega_1, \omega_2\}$.在摸球的试验中,样本点是"红球"和"白球",则样本空间是 $\Omega = \{$红球,白球$\}$.

再考察复杂一些的随机试验.假设连续抛三次硬币,观察每次出现正面还是反面,这显然是个随机试验,因为试验结果在试验前是未知的,试验进行之后,结果是确定的.这个试验共有八个结果,即八个样本点:

$$\text{"正正正"}, \quad \text{"正反正"}, \quad \text{"正正反"}, \quad \text{"正反反"}$$
$$\text{"反正正"}, \quad \text{"反反正"}, \quad \text{"反正反"}, \quad \text{"反反反"}$$

记

$$\omega_1 = \text{"正正正"}, \quad \omega_2 = \text{"正反正"}, \quad \omega_3 = \text{"正正反"}, \quad \omega_4 = \text{"正反反"}$$
$$\omega_5 = \text{"反正正"}, \quad \omega_6 = \text{"反反正"}, \quad \omega_7 = \text{"反正反"}, \quad \omega_8 = \text{"反反反"}$$

则样本空间为

$$\Omega = \{\omega_1, \omega_2, \cdots, \omega_8\}$$

在随机试验中,如果我们所关心的结果可以表示为样本点的集合,这个结果就被称为随机事件,简称为事件.事件常用大写字母 A, B, C 等表示.例如在连续抛三次硬币的试验中,如果我们关心的是"恰好出现两次正面"这个事件,则满足这样条件的样本点是

$$\omega_2 = \text{"正反正"}, \quad \omega_3 = \text{"正正反"}, \quad \omega_5 = \text{"反正正"}$$

显然$\{\omega_2, \omega_3, \omega_5\}$是样本空间 Ω 的一个子集.因此一个事件 A 是样本空间 Ω 的一个子集.如果某次试验结果为 $\omega \in \{\omega_2, \omega_3, \omega_5\}$,则发生事件"恰好出现两次正面".反之,若出现"恰好出现两次正面"事件,则必有样本点 $\omega \in \{\omega_2, \omega_3, \omega_5\}$.因此事件 A 发生,当且仅当试验结果,即样本点 $\omega \in A$.但需要说明的是,样本空间的子集未必都能看作是一个事件,这将在后面的讨论中看到.样本点本身也可以看作是事件,这时可以把样本点看作是单点集,称为基本事件,而包含两个或两个以上的样本点的事件称为复合事件.另外,不管随机试验的结果是什么,都有 $\omega \in \Omega$,所以样本空间可以看成一个特殊的事件,称为必然事件.又因为对任意 ω 都有 $\omega \notin \varnothing$ 成立,这样,空集也被看作是事件,这也是一个特殊的事件,称为不可能事件.

在上面的随机试验中,样本空间的样本点个数是有限的,现在我们考虑样本点的数目是无限的情形.考察这样的随机试验,测量某一时刻落在地面某个区域上的放射性粒子的数目,这是一个随机试验.因为粒子的数目为整数,所以样本空间为

$\Omega = \{0,1,2,\cdots\}$,这样的样本空间是无穷可数的,或称为是可列的. 又如测量每天的最高气温,这也是一个随机试验,最高气温可以取实数,所以样本点可以是 $(-\infty, +\infty)$ 上的点,样本空间为 $\Omega = (-\infty, +\infty)$,这个样本空间是无穷不可数的.

1.1.2 随机事件的运算

我们从随机现象出发提出了随机试验的概念,进而引出了样本点和样本空间的概念,又由样本点的集合出发定义了随机事件. 现在我们考察随机事件的运算和它们之间的关系. 在以后的讨论中,我们用同一个符号,如 A 同时表示一个随机事件和它所对应的样本空间的子集. 常见的随机事件的关系和运算有如下几种:

1. 事件的包含

如果事件 A 的样本点都是事件 B 的样本点,则称事件 B 包含事件 A,记作 $A \subset B$. 因为若 $\omega \in A$,则 $\omega \in B$,所以 $A \subset B$ 的概率论意义是:事件 A 发生必然导致事件 B 发生. 考察前面连续抛三次硬币的例子. 记 $A =$ "恰好连续出现两次正面",$B =$ "恰好出现两次正面",则 $A = \{$正正反,反正正$\}$,$B = \{$正反正,正正反,反正正$\}$,所以 $A \subset B$. 特别地,如果 $A \subset B$,又有 $A \supset B$,则称事件 A 等于事件 B,记作 $A = B$.

2. 事件的对立

设 A 为一个事件,由样本空间 Ω 中的所有不包含在事件 A 中的样本点构成的事件称为事件 A 的逆事件或对立事件,记作 $\bar{A}$,即 $\bar{A} = \{\omega : \omega \notin A\}$. 这时,若 $\omega \in A$,必有 $\omega \notin \bar{A}$;若 $\omega \in \bar{A}$,必有 $\omega \notin A$. 在抛三次硬币的试验中,记 $A =$ "恰好出现两次正面",则

$$A = \{正反正,正正反,反正正\}$$
$$\bar{A} = \{正正正,反正反,正反反,反正反,反反反\}$$

3. 事件的交

由同时属于事件 A 和事件 B 的样本点构成的事件称为事件 A 与事件 B 的交,记作 $A \bigcap B$,即 $A \bigcap B = \{\omega : \omega \in A \text{ 且 } \omega \in B\}$. 若 $\omega \in A \bigcap B$,则 $\omega \in A$ 且 $\omega \in B$,故若 $A \bigcap B$ 发生,则事件 A 和事件 B 都发生. 为简洁起见,$A \bigcap B$ 也记为 AB.

4. 事件的并

由所有属于事件 A 和事件 B 的样本点的全体构成的事件称为事件 A 与事件 B 的并,记作 $A \bigcup B$,即 $A \bigcup B = \{\omega : \omega \in A \text{ 或 } \omega \in B\}$. 若 $\omega \in A \bigcup B$,则 $\omega \in A$ 或 $\omega \in B$. 换言之,事件 $A \bigcup B$ 发生表示事件 A 和事件 B 中至少有一个发生.

5. 事件的差

由包含在事件 A 中而不包含在事件 B 中的样本点构成的事件称为事件 A 与事件 B 的差,记作 $A-B$,即 $A-B=\{\omega:\omega\in A$ 且 $\omega\notin B\}$.若 $\omega\in A-B$,则 $\omega\in A$ 且 $\omega\notin B$,故 $A-B$ 发生表示事件 A 发生而事件 B 不发生.

6. 事件的不相容

如果 $A\bigcap B=\varnothing$,则称事件 A 和事件 B 不相容.因为事件 A 与事件 B 的交为空集,所以若 $\omega\in A$,则 $\omega\notin B$;若 $\omega\in B$,则 $\omega\notin A$,故 $A\bigcap B=\varnothing$ 表示事件 A 与事件 B 不会同时发生.

显然有 $A\bigcap\bar{A}=\varnothing$,$A\bigcup\bar{A}=\Omega$,这是因为事件 A 和事件 $\bar{A}$ 不会同时发生,所以 $A\bigcap\bar{A}$ 为不可能事件.而无论试验的结果是什么,都有 $\omega\in A$ 或 $\omega\in\bar{A}$ 成立,即 $A\bigcup\bar{A}$ 为必然事件.从集合论的角度看,这两个等式是显然的.

上述的两个随机事件的并和交可以推广到 n 个事件的情形.设有 n 个事件 $A_1,A_2,\cdots,A_n$,它们的并表示这 n 个事件中至少有一个发生,记为

$$A_1\bigcup A_2\bigcup\cdots\bigcup A_n=\bigcup_{i=1}^n A_i$$

它们的交表示这 n 个事件同时发生,记为

$$A_1\bigcap A_2\bigcap\cdots\bigcap A_n=\bigcap_{i=1}^n A_i$$

由以上讨论我们发现,一个事件以及事件的运算可以有两种表述方法:一种是用概率论的语言来表述,如 $A\bigcup B$ 表示事件 A 和事件 B 至少有一个发生;另一种是用集合论的语言来表述,$A\bigcup B=\{\omega:\omega\in A$ 或 $\omega\in B\}$.事件和事件运算的集合论表述方法为概率论提供了严格的数学语言,在理论分析中经常使用到,而用概率论的语言来表述更加直观明了,在处理应用问题时经常使用到,我们应该学会灵活运用这两种不同的表述方法.

【例 1.1】 一个袋中装有 4 个白球、2 个黑球.这些球的大小、形状和质量都相同.现将球进行编号,4 个白球编为 1 号,2 号,3 号,4 号,2 个黑球编为 5 号,6 号.如果第一次摸到 i 号球,第二次摸到 j 号球,则摸球的结果用 (i,j) 来表示.试给出样本空间和事件 A:第一次摸出黑球;事件 B:第二次摸出黑球;事件 C:第一次、第二次都摸出黑球以及 $A\bigcup B$ 和 $A-B$ 对应的样本点.

解 这样摸两次球共有 30 个样本点,样本空间为

$$(1,2),\quad(1,3),\quad(1,4),\quad(1,5),\quad(1,6)$$
$$(2,1),\quad(2,3),\quad(2,4),\quad(2,5),\quad(2,6)$$
$$(3,1),\quad(3,2),\quad(3,4),\quad(3,5),\quad(3,6)$$
$$(4,1),\quad(4,2),\quad(4,3),\quad(4,5),\quad(4,6)$$

$$(5,1),\quad(5,2),\quad(5,3),\quad(5,4),\quad(5,6)$$
$$(6,1),\quad(6,2),\quad(6,3),\quad(6,4),\quad(6,5)$$

容易得到

$A = \{(5,1),(5,2),(5,3),(5,4),(5,6),(6,1),(6,2),(6,3),(6,4),(6,5)\}$

$B = \{(1,5),(2,5),(3,5),(4,5),(6,5),(1,6),(2,6),(3,6),(4,6),(5,6)\}$

$C = A \bigcap B = \{(5,6),(6,5)\}$

这样

$A \bigcup B = \{(1,5),(1,6),(2,5),(2,6),(3,5),(3,6),(4,5),(4,6),(5,1)$
$\quad(5,2),(5,3),(5,4),(5,6),(6,1),(6,2),(6,3),(6,4),(6,5)\}$

即 $A \bigcup B$ 表示第一次和第二次至少有一次摸到黑球;

$A - B = \{(5,1),(5,2),(5,3),(5,4),(6,1),(6,2),(6,3),(6,4)\}$

即 $A - B$ 表示第一次摸到黑球,第二次摸到白球.

【例 1.2】　设 A,B,C 为三个事件,则

(1) $A \bigcap \bar{B} \bigcap \bar{C}, A - B - C, A - (B \bigcup C)$ 都表示 A 发生而 B 与 C 都不发生;

(2) $A \bigcap B \bigcap \bar{C}, A \bigcap B - C, A \bigcap B - A \bigcap B \bigcap C$ 都表示 A 与 B 同时发生,而 C 不发生;

(3) $(A \bigcap \bar{B} \bigcap \bar{C}) \bigcup (\bar{A} \bigcap B \bigcap \bar{C}) \bigcup (\bar{A} \bigcap \bar{B} \bigcap C)$ 表示三个事件中恰好发生一个;

(4) $(A \bigcap B \bigcap \bar{C}) \bigcup (A \bigcap \bar{B} \bigcap C) \bigcup (\bar{A} \bigcap B \bigcap C)$ 表示三个事件中恰好发生两个;

(5) $A \bigcap B \bigcap C$ 表示三个事件都发生;

(6) $A \bigcup B \bigcup C, A\bar{B}\bar{C} \bigcup \bar{A}B\bar{C} \bigcup \bar{A}\bar{B}C \bigcup AB\bar{C} \bigcup A\bar{B}C \bigcup \bar{A}BC \bigcup ABC$ 都表示三个事件中至少有一个发生.

既然事件的运算可以归结为集合的运算,那么同集合的运算一样,事件的运算满足以下规律:

(1) 交换律: $A \bigcup B = B \bigcup A, A \bigcap B = B \bigcap A$;

(2) 结合律: $(A \bigcup B) \bigcup C = A \bigcup (B \bigcup C), (A \bigcap B) \bigcap C = A \bigcap (B \bigcap C)$;

(3) 分配律: $(A \bigcup B) \bigcap C = (A \bigcap C) \bigcup (B \bigcap C), (A \bigcap B) \bigcup C = (A \bigcup C) \bigcap (B \bigcup C)$;

(4) 德摩根定律: $\overline{A \bigcup B} = \bar{A} \bigcap \bar{B}, \overline{A \bigcap B} = \bar{A} \bigcup \bar{B}$.

1.2 随机事件的概率

1.2.1 频率与概率

虽然随机事件在一次随机试验中可能出现,也可能不出现,呈现出很大的偶然性,但在大量试验中却呈现出一定的规律性,这个规律就是所谓的频率稳定性.一个随机事件 A,若在 n 次随机试验中出现 n_A 次,那么称 $f_A = n_A/n$ 为事件 A 出现的频率.当 n 充分大时,频率 f_A 就非常接近某个常数,而且 n 越大,接近程度越高,这种现象称为频率稳定性.也就是说,在大量随机试验中,一个随机事件的"出现频率"是一定的,这就是随机事件的规律性所在.

从表 1.1 可以看出,在抛硬币的试验中,出现正面的频率在 0.5 左右.随着次数的增加,频率越来越接近 0.5.一个随机事件出现的频率反映了该随机事件出现的可能性的大小,而频率又接近于某个固定的常数,这就启发我们用这个常数来度量随机事件发生可能性的大小,并称它为概率.事件 A 发生的概率记作 $P(A)$.不同的事件,如果发生的频率不同,其概率也不同.那么,概率作为随机事件的函数,它应该具备哪些性质? 这就需要考察随机事件的频率具有哪些特征.

表 1.1　不同次数下抛硬币的试验结果

试验者	抛硬币次数	出现正面的次数	频率
蒲丰	4 040	2 048	0.506 9
皮尔逊	12 000	6 019	0.501 6
皮尔逊	24 000	12 012	0.500 5

1.2.2 概率的基本特征

首先,由频率的定义知

$$0 \leqslant f_A \leqslant 1, \quad f_\Omega = 1$$

这样我们就要求对任意随机事件 A 和样本空间 Ω 有以下性质:

性质 1.1　$0 \leqslant P(A) \leqslant 1$.

性质 1.2　$P(\Omega) = 1$.

再设 A, B 为两个不相容的随机事件，即 $A \bigcap B = \varnothing$，考察 $A \bigcup B$ 的频率．设在 n 次随机试验中，事件 A 出现的次数为 n_A，事件 B 出现的次数为 n_B．因为事件 A 和事件 B 不相容，所以事件 A 和事件 B 不会同时出现，由此知事件 $A \bigcup B$ 出现的次数为 $n_A + n_B$，$A \bigcup B$ 的频率为

$$f_{A \bigcup B} = \frac{n_A + n_B}{n} = \frac{n_A}{n} + \frac{n_B}{n} = f_A + f_B$$

由此我们也要求概率具有相同的性质，即对于任意不相容的事件 A 和事件 B 有以下性质：

性质 1.3　$P(A \bigcup B) = P(A) + P(B)$．

一般地，设 $A_1, A_2, \cdots, A_n$ 为两两不相容的随机事件，即 $A_i \bigcap A_j = \varnothing (i \neq j)$，由性质 1.3 和数学归纳法可知

$$P(\bigcup_{i=1}^{n} A_i) = P(A_1) + P(A_2) + \cdots + P(A_n)$$

这个性质被称为概率的有限可加性，以上三个性质就是概率必须具备的性质．至此，我们得到了有限可加概率的定义．

定义 1.1　设 P 是一个随机事件的函数，如果它满足以下三个条件：

(1) 设 A 为任一个随机事件，则 $0 \leqslant P(A) \leqslant 1$；

(2) $P(\Omega) = 1$；

(3) 设 $A_1, A_2, \cdots, A_n$ 为两两不相容的随机事件，即 $A_i \bigcap A_j = \varnothing (i \neq j)$，则

$$P(\bigcup_{i=1}^{n} A_i) = P(A_1) + P(A_2) + \cdots + P(A_n)$$

那么就称 P 为有限可加概率．

因为事件对应于 Ω 上的集合，所以概率也是集合的函数，简称为集函数．上述定义只给出了概率应具备的条件，并没有告诉我们如何计算一个具体随机事件的概率，下节讨论古典概型和几何概型中随机事件概率的计算．

1.3　古典概型与几何概型

1.3.1　古典概型

古典概型是最简单的随机模型，这里所说的随机模型是指随机现象的数学模型．如果一个随机模型满足以下条件：

(1) 样本空间中样本点的个数是有限的;

(2) 每个样本点出现的概率是相同的.

那么这种随机模型就被称作古典概型.

假设样本空间为 $\Omega = \{\omega_1, \omega_2, \cdots, \omega_n\}$,记

$$P(\omega_1) = P(\omega_2) = \cdots = P(\omega_n) = p$$

将 ω_i 看成单点集合 $\{\omega_i\}$,即只有一个元素的集合,则 $\{\omega_i\} \bigcap \{\omega_j\} = \varnothing (i \neq j)$,且

$$\{\omega_1\} \bigcup \{\omega_2\} \bigcup \cdots \bigcup \{\omega_n\} = \Omega$$

由概率的有限可加性知

$$P(\omega_1) + P(\omega_2) + \cdots + P(\omega_n) = P(\Omega) = 1$$
$$np = 1, \quad p = 1/n$$

设事件 $A = \{\omega_{i_1}, \omega_{i_2}, \cdots, \omega_{i_m}\}$,则

$$A = \{\omega_{i_1}\} \bigcup \{\omega_{i_2}\} \bigcup \cdots \bigcup \{\omega_{i_m}\}$$

$$P(A) = P(\omega_{i_1}) + P(\omega_{i_2}) + \cdots + P(\omega_{i_m}) = mp = m/n \qquad (1.1)$$

于是我们得到了古典概型的如下结论:

(1) 每个样本点出现的概率为 $1/n$;

(2) 随机事件 A 发生的概率为事件 A 中样本点的数目 m 与样本空间中样本点的数目 n 之比,即 $P(A) = m/n$.

在计算事件 A 的概率时,我们称事件 A 中的样本点为有利情形或有利场合.显然,在古典概型中,概率的计算公式是基于概率的有限可加性得到的.

【例 1.3】 投两个骰子,求两个骰子中至少有一个出现 6,且两个骰子的点数之和为偶数的概率.

解 如果第一个骰子的点数为 i,第二个骰子的点数为 j,则投骰子的结果记为 (i,j).因为 i 和 j 的取值为 $1,2,\cdots,6$,所以样本点 (i,j) 的个数为 $n = 6 \times 6 = 36$.在有利样本 (i,j) 中,i 和 j 至少有一个为 6,因为 $i + j$ 为偶数,i 和 j 中的另一个也应为偶数,所以有利情形为

$$(6,2), \quad (6,4), \quad (6,6), \quad (2,6), \quad (4,6)$$

由此知所求概率为 $5/36$.

古典概型的典型实例是摸球问题,许多应用问题都可以转化为摸球问题.

【例 1.4】 一个袋子中有 a 个红球,b 个白球.每个球的大小、形状、质量都是一样的,考察如下两种取法:(1) 做放回摸球,即从袋中每次取一个球,取了之后又放回,这样连续取 n 次,求这 n 个球中有 k 个是红球的概率;(2) 做不放回摸球,即每次取一个球,取出后不放回,再取第二个球,共取 n 次.求这 n 个球中有 k 个是红球的概率.

解 (1) 首先将 $a + b$ 个球编号,可能的重复排列的全体就是样本点的全体,

所以样本点的总数为 $(a+b)^n$,有利场合的数目为 $C_n^k a^k b^{n-k}$,故所求概率为

$$p = \frac{C_n^k a^k b^{n-k}}{(a+b)^n} = C_n^k \left(\frac{a}{a+b}\right)^k \left(\frac{b}{a+b}\right)^{n-k} \tag{1.2}$$

这是一个常见的概率公式,称为二项分布.

(2) 因为是不放回的摸球,从 $a+b$ 个球中取 n 个得到的可能的组合的全体就是所有样本点,其总数为 C_{a+b}^n,有利场合为 $C_a^k C_b^{n-k}$,故所求概率为

$$p = \frac{C_a^k C_b^{n-k}}{C_{a+b}^n} \tag{1.3}$$

这也是一个常见的概率公式,称为超几何分布.

【例 1.5】 有 n 双(共 $2n$ 只)不同的鞋子,随机分成 n 对,每对两只,求每对恰好都成一双鞋的概率是多少?

解 一对鞋恰好成一双就意味着两只鞋恰好是原配的一对,这 n 对原配的鞋的排列总数,就是有利场合的总数为 n. 鞋子的分法可以这样进行:任意取两只放在一起,再从剩余的鞋中任取两只放在一起,共取 n 次,所以共有 $C_{2n}^2 C_{2n-2}^2 \cdots C_4^2 C_2^2$ 种结果,即样本点的总数为

$$C_{2n}^2 C_{2n-2}^2 \cdots C_4^2 C_2^2 = \frac{(2n)!}{2!(2n-2)!} \cdot \frac{(2n-2)!}{2!(2n-4)!} \cdot \cdots \cdot \frac{4!}{2!2!} \cdot 1 = \frac{(2n)!}{(2!)^n}$$

故所求概率为

$$p = \frac{n}{(2n)!/(2!)^n} = \frac{n(2)^n}{(2n)!}$$

有时把复杂事件分解成简单的不相容的事件的并,可以大大简化求概率的过程.

【例 1.6】 现有 50 个铆钉,把这些铆钉打在 10 个部件上,每个部件打 3 个. 50 个铆钉中有 3 个铆钉强度比较弱,如果这 3 个铆钉被打在同一个部件上,这个部件的强度就太弱,求发生一个部件强度太弱的概率.

解 记 A="有一个部件强度太弱",A_i="第 i 个部件强度太弱",则

$$A = A_1 \bigcup A_2 \bigcup \cdots \bigcup A_{10}$$

且

$$A_i \bigcap A_j = \varnothing \quad (i \neq j)$$

于是所求概率为

$$P(A) = P(A_1) + P(A_2) + \cdots + P(A_{10})$$

取铆钉的过程可以这样进行:从 50 个铆钉中取 3 个,再从剩下的 47 个铆钉中取 3 个,如此进行下去,最后从 23 个铆钉中取 3 个,所以样本点的总数为 $C_{50}^3 C_{47}^3 \cdots C_{23}^3$. 而 A_i 中的样本点可以这样得到:先把 3 个强度太弱的铆钉取出来,再从剩余的 47 个铆钉中取 3 个,如此进行下去,最后从 23 个铆钉中取 3 个. 所以样本点的总数是

$C_3^3 C_{47}^3 \cdots C_{23}^3.$ 由此得

$$P(A_i) = \frac{C_3^3 C_{47}^3 \cdots C_{23}^3}{C_{50}^3 C_{47}^3 \cdots C_{23}^3} = \frac{1}{C_{50}^3} = \frac{3!}{50 \cdot 49 \cdot 48} = \frac{1}{19\,600}$$

从而

$$P(A) = \frac{10}{19\,600} = \frac{1}{1\,960}$$

1.3.2　几何概型

许多实际问题不像古典概型那样样本空间是有限的,考虑以下两个例子:

【例1.7】　在一个50万平方公里的海域里,有表面积达40平方公里的大陆架贮藏着石油,假如在这海域中随意选定一点钻探,问钻到石油的概率有多大?

【例1.8】　在一个瓶中有400毫升自来水,里面有一个大肠杆菌,从瓶中随机地取2毫升自来水,放在显微镜下观察,问发现大肠杆菌的概率有多大?

在例1.7中,因为海域的每一点都可能被选中,所以样本空间 Ω 是50万平方公里的海域,经抽象化以后是一个平面.在例1.8中,因为瓶中的每滴水都可能被取到,所以样本空间 Ω 是400毫升的自来水,经抽象化以后是一个体积.现在要重新考虑怎么定义概率.先看例1.7,因为选点是随机的,海域的每一点被选中的可能性都相同,因而贮藏石油的面积越大,钻到石油的可能性越大.所以我们可以假设概率和贮藏石油海域的面积 A 成正比,即所求概率为

$$p_A = k \cdot m(A)$$

显然,如果整个海域都贮藏着石油,则钻到石油的概率为1,即

$$p_\Omega = k \cdot m(\Omega) = 1$$

其中 $m(\Omega)$ 为样本空间 Ω,即整个海域的面积.由此得

$$k = 1/m(\Omega)$$

所以

$$p_A = m(A)/m(\Omega) = 40/500\,000 = 1/12\,500$$

再来看例1.8,瓶中自来水的每一滴都可能被取到,而且取的自来水越多,观察到大肠杆菌的可能性越大,所以我们可以假设所求概率与所取自来水的体积成正比,即

$$p_g = k \cdot m(g)$$

这里 $m(g)$ 是所取自来水 g 的体积.如果我们把自来水全部取出来,那么发现大肠杆菌的概率为1,即

$$p_\Omega = k \cdot m(\Omega) = 1$$

其中 $m(\Omega)$ 为样本空间 Ω,即所有自来水的体积.于是得 $k = 1/m(\Omega)$,从而

$$p_g = m(g)/m(\Omega) = 2/400 = 1/200$$

需要说明的是,在这两个例子中,我们假设

$$p_A = k \cdot m(A), \quad p_g = k \cdot m(g)$$

这是为了数学上处理方便,并且在下面可以看到,这样定义的概率满足有限可加性和可列可加性,可以和古典概型统一处理.如果我们令

$$p_A = k \cdot m(A)^2, \quad p_g = k \cdot m(g)^2$$

就不满足可加性了.

从这两个例子出发,我们引出了一个新的定义概率的方法,其一般形式如下:

定义 1.2　记事件 A_g 为"在区域 Ω 中随机取一点,该点在 Ω 的一个小区域 g 中",则定义概率

$$P(A_g) = \frac{m(g)}{m(\Omega)} \tag{1.4}$$

其中 $m(g)$ 和 $m(\Omega)$ 分别为 g 和 Ω 的度量,这样定义的概率称为几何概率.

几何概率有一个特点,样本空间 Ω 是一个区域,它可以是一维的、二维的、三维的,也可以是 n 维的.而点所在的区域 g 的概率只和 g 的度量(长度、面积、体积等)成正比,与 g 的位置和形状无关.

容易验证,几何概率满足概率的性质 1.1 和性质 1.2,即

$$0 \leqslant P(A_g) \leqslant 1, \quad P(A_\Omega) = 1$$

这里 A_Ω 表示事件"点落在整个样本空间 Ω 内".

现在解释几何概率满足有限可加性.假设把点所在的区域 g 分割成 n 份 g_1, $g_2, \cdots, g_n$,则它们是两两不相交的,所以 $A_{g_i} \bigcap A_{g_j} = \varnothing$, $A_g = \bigcup_{i=1}^{n} A_{g_i}$. 因为

$$P(A_{g_i}) = \frac{m(g_i)}{m(\Omega)}, \quad m(g) = \sum_{i=1}^{n} m(g_i)$$

所以

$$P(A_g) = \frac{m(g)}{m(\Omega)} = \frac{\sum_{i=1}^{n} m(g_i)}{m(\Omega)} = \sum_{i=1}^{n} \frac{m(g_i)}{m(\Omega)} = \sum_{i=1}^{n} P(A_{g_i}) \tag{1.5}$$

下面的例子说明几何概率还满足可列可加性.

【例 1.9】　在区间 $[0,1)$ 上投一点,记 $A =$ "点落在 $[0,1/2)$ 中",$A_n =$ "点落在 $[1/2^{n+1}, 1/2^n)$ 中"$(n = 1, 2, \cdots)$,则

$$A = \bigcup_{n=1}^{\infty} A_n, \quad A_i \bigcap A_j = \varnothing \quad (i \neq j)$$

我们用区间的长度作为区间的度量,则

$$P(A) = \frac{1}{2}, \quad P(A_n) = 1/2^{n+1}, \quad \sum_{n=1}^{\infty} P(A_n) = \frac{1}{2} = P(A)$$

若 $A = \bigcup\limits_{n=1}^{\infty} A_n, A_i \bigcap A_j = \varnothing (i \neq j)$，则 $P(A) = \sum\limits_{n=1}^{\infty} P(A_n)$，这时称概率满足可列可加性.

现在再举两个实际例子说明几何概型的应用.

【例 1.10】 两人相约 7 点到 8 点之间在某地见面，先到的人等另一个人 20 分钟，超过 20 分钟就离去，试求两个人能见面的概率.

解 用 x, y 分别表示两人到达的时刻（单位：分钟），则两人见面的充要条件是

$$|x - y| \leqslant 20$$

把 7 点作为原点，则两人可能到达的时间区域为 $[0, 60] \times [0, 60]$，如图 1.1 所示. 而两人相见的区域则为图 1.1 的阴影部分. 所以这是一个几何概型问题，所求概率为

$$p = \frac{60^2 - 40^2}{60^2} = \frac{5}{9}$$

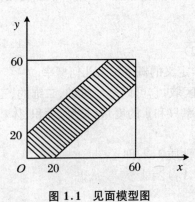

图 1.1 见面模型图

【例 1.11】 在这个例子中我们将通过几何概率估计圆周率 π. 作一个边长为 r 的正方形 Q，其中的阴影部分 A 为半径是 r 的四分之一圆. 向区域 Q 内随机地掷 n 个点，记落在区间 A 中的点数为 m，求点落到四分之一圆内的概率.

解 如图 1.2 所示，根据几何概型的概率计算法则，所求概率为阴影部分 A 的面积与四分之一圆 Q 的面积的比，即

$$p = \frac{A \text{ 的面积}}{Q \text{ 的面积}} = \frac{\pi r^2/4}{r^2} = \frac{\pi}{4}$$

因为当 n 充分大时，$p \approx m/n$，所以可得 $\frac{m}{n} \approx \frac{\pi}{4}, \pi \approx \frac{4m}{n}$.

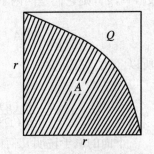

图 1.2 投点模型图

1.3.3 概率的公理化

所谓数学的公理化就是把数学的某分支中最基本的假设作为公理，其他结论都由这些公理经过演绎推导而出. 概率论的公理化包括两个方面：一个是构造事件域 $\mathscr{F}$；另一个是定义概率测度 P.

先考虑事件域. 在前面的讨论中我们已经看到，事件是样本空间 Ω 的一个子

集,在古典概型中,Ω 的每个子集也都可以看成是一个事件,且它的概率为子集中样本点的个数和样本空间中样本点的个数之比.所以在古典概型中,事件和样本空间的子集是一一对应的.但在几何概型的场合,样本空间的子集未必都能看作一个事件.比如,如果一个子集是不可度量的(即不可测的),那么把它看作一个事件,就无法定义它的概率,所以事件域 $\mathscr{F}$ 不能包含太多的子集,但子集也不能太少.那么$\mathscr{F}$ 应该满足什么条件才符合要求? 我们从事件的关系和运算出发考虑这个问题.

首先,Ω 作为必然事件,它理所应当地属于事件域 $\mathscr{F}$,同时空集作为不可能事件也应该在 $\mathscr{F}$ 中,即 $\mathscr{F}$ 必须满足:

(1) $\Omega \in \mathscr{F}$;

(2) $\varnothing \in \mathscr{F}$;

设 A 是事件域 $\mathscr{F}$ 中的一个事件,即 $A \in \mathscr{F}$,因为 $\bar{A}$ 也是一个事件,$\bar{A}$ 也应该在 $\mathscr{F}$ 中,即必须满足:

(3) 若 $A \in \mathscr{F}$,则 $\bar{A} \in \mathscr{F}$;

又设 $A_i \in \mathscr{F}(i=1,2,\cdots,n)$,因为 $\bigcup\limits_{i=1}^{n} A_i$ 和 $\bigcap\limits_{i=1}^{n} A_i$ 也是事件,所以它们也应该在 $\mathscr{F}$ 中,即必须满足:

(4) 若 $A_i \in \mathscr{F}(i=1,2,\cdots,n)$,则 $\bigcup\limits_{i=1}^{n} A_i \in \mathscr{F}$;

(5) 若 $A_i \in \mathscr{F}(i=1,2,\cdots,n)$,则 $\bigcap\limits_{i=1}^{n} A_i \in \mathscr{F}$;

假设 $A \in \mathscr{F}$,$B \in \mathscr{F}$,因为 $A-B$ 也是事件,所以要求 $A-B \in \mathscr{F}$,即

(6) 若 $A \in \mathscr{F}$,$B \in \mathscr{F}$,则 $A-B \in \mathscr{F}$;

由例 1.9 可知,在几何概型中,可列事件的并也是事件,又因为可列事件并的逆事件也是事件,且为可列个逆事件的交,所以可列个事件的交也是事件,因此我们要求:

(7) 若 $A_n \in \mathscr{F}(n=1,2,\cdots)$,则 $\bigcup\limits_{n=1}^{\infty} A_n \in \mathscr{F}$;

(8) 若 $A_n \in \mathscr{F}(n=1,2,\cdots)$,则 $\bigcap\limits_{n=1}^{\infty} A_n \in \mathscr{F}$.

由此可见,作为一个事件域,它必须满足以上八条性质.

然而,由事件的运算性质可知,只要上述条件(1),(3),(7)被满足,那么其他条件自然也被满足.事实上,由条件(1)和条件(3)知,$\varnothing = \bar{\Omega} \in \mathscr{F}$,所以条件(2)成立,又因为

$$A_1 \bigcup A_2 \bigcup \cdots \bigcup A_n = A_1 \bigcup A_2 \bigcup \cdots \bigcup A_n \bigcup A_n \bigcup A_n \bigcup \cdots$$

即取 $A_i = A_n (i \geqslant n)$，所以，若 $A_i \in \mathscr{F}(i = 1, 2, \cdots, n)$，由条件(7)知 $\bigcup\limits_{i=1}^{n} A_i \in \mathscr{F}$，即条件(4)成立. 于是由德摩根定律和条件(3),(4)知

$$\overline{A_i} \in \mathscr{F} \quad (i = 1, 2, \cdots, n)$$

$$\overline{\bigcap_{i=1}^{n} A_i} = \bigcup_{i=1}^{n} \overline{A_i} \in \mathscr{F}, \quad \bigcap_{i=1}^{n} A_i \in \mathscr{F}$$

所以条件(5)成立. 又因为 $A - B = A \cap \bar{B}$，由条件(3)和条件(5)知，$A - B \in \mathscr{F}$，所以条件(6)成立. 若 $A_n \in \mathscr{F}(n = 1, 2, \cdots)$，则 $\overline{A_n} \in \mathscr{F}(n = 1, 2, \cdots)$. 因为 $\overline{\bigcap\limits_{n=1}^{\infty} A_n} = \bigcup\limits_{n=1}^{\infty} \overline{A_n} \in \mathscr{F}$，所以 $\bigcap\limits_{n=1}^{\infty} A_n \in \mathscr{F}$，即条件(8)成立. 于是我们就得到了事件域的公理化定义.

定义 1.3　设 $\mathscr{F}$ 是集合 Ω 的子集构成的集族，若它满足以下条件：

(1) $\Omega \in \mathscr{F}$；

(2) 若 $A \in \mathscr{F}$，则 $\bar{A} \in \mathscr{F}$；

(3) 若 $A_n \in \mathscr{F}(n = 1, 2, \cdots)$，则 $\bigcup\limits_{n=1}^{\infty} A_n \in \mathscr{F}$.

那么就称 $\mathscr{F}$ 是 Ω 上的 σ-域，或 σ-代数. 如果 Ω 为样本空间，那么 $\mathscr{F}$ 就称为一个事件域，$\mathscr{F}$ 中的集合称为事件.

由以上的讨论知，σ-代数有如下性质：

性质 1.4　若 $A_i \in \mathscr{F}(i = 1, 2, \cdots, n)$，则

$$\bigcup_{i=1}^{n} A_i \in \mathscr{F}, \quad \bigcap_{i=1}^{n} A_i \in \mathscr{F}$$

性质 1.5　若 $A_n \in \mathscr{F}(n = 1, 2, \cdots)$，则

$$\bigcap_{n=1}^{\infty} A_n \in \mathscr{F}$$

性质 1.6　若 $A \in \mathscr{F}, B \in \mathscr{F}$，则 $A - B \in \mathscr{F}$.

再考虑概率的公理化定义. 在古典概型中，概率必须满足有限可加性，但在几何概型中，概率要满足可列可加性，所以概率的公理化定义为：

定义 1.4　设 P 为事件域 $\mathscr{F}$ 上的一个函数，如果它满足如下三个条件：

(1) 对任意 $A \in \mathscr{F}$，满足 $0 \leqslant P(A) \leqslant 1$；

(2) $P(\Omega) = 1$；

(3) $A_n \in \mathscr{F}(n = 1, 2, \cdots)$，且 $A_i \cap A_j = \varnothing (i \neq j)$，则

$$P\left(\bigcup_{n=1}^{\infty} A_n\right) = \sum_{n=1}^{\infty} P(A_n)$$

那么就称 P 为一个概率测度,称三元组 $(\Omega,\mathscr{F},P)$ 为概率空间.

由概率测度的条件 $(1),(2),(3)$,我们可以推出概率的如下性质:

性质 1.7　$P(\varnothing)=0$.

证明　$\Omega=\Omega\bigcup\varnothing\bigcup\varnothing\bigcup\cdots,\Omega\bigcap\varnothing=\varnothing,\varnothing\bigcap\varnothing=\varnothing$,所以由条件 (3) 知

$$P(\Omega)=P(\Omega)+P(\varnothing)+P(\varnothing)+\cdots$$

得 $P(\varnothing)=0$.

性质 1.8　设 $A_i\in\mathscr{F}(i=1,2,\cdots,n),A_i\bigcap A_j=\varnothing(i\neq j)$,则

$$P\left(\bigcup_{i=1}^{n}A_i\right)=\sum_{i=1}^{n}P(A_i)$$

证明　因为

$$\bigcup_{i=1}^{n}A_i=\bigcup_{i=1}^{n}A_i\bigcup\varnothing\bigcup\varnothing\bigcup\cdots$$

由概率测度的条件 (3) 和性质 1.7 知

$$P\left(\bigcup_{i=1}^{n}A_i\right)=\sum_{i=1}^{n}P(A_i)+0+0+\cdots=\sum_{i=1}^{n}P(A_i)$$

由性质 1.8 的证明知,概率的可列可加性隐含了概率的有限可加性.

性质 1.9　对任意 $A\in\mathscr{F},P(A)=1-P(\bar{A})$.

证明　因为 $A\bigcup\bar{A}=\Omega,A\bigcap\bar{A}=\varnothing$,所以由性质 1.8 知

$$P(A\bigcup\bar{A})=P(A)+P(\bar{A})=P(\Omega)=1,\quad P(A)=1-P(\bar{A})$$

性质 1.10　设 $A\in\mathscr{F},B\in\mathscr{F}$,且 $A\supset B$,则

$$P(A-B)=P(A)-P(B),\quad P(A)\geqslant P(B)$$

证明　当 $A\supset B$ 时,$A=B\bigcup(A-B)$,且 $B\bigcap(A-B)=\varnothing$,所以

$$P(A)=P(B)+P(A-B),\quad P(A)-P(B)=P(A-B)\geqslant 0,\quad P(A)\geqslant P(B)$$

性质 1.11　$P(A\bigcup B)=P(A)+P(B)-P(AB)$.

证明　因为 $A\bigcup B=A\bigcup(B-AB),A\bigcap(B-AB)=\varnothing$,所以

$$P(A\bigcup B)=P(A)+P(B-AB)$$

又因为 $B\supset AB$,由性质 1.10 知,$P(B-AB)=P(B)-P(AB)$,所以

$$P(A\bigcup B)=P(A)+P(B)-P(AB)$$

性质 1.12　$P(A\bigcup B)\leqslant P(A)+P(B)$,且一般地有

$$P(A_1\bigcup A_2\bigcup\cdots\bigcup A_n)\leqslant P(A_1)+P(A_2)+\cdots+P(A_n)$$

证明　由性质 1.11 即知第一个不等式成立.设 $k=n-1$ 时不等式成立,记

$$A=A_1\bigcup A_2\bigcup\cdots\bigcup A_{n-1}$$

则

$$P(A)\leqslant P(A_1)+P(A_2)+\cdots+P(A_{n-1})$$

当 $k = n$ 时

$$P(A_1 \bigcup A_2 \bigcup \cdots \bigcup A_n) = P(A \bigcup A_n)$$
$$\leqslant P(A) + P(A_n)$$
$$\leqslant P(A_1) + P(A_2) + \cdots + P(A_{n-1}) + P(A_n)$$

因此第二个不等式也成立.

性质 1.13(概率的连续性) 设 $A_n (n \geqslant 1)$ 是一个集合的序列,如果它是单调递增的,即 $A_{n+1} \supset A_n$,记 $A = \bigcup\limits_{n=1}^{\infty} A_n$,则 $\lim\limits_{n \to \infty} P(A_n) = P(A)$. 如果它是单调递减的,即 $A_{n+1} \subset A_n$,记 $A = \bigcap\limits_{n=1}^{\infty} A_n$,则 $\lim\limits_{n \to \infty} P(A_n) = P(A)$.

*证明 先假设 $A_n (n \geqslant 1)$ 是单调递增的. 令 $B_1 = A_1, B_n = A_n - \bigcup\limits_{i=1}^{n-1} A_i (n \geqslant 2)$,则 $B_n (n \geqslant 1)$ 两两不相交,且 $A_n = \bigcup\limits_{i=1}^{n} A_i = \bigcup\limits_{i=1}^{\infty} B_i, A = \bigcup\limits_{n=1}^{\infty} A_n = \bigcup\limits_{n=1}^{\infty} B_n$. 于是由概率的可加性知

$$P(A) = P\left(\bigcup_{n=1}^{\infty} A_n\right) = P\left(\bigcup_{n=1}^{\infty} B_n\right) = \sum_{n=1}^{\infty} P(B_n)$$
$$= \lim_{n \to \infty} \sum_{i=1}^{n} P(B_i)$$
$$= \lim_{n \to \infty} P\left(\bigcup_{i=1}^{n} B_i\right)$$
$$= \lim_{n \to \infty} P(A_n)$$

再设 $A_n (n \geqslant 1)$ 是单调递减的,则 $\overline{A_n} (n \geqslant 1)$ 是单调递增的,且 $\overline{A} = \bigcup\limits_{n=1}^{\infty} \overline{A_n}$,根据以上的结论知,$\lim\limits_{n \to \infty} P(\overline{A_n}) = P(\overline{A})$. 于是 $\lim\limits_{n \to \infty} [1 - P(\overline{A_n})] = 1 - P(\overline{A})$,从而 $\lim\limits_{n \to \infty} P(A_n) = P(A)$.

1.4 条件概率及其应用

1.4.1 条件概率的定义

再次考虑连续抛三次硬币的随机试验,样本点的全体为

$$\Omega = \{正正正,正反正,正正反,正反反,反正正,反反正,反正反,反反反\}$$

记事件 A = "恰好出现两次正面",则

$$A = \{正反正,正正反,反正正\}$$

得

$$P(A) = \frac{3}{8}$$

又记事件 B = "第一次出现反面",则

$$B = \{反正正,反反正,反正反,反反反\}$$

如果我们已知事件 B 发生,那么就知道样本点在事件 B 中,如果这时我们再考虑事件 A 发生的概率,那么样本点可能落到的空间就由 Ω 变为 B,这时我们可以把事件 B 看成新的样本空间,而有利场合就由 A 变成 $A \bigcap B$. 按古典概型的计算方法,这时事件 A 发生的概率为

$$p = \frac{A \bigcap B \text{ 中的样本点个数}}{B \text{ 中的样本点个数}} = \frac{1}{4}$$

我们把这个概率看成是在事件 B 发生的条件下事件 A 发生的概率,记为 $P(A|B)$. 对一般的古典概型,我们就定义

$$
\begin{aligned}
P(A|B) &= \frac{A \bigcap B \text{ 中的样本点个数}}{B \text{ 中的样本点个数}} \\
&= \frac{A \bigcap B \text{ 中的样本点个数} /\Omega \text{ 中的样本点个数}}{B \text{ 中的样本点个数} /\Omega \text{ 中的样本点个数}} \\
&= \frac{P(A \bigcap B)}{P(B)}
\end{aligned}
$$

再考虑几何概型的情况. 假设有事件 A 和事件 B,这里 A,B 也表示相应的区域. 已知事件 B 发生,则 ω 落在 B 内,这时若事件 A 发生,则 ω 落在 $A \bigcap B$ 内. 记 $\Omega,A,B,A \bigcap B$ 的度量分别为 $m(\Omega),m(A),m(B)$ 和 $m(A \bigcap B)$,再假设 $m(B) > 0$. 把事件 B 看作新的样本空间,在事件 B 发生的条件下事件 A 发生等价于 $\omega \in A \bigcap B$. 按几何概型的计算方法,这时事件 A 发生的概率为

$$p = \frac{m(A \bigcap B)}{m(B)} = \frac{m(A \bigcap B)/m(\Omega)}{m(B)/m(\Omega)} = \frac{P(A \bigcap B)}{P(B)}$$

从这两个例子出发,我们可以引入条件概率的一般定义.

定义 1.5 设 A,B 为两个事件,且 $P(B) > 0$,记

$$P(A|B) = \frac{P(A \bigcap B)}{P(B)} \tag{1.6}$$

则称 $P(A|B)$ 为在事件 B 发生的条件下,事件 A 发生的条件概率.

需要说明的是,当已知事件 B 发生时,计算条件概率的样本空间变小了,如在连续抛三次硬币的例子中,样本空间变为

$$B = \{反正正,反正反,反反正,反反反\}$$

这样事件 A 发生或不发生的不确定性就减小了. 在几何概型中, 若已知事件 B 发生, 则事件 A 发生等价于样本点落在 $A\bigcap B$ 内, 同样样本空间变为 B, 事件 A 发生或事件 A 不发生的不确定性就减小了. 如果 $P(A|B)>P(A)$, 则表示在事件 B 发生的条件下, 事件 A 发生的可能性增大; 如果 $P(A|B)<P(A)$, 则表示在事件 B 发生的条件下, 事件 A 不发生的可能性增大.

由条件概率的定义我们可得如下公式:

$$P(A\bigcap B) = P(A|B)P(B) \tag{1.7}$$

这个公式称为乘法公式, 它常被用来计算两个事件同时发生的概率.

乘法公式可以推广到 n 个事件的情形, 即有

$$P(A_1 A_2 \cdots A_n) = P(A_1)P(A_2|A_1)P(A_3|A_1 A_2)\cdots P(A_n|A_1 A_2\cdots A_{n-1}) \tag{1.8}$$

现在我们就来证明这个公式. 实际上把右边的每个条件概率按定义展开有

$$P(A_2 \mid A_1) = \frac{P(A_1 A_2)}{P(A_1)}$$

$$P(A_3 \mid A_1 A_2) = \frac{P(A_1 A_2 A_3)}{P(A_1 A_2)}$$

$$\cdots$$

$$P(A_n \mid A_1 A_2 \cdots A_{n-1}) = \frac{P(A_1 A_2 \cdots A_{n-1} A_n)}{P(A_1 A_2 \cdots A_{n-1})}$$

从而有

$$P(A_1)\frac{P(A_1 A_2)}{P(A_1)}\frac{P(A_1 A_2 A_3)}{P(A_1 A_2)}\cdots\frac{P(A_1 A_2\cdots A_{n-1}A_n)}{P(A_1 A_2\cdots A_{n-1})} = P(A_1 A_2\cdots A_{n-1}A_n)$$

从这里我们可以看出, 在条件概率的定义中, 事件 B 可以是单一事件, 也可以是复合事件, 如

$$B = A_1 A_2, \quad B = A_1 A_2 A_3, \quad B = A_1 A_2\cdots A_{n-1}$$

【例 1.12】 波利亚(Polya)模型: 罐中有 b 个黑球, r 个红球, 随机取一个球, 把该球放回, 并加上与该球同色的 c 个球, 再继续摸, 共进行 n 次, 求前 n_1 次摸到黑球、后 $n_2 = n - n_1$ 次摸到红球的概率.

解 记 $A_1, A_2, \cdots, A_{n_1}$ 为第 $1, 2, \cdots, n_1$ 次摸出的是黑球, $A_{n_1+1}, A_{n_1+2}, \cdots,$ A_n 为第 $n_1 + 1, n_1 + 2, \cdots, n$ 次摸出的是红球, 则

$$P(A_1) = \frac{b}{b+r}$$

$$P(A_2|A_1) = \frac{b+c}{b+r+c}$$

$$P(A_3 \mid A_1 A_2) = \frac{b + 2c}{b + r + 2c}$$

...

$$P(A_{n_1} \mid A_1 A_2 \cdots A_{n_1-1}) = \frac{b + (n_1 - 1)c}{b + r + (n_1 - 1)c}$$

$$P(A_{n_1+1} \mid A_1 A_2 \cdots A_{n_1}) = \frac{r}{b + r + n_1 c}$$

$$P(A_{n_1+2} \mid A_1 A_2 \cdots A_{n_1+1}) = \frac{r + c}{b + r + (n_1 + 1)c}$$

...

$$P(A_n \mid A_1 A_2 \cdots A_{n-1}) = \frac{r + (n_2 - 1)c}{b + r + (n - 1)c}$$

于是由乘法公式得

$$P(A_1 A_2 \cdots A_n) = \frac{b}{b + r} \cdot \frac{b + c}{b + r + c} \cdot \cdots \cdot \frac{b + (n_1 - 1)c}{b + r + (n_1 - 1)c}$$

$$\cdot \frac{r}{b + r + n_1 c} \cdot \frac{r + c}{b + r + (n_1 + 1)c} \cdot \cdots \cdot \frac{r + (n_2 - 1)c}{b + r + (n - 1)c}$$

1.4.2 全概率公式

定理 1.1 设 B 为一个事件,又设 $A_1, A_2, \cdots, A_n$ 为两两不相容的事件组,即 $A_i \bigcap A_j = \varnothing (i \neq j)$,且 $B \subset \bigcup_{i=1}^{n} A_i$,则如下公式成立:

$$P(B) = \sum_{i=1}^{n} P(B \mid A_i) P(A_i) \tag{1.9}$$

证明 因为 $A_i (1 \leqslant i \leqslant n)$ 两两不相容,所以 $A_i \bigcap B (1 \leqslant i \leqslant n)$ 也两两不相容,实际上

$$(A_i B) \bigcap (A_j B) = (A_i A_j) \bigcap B = \varnothing \bigcap B = \varnothing \quad (i \neq j)$$

又因为

$$\bigcup_{i=1}^{n} A_i B = \left(\bigcup_{i=1}^{n} A_i \right) \bigcap B = B$$

所以

$$P(B) = P\left(\bigcup_{i=1}^{n} A_i B \right) = \sum_{i=1}^{n} P(A_i B) = \sum_{i=1}^{n} P(B \mid A_i) P(A_i)$$

这个公式被称为全概率公式.

【例 1.13】 有一批一等小麦种子,其中混有 2% 的二等种子、1.5% 的三等种子、1% 的四等种子.一等种子长出的麦穗含 50 颗以上麦粒的概率为 0.5,而二等、

三等和四等种子长出的麦穗含 50 颗以上麦粒的概率分别为 $0.15, 0.1, 0.05$. 求这批种子长出的麦穗含 50 颗以上麦粒的概率.

解 设 A_i 为事件"任意选一颗种子,种子为 i 等"($i = 1, 2, 3, 4$),则 A_1, A_2, A_3, A_4 两两不相容. 记 B 为事件"选出的种子长出的麦穗含 50 颗以上的麦粒",因为 B 中的种子必为 1, 2, 3, 4 等,所以 $B \subset \bigcup_{i=1}^{4} A_i, B = \bigcup_{i=1}^{4} A_i B$. 这里 $A_i B$ 为事件"i 等麦种长出的麦穗含 50 颗以上的麦粒". 于是由全概率公式知

$$P(B) = \sum_{i=1}^{4} P(B \mid A_i) P(A_i)$$

已知

$P(A_2) = 0.02, \quad P(A_3) = 0.015, \quad P(A_4) = 0.01$

$P(A_1) = 1 - P(A_2) - P(A_3) - P(A_4) = 1 - 0.02 - 0.015 - 0.01 = 0.955$

$P(B \mid A_1) = 0.5, \quad P(B \mid A_2) = 0.15, \quad P(B \mid A_3) = 0.1, \quad P(B \mid A_4) = 0.05$

所以

$P(B) = 0.5 \times 0.955 + 0.15 \times 0.02 + 0.1 \times 0.015 + 0.05 \times 0.01 = 0.4825$

1.4.3 贝叶斯公式

定理 1.2 设 $A_1, A_2, \cdots, A_n$ 为两两不相容的事件组,即 $A_i \bigcap A_j = \varnothing$ ($i \neq j$),且 $P(A_i) > 0$ ($1 \leqslant i \leqslant n$). 又设 B 为一事件,它满足 $B \subset \bigcup_{i=1}^{n} A_i, P(B) > 0$,于是如下公式成立:

$$P(A_i \mid B) = \frac{P(A_i) P(B \mid A_i)}{\sum_{j=1}^{n} P(A_j) P(B \mid A_j)} \quad (1 \leqslant i \leqslant n) \qquad (1.10)$$

这个公式称为贝叶斯公式.

证明 因为 $P(B) > 0, P(A_i) > 0$ ($1 \leqslant i \leqslant n$),所以下列条件概率存在:

$$P(A_i \mid B) = \frac{P(A_i B)}{P(B)}, \quad P(B \mid A_i) = \frac{P(A_i B)}{P(A_i)}$$

于是

$$P(A_i B) = P(A_i \mid B) P(B) = P(B \mid A_i) P(A_i)$$

由此得

$$P(A_i \mid B) = \frac{P(A_i) P(B \mid A_i)}{P(B)}$$

再由全概率公式得

$$P(A_i \mid B) = \frac{P(A_i)P(B \mid A_i)}{\sum\limits_{j=1}^{n} P(A_j)P(B \mid A_j)} \quad (1 \leqslant i \leqslant n)$$

假定 $A_1, A_2, \cdots, A_n$ 为决定随机试验结果的原因,则 $P(A_i)$ 被称为先验概率,先验概率是随机试验前就知道的. 如果随机试验导致事件 B 发生,那么 $P(A_i \mid B)$ 被称为后验概率,它反映了事件 B 发生后,导致事件 B 发生的各种原因 $A_i (1 \leqslant i \leqslant n)$ 的可能性的大小. 若 $P(A_i \mid B)$ 较大,我们就认为事件 A_i 导致事件 B 发生的可能性也较大.

【例1.14】 在数字通信中,发信端发送的信号是 0 和 1,但由于存在干扰,发信端发出的信号与接收端收到信号不完全相同. 现已知发信端发出 0 的概率为 0.7,发出 1 的概率为 0.3. 当发信端发出 0 时,接收端正确地收到 0 的概率为 0.8,而错误地收到 1 的概率为 0.2. 当发信端发出 1 时,接收端也收到 1 的概率为 0.9,收到 0 的概率为 0.1(如图 1.3 所示). 求收到信号是来自发信端真实信号的概率.

解 记发信端发出 0 的事件为 A_0,发出 1 的事件为 A_1,接收端收到 0 的事件为 B_0,收到 1 的事件为 B_1,则已知

$$P(A_0) = 0.7, \quad P(A_1) = 0.3, \quad P(B_0 \mid A_0) = 0.8$$
$$P(B_1 \mid A_0) = 0.2, \quad P(B_0 \mid A_1) = 0.1, \quad P(B_1 \mid A_1) = 0.9$$

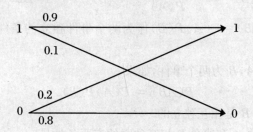

图 1.3 信号发送接收模型图

于是

$$P(A_0 \mid B_0) = \frac{P(A_0)P(B_0 \mid A_0)}{P(A_0)P(B_0 \mid A_0) + P(A_1)P(B_0 \mid A_1)}$$
$$= \frac{0.7 \times 0.8}{0.7 \times 0.8 + 0.3 \times 0.1}$$
$$= 0.949$$
$$P(A_1 \mid B_1) = \frac{P(A_1)P(B_1 \mid A_1)}{P(A_0)P(B_1 \mid A_0) + P(A_1)P(B_1 \mid A_1)}$$
$$= \frac{0.3 \times 0.9}{0.7 \times 0.2 + 0.3 \times 0.9}$$
$$= 0.659$$

1.4.4 事件的独立性

先看一个例子.

【例 1.15】 一个袋子装有 a 个黑球、b 个白球,采用有放回方式连续摸两次球.求:

(1) 在已知第一次摸得黑球的条件下,第二次摸出黑球的概率;

(2) 第二次摸出黑球的概率.

解 用 A 表示第一次摸得黑球,用 B 表示第二次摸得黑球,则

$$P(B) = P(AB \bigcup \bar{A}B) = P(AB) + P(\bar{A}B) = \frac{a^2}{(a+b)^2} + \frac{ba}{(a+b)^2} = \frac{a}{a+b}$$

$$P(B|A) = \frac{P(AB)}{P(A)} = \frac{a^2}{(a+b)^2} \Big/ \frac{a}{a+b} = \frac{a}{a+b}$$

由此知 $P(B|A) = P(B)$,即第一次摸出黑球对第二次摸出黑球的概率没有影响,也就是说事件 A 发生与事件 B 发生没关系,两个事件是独立的.因为摸球是放回的,第一次摸球的结果自然不影响第二次摸球的结果.因为

$$P(B|A) = P(B) \iff \frac{P(AB)}{P(A)} = P(B) \iff P(AB) = P(A)P(B)$$

所以我们就把 $P(AB) = P(A)P(B)$ 作为两个事件独立的条件.这样就得到如下定义:

定义 1.6 设 A,B 为两个事件,如果

$$P(AB) = P(A)P(B) \tag{1.11}$$

就称事件 A 和事件 B 是相互独立的.

定理 1.3 事件 A 和事件 B 相互独立的充要条件是

$$P(A|B) = P(A) \tag{1.12}$$

这里我们假设 $P(B) \neq 0$.

证明 充分性:因为

$$P(A) = P(A|B) = \frac{P(AB)}{P(B)}$$

所以 $P(AB) = P(A)P(B)$,A 与 B 相互独立.

必要性:

$$P(A|B) = \frac{P(AB)}{P(B)} = \frac{P(A)P(B)}{P(B)} = P(A)$$

定理 1.4 事件 A 和事件 B 相互独立的充要条件是

$$P(A|\bar{B}) = P(A|B) \tag{1.13}$$

这里假设 $0<P(B)<1$.

证明　因为 $0<P(B)<1$，所以 $0<P(\bar{B})<1$，$P(A|B)$ 和 $P(A|\bar{B})$ 有定义. 于是

$$P(A|\bar{B}) = P(A|B)$$

$$\Leftrightarrow \frac{P(A\bar{B})}{P(\bar{B})} = \frac{P(AB)}{P(B)}$$

$$\Leftrightarrow P(A\bar{B})P(B) = P(AB)P(\bar{B})$$

$$\Leftrightarrow P(A\bar{B})P(B) = P(AB)[1 - P(B)] = P(AB) - P(AB)P(B)$$

$$\Leftrightarrow [P(A\bar{B}) + P(AB)]P(B) = P(AB)$$

$$\Leftrightarrow P(A)P(B) = P(AB)$$

从定理 1.3 和定理 1.4 可以得到以下推论：

推论　事件 A 和事件 B 相互独立，等价于

$$P(A|\bar{B}) = P(A|B) = P(A) \tag{1.14}$$

这里假设 $0<P(B)<1$.

推论告诉我们，如果事件 A 与事件 B 相互独立，则事件 B 发生与否对事件 A 发生的可能性没有影响. 反之，若事件 B 发生与否对事件 A 发生的可能性没有影响，则事件 A 与事件 B 相互独立.

定理 1.5　若事件 A 与事件 B 相互独立，则以下三组事件中的每对事件也相互独立：

$$\{\bar{A}, B\}, \quad \{A, \bar{B}\}, \quad \{\bar{A}, \bar{B}\}$$

证明　因为 $\bar{A}B = B - AB$，所以

$$P(\bar{A}B) = P(B - AB) = P(B) - P(AB)$$
$$= P(B) - P(A)P(B)$$
$$= P(B)[1 - P(A)]$$
$$= P(\bar{A})P(B)$$

所以 $\bar{A}$ 与 B 独立. 应用这个结论可知，$\bar{A}$ 与 $\bar{B}$ 独立，$\bar{A}$ 与 $\bar{B}$ 独立，即 A 与 $\bar{B}$ 也独立.

下面的例子提供了不独立事件的简单事实.

【例 1.16】　在例 1.15 中，如果摸球是不放回的，那么

$$P(A) = \frac{a}{a + b}, \quad P(AB) = \frac{a(a - 1)}{(a + b)(a + b - 1)}$$

$$P(\bar{A}B) = \frac{ba}{(a + b)(a + b - 1)}$$

所以

$$P(B \mid A) = \frac{P(AB)}{P(A)} = \frac{a-1}{a+b-1}, \quad P(B) = P(AB) + P(\bar{A}B) = \frac{a}{a+b}$$

可见 $P(B) \neq P(B \mid A)$，事件 A 和事件 B 不独立. 这是由于不放回的摸球，第一次摸球的结果自然要影响第二次摸球的结果.

接下来我们考察多个事件的独立性问题，首先考虑三个事件的独立性.

定义 1.7 设 A, B, C 为三个事件，如果有

$$P(AB) = P(A)P(B), \quad P(BC) = P(B)P(C)$$
$$P(AC) = P(A)P(C), \quad P(ABC) = P(A)P(B)P(C)$$

则称事件 A, B, C 相互独立.

再考虑 n 个事件的独立性.

定义 1.8 设 $A_1, A_2, \cdots, A_n$ 为 n 个事件，若对所有的组合有

$$P(A_{i_1} A_{i_2}) = P(A_{i_1})P(A_{i_2}) \quad (1 \leqslant i_1 < i_2 \leqslant n)$$
$$P(A_{i_1} A_{i_2} A_{i_3}) = P(A_{i_1})P(A_{i_2})P(A_{i_3}) \quad (1 \leqslant i_1 < i_2 < i_3 \leqslant n)$$
$$\cdots$$
$$P(A_{i_1} A_{i_2} \cdots A_{i_k}) = P(A_{i_1})P(A_{i_2})\cdots P(A_{i_k}) \quad (1 \leqslant i_1 < i_2 < \cdots < i_k \leqslant n)$$
$$\cdots$$
$$P(A_1 A_2 \cdots A_n) = P(A_1)P(A_2)\cdots P(A_n)$$

则称事件 $A_1, A_2, \cdots, A_n$ 相互独立.

定理 1.6 若事件 $A_1, A_2, \cdots, A_n$ 相互独立，则事件 $\hat{A}_1, \hat{A}_2, \cdots, \hat{A}_n$ 也相互独立，这里 $\hat{A}_i (1 \leqslant i \leqslant n)$ 表示 A_i 或 $\overline{A_i}$.

证明 任取 $1 \leqslant i_1 < i_2 < \cdots < i_k \leqslant n$，因为 $A_1, A_2, \cdots, A_n$ 相互独立，所以

$$P(A_{i_1} A_{i_2} \cdots A_{i_k}) = P(A_{i_1})P(A_{i_2})\cdots P(A_{i_k})$$

在 $i_1, i_2, \cdots, i_k$ 中任取 i_p，将 $A_{i_1} \cdots A_{i_p} \cdots A_{i_k}$ 换成 $A_{i_1} \cdots \overline{A_{i_p}} \cdots A_{i_k}$，则

$$P(A_{i_1} \cdots \overline{A_{i_p}} \cdots A_{i_k})$$
$$= P[(A_{i_1} \cdots A_{i_{p-1}} A_{i_{p+1}} \cdots A_{i_k}) - (A_{i_1} \cdots A_{i_p} \cdots A_{i_k})]$$
$$= P(A_{i_1} \cdots A_{i_{p-1}} A_{i_{p+1}} \cdots A_{i_k}) - P(A_{i_1} \cdots A_{i_p} \cdots A_{i_k})$$
$$= P(A_{i_1})\cdots P(A_{i_{p-1}})P(A_{i_{p+1}})\cdots P(A_{i_k})$$
$$\quad - P(A_{i_1})\cdots P(A_{i_p})\cdots P(A_{i_k})$$
$$= P(A_{i_1})\cdots P(A_{i_{p-1}})[1 - P(A_{i_p})]P(A_{i_{p+1}})\cdots P(A_{i_k})$$
$$= P(A_{i_1})\cdots P(A_{i_{p-1}})P(\overline{A_{i_p}})P(A_{i_{p+1}})\cdots P(A_{i_k})$$

于是我们得到了这样的结论：对任意的 $k(2 \leqslant k \leqslant n)$ 和任意的组合 $1 \leqslant i_1 < i_2 < \cdots$

$<i_k\leqslant n$,将其中的一个下标 i_p 所表示的事件 A_{i_p} 换成其逆事件 $\overline{A_{i_p}}$,仍有

$$P(A_{i_1}\cdots\overline{A_{i_p}}\cdots A_{i_k})=P(A_{i_1})\cdots P(\overline{A_{i_p}})\cdots P(A_{i_k})$$

成立,在此基础上再使用这个结论,可知对任意两个下标 i_p 和 i_q(不失一般性,设 $i_p<i_q$),有

$$P(A_{i_1}\cdots\overline{A_{i_p}}\cdots\overline{A_{i_q}}\cdots A_{i_k})=P(A_{i_1})\cdots P(\overline{A_{i_p}})\cdots P(\overline{A_{i_q}})\cdots P(A_{i_k})$$

成立,如此进行下去,就得到

$$P(\hat{A}_{i_1}\hat{A}_{i_2}\cdots\hat{A}_{i_k})=P(\hat{A}_{i_1})P(\hat{A}_{i_2})\cdots P(\hat{A}_{i_k})$$

其中 $\hat{A}_{i_p}$($1\leqslant p\leqslant k$)表示 A_{i_p} 或 $\overline{A_{i_p}}$.于是对给定的 $\hat{A}_{i_1},\hat{A}_{i_2},\cdots,\hat{A}_{i_k}$,有

$$P(\hat{A}_{i_1}\hat{A}_{i_2})=P(\hat{A}_{i_1})P(\hat{A}_{i_2})$$

$$P(\hat{A}_{i_1}\hat{A}_{i_2}\hat{A}_{i_3})=P(\hat{A}_{i_1})P(\hat{A}_{i_2})P(\hat{A}_{i_3})$$

$$\cdots$$

$$P(\hat{A}_1\hat{A}_2\cdots\hat{A}_n)=P(\hat{A}_1)P(\hat{A}_2)\cdots P(\hat{A}_n)$$

所以 $\hat{A}_1,\hat{A}_2,\cdots,\hat{A}_n$ 相互独立.

【例 1.17】　每个人的血清含肝炎病毒的概率为 0.4%,混合 100 个人的血清,求此血清中含有肝炎病毒的概率.

解　记 A_i($1\leqslant i\leqslant 100$)为第 i 个人的血清中含有病毒的事件.显然 A_i($1\leqslant i\leqslant 100$)是相互独立的,所以 $\overline{A_i}$($1\leqslant i\leqslant 100$)也是相互独立的.于是所求概率为

$$\begin{aligned}P(A_1\bigcup A_2\bigcup\cdots\bigcup A_{100})&=1-P(\overline{A_1\bigcup A_2\bigcup\cdots\bigcup A_{100}})\\&=1-P(\overline{A_1}\ \overline{A_2}\cdots\overline{A_{100}})\\&=1-P(\overline{A_1})P(\overline{A_2})\cdots P(\overline{A_{100}})\\&=1-(1-0.004)^{100}\\&=0.33\end{aligned}$$

【例 1.18】　甲、乙、丙三个人同时对飞机进行射击,这三个人击中飞机的概率分别为 0.4,0.5 和 0.7.飞机被一个人击中而击落的概率为 0.2,被两个人击中而击落的概率为 0.6,若被三个人击中则飞机必被击落,求飞机被击落的概率.

解　记 A_i="飞机被 i 个人击中"($i=1,2,3$),B="飞机被击落",则 $A_i\bigcap A_j$ $=\varnothing$($i\neq j$),又因为 B="飞机被击落"="飞机被击中且被击落",所以 $B\subset\bigcup_{i=1}^{3}A_i$,于是

$$P(B) = P(BA_1) + P(BA_2) + P(BA_3)$$
$$= P(B \mid A_1)P(A_1) + P(B \mid A_2)P(A_2) + P(B \mid A_3)P(A_3)$$

已知 $P(B|A_1) = 0.2, P(B|A_2) = 0.6, P(B|A_3) = 1$. 现在求 $P(A_i)(i = 1, 2, 3)$. 记 $H_i =$ "飞机被第 i 个人击中"($i = 1, 2, 3$),则 H_1, H_2, H_3 是相互独立的,从而 $\hat{H}_1, \hat{H}_2, \hat{H}_3$ 也是相互独立的,这里 $\hat{H}_i(i = 1, 2, 3)$ 表示 H_i 或 $\overline{H_i}$,于是

$$P(A_1) = P(H_1 \overline{H_2} \overline{H_3}) + P(\overline{H_1} H_2 \overline{H_3}) + P(\overline{H_1} \overline{H_2} H_3)$$
$$= P(H_1)P(\overline{H_2})P(\overline{H_3}) + P(\overline{H_1})P(H_2)P(\overline{H_3}) + P(\overline{H_1})P(\overline{H_2})P(H_3)$$
$$P(A_2) = P(H_1 H_2 \overline{H_3}) + P(H_1 \overline{H_2} H_3) + P(\overline{H_1} H_2 H_3)$$
$$= P(H_1)P(H_2)P(\overline{H_3}) + P(H_1)P(\overline{H_2})P(H_3) + P(\overline{H_1})P(H_2)P(H_3)$$
$$P(A_3) = P(H_1 H_2 H_3) = P(H_1)P(H_2)P(H_3)$$

已知 $P(H_1) = 0.4, P(H_2) = 0.5, P(H_3) = 0.7$,所以

$$P(\overline{H_1}) = 0.6, \quad P(\overline{H_2}) = 0.5, \quad P(\overline{H_3}) = 0.3,$$
$$P(A_1) = 0.36, \quad P(A_2) = 0.41, \quad P(A_3) = 0.14$$

故

$$P(B) = 0.36 \times 0.2 + 0.41 \times 0.6 + 0.14 \times 1 = 0.458$$

在许多场合直接求事件 A 的概率很复杂,而求其逆事件 $\overline{A}$ 的概率却很容易,这时可以利用

$$P(A) = 1 - P(\overline{A})$$

求事件 A 的概率,而求 $P(\overline{A})$ 则有时要用到事件的独立性.

【例1.19】 一个电器设备通过三个串联的开关接到电源上,这三个开关出故障的概率分别为 $0.1, 0.15, 0.2$,求这个电气设备断电的概率.

解 记 A 为事件"电气设备断电",A_1, A_2, A_3 分别为事件"第一个开关出故障"、"第二个开关出故障"、"第三个开关出故障". 因为开关是串联的,从而设备不断电就等价于三个开关都正常,三个开关是独立工作的,因此它们出故障也是相互独立的. 由于 $\overline{A} = \overline{A_1} \overline{A_2} \overline{A_3}$,于是

$$P(A) = 1 - P(\overline{A}) = 1 - P(\overline{A_1})P(\overline{A_2})P(\overline{A_3})$$
$$= 1 - [1 - P(A_1)][1 - P(A_2)][1 - P(A_3)]$$
$$= 1 - (1 - 0.1)(1 - 0.15)(1 - 0.2)$$
$$= 0.388$$

为了说明求逆事件概率的优越性,请读者直接求电气设备断电的概率.

习 题 1

A 组

选择题

1. 设 A, B 为两随机事件,且 $B \subset A$,则下列式子中正确的是(　　).

    A. $P(A \cup B) = P(A)$ B. $P(A \cap B) = P(A)$

    C. $P(A - B) = P(B)$ D. $P(A - B) = P(B) - P(A)$

2. 当事件 A 与事件 B 同时发生时,事件 C 必然发生,则(　　).

    A. $P(C) \leqslant P(A) + P(B) - 1$ B. $P(C) \geqslant P(A) + P(B) - 1$

    C. $P(C) = P(AB)$ D. $P(C) = P(A \cup B)$

3. 假设事件 A 和事件 B 满足 $P(B|A) = 1$,则(　　).

    A. A 是必然事件   B. $P(B|\bar{A}) = 0$

    C. $A \supset B$ D. $P(A\bar{B}) = 0$

4. 设 A, B 为任意两个概率不为零的不相容事件,则下列式子肯定正确的是(　　).

    A. $\bar{A}$ 与 $\bar{B}$ 不相容   B. $\bar{A}$ 与 $\bar{B}$ 相容

    C. $P(AB) = P(A)P(B)$ D. $P(A - B) = P(A)$

计算题

1. 写出下列随机试验的样本空间:

(1) 记录一个小班一次数学考试的平均分数(以百分制计分);

(2) 同时掷 3 颗骰子,记录这 3 颗骰子点数之和;

(3) 生产产品直到有 10 件正品为止,记录生产产品的总件数;

(4) 对某工厂出厂的产品进行检查,合格的记上"正品",不合格的记上"次品",如连续查出 2 个次品就停止检查,或者检查 4 个产品就停止检查,记录检查的结果;

(5) 在单位圆内任取一点,记录它的坐标;

(6) 将长为 1 米的棒折成 3 段,观察各段的长度.

2. 设 A,B,C 为三个事件,用 A,B,C 的运算关系表示下列各事件:

(1) A 发生,而 B 与 C 不发生;   (2) A 与 B 都发生,而 C 不发生;

(3) A,B,C 中至少有一个发生;   (4) A,B,C 都发生;

(5) A,B,C 都不发生;   (6) A,B,C 中不多于一个发生;

(7) A,B,C 中不多于两个发生;   (8) A,B,C 中至少有两个发生.

3. 设 A,B,C 是三个事件,且 $P(A)=P(B)=P(C)=\dfrac{1}{4}$,$P(AB)=P(BC)$

$=0$,$P(AC)=\dfrac{1}{8}$. 求事件 A,B,C 中至少有一个发生的概率.

4. 房间里有 10 个人,分别佩戴从 1 号到 10 号的纪念章,任取 3 人,记录其纪念章的号码.

(1) 求最小号码为 5 的概率;   (2) 求最大号码为 5 的概率.

5. 一个盒子里,装有编号为 $1,2,\cdots,10$ 的 10 个相同零件,从中随机地抽取出 6 个零件. 求:

(1) 取出的零件中含有 1 号零件的概率;   (2) 取出的零件中含有 1 号和 2 号零件的概率.

6. 一只盒子里装有 15 个零件,其中有 10 个零件被染色,收集者从中随机地取出 3 个零件,求取出的全是被染色零件的概率.

7. 在放有 100 张照片的封袋里,找一张照片. 从封袋里随机地取出 10 张照片,求在取出的 10 张照片中包含所要找的那一张照片的概率.

8. 一只盒子里装有 100 个零件,其中包含 10 个废品零件. 现从中随机地取出 4 个零件,求:

(1) 取出的零件中没有废品的概率;   (2) 取出的零件中没有合格零件的概率.

9. 在选择电话号码时,一位用户忘记了后三个号码,但记得这些号码是不同的. 他随机地拨号,求恰好找到所需号码的概率.

10. 在半径为 R 的圆内放置一个较小的半径为 r 的圆,求随机地向大圆内投的点也落在小圆内的概率. 假设命中的概率与圆面积成正比而与其位置无关.

11. 在一个平面内,画上彼此相距 $2a$ 的平行直线,向此平面任意投掷半径为 $r(r<a)$ 的硬币,求硬币不与任何一条直线相交的概率.

12. 两名大学生约定在 12 点和 13 点之间于某地相遇,其中先到的第一名学生等候 1/4 小时,然后离去,假定每个大学生可以在 12 点到 13 点之间的任意时刻到达,求他们相遇的概率.

13. 在图书馆的书架上按任意的次序摆上 15 本教材,其中有 5 本是硬皮书.

　　图书馆管理员随机地抽取 3 本,至少有 1 本是硬皮书的概率是多少?

14. 在装有 10 个零件的木箱里,其中有 4 个零件上了油漆.抽样者随机地从箱中抽取 3 个零件,求取得的零件中至少有 1 个是上了油漆的概率.

15. 一设备由三个独立工作的元件组成,第一、第二、第三个元件在时间 t 内不发生故障的概率分别为 0.6,0.7,0.8.求在下列条件下,设备在时间 t 内不发生故障而正常工作的概率:

    (1) 有一个元件不发生故障;　(2) 有两个元件不发生故障;

    (3) 三个元件都不发生故障.

16. 已知下述概率:$P(AB)=0.72$,$P(A\bar{B})=0.18$.求 $P(A)$.

17. 已知概率:$P(A)=a$,$P(B)=b$,$P(A+B)=c$,求概率 $P(\overline{AB})$.

18. 两名射箭者组成一个队,每人发射两支箭,每支箭中靶的概率为 0.3,中靶获奖,求这个队获奖的概率.

19. 在三次射箭中至少命中靶子一次的概率为 0.875,求在一次射箭中命中靶子的概率.

20. 有五支步枪,其中三支配备瞄准的光学仪器.射手借助光学仪器的瞄准,命中靶子的概率为 0.95;对于缺少光学仪器的步枪,命中靶子的概率为 0.7.射手随意地取一支步枪来射击.求命中靶子的概率.

21. 在一只箱子中装有第一车间制造的零件 12 个、第二车间制造的零件 20 个和第三车间制造的零件 18 个.设这三个车间生产的优质品的概率依次为 0.9,0.6,0.9,从箱子中任意地抽取一个零件,求这个零件属于优质品的概率.

22. 在第一只箱中有 10 个球,其中 8 个是白球;在第二只箱中有 20 个球,其中 4 个是白球.从每一只箱中任意抽取一个球,然后从这两个球中任意取一个球,求取得的球是白球的概率.

23. 两台自动机械制造相同的零件,这些零件都由共同的输送带输送.第一台自动机械的生产能力两倍于第二台自动机械,并且第一台自动机械制造的零件中优质品平均为 60%,第二台为 84%,现在从输送带上任意地抽取一个零件,发现为优质品,求这一零件是由第一台自动机械生产的概率.

24. 有 10 支步枪,其中 4 支配备光学仪器瞄准器.射手借助光学仪器的瞄准,命中靶子的概率为 0.95;对于缺少光学仪器配备的步枪,命中靶子的概率为 0.8.今射手随意地取一支步枪来射击并命中靶子,求这支步枪分别属于配备着光学仪器瞄准仪或没有此种配备的概率.

25. 两台钻孔机按相同的定额钻孔,第一台钻孔机钻的孔不合格的概率为

0.5,第二台为 0.1.现在发现一钻孔不合格,求它是由第一台钻孔机钻出的概率.

26. 某炮台有三门炮,三门炮各发射一发炮弹,有两炮命中靶子.假定第一门炮命中靶子的概率为 0.4,第二、第三门炮命中靶子的概率分别为 0.3 和 0.5.求是第一门炮中靶的概率.

27. 假定生男孩的概率为 0.51,某家庭有五个子女,在这些子女中,求下列事件发生的概率:(1) 有两个男孩;(2) 不多于两个男孩;(3) 多于两个男孩;(4) 不少于两个和不多于三个男孩.

B 组

选择题

1. 若事件 A 和事件 B 同时出现的概率 $P(AB) = 0$,则(   ).

   A. A 和 B 不相容(互斥)   B. AB 是不可能事件

   C. AB 未必是不可能事件   D. $P(A) = 0$ 或 $P(B) = 0$

2. 设 $0 < P(A) < 1, 0 < P(B) < 1, P(A|B) + P(\bar{A}|\bar{B}) = 1$,则事件 A 和事件 B(   ).

   A. 互不相容   B. 互相对立   C. 不对立   D. 独立

3. 已知 $0 < P(B) < 1$ 且 $P(A|B) + P(A_1 + A_2|B) = P(A_1|B) + P(A_2|B)$,则下列选项成立的是(   ).

   A. $P[(A_1 + A_2)|\bar{B}] = P(A_1 + \bar{B}) + P(A_2|\bar{B})$

   B. $P(A_1 B + A_2 B) = P(A_1 B) + P(A_2 B)$

   C. $P(A_1 + A_2) = P(A_1|B) + P(A_2|B)$

   D. $P(B) = P(A_1)P(B|A_1) + P(A_2)P(B|A_2)$

4. 对于任意事件 A 和事件 B,有 $P(A - B) = ($ $)$.

   A. $P(A) - P(B)$ B. $P(A) - P(B) + P(AB)$

   C. $P(A) - P(AB)$ D. $P(A) - P(\bar{B}) - P(A\bar{B})$

5. 设 A, B, C 是三个相互独立的随机事件,且 $0 < P(C) < 1$.则在下列给定的四对事件中不相互独立的是(   ).

   A. $\overline{AB}$ 与 C B. $\overline{AC}$ 与 $\bar{C}$ C. $\overline{A - B}$ 与 $\bar{C}$ D. $\overline{AB}$ 与 $\bar{C}$

6. 设 A, B, C 三个事件两两独立,则事件 A, B, C 相互独立的充要条件是(   ).

   A. A 与 BC 独立   B. AB 与 $A \cup C$ 独立

C. AB 与 AC 独立　　　　　　　　D. $A \cup B$ 与 $A \cup C$ 独立

7. 对于任意事件 A 和事件 B,与 $A \cup B = B$ 不等价的是(　　).

A. $A \subset B$　　　　B. $\bar{B} \subset \bar{A}$　　　　C. $A\bar{B} = \varnothing$　　　　D. $\bar{A}B = \varnothing$

8. 设 A,B 为两个随机事件,且 $P(B) > 0, P(A \mid B) = 1$,则(　　).

A. $P(A \cup B) > P(A)$　　　　　　　B. $P(A \cup B) > P(B)$

C. $P(A \cup B) = P(A)$　　　　　　　D. $P(A \cup B) = P(B)$

计算题

1. 从 $0, 1, \cdots, 9$ 十个数字中任意选取三个不同的数字,试求下列事件的概率:
$A_1 =$ "三个数字中不含 0 和 5";　　$A_2 =$ "三个数字中不含 0 或 5".

2. 试推导三个事件的概率加法定理:
$$P(A + B + C) = P(A) + P(B) + P(C) - P(AB)$$
$$- P(AC) - P(BC) + P(ABC)$$

3. 一颗炸弹落在桥上足以使它破坏,如果往桥上扔四颗炸弹,它们命中的概率分别为 0.3, 0.4, 0.6, 0.7,求桥被破坏的概率.

4. 有 3 只罐子,每只罐子中有 6 个黑色球和 4 个白色球.从第一只罐中任意抽取一个球并放到第二只罐中;接着从第二只罐中任意抽取一个球并放到第三只罐中.现在从第三只罐中任意抽取一球,求取得的球是白色球的概率.

5. 在专门化研究医院平均接待 K 型病患者 50%, L 型病患者 30%, M 型病患者 20%,而治愈率分别为 0.7, 0.8, 0.9,现有一患者被治愈,问其是 K 型患者的概率.

6. 设有 3 批零件,每一批有 20 个,其中标准零件个数,第一批有 20 个,第二批有 15 个,第三批有 10 个.从这 3 批零件中任意抽取一个零件,发现是标准零件,把这零件放回原处,又再次从这 3 批零件中任意抽取一个零件,同样发现抽取的这个零件是标准零件.求 2 次取得的标准零件来自第三批的概率.

7. 一台仪器由三个元件组成,三个元件中的任意两个元件发生故障,就可使仪器发生故障.已知这三个元件发生故障的概率依次为 0.2, 0.4, 0.3.求由第一个元件和第二个元件发生故障而使这台仪器发生故障的概率.

8. 两名同一水平的象棋手下棋,其中一名棋手在四局中获胜两局或在六局中获胜三局(假定没有和局)的概率分别是多少?

9. 两名水平相当的对手下棋,假定没有和局.

(1) 分别求出两局中取胜一局或四局中取胜两局的概率;

(2) 比较四局中取胜两局和五局中取胜三局的概率的大小.

第2章 随机变量及其分布

第1章主要介绍了随机事件及其有关的概念,随机事件是最基本的随机现象,本章将介绍更复杂的随机现象,即随机变量,同时介绍与之相关的概念.我们将讲述随机变量的定义、概率分布、概率密度函数、分布函数、随机变量的函数、多元随机变量、随机变量的边缘分布以及随机变量的条件分布和随机变量的独立性等内容.

2.1 随 机 变 量

2.1.1 随机变量的定义

在许多时候,随机试验的结果都是和一个变量联系在一起的,变量的取值因随机试验的结果不同而不同,这样的变量称为随机变量.所以随机变量的取值在随机试验进行前是不知道的,并有多种取值的可能,但在随机试验完成后是确定的.

例如抛硬币,若出现正面则赢一元,出现反面则输一元.用 X 表示输赢的钱,$X=1$ 表示赢一元,$X=-1$ 表示输一元,X 的取值为 $\{-1,1\}$.在抛硬币前 X 取什么值是不知道的,只知道可能取 1 或 -1,但抛了硬币后 X 的取值就是确定的,所以 X 是一个随机变量.

测量一个机械零件的直径 D(单位:cm),由于存在测量误差,每次测量的结果不相同,因此在测量前,直径 D 的取值并不知道,只知道 D 的取值范围,而测量后,D 的取值是确定的,所以 D 是一个随机变量,它的取值范围为 $(0,+\infty)$ 上的一个区间.

一个随机变量,如果它只取有限个或可列个值,那么就被称为离散型随机变量;如果它的取值为实数空间 **R** 或 **R** 的一个区域,那么就被称为连续型随机变量.

随机变量可以表示为样本点的函数,如在抛硬币的试验中

$$X(\omega) = \begin{cases} 1, & \omega = \text{“正面”} \\ -1, & \omega = \text{“反面”} \end{cases}$$

又如在测量机械零件直径的试验中

$$D(\omega) = \omega$$

若 $\omega = 5.1\,\text{cm}$,则 $D = 5.1\,\text{cm}$;若 $\omega = 4.95\,\text{cm}$,则 $D = 4.95\,\text{cm}$. 这时,样本点就是一个实数,而随机变量的值就是样本点本身.

就像对待随机事件那样,我们关心的是随机变量取值的概率. 对离散型随机变量,关心的是它取某个值的概率,对连续型随机变量,关心的是它在实数空间 **R** 的某个区域中取值的概率. 但必须说明的是,这里所说的区域不是 **R** 上的任意子集,而是指开区间 (a,b),闭区间 $[a,b]$,半开半闭区间 $(a,b]$、$[a,b)$ 和单点集 $\{a\}$ 以及由它们的有限并、可列并、有限交、可列交、差运算、补运算而得到的 **R** 上的子集.

又像随机事件那样,随机事件可以表示为样本空间 Ω 上的一个子集,但不是所有的子集都可以看成是一个随机事件,只有事件域 $\mathscr{F}$ 中的集合才是随机事件. 一个随机变量可以表示成样本点的函数,但不是所有样本点的函数都可以看成一个随机变量. 我们所关心的是随机变量取某个值 a 或落在某个区域 B 上的概率,即 $\{\omega : X(\omega) = a\}$ 或 $\{\omega : X(\omega) \in B\}$ 的 概 率,所 以 要 求 $\{\omega : X(\omega) = a\} \in \mathscr{F}$ 和 $\{\omega : X(\omega) \in B\} \in \mathscr{F}$,也就是说,$\{\omega : X(\omega) \in B\}$ 和 $\{\omega : X(\omega) = a\}$ 为事件,这样可以计算它们的概率. 为此必须对样本空间 Ω 上的实函数加上条件,这个条件就是对任意常数 c,有 $\{\omega : X(\omega) < c\} \in \mathscr{F}$,所以可以给出随机变量的如下定义:

定义 2.1 记 $(\Omega, \mathscr{F}, P)$ 为一个概率空间,$X(\omega)$ 为样本空间 Ω 上的实函数,若对任意常数 c,都有 $\{\omega : X(\omega) < c\} \in \mathscr{F}$,则称 $X(\omega)$ 为随机变量.

下面来说明定义 2.1 的合理性. 考察单点集 $\{a\}$ 和区间 (a,b)、$[a,b]$、$(a,b]$、$[a,b)$. 先考虑集合 $\{\omega : X(\omega) \in [a,b)\}$. 显然

$$\{\omega : X(\omega) \in [a,b)\} = \{\omega : X(\omega) < b\} - \{\omega : X(\omega) < a\}$$

因为 $\{\omega : X(\omega) < b\} \in \mathscr{F}$,$\{\omega : X(\omega) < a\} \in \mathscr{F}$,所以由 σ-代数的性质知

$$\{\omega : X(\omega) \in [a,b)\} = \{\omega : X(\omega) < b\} - \{\omega : X(\omega) < a\} \in \mathscr{F}$$

再考虑单点集 $\{\omega : X(\omega) = a\}$. 可以证明 $\{\omega : X(\omega) = a\} = \bigcap\limits_{n=1}^{\infty}\left\{\omega : X(\omega) \in \left[a, a + \dfrac{1}{n}\right)\right\}$. 事实上,因为 $\{\omega : X(\omega) = a\} \subset \left\{\omega : X(\omega) \in \left[a, a + \dfrac{1}{n}\right)\right\}(n = 1, 2, \cdots, \infty)$,所以

$$\{\omega : X(\omega) = a\} \subset \bigcap\limits_{n=1}^{\infty}\left\{\omega : X(\omega) \in \left[a, a + \frac{1}{n}\right)\right\}$$

又因为对任意 $a' \neq a$,不失一般性,假设 $a' > a$,记 $\varepsilon = a' - a > 0$,当 $n > \left[\dfrac{1}{\varepsilon}\right] + 1$ 时

$$\{\omega : X(\omega) = a'\} \notin \left\{\omega : X(\omega) \in \left[a, a + \frac{1}{n}\right)\right\}$$

$$\{\omega : X(\omega) = a'\} \notin \bigcap_{n=1}^{\infty} \left\{\omega : X(\omega) \in \left[a, a + \frac{1}{n}\right)\right\}$$

所以 $\{\omega : X(\omega) = a\} = \bigcap_{n=1}^{\infty} \left\{\omega : X(\omega) \in \left[a, a + \frac{1}{n}\right)\right\}$. 因为 $\left\{\omega : X(\omega) \in \left[a, a + \frac{1}{n}\right)\right\} \in \mathscr{F}$, 所以由 σ-代数的性质知

$$\{\omega : X(\omega) = a\} = \bigcap_{n=1}^{\infty} \left\{\omega : X(\omega) \in \left[a, a + \frac{1}{n}\right)\right\} \in \mathscr{F}$$

于是

$$\{\omega : X(\omega) \in [a, b]\} = \{\omega : X(\omega) \in [a, b)\} \bigcup \{\omega : X(\omega) = b\} \in \mathscr{F}$$

$$\{\omega : X(\omega) \in (a, b)\} = \{\omega : X(\omega) \in [a, b)\} - \{\omega : X(\omega) = a\} \in \mathscr{F}$$

$$\{\omega : X(\omega) \in (a, b]\} = \{\omega : X(\omega) \in (a, b)\} \bigcup \{\omega : X(\omega) = b\} \in \mathscr{F}$$

再考察以上单点集和区间的可列并(有限并可以用同样的方法处理). 首先证明

$$\left\{\omega : X(\omega) \in \bigcup_{i=1}^{\infty} B_i\right\} = \bigcup_{i=1}^{\infty} \{\omega : X(\omega) \in B_i\}$$

事实上,如果设 $\omega \in \left\{\omega : X(\omega) \in \bigcup_{i=1}^{\infty} B_i\right\}$, 则根据并集的定义,存在 i_0, 使 $X(\omega) \in B_{i_0}$, 所以

$$\omega \in \{\omega : X(\omega) \in B_{i_0}\}$$

$$\left\{\omega : X(\omega) \in \bigcup_{i=1}^{\infty} B_i\right\} \subset \bigcup_{i=1}^{\infty} \{\omega : X(\omega) \in B_i\}$$

再设 $\omega \in \bigcup_{i=1}^{\infty} \{\omega : X(\omega) \in B_i\}$, 则同样由并集的定义知,存在 i_0, 使 $\omega \in \{\omega : X(\omega) \in B_{i_0}\}$, 故

$$\omega \in \left\{\omega : X(\omega) \in \bigcup_{i=1}^{\infty} B_i\right\}, \quad \left\{\omega : X(\omega) \in \bigcup_{i=1}^{\infty} B_i\right\} \supset \bigcup_{i=1}^{\infty} \{\omega : X(\omega) \in B_i\}$$

所以

$$\left\{\omega : X(\omega) \in \bigcup_{i=1}^{\infty} B_i\right\} = \bigcup_{i=1}^{\infty} \{\omega : X(\omega) \in B_i\}$$

记 $B_i (i = 1, 2, \cdots)$ 为以上区间或单点集,已经证明 $\{\omega : X(\omega) \in B_i\} \in \mathscr{F}$, 于是由 σ-代数的定义知

$$\left\{\omega : X(\omega) \in \bigcup_{i=1}^{\infty} B_i\right\} = \bigcup_{i=1}^{\infty} \{\omega : X(\omega) \in B_i\} \in \mathscr{F}$$

下面再证明

$$\{\omega : X(\omega) \in B^c\} = \{\omega : X(\omega) \in B\}^{c①}$$

事实上,对任意 $\omega \in \{\omega : X(\omega) \in B^c\}$,根据补集的定义知 $X(\omega) \notin B$,即 $\omega \notin \{\omega : X(\omega) \in B\}$,所以 $\omega \in \{\omega : X(\omega) \in B\}^c$,从而 $\{\omega : X(\omega) \in B^c\} \subset \{\omega : X(\omega) \in B\}^c$,反之,若 $\omega \in \{\omega : X(\omega) \in B\}^c$,则由补集的定义知 $X(\omega) \notin B$,即 $X(\omega) \in B^c$,所以 $\omega \in \{\omega : X(\omega) \in B^c\}$,因此 $\{\omega : X(\omega) \in B^c\} \supset \{\omega : X(\omega) \in B\}^c$,从而

$$\{\omega : X(\omega) \in B^c\} = \{\omega : X(\omega) \in B\}^c$$

记 B 为以上区间或单点集,则 $\{\omega : X(\omega) \in B\} \in \mathscr{F}$,由 σ-代数的定义知 $\{\omega : X(\omega) \in B\}^c \in \mathscr{F}$,于是 $\{\omega : X(\omega) \in B^c\} = \{\omega : X(\omega) \in B\}^c \in \mathscr{F}$.

再考察可列交(有限交可用同样的方法处理).利用德摩根定律有

$$\{\omega : X(\omega) \in \bigcap_{i=1}^{\infty} B_i\} = (\{\omega : X(\omega) \in \bigcap_{i=1}^{\infty} B_i\}^c)^c$$

$$= (\{\omega : X(\omega) \in \bigcup_{i=1}^{\infty} B_i^c\})^c$$

$$= (\bigcup_{i=1}^{\infty} \{\omega : X(\omega) \in B_i^c\})^c$$

$$= \bigcap_{i=1}^{\infty} \{\omega : X(\omega) \in B_i^c\}^c$$

$$= \bigcap_{i=1}^{\infty} \{\omega : X(\omega) \in B_i\}$$

所以当 $B_i(i=1,2,\cdots)$ 为上述的区间或单点集时,因为 $\{\omega : X(\omega) \in B_i\} \in \mathscr{F}$,由 σ-代数的性质知

$$\{\omega : X(\omega) \in \bigcap_{i=1}^{\infty} B_i\} = \bigcap_{i=1}^{\infty} \{\omega : X(\omega) \in B_i\} \in \mathscr{F}$$

因为 $A - B = A \bigcap B^c$,所以

$$\{\omega : X(\omega) \in A - B\} = \{\omega : X(\omega) \in A \bigcap B^c\}$$

$$= \{\omega : X(\omega) \in A\} \bigcap \{\omega : X(\omega) \in B^c\}$$

设 A, B 为上述区间或单点集,则 $\{\omega : X(\omega) \in A\} \in \mathscr{F}$,$\{\omega : X(\omega) \in B^c\} \in \mathscr{F}$,于是由 σ-代数的性质知

$$\{\omega : X(\omega) \in A - B\} = \{\omega : X(\omega) \in A\} \bigcap \{\omega : X(\omega) \in B^c\} \in \mathscr{F}$$

这样我们就证明了由开区间、闭区间、半开半闭区间和单点集的有限并、可列并、有限交、可列交、补运算和差运算所得到的集合都在事件域中.

在测度论和近代概率论中,称对任意常数 c,都满足 $\{\omega : X(\omega) < c\} \in \mathscr{F}$ 的集

---

① c 表示补集,即 B^c 表示集合 B 的补集,$\{\omega : X(\omega) \in B\}^c$ 表示集合 $\{\omega : X(\omega) \in B\}$ 的补集.

函数为可测函数,所以随机变量就是概率空间上的可测函数.

2.1.2　一维波雷尔集与随机变量*

现在我们来考虑随机变量的另一个等价定义.在上一章,我们定义了样本空间 Ω 上的 σ-代数,那是因为不能把 Ω 的任意子集都看作事件.现在我们面临相似的问题,那就是不能把实数空间 $\mathbf{R}$ 上的任意子集用来定义随机变量,于是就考虑 $\mathbf{R}$ 上的 σ-代数.根据 σ-代数的定义,$\mathbf{R}$ 上的 σ-代数 $\mathcal{B}$ 是满足以下条件的集族:

(1) $\mathbf{R} \in \mathcal{B}$;

(2) 若 $A \in \mathcal{B}$,则 $A^c \in \mathcal{B}$;

(3) 若 $A_n \in \mathcal{B}(n = 1, 2, \cdots)$,则 $\bigcup\limits_{n=1}^{\infty} A_n \in \mathcal{B}$.

进一步地,我们要考虑包含 $\mathbf{R}$ 上所有开区间的 σ-代数,即对任意 $(a, b) \in \mathbf{R}$,都有 $(a, b) \in \mathcal{B}$.记 $\mathcal{B}_\alpha(\alpha \in I)$ 为所有这样的 σ-代数,因为所有 $\mathbf{R}$ 上的子集所构成的集合必是这样的 σ-代数,所以 I 不会是空集.令 $\mathcal{B}^1 = \bigcap\limits_{\alpha \in I} \mathcal{B}_\alpha$,可以证明 $\mathcal{B}^1$ 也包含了所有 $\mathbf{R}$ 上的开区间.事实上,对任意 $(a, b) \subset \mathbf{R}$,都有 $(a, b) \in \mathcal{B}_\alpha(\alpha \in I)$,所以根据交集的定义,$(a, b) \in \bigcap\limits_{\alpha \in I} \mathcal{B}_\alpha = \mathcal{B}^1$,因而 $\mathcal{B}^1$ 包含所有开区间.还可以证明 $\mathcal{B}^1$ 为一个 σ-代数.实际上,$\mathbf{R} \in \mathcal{B}_\alpha(\alpha \in I)$,根据交集的定义,$\mathbf{R} \in \bigcap\limits_{\alpha \in I} \mathcal{B}_\alpha = \mathcal{B}^1$.又设 $A \in \mathcal{B}^1 = \bigcap\limits_{\alpha \in I} \mathcal{B}_\alpha$,则 $A \in \mathcal{B}_\alpha(\alpha \in I)$,$A^c \in \mathcal{B}_\alpha$,故 $A^c \in \bigcap\limits_{\alpha \in I} \mathcal{B}_\alpha = \mathcal{B}^1$.再设 $A_n \in \bigcap\limits_{\alpha \in I} \mathcal{B}_\alpha = \mathcal{B}^1(n = 1, 2, \cdots, \alpha \in I)$,则 $A_n \in \mathcal{B}_\alpha(n = 1, 2, \cdots, \alpha \in I)$.故 $\bigcup\limits_{n=1}^{\infty} A_n \in \mathcal{B}_\alpha(\alpha \in I)$,因而 $\bigcup\limits_{n=1}^{\infty} A_n \in \bigcap\limits_{\alpha \in I} \mathcal{B}_\alpha = \mathcal{B}^1$.我们称 $\mathcal{B}^1$ 为一维波雷尔(Borel)σ-代数,称 $\mathcal{B}^1$ 中的子集为波雷尔集.

设 $a \in \mathbf{R}$,则 $\{a\} = \bigcap\limits_{n=1}^{\infty} \left(a - \dfrac{1}{n}, a + \dfrac{1}{n}\right)$,这是因为对任意 $a' \neq a$,记 $\varepsilon = |a' - a|$,则当 $n > \left[\dfrac{1}{\varepsilon}\right] + 1$ 时,$a' \notin \left(a - \dfrac{1}{n}, a + \dfrac{1}{n}\right)$,所以只有 $\bigcap\limits_{n=1}^{\infty} \left(a - \dfrac{1}{n}, a + \dfrac{1}{n}\right) = \{a\}$.因为 $\left(a - \dfrac{1}{n}, a + \dfrac{1}{n}\right) \in \mathcal{B}^1$,所以 $\{a\} \in \mathcal{B}^1$,于是

$$[a, b] = (a, b) \cup \{a\} \cup \{b\} \in \mathcal{B}^1$$
$$[a, b) = (a, b) \cup \{a\} \in \mathcal{B}^1$$
$$(a, b] = (a, b) \cup \{b\} \in \mathcal{B}^1$$

由此可知,一维波雷尔 σ-代数包含了所有 **R** 上的开区间、闭区间、半开半闭区间和单点集以及由它们的有限并、可列并、有限交、可列交、补运算和差运算所得到的子集.这样我们就可以把 $\mathscr{B}^1$ 上的波雷尔集 B 作为我们要考虑的区域,要求对任意 $B\in\mathscr{B}^1$,$\{\omega:X(\omega)\in B\}\in\mathscr{F}$,这样又得到了随机变量的另一个定义.

　　定义 2.2　设 $(\Omega,\mathscr{F},P)$ 为概率空间,$\mathscr{B}^1$ 为一维波雷尔 σ-代数,$X(\omega)$ 为 Ω 上的实函数,如果对任意 $B\in\mathscr{B}^1$,有 $\{\omega:X(\omega)\in B\}\in\mathscr{F}$,那么称 X 为 $(\Omega,\mathscr{F},P)$ 上的随机变量.

　　现在我们来说明以上两个随机变量的定义是等价的.事实上,设 X 是定义2.1所定义的随机变量,B 为开区间、闭区间、半开半闭区间以及由它们的有限并、可列并、有限交、可列交、差运算和补运算所得到的子集,则由前面的讨论知对 $B\in\mathscr{B}^1$,$\{\omega:X(\omega)\in B\}\in\mathscr{F}$,符合定义 2.2 的条件.反之若 X 为定义 2.2 所定义的随机变量,则 $(-\infty,a)=\bigcup\limits_{n=1}^{\infty}(-n,a)\in\mathscr{B}^1$,所以

$$\{\omega:X(\omega)<a\}=\bigcup_{n=1}^{\infty}\{\omega:X(\omega)\in(-n,a)\}\in\mathscr{F}$$

满足定义 2.1 的要求.所以在测度论和近代概率论中,常把可测函数定义为满足对任意 $B\in\mathscr{B}^1$,有 $\{\omega:X(\omega)\in B\}\in\mathscr{F}$ 的集函数.

2.1.3　离散型随机变量

　　定义 2.3　一个随机变量,如果它的取值是有限的或可列无穷的,则被称为是离散型随机变量.

　　对离散型随机变量,我们所关心的是它取各个值的概率.设 X 为一个离散型随机变量,它的取值为 $x_1,x_2,\cdots,x_n,\cdots$,那么

$$P(X=x_k)=p_k \quad (k=1,2,\cdots,n,\cdots) \tag{2.1}$$

被称为 X 的概率分布或分布律.这个概率分布可以用下面的表 2.1 来表示.

表 2.1　X 的概率分布

X	x_1	x_2	$\cdots$	x_n	$\cdots$
p	p_1	p_2	$\cdots$	p_n	$\cdots$

　　【例 2.1】　一个袋中有 5 个球,编号分别为 $1,2,3,4,5$.从袋中取出 3 个球,用 X 来表示 3 个球中最大的编号,写出 X 的概率分布.

　　解　易知 X 的可能取值为 $3,4,5$,且

　　$\{X=3\}$ 等价于事件"摸到 $1,2,3$ 号球"

　　$\{X=4\}$ 等价于事件"摸到 4 号球和 1 号,2 号,3 号球中的两个"

　　$\{X=5\}$ 等价于事件"摸到 5 号球和 1 号，2 号，3 号，4 号球中的两个"

所以 $P(X=3)=\dfrac{1}{C_5^3}=\dfrac{1}{10}$，$P(X=4)=\dfrac{C_3^2}{C_5^3}=\dfrac{3}{10}$，$P(X=5)=\dfrac{C_4^2}{C_5^3}=\dfrac{6}{10}$．$X$ 的概率分布如表 2.2 所示．

表 2.2　X 的概率分布

X	3	4	5
p	0.1	0.3	0.6

下面介绍几种常见的离散型随机变量．

1. 0-1 分布

若随机变量 X 只取 0,1 两个值，且

$$P(X=1)=p,\quad P(X=0)=q=1-p \tag{2.2}$$

则称 X 服从 0-1 分布，其概率分布如表 2.3 所示．

表 2.3　0-1 分布的概率分布

X	0	1
p	q	p

也可以用公式表示为

$$P(X=k)=p^k(1-p)^{1-k}\quad(k=0,1)$$

　　一个随机试验，如果只有两个结果，如"成功"和"失败"，"正品"和"次品"，"击中"与"没击中"，都可以用这个分布来描述．如"$X=1$"代表成功，"$X=0$"表示失败．其他的也一样．

2. 超几何分布

　　假设有 N 件产品，其中有 M 件次品，从这 N 件产品中任取 n 件，其中次品的件数记为 X，则 X 是一个随机变量，它的取值为 $0,1,2,\cdots,l$，则 $X=k$ 的概率为

$$P(X=k)=\dfrac{C_M^k C_{N-M}^{n-k}}{C_N^n}\quad(k=0,1,2,\cdots,l) \tag{2.3}$$

其中 $l=\min(M,n)$，这个分布被称为超几何分布．

3. 二项分布

　　首先介绍重复独立试验的概念．设 E 是一个随机试验，将 E 重复进行 n 次，如果每次产生的结果不受前面各次所产生结果的影响，也不影响后面各次试验的结果，那么这 n 次试验就被称为 n 次重复独立试验．重复独立试验的数学定义如下：

　　定义 2.4　设在 n 次重复独立试验中，第 $k(1\leqslant k\leqslant n)$ 次产生的结果为 A_k，如果

$$P(A_1 A_2 \cdots A_k \cdots A_n) = P(A_1)P(A_2)\cdots P(A_k)\cdots P(A_n)$$

那么就称这 n 次重复试验为 n 次重复独立试验.

例如抛 n 次硬币和进行 n 次有放回的摸球就是 n 次重复独立试验的典型例子.

一个随机试验,如果只有两个结果,就称它为贝努里试验.贝努里试验的事件域为 $\mathscr{F} = \{\Omega, A, \bar{A}, \varnothing\}$,且 $P(A) = p, P(\bar{A}) = q = 1 - p$.考虑在 n 次重复独立的贝努里试验中事件 A 发生 k 次的概率.设事件 A 在第 $i_1, i_2, \cdots, i_k$ 次试验中出现,易知有利场合共有 C_n^k 个.因为是重复独立试验,所以每个有利场合出现的概率为

$$P(A)^k P(\bar{A})^{n-k} = p^k q^{n-k} = p^k (1-p)^{n-k}$$

记 A 发生的次数为 X,则 $\{X = k\}$ 的概率为

$$P(X = k) = C_n^k p^k (1-p)^{n-k} \quad (k = 0,1,2,\cdots,n) \tag{2.4}$$

这个分布被称为二项分布,记作 $X \sim B(n,p)$.

【例 2.2】　一个射手每次射击的命中率为 0.5,现在要他连续射击 10 次,试求:

(1) 命中 5 次的概率;

(2) 假设至少命中 3 次才能参加下一轮比赛,求这个射手不能参加下一轮比赛的概率.

解　(1) 记这个射手命中次数为 X,则

$$P(X = 5) = C_{10}^5 \, 0.5^5 \, (1 - 0.5)^5 = 0.246\,1$$

(2) $P(\text{“不能参加下一轮比赛”}) = P(X \leqslant 2)$

$$= P(\{X=0\} \bigcup \{X=1\} \bigcup \{X=2\})$$
$$= P(X=0) + P(X=1) + P(X=2)$$
$$= C_{10}^0 0.5^0 (1-0.5)^{10-0} + C_{10}^1 0.5^1 (1-0.5)^{10-1}$$
$$+ C_{10}^2 0.5^2 (1-0.5)^{10-2}$$
$$= 0.054\,7$$

4. 泊松(Possion)分布

设 X 为离散型随机变量,如果它的分布满足

$$P(X = k) = \frac{\lambda^k}{k!} e^{-\lambda} \quad (k = 0,1,2,\cdots) \tag{2.5}$$

其中 $\lambda > 0$,则称 X 服从泊松分布,记为 $X \sim P(\lambda)$.

泊松分布是一种常见的分布,我们把常用参数的泊松分布取值概率列在附表 1 中.泊松分布中的一个应用是用它来逼近二项分布.我们先考察这样一个例子:

【例 2.3】　有 10 000 人参加某个人寿保险,每个人的死亡概率都为 0.005,求

未来一年中这 10 000 人中有 40 人死亡的概率.

解 因为每个人的死亡是相互独立的,设 X 为死亡的人数,则 X 服从二项分布 $B(10\ 000, 0.005)$. 于是

$$P(X = 40) = C_{10\ 000}^{40}\ (0.005)^{40}\ (0.995)^{9\ 960} = 0.021\ 4$$

除非使用软件来计算,否则人工计算这个概率是相当困难的,所以我们需要有合适的近似计算方法,这个方法就是用泊松分布来逼近二项分布. 我们先介绍下面的定理:

定理 2.1 设随机变量 X 服从二项分布 $B(n, p_n)$,这里概率 p_n 与 n 有关. 如果 $n \to \infty$,有 $np_n \to \lambda$,则 $P(X = k) \to \dfrac{\lambda^k}{k!} e^{-\lambda}$.

证明 记 $\lambda_n = np_n$,则

$$\begin{aligned}
P(X = k) &= C_n^k p_n^k\ (1 - p_n)^{n-k} \\
&= \frac{n(n-1)\cdots(n-k+1)}{k!} \left(\frac{\lambda_n}{n}\right)^k \left(1 - \frac{\lambda_n}{n}\right)^{n-k} \\
&= \frac{\lambda_n^k}{k!} \left(1 - \frac{1}{n}\right)\left(1 - \frac{2}{n}\right)\cdots\left(1 - \frac{k-1}{n}\right)\left(1 - \frac{\lambda_n}{n}\right)^{n-k}
\end{aligned}$$

对固定的 k,当 $n \to \infty$ 时有

$$\lambda_n \to \lambda, \quad \left(1 - \frac{\lambda_n}{n}\right)^{n-k} \to e^{-\lambda}, \quad \left(1 - \frac{1}{n}\right)\left(1 - \frac{2}{n}\right)\cdots\left(1 - \frac{k-1}{n}\right) \to 1$$

所以 $P(X = k) \to \dfrac{\lambda^k}{k!} e^{-\lambda}$.

在实际问题中,如果 n 很大,p 很小,$\lambda = np$ 适中,我们就可以这样近似地计算 $P(X = k)$,即 $P(X = k) \approx \dfrac{\lambda^k}{k!} e^{-\lambda}$. 例如在例 2.3 中

$$P(X = 40) \approx \frac{(10\ 000 \times 0.005)^{40}}{40!} e^{-10\ 000 \times 0.005} = 0.021\ 5$$

显然,这个计算要容易得多,而且近似效果也非常好.

2.1.4　连续型随机变量

定义 2.5 一个随机变量 X,如果在 $(-\infty, +\infty)$ 上取值,且存在一个非负可积函数 $f(x)$,它满足对任意实数 a,有 $P(X \leqslant a) = \displaystyle\int_{-\infty}^{a} f(x)\mathrm{d}x$,则称 X 为连续型随机变量,并称 $f(x)$ 为 X 的概率密度函数或概率密度.

根据概率的性质知

$$\int_{-\infty}^{+\infty} f(x)\mathrm{d}x = \lim_{x \to +\infty} \int_{-\infty}^{x} f(x)\mathrm{d}x = \lim_{x \to +\infty} P(X \leqslant x) = 1$$

对任意常数 c 有

$$0 \leqslant P(X = c)$$
$$\leqslant P(c - h < X \leqslant c)$$
$$= P(X \leqslant c) - P(X \leqslant c - h)$$
$$= \int_{-\infty}^{c} f(x) \mathrm{d}x - \int_{-\infty}^{c-h} f(x) \mathrm{d}x$$
$$= \int_{c-h}^{c} f(x) \mathrm{d}x \to 0 \quad (h \to 0)$$

由此知, $P(X = c) = 0$. 于是

$$P(a \leqslant X \leqslant b) = P(X \leqslant b) - P(X \leqslant a) + P(X = a) = P(a < X \leqslant b)$$
$$P(a \leqslant X < b) = P(a < X \leqslant b) - P(X = b) = P(a < X \leqslant b)$$
$$P(a < X < b) = P(a < X \leqslant b) - P(X = b) = P(a < X \leqslant b)$$

由此得如下定理:

定理 2.2　设 X 为连续型随机变量, $f(x)$ 为其概率密度函数, 则

(1) $\int_{-\infty}^{+\infty} f(x) \mathrm{d}x = 1$;

(2) $P(X = c) = 0$, 这里 c 为任意常数;

(3) $P(a \leqslant x < b) = P(a \leqslant x \leqslant b) = P(a < x \leqslant b) = P(a < x < b) = \int_{a}^{b} f(x) \mathrm{d}x$.

显然, $\int_{a}^{b} f(x) \mathrm{d}x$ 为曲线 $y = f(x)$ 与直线 $x = a$、直线 $x = b$ 和 x 轴所围成的面积, 而 $P(a < X < b)$ 就是这个面积. 如果 $\Delta x > 0$ 足够小, 则 $f(x)\Delta x \approx \int_{a}^{a+\Delta x} f(x) \mathrm{d}x = P(a \leqslant x < a + \Delta x)$. 所以, 若在 $x = a$ 处, $f(x)$ 很大, 则 X 在 $x = a$ 的附近取值的概率也大; 反之, 则 X 在 $x = a$ 的附近取值的概率也小.

【例 2.4】　设连续型随机变量 X 的概率密度函数为

$$f(x) = \begin{cases} \dfrac{3}{2} \sin 3x, & x \in (0, \pi/3) \\ 0, & x \notin (0, \pi/3) \end{cases}$$

求 X 落在区间 $\left(\dfrac{\pi}{6}, \dfrac{\pi}{4} \right)$ 内的概率.

解　利用公式 $P(a < X < b) = \int_{a}^{b} f(x) \mathrm{d}x$, 得

$$P\left(\frac{\pi}{6} < X < \frac{\pi}{4} \right) = \int_{\frac{\pi}{6}}^{\frac{\pi}{4}} \frac{3}{2} \sin 3x \mathrm{d}x = \frac{\sqrt{2}}{4}$$

【例 2.5】　设连续型随机变量 X 的取值范围是 $(-\infty, +\infty)$, 其概率密度函

数为

$$f(x) = \frac{4C}{e^x + e^{-x}}$$

求常数 C.

解 因为概率密度函数满足 $\int_{-\infty}^{+\infty} f(x)\mathrm{d}x = 1$. 所以有 $4C\int_{-\infty}^{+\infty} \frac{\mathrm{d}x}{e^x + e^{-x}} = 1$, 由

$$\int_{-\infty}^{+\infty} \frac{\mathrm{d}x}{e^x + e^{-x}} = \lim \arctan(e^x)\,|_{-\infty}^{0} + \lim \arctan(e^x)\,|_{0}^{+\infty} = \frac{\pi}{2}$$

得 $C = \frac{1}{2\pi}$.

下面介绍几种常见的连续型随机变量.

1. 均匀分布

如果随机变量 X 的概率密度函数为

$$f(x) = \begin{cases} \dfrac{1}{b-a}, & a \leqslant x \leqslant b \\ 0, & \text{其他} \end{cases} \tag{2.6}$$

则称 X 服从 $[a,b]$ 上的均匀分布, 记作 $X \sim U(a,b)$.

【例 2.6】 某公交车站每隔 5 分钟有一辆汽车通过, 乘客到达车站的时间是随机的. 乘客候车的时间 X 服从 $[0,5]$ 上的均匀分布, 试求乘客候车时间大于 3 分钟的概率.

解 X 的概率密度函数为

$$f(x) = \begin{cases} \dfrac{1}{5}, & 0 \leqslant x \leqslant 5 \\ 0, & \text{其他} \end{cases}$$

所以

$$P(X > 3) = \int_3^{+\infty} f(x)\mathrm{d}x = \int_3^5 \frac{1}{5}\mathrm{d}x = \frac{2}{5} = 0.4$$

2. 指数分布

如果随机变量 X 的概率密度函数为

$$f(x) = \begin{cases} \lambda e^{-\lambda x}, & x \geqslant 0 \\ 0, & \text{其他} \end{cases} \tag{2.7}$$

其中 $\lambda > 0$, 则称 X 服从指数分布, 记作 $X \sim E(\lambda)$.

指数分布常用来近似各种"寿命"分布, 如动物的寿命、电器元件的寿命等.

【例 2.7】 某地区连续发生两次强烈地震的相隔年数 X 服从指数分布 $E(0.1)$, 现在该地区刚发生一次强烈地震, 试求: 今后三年中再次发生强烈地震的

概率.

　　解　记 X 为再发生一次地震的时间,则由题意知 $X \sim E(0.1)$,于是所求概率为

$$p = P(0 \leqslant x \leqslant 3) = \int_0^3 0.1 \mathrm{e}^{-0.1x} \mathrm{d}x = 1 - \mathrm{e}^{-0.3} = 0.2592$$

3. 正态分布

如果随机变量 X 的概率密度函数为

$$f(x) = \frac{1}{\sqrt{2\pi}\sigma} \mathrm{e}^{-\frac{(x-\mu)^2}{2\sigma^2}} \quad (x \in (-\infty, +\infty)) \tag{2.8}$$

其中 μ, σ 为实数,且 $\sigma > 0$,则称 X 服从正态分布,记作 $X \sim N(\mu, \sigma^2)$. 特别地,当 $\mu = 0, \sigma = 1$ 时有 $f(x) = \frac{1}{\sqrt{2\pi}} \mathrm{e}^{-\frac{x^2}{2}}$,则称 $f(x)$ 为标准正态分布的密度函数,该密度函数关于 y 轴对称,记作 $X \sim N(0, 1)$.

　　正态分布是最常见的一种分布,它是由高斯在研究试验误差时发现的,故也被称为高斯分布.

　　正态分布的随机变量取值于某区间 $[a, b]$、$(-\infty, a)$ 或 (a, ∞) 的概率很难直接通过对概率密度函数进行积分求得,通常是通过查标准正态分布表(如附表 2 所示)获得这些概率. 标准正态分布表给出的是

$$\Phi(x) = \int_{-\infty}^x \frac{1}{\sqrt{2\pi}} \mathrm{e}^{-\frac{t^2}{2}} \mathrm{d}t \quad (x \geqslant 0) \tag{2.9}$$

的值,即服从标准正态分布的随机变量落在 $(-\infty, x]$ 上的概率,且 $x > 0$. 当 $x < 0$ 时,由于标准正态分布的概率密度函数是关于 y 轴对称的,因此

$$P(X < x) = P(X < -|x|) = P(X > |x|) = 1 - P(X \leqslant |x|)$$

于是

$$\Phi(x) = 1 - \Phi(|x|) \quad (x < 0)$$

对于 $X \sim N(\mu, \sigma^2)$ 的一般正态分布随机变量而言

$$P(X \leqslant x) = \int_{-\infty}^x \frac{1}{\sqrt{2\pi}\sigma} \mathrm{e}^{-\frac{(t-\mu)^2}{2\sigma^2}} \mathrm{d}t$$

做变量代换 $y = \frac{t-\mu}{\sigma}$,则 $t = \sigma y + \mu$,于是

$$P(X \leqslant x) = \int_{-\infty}^{\frac{x-\mu}{\sigma}} \frac{1}{\sqrt{2\pi}\sigma} \mathrm{e}^{-\frac{y^2}{2}} \mathrm{d}(\sigma y + \mu) = \int_{-\infty}^{\frac{x-\mu}{\sigma}} \frac{1}{\sqrt{2\pi}} \mathrm{e}^{-\frac{y^2}{2}} \mathrm{d}y = \Phi\left(\frac{x-\mu}{\sigma}\right)$$

这里假设 $\frac{x-\mu}{\sigma} > 0$. 当 $\frac{x-\mu}{\sigma} < 0$ 时,$P(X < x) = 1 - \Phi\left(\left|\frac{x-\mu}{\sigma}\right|\right)$.

　　对服从正态分布 $N(\mu, \sigma^2)$ 的随机变量 X,下面的性质是很重要的:

$$P(|X - \mu| < \sigma) = 68.27\%, \quad P(|X - \mu| < 2\sigma) = 95.45\%$$

$$P(|X - \mu| < 3\sigma) = 99.73\%$$

由此可知,在大量随机试验中,X 的值绝大部分落在 $(\mu - 3\sigma, \mu + 3\sigma)$ 内,而落在这个区间外的概率只有 0.27%,是一个小概率事件,这个结论被称为正态分布的 3σ 法则.

【例 2.8】 假设随机变量 X 服从正态分布 $N(1, 2^2)$,试计算 $P(X \leqslant 0.5)$、$P(X < 3)$、$P(0.5 < X < 3)$.

解 因为 $\mu = 1, \sigma = 2$,所以

$$\begin{aligned}
P(X \leqslant 0.5) = \Phi\left(\frac{0.5 - 1}{2}\right) &= \Phi(-0.25) \\
&= 1 - \Phi(0.25) \\
&= 1 - 0.598\,71 \\
&= 0.401\,29
\end{aligned}$$

$$P(X < 3) = P(X \leqslant 3) = \Phi\left(\frac{3 - 1}{2}\right) = \Phi(1) = 0.841\,34$$

$$\begin{aligned}
P(0.5 < X < 3) = P(0.5 < X \leqslant 3) &= P(X \leqslant 3) - P(X \leqslant 0.5) \\
&= 0.841\,34 - 0.401\,29 \\
&= 0.440\,05
\end{aligned}$$

2.2 随机变量的分布函数

2.2.1 分布函数的定义

在上一节,我们分别定义了离散型随机变量的概率分布和连续型随机变量的概率密度函数,并利用它们分别计算了离散型随机变量和连续型随机变量取值的概率,然而离散型随机变量和连续型随机变量的概率特征可统一地用分布函数来描述,并可利用分布函数来定义其概率分布或概率密度函数.

定义 2.6 设 X 为一随机变量,称

$$F(x) = P(X \leqslant x) \quad (-\infty < x < +\infty) \tag{2.10}$$

为 X 的分布函数.

由分布函数的定义知

$$\begin{aligned}
P(a < X \leqslant b) = P(\{X \leqslant b\} - \{X \leqslant a\}) &= P(X \leqslant b) - P(X \leqslant a) \\
&= F(b) - F(a)
\end{aligned}$$

这里用到了结论 $\{X \leqslant a\} \subset \{X \leqslant b\}$. 对离散型随机变量

$$F(x) = \sum_{x_i \leqslant x} P(X = x_i)$$

在上式的求和记号中, $x_i \leqslant x$ 表示对所有满足 $x_i \leqslant x$ 的那些 x_i 所对应的概率 $P(X = x_i)$ 求和. 对连续型随机变量

$$F(x) = \int_{-\infty}^{x} f(x)\mathrm{d}x$$

如果 $f(x)$ 在 x 处连续, 那么

$$f(x) = \frac{\mathrm{d}F(x)}{\mathrm{d}x}$$

在许多场合, 直接求连续型随机变量的概率密度函数比较困难, 而求其分布函数比较容易, 这时可以先求分布函数, 再通过求其导数得到概率密度函数.

【例 2.9】 设连续型随机变量 X 的概率密度函数为

$$f(x) = \begin{cases} \cos x, & x \in (0, \pi/2) \\ 0, & x \notin (0, \pi/2) \end{cases}$$

求分布函数 $F(x)$.

解 根据公式 $F(x) = \int_{-\infty}^{x} f(x)\mathrm{d}x$, 当 $x < 0$ 时

$$F(x) = \int_{-\infty}^{x} 0\mathrm{d}x = 0$$

当 $0 \leqslant x < \pi/2$ 时

$$F(x) = \int_{-\infty}^{0} 0\mathrm{d}x + \int_{0}^{x} \cos x\mathrm{d}x = \sin x$$

当 $x \geqslant \pi/2$ 时

$$F(x) = \int_{-\infty}^{0} 0\mathrm{d}x + \int_{0}^{\frac{\pi}{2}} \cos x\mathrm{d}x + \int_{\frac{\pi}{2}}^{x} 0\mathrm{d}x = \sin x \Big|_{0}^{\frac{\pi}{2}} = 1$$

由此得分布函数

$$F(x) = \begin{cases} 0, & x < 0 \\ \sin x, & 0 \leqslant x < \pi/2 \\ 1, & x \geqslant \pi/2 \end{cases}$$

【例 2.10】 设连续型随机变量 X 的分布函数为

$$F(x) = \begin{cases} 0, & x < 0 \\ \sin x, & 0 \leqslant x < \pi/2 \\ 1, & x \geqslant \pi/2 \end{cases}$$

求概率密度函数 $f(x)$.

解

$$f(x) = F'(x) = \begin{cases} \cos x, & 0 \in (0,\pi/2] \\ 0, & x \notin (0,\pi/2] \end{cases}$$

显然,当 $x = 0$ 时,$F'(0)$ 不存在.所以为了完整性,我们可以规定 $f(0) = 0$ 或 $f(0) = 1$.若取 $f(0) = 0$,则

$$f(x) = F'(x) = \begin{cases} \cos x, & x \in (0,\pi/2] \\ 0, & x \notin (0,\pi/2] \end{cases}$$

若取 $f(0) = 1$,则

$$f(x) = F'(x) = \begin{cases} \cos x, & x \in [0,\pi/2] \\ 0, & x \notin [0,\pi/2] \end{cases}$$

例 2.10 说明,对分段可微的分布函数,通过求导计算密度函数,会遇到分布函数的导数在分段点不存在的情况,在这样的点上我们可以任意规定导数的值,因为连续型随机变量在某点上取值的概率为零.

2.2.2　分布函数的性质

定理 2.3　设随机变量 X 的分布函数为 $F(x)$,则 $F(x)$ 具有以下性质:
(1) 单调性:若 $a < b$,则 $F(a) \leqslant F(b)$;
(2) 规范性:$\lim\limits_{x \to -\infty} F(x) = 0$, $\lim\limits_{x \to +\infty} F(x) = 1$;
(3) 右连续性:$F(x+0) = F(x)$.

证明　(1) $F(b) - F(a) = P(a < X \leqslant b) \geqslant 0$,所以 $F(b) \geqslant F(a)$.

(2) 记 $A_n = \{\omega : x - n < X(\omega) \leqslant x\}$,则 A_n 单调递增,即 $A_n \subset A_{n+1}$,且 $\bigcup\limits_{n=1}^{\infty} A_n = \{\omega : -\infty < X(\omega) \leqslant x\}$.于是,由概率的连续性得

$$\begin{aligned} F(x) = P(-\infty < X \leqslant x) = P\left(\bigcup_{n=1}^{\infty} A_n\right) &= \lim_{n \to \infty} P(A_n) \\ &= \lim_{n \to \infty} [P(X \leqslant x) - P(X \leqslant x - n)] \\ &= \lim_{n \to \infty} F(x) - \lim_{n \to \infty} F(x - n) \\ &= F(x) - \lim_{x \to -\infty} F(x) \end{aligned}$$

所以

$$\lim_{x \to -\infty} F(x) = 0$$

令 $A_n = \{\omega : x - n < X(\omega) \leqslant x + n\}$,则 A_n 单调递增,即 $A_n \subset A_{n+1}$,且

$$\bigcup_{n=1}^{\infty} A_n = \bigcup_{n=1}^{\infty} \{\omega : x - n < X(\omega) \leqslant x + n\} = \Omega$$

由概率的连续性得

$$1 = P(\Omega) = P\left(\bigcup_{n=1}^{\infty} A_n\right) = \lim_{n \to \infty} A_n$$

$$= \lim_{n \to \infty}\left[P(X \leqslant x + n) - P(X \leqslant x - n)\right]$$

$$= \lim_{n \to \infty} F(x + n) - \lim_{n \to \infty} F(x - n)$$

$$= \lim_{x \to \infty} F(x) - \lim_{x \to -\infty} F(x)$$

$$= \lim_{x \to \infty} F(x)$$

所以

$$\lim_{x \to \infty} F(x) = 1$$

(3) 设 $\{x_n\}_{n=0}^{\infty}$ 为任一单调递减且趋于 x 的数列,即 $x_{n+1} < x_n, x_n > x$ 且 $x_n \to x (n \to \infty)$,也就是说 x_n 从 x 的右边趋于 x,于是 $F(x_n) \to F(x + 0) (n \to \infty)$.

因为 $\{\omega : x_0 < X(\omega) \leqslant x\} = \bigcup_{n=1}^{\infty}\{\omega : x_{n-1} < X(\omega) \leqslant x_n\}$,所以

$$F(x) - F(x_0) = P(x_0 < X \leqslant x)$$

$$= \sum_{n=1}^{\infty} P(x_{n-1} < X \leqslant x_n)$$

$$= \sum_{m=1}^{\infty}\left[F(x_m) - F(x_{m-1})\right]$$

$$= \lim_{n \to \infty} \sum_{m=1}^{n}\left[F(x_m) - F(x_{m-1})\right]$$

$$= \lim_{n \to \infty}\left[F(x_n) - F(x_0)\right]$$

$$= \lim_{n \to \infty} F(x_n) - F(x_0)$$

于是

$$F(x) = \lim_{n \to \infty} F(x_n) = F(x + 0)$$

说明 上述三个性质是分布函数的性质,然而反过来也可以证明,对每一个满足这三个性质的函数,都存在一个随机变量,使它的分布函数恰是这个函数. 所以在概率论中,满足这三个性质的所有函数都被称为分布函数.

定理 2.4 设 $F(x)$ 为随机变量 X 的分布函数,则

(1) $P(X = a) = F(a) - F(a - 0)$; (2) $P(X < a) = F(a - 0)$;

(3) $P(X > a) = 1 - F(a)$; (4) $P(X \geqslant a) = 1 - F(a - 0)$.

* **证明** (1) 设 $\{x_n\}_{n=1}^{\infty}$ 为任一单调上升且趋于 a 的序列,即 $x_{n+1} > x_n, x_n < a$,且 $x_n \to a$,也就是说,x_n 从 a 左边趋向 a,于是 $F(x_n) \to F(a - 0) (n \to \infty)$. 因为

$$\{\omega : X(\omega) = a\} = \bigcap_{n=1}^{\infty} \{\omega : x_n < X(\omega) \leqslant a\}$$

所以由概率的连续性知

$$P(X = a) = P\left(\bigcap_{n=1}^{\infty} \{\omega : x_n < X(\omega) \leqslant a\}\right)$$

$$= \lim_{n \to \infty} P(x_n < X \leqslant a)$$

$$= \lim_{n \to \infty} [F(a) - F(x_n)]$$

$$= F(a) - F(a - 0)$$

(2) $P(X < a) = P(X \leqslant a) - P(X = a) = F(a) - [F(a) - F(a-0)] = F(a-0)$.

(3) $P(X > a) = 1 - P(X \leqslant a) = 1 - F(a)$.

(4) $P(X \geqslant a) = 1 - P(X < a) = 1 - F(a - 0)$.

【例 2.11】 设随机变量 X 的分布函数为

$$F(x) = \begin{cases} 0, & x < 2 \\ 0.5x - 1, & 2 \leqslant x < 4 \\ 1, & x \geqslant 4 \end{cases}$$

求 X 在下列区间内取值的概率:

(1) $X \leqslant 0.2$; (2) $X \leqslant 3$; (3) $X > 3$; (4) $X > 5$.

解 (1) 因为当 $x < 2$ 时,$F(x) = 0$. 所以 $F(0.2) = 0$.

(2) $P(X \leqslant 3) = F(3) = 0.5 \times 3 - 1 = 0.5$.

(3) $P(X > 3) = 1 - F(3) = 1 - 0.5 = 0.5$.

(4) $P(X > 5) = 1 - F(5) = 1 - 1 = 0$.

分布函数也常被定义为

$$F(x) = P(X < x) \quad (-\infty < x < +\infty)$$

用测度理论可以证明,两种定义是等价的. 因为在许多教材和专著中都采取这个定义,我们有必要了解这种分布函数的性质.

性质 2.1 左连续性 $F(x - 0) = F(x)$.

* **证明** 设 $\{x_n\}_{n=0}^{\infty}$ 为任一单调上升数列,即 $x_{n+1} > x_n$,且 $x_n < x (n = 0, 1, 2, \cdots)$,$x_n \to x$,即 x_n 从 x 的左边趋向 x,于是 $F(x_n) \to F(x-0)(n \to \infty)$. 因为

$$\{\omega : x_0 \leqslant X(\omega) < x\} = \bigcup_{n=1}^{\infty} \{\omega : x_{n-1} \leqslant X(\omega) < x_n\}$$

所以

$$F(x) - F(x_0) = P(x_0 \leqslant X < x)$$

$$= \sum_{n=1}^{\infty} P(x_{n-1} \leqslant X < x_n)$$

$$= \sum_{m=1}^{\infty} \left[F(x_m) - F(x_{m-1}) \right]$$

$$= \lim_{n \to \infty} \sum_{m=1}^{n} \left[F(x_m) - F(x_{m-1}) \right]$$

$$= \lim_{n \to \infty} \left[F(x_n) - F(x_0) \right]$$

$$= \lim_{n \to \infty} F(x_n) - F(x_0)$$

于是知

$$F(x) = \lim_{n \to \infty} F(x_n) = F(x - 0)$$

性质 2.2　(1) $F(X = a) = F(a + 0) - F(a)$;

(2) $F(X \leqslant a) = F(a + 0)$;

(3) $F(X \geqslant a) = 1 - F(a)$;

(4) $F(X > a) = 1 - F(a + 0)$.

* **证明**　(1) 设 $\{x_n\}_{n=1}^{\infty}$ 为任一单调下降序列,即 $x_{n+1} < x_n$,且 $x_n > a (n = 1, 2, \cdots)$,且 $x_n \to a$,即 x_n 从 x 的右边趋向 x,于是 $F(x_n) \to F(a + 0) (n \to \infty)$,因为

$$\{\omega : X(\omega) = a\} = \bigcap_{n=1}^{\infty} \{\omega : a \leqslant X(\omega) < x_n\}$$

所以由概率的连续性知

$$P(X = a) = \lim_{n \to \infty} P(a \leqslant X < x_n) = \lim_{n \to \infty} F(x_n) - F(a) = F(a + 0) - F(a)$$

(2) $P(X \leqslant a) = P(X < a) + P(X = a) = F(a) + \left[F(a + 0) - F(a) \right] = F(a + 0)$.

(3) $P(X \geqslant a) = 1 - P(X < a) = 1 - F(a)$.

(4) $P(X > a) = 1 - P(X \leqslant a) = 1 - F(a + 0)$.

2.3　随机变量的函数及其分布

2.3.1　随机变量函数的定义

在实际问题中,往往会遇到求随机变量函数的分布函数问题,例如在统计物理中,已知分子运动的速度 V 的分布,要求分子的动能 $Y = \frac{1}{2} m V^2$ 的分布,这就需要我们研究随机变量的函数.

直观地说,设 X 是一个随机变量,$y = g(x)$ 是一个函数.因为 X 可以表示为样本点 ω 的函数 $X(\omega)$,所以将 $X(\omega)$ 代替 $g(x)$ 中的自变量 x,就得到函数 $Y(\omega) = g[X(\omega)]$,于是 Y 也是一个样本点 ω 的函数,因而也是随机变量,它是随机变量 X 的函数.但从理论上讲,并不是任意函数都可以用来构造一个随机变量的函数.设概率空间为 $(\Omega, \mathscr{F}, P)$,根据随机变量的定义,如要使 $Y(\omega) = g[X(\omega)]$ 也是一个随机变量,这就要求对任意实数 c 使得

$$\{\omega : Y(\omega) = g[X(\omega)] < c\} \in \mathscr{F}$$

即 $\{\omega : Y(\omega) = g[X(\omega)] < c\}$ 是一个事件,有确定的概率.于是我们得到随机变量函数的最基本定义.

定义 2.7 设 X 为概率空间 $(\Omega, \mathscr{F}, P)$ 上的随机变量,$g(x)$ 是一个函数,如果对任意实数 c

$$\{\omega : Y(\omega) = g[X(\omega)] < c\} \in \mathscr{F}$$

则称 $Y(\omega) = g[X(\omega)]$ 为随机变量 X 的函数.

可以证明,连续函数和单调函数都满足这个条件.

2.3.2　一维波雷尔集与随机变量的函数*

根据定义 2.2,要求 $Y(\omega) = g[X(\omega)]$ 能成为随机变量,就要求对任意一维波雷尔集 $B \in \mathscr{B}^1$ 有

$$\{\omega : Y(\omega) = g[X(\omega)] \in B\} \in \mathscr{F}$$

现在我们作进一步的讨论.

首先,我们证明

$$\{\omega : Y(\omega) = g[X(\omega)] \in B\} = \{\omega : X(\omega) \in B_g\}$$

这里 $B_g = \{x : g(x) \in B\}$,即 B_g 是使 $g(x) \in B$ 的所有 x 构成的集合.取任意 $\omega \in \{\omega : Y(\omega) = g[X(\omega)] \in B\}$,记 $x = X(\omega)$,$y = g(x)$,显然,$y = g(x) \in B$,所以 $x \in \{x : g(x) \in B\} = B_g$,$\omega \in \{\omega : X(\omega) \in B_g\}$,从而

$$\{\omega : Y(\omega) = g[X(\omega)] \in B\} \subset \{\omega : X(\omega) \in B_g\}$$

再任取 $\omega \in \{\omega : X(\omega) \in B_g\}$,记 $x = X(\omega)$,则 $y = g(x) \in B$,所以 $\omega \in \{\omega : Y(\omega) = g[X(\omega)] \in B\}$,从而

$$\{\omega : Y(\omega) = g[X(\omega)] \in B\} \supset \{\omega : X(\omega) \in B_g\}$$

故

$$\{\omega : Y(\omega) = g[X(\omega)] \in B\} = \{\omega : X(\omega) \in B_g\}$$

如果 B_g 也是波雷尔集,则因为 X 为随机变量,由随机变量的定义知,$\{\omega : X(\omega) \in B_g\} \in \mathscr{F}$.这样 $\{\omega : Y(\omega) = g[X(\omega)] \in B\} \in \mathscr{F}$,故 $Y(\omega)$ 是 $X(\omega)$ 的

函数,于是我们就得到了随机变量函数的另一个定义.

定义 2.8　设 X 是一个概率空间 $(\Omega, \mathscr{F}, P)$ 上的随机变量,$g(x)$ 是一个实函数,它满足对任一波雷尔集 $B \in \mathscr{B}^1$,$B_g = \{x : g(x) \in B\}$ 也是波雷尔集,那么就称 $Y(\omega) = g[X(\omega)]$ 为随机变量 X 的函数.

2.3.3　随机变量函数的分布

首先我们考察离散型的情况.设 X 为离散型的随机变量,则 X 取有限个或可列个值,于是 $Y = g(X)$ 也取有限个或可列个值,因而 Y 也是离散型随机变量.假设随机变量 X 的概率分布由表 2.1 给出,相应地,我们可以作 $Y = g(X)$ 的概率分布表,如表 2.4 所示.

表 2.4　$Y = g(X)$ 的概率分布表

$Y = g(X)$	$y_1 = g(x_1)$	$y_2 = g(x_2)$	$\cdots$	$y_n = g(x_n)$	$\cdots$
p	p_1	p_2	$\cdots$	p_n	$\cdots$

在表 2.4 中,若 $y_p = g(x_p) = y_q = g(x_q)$,则将第 $p+1$ 列与第 $q+1$ 列合并,对应的概率则为 $p_p + p_q$,这样就得到了 $Y = g(X)$ 的概率分布.

【**例 2.12**】　设随机变量 X 的概率分布如表 2.5 所示.

表 2.5　X 的概率分布表

X	-1	0	1
p	0.3	0.4	0.3

试求 $Y = 2X^2 + 1$ 的概率分布.

解　先作表 2.6 为

表 2.6　$Y = 2X^2 + 1$ 的概率分布表

X	-1	0	1
Y	3	1	3
p	0.3	0.4	0.3

将第 2 列与第 4 列合并,便得到 Y 的概率分布,列在表 2.7 中.

表 2.7　Y 的概率分布表

Y	1	3
p	0.4	0.6

再考虑连续型随机变量的函数. 当 X 为连续型随机变量时, $Y = g(X)$ 往往也是连续型随机变量, 但并不一定都是连续型的随机变量, 例如下面的例 2.13 就说明了这点.

【例 2.13】 设 $g(x) = 1_A(x)$, 这里 $1_A(x)$ 为集合 A 的示性函数, 即

$$1_A(x) = \begin{cases} 1, & x \in A \\ 0, & \text{其他} \end{cases}$$

取 $A = [0,1]$, 又设 X 在 $[0,2]$ 上服从均匀分布, 求 $Y = g(X)$ 的概率分布.

解　X 在 $[0,2]$ 上服从均匀分布, 则其概率密度函数为

$$f(x) = \begin{cases} \dfrac{1}{2}, & x \in [0,2] \\ 0, & \text{其他} \end{cases}$$

则

$$Y(X) = \begin{cases} 1, & X \in [0,1] \\ 0, & \text{其他} \end{cases}$$

且

$$P(Y = 1) = P(X \in [0,1]) = \int_0^1 \frac{1}{2}\mathrm{d}x = \frac{1}{2}$$

$$P(Y = 0) = 1 - P(Y = 1) = 1 - \frac{1}{2} = \frac{1}{2}$$

【例 2.14】 设随机变量 X 在区间 $[1,2]$ 上服从均匀分布, 求 $Y = \mathrm{e}^{2X}$ 的概率密度函数.

解　我们先求 Y 的分布函数, 再求 Y 的密度函数. 因为仅当 $X \in [1,2]$ 时, X 的概率密度函数 $f(x) \neq 0$, 其他情况均为 0, 所以我们把 X 的取值分为三段考虑, 即 $x < 1, 1 \leqslant x < 2, x \geqslant 2$. 相应地, Y 的取值范围也分为三段, 即 $y < \mathrm{e}^2, \mathrm{e}^2 \leqslant y < \mathrm{e}^4$, $y \geqslant \mathrm{e}^4$.

当 $y < \mathrm{e}^2$ 时

$$F_Y(y) = P(Y \leqslant y) = P(\mathrm{e}^{2X} \leqslant y) = P\left(X \leqslant \frac{1}{2}\ln y\right) = \int_0^{\frac{1}{2}\ln y} f(x)\mathrm{d}x$$

因为当 $y < \mathrm{e}^2$ 时, $\dfrac{1}{2}\ln y < \dfrac{1}{2}\ln \mathrm{e}^2 = 1$, 所以当 $x < \dfrac{1}{2}\ln y$ 时, $f(x) = 0$, 从而

$$F_Y(y) = 0 \quad (y < \mathrm{e}^2)$$

当 $e^2 \leqslant y < e^4$ 时，$\frac{1}{2}\ln e^2 \leqslant \frac{1}{2}\ln y < \frac{1}{2}\ln e^4$，即 $1 \leqslant \frac{1}{2}\ln y < 2$，所以

$$
\begin{aligned}
F_Y(y) &= P\left(X \leqslant \frac{1}{2}\ln y\right) = \int_0^1 f(x)\mathrm{d}x + \int_1^{\frac{1}{2}\ln y} f(x)\mathrm{d}x \\
&= \int_0^1 0\mathrm{d}x + \int_1^{\frac{1}{2}\ln y} 1\mathrm{d}x \\
&= \frac{1}{2}\ln y - 1
\end{aligned}
$$

当 $y \geqslant e^4$ 时，$\frac{1}{2}\ln y \geqslant \frac{1}{2}\ln e^4 = 2$，所以

$$
\begin{aligned}
F_Y(y) &= P\left(X \leqslant \frac{1}{2}\ln y\right) = \int_0^1 f(x)\mathrm{d}x + \int_1^2 f(x)\mathrm{d}x + \int_2^{\frac{1}{2}\ln y} f(x)\mathrm{d}x \\
&= 0 + 1 + 0 \\
&= 1
\end{aligned}
$$

综合以上结果得

$$
F_Y(y) = \begin{cases} 0, & y < e^2 \\ \frac{1}{2}\ln y - 1, & e^2 \leqslant y < e^4 \\ 1, & y \geqslant e^4 \end{cases}
$$

于是

$$
f_Y(y) = \frac{\mathrm{d}F_Y(y)}{\mathrm{d}y} = \begin{cases} \dfrac{1}{2y}, & e^2 \leqslant y < e^4 \\ 0, & \text{其他} \end{cases}
$$

2.4 二元随机变量与边缘分布

2.4.1 二元随机变量的概念

在许多随机试验中,试验结果与多个随机变量联系在一起,例如射击打靶,子弹落在靶上的位置可用横坐标 X 和纵坐标 Y 来描述.由于每次射击子弹击中靶位置的不同,所以 X 和 Y 都是随机变量.我们把 X 和 Y 看成一个整体,即向量 (X,Y),这个向量 (X,Y) 就称为一个二维随机变量或二维随机向量.和一维随机变量一样,对二元随机变量,我们关心的也是它们落在某个点或区域上的概率,即

$P[(X,Y) \in B]$.这里 B 可以是二维单点集 $\{(a,b)\}$ 或二维开区间 $(a,b) = (a_1,b_1) \times (a_2,b_2)$,或二维闭区间 $[a,b] = [a_1,b_1] \times [a_2,b_2]$ 或二维半开半闭区间 $[a,b) = [a_1,b_1) \times [a_2,b_2)$ 和 $(a,b] = (a_1,b_1] \times (a_2,b_2]$ 以及由它们的有限交、可列交、有限并和可列并、差运算和补运算所得到的子集.

二元随机变量的概率特征由二维随机变量的联合分布给出,即

$$F(x,y) = P(X \leqslant x, Y \leqslant y) \tag{2.11}$$

定理 2.5 设二维随机变量 (X,Y) 的联合分布函数为 $F(x,y)$,则

(1) $0 \leqslant F(x,y) \leqslant 1$;

(2) $\lim\limits_{y \to -\infty} F(x,y) = \lim\limits_{x \to -\infty} F(x,y) = 0$, $\lim\limits_{x \to -\infty}\lim\limits_{y \to -\infty} F(x,y) = 0$, $\lim\limits_{x \to \infty}\lim\limits_{y \to \infty} F(x,y) = 1$;

(3) 若 $x_1 < x_2, y_1 < y_2$,则对任意 x,y,有

$$F(x_1,y) \leqslant F(x_2,y), \quad F(x,y_1) \leqslant F(x,y_2), \quad F(x_1,y_1) \leqslant F(x_2,y_2)$$

(4) $P(a_1 < X \leqslant b_1, a_2 < Y \leqslant b_2) = F(b_1,b_2) - F(a_1,b_2) - F(b_1,a_2) + F(a_1,a_2)$.

*证明 (1) 由分布函数的定义知,$0 \leqslant F(x,y) = P(X \leqslant x, Y \leqslant y) \leqslant 1$.

(2) $\lim\limits_{y \to -\infty} F(x,y) = \lim\limits_{y \to -\infty} P(X \leqslant x, Y \leqslant y) \leqslant \lim\limits_{y \to -\infty} P(Y \leqslant y) = 0$.同理可证 $\lim\limits_{x \to -\infty} F(x,y) = 0$.从而可知,$\lim\limits_{x \to -\infty}\lim\limits_{y \to -\infty} F(x,y) = 0$.

因为 $F(x,y) = P(X \leqslant x, Y \leqslant y) = 1 - P(X > x) - P(Y > y) + P(X > x, Y > y)$.又因为 $P(X > x) = 1 - P(X \leqslant x) = 1 - F(x)$,所以

$$\lim\limits_{x \to +\infty} P(X > x) = \lim\limits_{x \to +\infty}[1 - P(X \leqslant x)] = 1 - \lim\limits_{x \to +\infty} F(x) = 1 - 1 = 0$$

同理 $\lim\limits_{y \to +\infty} P(Y > y) = 0$.又有

$$0 \leqslant \lim\limits_{y \to +\infty} P(X > x, Y > y) \leqslant \lim\limits_{y \to +\infty} P(Y > y) = 0$$

所以 $\lim\limits_{x \to +\infty}\lim\limits_{y \to +\infty} P(X > x, Y > y) = 0$,于是

$$\lim\limits_{x \to +\infty}\lim\limits_{y \to +\infty} F(x,y) = 1 - P(X > x) - P(Y > y) + P(X > x, Y > y)$$
$$= 1 - 0 - 0 + 0$$
$$= 1$$

(3) $F(x_2,y) - F(x_1,y) = P(X \leqslant x_2, Y \leqslant y) - P(X \leqslant x_1, Y \leqslant y)$
$$= P(x_1 < X \leqslant x_2, Y \leqslant y)$$
$$\geqslant 0$$

所以 $F(x_2,y) \geqslant F(x_1,y)$.同理可证 $F(x,y_2) \geqslant F(x,y_1)$.由于

$$F(x_2,y_2) - F(x_1,y_1) = P(X \leqslant x_2, Y \leqslant y_2) - P(X \leqslant x_1, Y \leqslant y_1)$$
$$= P(x_1 < X \leqslant x_2, y_1 < Y \leqslant y_2)$$
$$\geqslant 0$$

所以 $F(x_2,y_2) \geqslant F(x_1,y_1)$.

(4) 在二维平面上

$$\{a_1 < x \leqslant b_1, a_2 < y \leqslant b_2\}$$
$$= \{-\infty < x \leqslant b_1, -\infty < y \leqslant b_2\} - (\{-\infty < x \leqslant a_1, -\infty < y \leqslant b_2\}$$
$$\bigcup \{-\infty < x \leqslant b_1, -\infty < y \leqslant a_2\})$$
$$\{-\infty < x \leqslant a_1, -\infty < y \leqslant b_2\} \bigcap \{-\infty < x \leqslant b_1, -\infty < y \leqslant a_2\}$$
$$= \{-\infty < x \leqslant a_1, -\infty < y \leqslant a_2\}$$

所以

$$P(a_1 < x \leqslant a_2, b_1 < y \leqslant b_2)$$
$$= P(-\infty < x \leqslant b_1, -\infty < y \leqslant b_2) - P(\{-\infty < x \leqslant a_1,$$
$$-\infty < y \leqslant b_2\} \bigcup \{-\infty < x \leqslant b_1, -\infty < y \leqslant a_2\})$$

又因为

$$P(\{-\infty < x \leqslant a_1, -\infty < y \leqslant b_2\} \bigcup \{-\infty < x \leqslant b_1, -\infty < y \leqslant a_2\})$$
$$= P(-\infty < x \leqslant a_1, -\infty < y \leqslant b_2) + P(-\infty < x \leqslant b_1, -\infty < y \leqslant a_2)$$
$$- P(\{-\infty < x \leqslant a_1, -\infty < y \leqslant b_2\} \bigcap \{-\infty < x \leqslant b_1, -\infty < y \leqslant a_2\})$$
$$= P(-\infty < x \leqslant a_1, -\infty < y \leqslant b_2) + P(-\infty < x \leqslant b_1, -\infty < y \leqslant a_2)$$
$$- P(-\infty < x \leqslant a_1, -\infty < y \leqslant a_2)$$

于是得

$$P(a_1 < X \leqslant b_1, a_2 < Y \leqslant b_2) = F(b_1, b_2) - F(a_1, b_2)$$
$$- F(b_1, a_2) + F(a_1, a_2)$$

2.4.2 离散型二元随机变量

二元随机变量 (X, Y) 如果只取有限对或可列对值,那么就被称为离散型二元随机变量. 设 (X, Y) 的取值为 $(X, Y) = (x_i, y_j)$ $(1 \leqslant i \leqslant m, 1 \leqslant j \leqslant n)$,则称

$$P(X = x_i, Y = y_j) = p_{ij} \quad (1 \leqslant i \leqslant m, 1 \leqslant j \leqslant n) \tag{2.12}$$

为 (X, Y) 的联合概率分布. 显然 $\sum_{i=1}^{m} \sum_{j=1}^{n} p_{ij} = 1$. (X, Y) 的联合概率分布可用表 2.8 来表示.

表 2.8 (X, Y) 的联合概率分布表

Y \ X	x_1	x_2	$\cdots$	x_m
y_1	p_{11}	p_{21}	$\cdots$	p_{m1}
y_2	p_{12}	p_{22}	$\cdots$	p_{m2}
$\vdots$	$\vdots$	$\vdots$	$\vdots$	$\vdots$
y_n	p_{1n}	p_{2n}	$\cdots$	p_{mn}

【例 2.15】　一个袋中装有 3 个白球和 2 个黑球,进行有放回的摸球.定义随机变量 X,Y 如下:

$$X = \begin{cases} 0, & \text{第一次取出的是白球} \\ 1, & \text{第一次取出的是黑球} \end{cases}, \qquad Y = \begin{cases} 0, & \text{第二次取出的是白球} \\ 1, & \text{第二次取出的是黑球} \end{cases}$$

试求 (X,Y) 的联合分布.

解　因为一次取一个球,且是有放回的,所以

$$P(X=0,Y=0) = \frac{3}{5} \times \frac{3}{5} = \frac{9}{25}, \quad P(X=0,Y=1) = \frac{3}{5} \times \frac{2}{5} = \frac{6}{25}$$

$$P(X=1,Y=0) = \frac{2}{5} \times \frac{3}{5} = \frac{6}{25}, \quad P(X=1,Y=1) = \frac{2}{5} \times \frac{2}{5} = \frac{4}{25}$$

用表格表示,即得表 2.9.

表 2.9　(X,Y) 的联合概率分布

Y ＼ X	0	1
0	$\frac{9}{25}$	$\frac{6}{25}$
1	$\frac{6}{25}$	$\frac{4}{25}$

2.4.3　连续型二元随机变量

设 (X,Y) 为二元随机变量.如果存在非负可积函数 $f(x,y)$,使得对任意实数 x,y 有

$$F(x,y) = P(X \leqslant x, Y \leqslant y) = \int_{-\infty}^{x} \int_{-\infty}^{y} f(u,v)\mathrm{d}u\mathrm{d}v \qquad (2.13)$$

那么 (X,Y) 被称为连续型二元随机变量,$f(x,y)$ 被称为 (X,Y) 的联合密度函数.

连续型二元随机变量的联合密度函数具有以下性质:

(1) $\int_{-\infty}^{+\infty} \int_{-\infty}^{+\infty} f(x,y)\mathrm{d}x\mathrm{d}y = 1$;

(2) 若 $f(x,y)$ 在 (x,y) 处连续,则 $f(x,y) = \frac{\partial^2 F(x,y)}{\partial x \partial y}$;

(3) 若 D 是二维实数空间 $\mathbf{R}^2$ 的一个区域,则 $P((X,Y) \in D) = \iint\limits_{(x,y) \in D} f(x,y)\mathrm{d}x\mathrm{d}y$;

(4) $P(X=a,Y=b) = 0$.

【例 2.16】　设二元随机变量 (X,Y) 的联合密度函数为

$$f(x,y) = \begin{cases} 2\mathrm{e}^{-(2x+y)}, & x > 0, y > 0 \\ 0, & \text{其他} \end{cases}$$

试求分布函数 $F(x,y)$.

解　根据定义,有 $F(x,y) = \int_{-\infty}^{x} \int_{-\infty}^{y} f(x,y)\mathrm{d}x\mathrm{d}y$. 当 $x > 0, y > 0$ 时,有

$$F(x,y) = \int_{0}^{x} \int_{0}^{y} 2\mathrm{e}^{-(2x+y)}\mathrm{d}x\mathrm{d}y = \int_{0}^{x} 2\mathrm{e}^{-2x}\mathrm{d}x \int_{0}^{y} \mathrm{e}^{-y}\mathrm{d}y = (1 - \mathrm{e}^{-2x})(1 - \mathrm{e}^{-y})$$

当 x, y 取其他值时, $f(x,y) = 0$, 所以

$$F(x,y) = \begin{cases} (1 - \mathrm{e}^{-2x})(1 - \mathrm{e}^{-y}), & x > 0, y > 0 \\ 0, & \text{其他} \end{cases}$$

【例 2.17】　设 (X, Y) 的联合密度函数为

$$f(x,y) = \begin{cases} C\mathrm{e}^{-(3x+4y)}, & x \geqslant 0, y \geqslant 0 \\ 0, & \text{其他} \end{cases}$$

试求:(1) 常数 C 的值;(2) $P(0 < X < 1, 0 < Y < 2)$.

解　(1) 因为

$$\begin{aligned} 1 &= \int_{-\infty}^{+\infty} \int_{-\infty}^{+\infty} f(x,y)\mathrm{d}x\mathrm{d}y = \int_{0}^{+\infty} \int_{0}^{+\infty} C\mathrm{e}^{-(3x+4y)}\mathrm{d}x\mathrm{d}y \\ &= C \int_{0}^{+\infty} \mathrm{e}^{-3x}\mathrm{d}x \int_{0}^{+\infty} \mathrm{e}^{-4y}\mathrm{d}y \\ &= \frac{C}{12} \end{aligned}$$

所以 $C = 12$.

(2) $P(0 < X < 1, 0 < Y < 2) = \int_{0}^{1} \int_{0}^{2} 12\mathrm{e}^{-(3x+4y)}\mathrm{d}x\mathrm{d}y = (1 - \mathrm{e}^{-3})(1 - \mathrm{e}^{-8})$.

二元连续型分布中以二元均匀分布和二元正态分布较为常见,下面简要介绍.

1. 二元均匀分布

设二元随机变量 (X, Y) 的联合密度函数为

$$f(x,y) = \begin{cases} \dfrac{1}{S_D}, & (x,y) \in D \\ 0, & (x,y) \notin D \end{cases}$$

其中 S_D 为区域 D 的面积,则称 (X, Y) 服从 D 上的均匀分布,记作 $(X, Y) \sim U(D)$.

2. 二元正态分布

设二元随机变量 (X, Y) 的联合密度函数为

$$f(x, y) = \frac{1}{2\pi\sigma_1\sigma_2\sqrt{1-\rho^2}}\exp\left\{-\frac{1}{2(1-\rho^2)}\left[\frac{(x-\mu_1)^2}{\sigma_1^2}\right.\right.$$

$$\left.\left. -2\rho\frac{(x-\mu_1)(y-\mu_2)}{\sigma_1\sigma_2} + \frac{(y-\mu_2)^2}{\sigma_2^2}\right]\right\}$$

其中 $\mu_1, \mu_2, \sigma_1, \sigma_2, \rho$ 为常数,且 $\sigma_1 > 0, \sigma_2 > 0, -1 < \rho < 1$. 这时称 (X, Y) 服从参数为 $\mu_1, \mu_2, \sigma_1, \sigma_2, \rho$ 的二元正态分布,记作 $(X, Y) \sim N(\mu_1, \mu_2, \sigma_1^2, \sigma_2^2, \rho)$.

2.4.4 二元随机变量和的分布

设 (X_1, X_2) 为二元随机变量,令 $Y = X_1 + X_2$,则 Y 也是随机变量. 假设 (X_1, X_2) 为离散型随机变量,其联合分布律为 $p_{ij} = P(X_1 = x_i^{(1)}, X_2 = x_j^{(2)})$,则

$$p_k = P(Y = y_k) = \sum_{x_i^{(1)} + x_j^{(2)} = y_k} p_{ij}$$

假设 (X_1, X_2) 为连续型随机变量,联合密度函数为 $f(x_1, x_2)$. 我们推导 Y 的概率密度函数,由于

$$F_Y(y) = P(Y \leqslant y) = \iint\limits_{x_1 + x_2 \leqslant y} f(x_1, x_2)\mathrm{d}x_1\mathrm{d}x_2$$

对固定的 y,当 x_1 由 $-\infty$ 变化到 $+\infty$ 时,x_2 由 $-\infty$ 变化到 $y - x_1$,所以

$$F_Y(y) = P(Y \leqslant y) = \iint\limits_{x_1 + x_2 \leqslant y} f(x_1, x_2)\mathrm{d}x_1\mathrm{d}x_2 = \int_{-\infty}^{+\infty}\mathrm{d}x_1\left[\int_{-\infty}^{y-x_1} f(x_1, x_2)\mathrm{d}x_2\right]$$

令 $x_2 = z - x_1$,则 $z = x_1 + x_2$,当 x_2 由 $-\infty$ 变化到 $y - x_1$ 时,$z = x_1 + x_2$ 由 $-\infty$ 变化到 $x_1 + (y - x_1) = y$,所以

$$F_Y(y) = \int_{-\infty}^{+\infty}\left[\int_{-\infty}^{y} f(x_1, z - x_1)\mathrm{d}z\right]\mathrm{d}x_1 = \int_{-\infty}^{y}\left[\int_{-\infty}^{+\infty} f(x_1, z - x_1)\mathrm{d}x_1\right]\mathrm{d}z$$

记 $G(z) = \int_{-\infty}^{+\infty} f(x_1, z - x_1)\mathrm{d}x_1$,则 $F_Y(y) = \int_{-\infty}^{y} G(z)\mathrm{d}z$,由此得 Y 的概率密度函数为

$$f_Y(y) = F_Y'(y) = G(y) = \int_{-\infty}^{+\infty} f(x_1, y - x_1)\mathrm{d}x_1$$

同理有

$$f_Y(y) = \int_{-\infty}^{+\infty} f(y - x_2, x_2)\mathrm{d}x_2$$

【例 2.18】 已知 (X, Y) 的联合概率分布如表 2.10 所示.
求 $Z = X + Y$ 的概率分布.

表 2.10　(X, Y)的联合概率分布表

X Y	0	1
0	$\dfrac{25}{36}$	$\dfrac{5}{36}$
1	$\dfrac{5}{36}$	$\dfrac{1}{36}$

解　$Z = X + Y$ 的取值为 $0,1,2$,且

$$P(Z = 0) = P(X = 0, Y = 0) = \frac{25}{36}$$

$$P(Z = 1) = P(X = 0, Y = 1) + P(X = 1, Y = 0)$$

$$= \frac{5}{36} + \frac{5}{36}$$

$$= \frac{10}{36}$$

$$P(Z = 2) = P(X = 1, Y = 1) = \frac{1}{36}$$

结果如表 2.11 所示.

表 2.11　Z 的概率分布表

Z	0	1	2
p	$\dfrac{25}{36}$	$\dfrac{10}{36}$	$\dfrac{1}{36}$

关于二维连续型随机变量和函数的例题参见例 2.26.

2.4.5　边缘分布

在二元随机变量(X, Y)中,X, Y 作为一个单独的随机变量,它们也应该具有独自的分布函数,称为边缘分布函数.记 X, Y 的边缘分布函数分别为 $F_X(x)$,$F_Y(y)$,则

$$\begin{cases} F_X(x) = P(X \leqslant x) = \lim_{y \to +\infty} P(X \leqslant x, Y \leqslant y) \overset{\text{def}}{=} F(x, +\infty) \\ F_Y(y) = P(Y \leqslant y) = \lim_{x \to +\infty} P(X \leqslant x, Y \leqslant y) \overset{\text{def}}{=} F(+\infty, y) \end{cases} \quad (2.14)$$

离散型随机变量的边缘分布律按如下方法求出:X 的边缘分布律为

$$p_{i\cdot} = P(X = x_i) = \sum_{j=1}^{n} P(X = x_i, Y = y_j) = \sum_{j=1}^{n} p_{ij} \quad (1 \leqslant i \leqslant m) \quad (2.15)$$

这是因为 $\{X = x_i\} = \bigcup\limits_{j=1}^{n} \{X = x_i, Y = y_j\}$. 同理 Y 的边缘分布律为

$$p_{\cdot j} = P(Y = y_j) = \sum_{i=1}^{m} P(X = x_i, Y = y_j) = \sum_{i=1}^{m} p_{ij} \quad (1 \leqslant j \leqslant n) \quad (2.16)$$

【例 2.19】 求例 2.15 的边缘分布.

解

$$p_{1\cdot} = P(X = 0) = P(X = 0, Y = 0) + P(X = 0, Y = 1) = \frac{3}{5}$$

$$p_{2\cdot} = P(X = 1) = P(X = 1, Y = 0) + P(X = 1, Y = 1) = \frac{2}{5}$$

$$p_{\cdot 1} = P(Y = 0) = P(X = 0, Y = 0) + P(X = 1, Y = 0) = \frac{3}{5}$$

$$p_{\cdot 2} = P(Y = 1) = P(X = 0, Y = 1) + P(X = 1, Y = 1) = \frac{2}{5}$$

【例 2.20】 在例 2.15 中采用不放回的摸球,求联合概率分布和边缘概率分布.

解

$$P(X = 0, Y = 0) = \frac{3}{5} \times \frac{2}{4} = \frac{6}{20}, \quad P(X = 0, Y = 1) = \frac{3}{5} \times \frac{2}{4} = \frac{6}{20}$$

$$P(X = 1, Y = 0) = \frac{2}{5} \times \frac{3}{4} = \frac{6}{20}, \quad P(X = 1, Y = 1) = \frac{2}{5} \times \frac{1}{4} = \frac{2}{20}$$

$$p_{1\cdot} = P(X = 0) = P(X = 0, Y = 0) + P(X = 0, Y = 1) = \frac{3}{5}$$

$$p_{2\cdot} = P(X = 1) = P(X = 1, Y = 0) + P(X = 1, Y = 1) = \frac{2}{5}$$

$$p_{\cdot 1} = P(Y = 0) = P(X = 0, Y = 0) + P(X = 1, Y = 0) = \frac{3}{5}$$

$$p_{\cdot 2} = P(Y = 1) = P(X = 0, Y = 1) + P(X = 1, Y = 1) = \frac{2}{5}$$

由例 2.19 和例 2.20 知,X, Y 的边缘概率分布相同,但联合概率分布不同,这说明联合概率分布不能由边缘概率分布唯一确定,还必须考虑 X 和 Y 之间的相互联系,这就是研究多维随机变量的必要性所在.

连续型随机变量的边缘密度函数可以按照下列方法计算:

$$F_X(x) = P(X \leqslant x) = P(X \leqslant x, Y < +\infty)$$

$$= \int_{-\infty}^{x} \int_{-\infty}^{+\infty} f(x, y) \mathrm{d}x \mathrm{d}y$$

$$= \int_{-\infty}^{x} \left[\int_{-\infty}^{+\infty} f(x, y) \mathrm{d}y \right] \mathrm{d}x$$

所以 X 的边缘密度函数为

$$f_X(x) = F_X'(x) = \int_{-\infty}^{+\infty} f(x,y)\mathrm{d}y \tag{2.17}$$

同理, Y 的边缘密度函数为

$$f_Y(y) = \int_{-\infty}^{+\infty} f(x,y)\mathrm{d}x \tag{2.18}$$

【例 2.21】 设 (X,Y) 的联合密度函数为

$$f(x,y) = \begin{cases} 12\mathrm{e}^{-(3x+4y)}, & x \geqslant 0, y \geqslant 0 \\ 0, & \text{其他} \end{cases}$$

试求 X 和 Y 的边缘密度函数.

解 当 $x < 0$ 时, $f(x,y) = 0$, 故 $x < 0$ 时

$$f_X(x) = \int_{-\infty}^{+\infty} f(x,y)\mathrm{d}y = 0$$

当 $x \geqslant 0$ 时, 只有当 $y \geqslant 0$ 时, $f(x,y) = 12\mathrm{e}^{-(3x+4y)}$, $y < 0$ 时, $f(x,y) = 0$. 所以

$$f_X(x) = \int_0^{+\infty} 12\mathrm{e}^{-(3x+4y)}\mathrm{d}y = 3\mathrm{e}^{-3x}$$

得

$$f_X(x) = \begin{cases} 3\mathrm{e}^{-3x}, & x \geqslant 0 \\ 0, & x < 0 \end{cases}$$

同样地, 我们可得

$$f_Y(y) = \begin{cases} 4\mathrm{e}^{-4y}, & y \geqslant 0 \\ 0, & y < 0 \end{cases}$$

下面我们计算二元正态分布的边缘分布.

令 $u = \dfrac{x - \mu_1}{\sigma_1}$, $v = \dfrac{y - \mu_2}{\sigma_2}$, 则

$$f_X(x) = \frac{1}{2\pi\sigma_1\sqrt{1-\rho^2}} \int_{-\infty}^{+\infty} \exp\left\{ -\frac{1}{2(1-\rho^2)}\left[u^2 - 2\rho uv + v^2 \right] \right\}\mathrm{d}v$$

$$= \frac{1}{\sqrt{2\pi}\sigma_1}\mathrm{e}^{-\frac{u^2}{2}} \int_{-\infty}^{+\infty} \frac{1}{\sqrt{2\pi(1-\rho^2)}}\exp\left[-\frac{(v-\rho u)^2}{2(1-\rho^2)} \right]\mathrm{d}v$$

再令 $z = \dfrac{v - \rho u}{\sqrt{1-\rho^2}}$, 则 $v = \rho u + \sqrt{1-\rho^2}\,z$, 于是 $\mathrm{d}v = \sqrt{1-\rho^2}\,\mathrm{d}z$, 从而有

$$f_X(x) = \frac{1}{\sqrt{2\pi}\sigma_1}\mathrm{e}^{-\frac{u^2}{2}} \int_{-\infty}^{+\infty} \frac{1}{\sqrt{2\pi(1-\rho^2)}}\exp\left(-\frac{z^2}{2} \right) \cdot \sqrt{1-\rho^2}\,\mathrm{d}z$$

$$= \frac{1}{\sqrt{2\pi}\sigma_1}\mathrm{e}^{-\frac{u^2}{2}}\frac{1}{\sqrt{2\pi}} \int_{-\infty}^{+\infty} \mathrm{e}^{-\frac{z^2}{2}}\mathrm{d}z$$

因为 $\displaystyle\int_{-\infty}^{+\infty} \mathrm{e}^{-\frac{z^2}{2}}\mathrm{d}z = \sqrt{2\pi}$, 所以

$$f_X(x) = \frac{1}{\sqrt{2\pi}\sigma_1}\mathrm{e}^{-\frac{u^2}{2}} = \frac{1}{\sqrt{2\pi}\sigma_1}\mathrm{e}^{-\frac{(x-\mu_1)^2}{2\sigma_1^2}}$$

同理

$$f_Y(y) = \frac{1}{\sqrt{2\pi}\sigma_2}\mathrm{e}^{-\frac{(y-\mu_2)^2}{2\sigma_2^2}}$$

因此 $f_X(x)$ 和 $f_Y(y)$ 恰好是一维正态分布.

2.5　n 维随机变量[*]

2.5.1　n 维随机变量的概念

n 个一维随机变量 $X_i(1 \leqslant i \leqslant n)$ 组成的向量 $X = (X_1, X_2, \cdots, X_n)^{\mathrm{T}}$ 称为 n 维随机变量或 n 维随机向量,这是 n 个一维随机变量组成的整体.作为一个整体,它们的联合分布被定义为

$$F(x_1, x_2, \cdots, x_n) = P(X_1 \leqslant x_1, X_2 \leqslant x_2, \cdots, X_n \leqslant x_n) \qquad (2.19)$$

联合分布具有如下性质:

(1) $F(\cdots, x_{i_1-1}, -\infty, x_{i_1+1}, \cdots, x_{i_m-1}, -\infty, x_{i_m+1}, \cdots) = 0$;

(2) $F(+\infty, \cdots, +\infty, x_{i_1}, +\infty, \cdots, +\infty, x_{i_m}, +\infty, \cdots, +\infty) = F(x_{i_1}, \cdots, x_{i_m})$;

这正是随机变量 $X_{i_k}(1 \leqslant k \leqslant m)$ 组成的 m 维随机向量的联合分布函数.

(3) $F(+\infty, +\infty, \cdots, +\infty) = 1$.

证明　为简单起见,设 $x_i(1 \leqslant i \leqslant n)$ 只取有限值,即 $x_i \neq \pm\infty$.于是 $x_i \leqslant -\infty$ 等价于 $x_i < -\infty$, $x_i \leqslant +\infty$ 等价于 $x_i < +\infty$.

(1)

$$F(\cdots, x_{i_1-1}, -\infty, x_{i_1+1}, \cdots, x_{i_m-1}, -\infty, x_{i_m+1}, \cdots)$$

$$= P(\cdots, X_{i_1-1} \leqslant x_{i_1-1}, X_{i_1} \leqslant -\infty, X_{i_1+1} \leqslant x_{i_1+1}, \cdots, X_{i_m-1}$$

$$\leqslant x_{i_m-1}, X_{i_m} \leqslant -\infty, X_{i_m+1} \leqslant x_{i_m+1}, \cdots)$$

$$= P(\varnothing)$$

$$= 0$$

(2)

$$F(+\infty, \cdots, +\infty, x_{i_1}, +\infty, \cdots, +\infty, x_{i_m}, +\infty, \cdots, +\infty)$$

$$= P(X_1 \leqslant +\infty, \cdots, X_{i_1-1} \leqslant +\infty, X_{i_1} \leqslant x_{i_1}, X_{i_1+1} \leqslant +\infty, \cdots, X_{i_m-1} \leqslant +\infty,$$

$$X_{i_m} \leqslant x_{i_m}, X_{i_m+1} \leqslant + \infty, \cdots, X_n \leqslant + \infty)$$
$$= P(X_{i_1} \leqslant x_{i_1}, X_{i_2} \leqslant x_{i_2}, \cdots, X_{i_m} \leqslant x_{i_m})$$
$$= F(x_{i_1}, \cdots, x_{i_m})$$

(3)

$$F(+ \infty, + \infty, \cdots, + \infty) = P(X_1 \leqslant + \infty, X_2 \leqslant + \infty, \cdots, X_n \leqslant + \infty) = P(\Omega) = 1$$

n 维连续型随机向量是指存在一个概率密度函数 $f(x_1, x_2, \cdots, x_n)$,使

$$F(x_1, x_2, \cdots, x_n) = P(X_1 \leqslant x_1, X_2 \leqslant x_2, \cdots, X_n \leqslant x_n)$$
$$= \int_{-\infty}^{x_1} \int_{-\infty}^{x_2} \cdots \int_{-\infty}^{x_n} f(x_1, x_2, \cdots, x_n) \mathrm{d}x_1 \mathrm{d}x_2 \cdots \mathrm{d}x_n$$

成立的随机向量.

对应于上面的性质(2)有

$$F(x_{i_1}, \cdots, x_{i_m}) = F(+ \infty, \cdots, + \infty, x_{i_1}, + \infty, \cdots, + \infty, x_{i_m}, + \infty, \cdots, + \infty)$$
$$= \int_{-\infty}^{+\infty} \cdots \int_{-\infty}^{x_{i_1}} \cdots \int_{-\infty}^{x_{i_2}} \cdots \int_{-\infty}^{x_{i_m}} \cdots \int_{-\infty}^{+\infty} f(x_1, x_2, \cdots, x_n) \mathrm{d}x_1 \mathrm{d}x_2 \cdots \mathrm{d}x_n$$

特别地

$$F(x_i) = F(+ \infty, \cdots, + \infty, x_i, + \infty, \cdots, + \infty)$$
$$= \int_{-\infty}^{+\infty} \cdots \int_{-\infty}^{x_i} \cdots \int_{-\infty}^{+\infty} f(x_1, x_2, \cdots, x_n) \mathrm{d}x_1 \mathrm{d}x_2 \cdots \mathrm{d}x_n$$
$$F(x_i, x_j) = F(+ \infty, \cdots, + \infty, x_i, + \infty, \cdots, + \infty, x_j, + \infty, \cdots, + \infty)$$
$$= \int_{-\infty}^{+\infty} \cdots \int_{-\infty}^{x_i} \cdots \int_{-\infty}^{x_j} \cdots \int_{-\infty}^{+\infty} f(x_1, x_2, \cdots, x_n) \mathrm{d}x_1 \mathrm{d}x_2 \cdots \mathrm{d}x_n$$

所以 X_i 的边缘密度函数为

$$f_{X_i}(x_i) = \int_{-\infty}^{+\infty} \cdots \int_{-\infty}^{+\infty} \int_{-\infty}^{+\infty} \cdots \int_{-\infty}^{+\infty} f(x_1, \cdots, x_{i-1}, x_i, x_{i+1}, \cdots, x_n)$$
$$\mathrm{d}x_1 \cdots \mathrm{d}x_{i-1} \mathrm{d}x_{i+1} \cdots \mathrm{d}x_n$$

而 X_i 与 X_j 的联合密度函数为

$$f_{X_i, X_j}(x_i, x_j) = \int_{-\infty}^{+\infty} \cdots \int_{-\infty}^{+\infty} \int_{-\infty}^{+\infty} \cdots \int_{-\infty}^{+\infty} \int_{-\infty}^{+\infty} \cdots \int_{-\infty}^{+\infty} f(x_1, \cdots, x_{i-1}, x_i, x_{i+1}, \cdots, x_{j-1},$$
$$x_j, x_{j+1}, \cdots, x_n) \mathrm{d}x_1 \cdots \mathrm{d}x_{i-1} \mathrm{d}x_{i+1} \cdots \mathrm{d}x_{j-1} \mathrm{d}x_{j+1} \cdots \mathrm{d}x_n$$

这两个公式在第 3 章连续多元随机向量的均值向量和协方差矩阵的计算中将要用到.

2.5.2 n 维正态分布

设 $\boldsymbol{B} = (b_{ij})_{n \times n}$ 是一个 n 阶对称正定矩阵,记 $\boldsymbol{B}^{-1} = (r_{ij})_{n \times n}$ 为 $\boldsymbol{B}$ 的逆矩阵,$|\boldsymbol{B}|$ 为 $\boldsymbol{B}$ 的行列式. $\boldsymbol{\mu} = (\mu_1, \mu_2, \cdots, \mu_n)^{\mathrm{T}}$ 为一个列向量,其中 $\mu_i (1 \leqslant i \leqslant n)$ 为任意实数. 如果 n 维随机向量 $\boldsymbol{X} = (X_1, X_2, \cdots, X_n)^{\mathrm{T}}$ 的联合密度函数为

$$f(x_1, x_2, \cdots, x_n) = \frac{1}{(2\pi)^{\frac{n}{2}} |\boldsymbol{B}|^{\frac{1}{2}}} \exp\left[-\frac{1}{2} \sum_{i=1}^{n} \sum_{j=1}^{n} r_{ij} (x_i - \mu_i)(x_j - \mu_j) \right]$$

$$(2.20)$$

则称 $\boldsymbol{X}$ 服从 n 维正态分布，记作 $\boldsymbol{X} \sim N(\boldsymbol{\mu}, \boldsymbol{B})$.

n 维正态分布的联合密度函数可用矩阵形式表示为

$$f(\boldsymbol{x}) = \frac{1}{(2\pi)^{\frac{n}{2}} |\boldsymbol{B}|^{\frac{1}{2}}} \exp\left[-\frac{1}{2} (\boldsymbol{x} - \boldsymbol{\mu})^{\mathrm{T}} \boldsymbol{B}^{-1} (\boldsymbol{x} - \boldsymbol{\mu}) \right] \qquad (2.21)$$

其中 $\boldsymbol{x} = (x_1, x_2, \cdots, x_n)^{\mathrm{T}}$.

特别地，如果 $\boldsymbol{B} = \begin{bmatrix} \sigma_1^2 & 0 & \cdots & 0 \\ 0 & \sigma_2^2 & \cdots & 0 \\ \vdots & \vdots & \ddots & \vdots \\ 0 & 0 & \cdots & \sigma_n^2 \end{bmatrix}$，则 $\boldsymbol{B}^{-1} = \begin{bmatrix} \frac{1}{\sigma_1^2} & 0 & \cdots & 0 \\ 0 & \frac{1}{\sigma_2^2} & \cdots & 0 \\ \vdots & \vdots & \ddots & \vdots \\ 0 & 0 & \cdots & \frac{1}{\sigma_n^2} \end{bmatrix}$，于是

$|\boldsymbol{B}|^{\frac{1}{2}} = \sigma_1 \sigma_2 \cdots \sigma_n$，从而

$$f(\boldsymbol{x}) = \frac{1}{(2\pi)^{\frac{n}{2}} \sigma_1 \sigma_2 \cdots \sigma_n} \exp\left[-\sum_{i=1}^{n} \frac{(x_i - \mu_i)^2}{2\sigma_i^2} \right]$$

这是 n 维正态分布中比较简单的形式. 下面我们证明，一个 n 维正态分布的随机向量可以通过恰当的变量线性变换，使之成为上述形式. 为此我们首先介绍下面的定理：

定理 2.6* 设 $\boldsymbol{X} = (X_1, X_2, \cdots, X_n)^{\mathrm{T}}$ 是随机向量，$f(x_1, x_2, \cdots, x_n)$ 为其联合密度函数. 设

$$y_i = h_i(x_1, x_2, \cdots, x_n) \quad (1 \leqslant i \leqslant n)$$

为 n 维实函数，且其逆函数为

$$x_i = h_i^{-1}(y_1, y_2, \cdots, y_n) \quad (1 \leqslant i \leqslant n)$$

并且其逆函数存在一阶偏导数. 令

$$Y_i = h_i(X_1, X_2, \cdots, X_n) \quad (1 \leqslant i \leqslant n)$$

设 $Y = (Y_1, Y_2, \cdots, Y_n)^{\mathrm{T}}$ 为随机向量，其联合密度函数为 $g(y_1, y_2, \cdots, y_n)$，则

$$g(y_1, y_2, \cdots, y_n) = |J| f(x_1, x_2, \cdots, x_n) \qquad (2.22)$$

其中

$$J = \begin{vmatrix} \dfrac{\partial x_1}{\partial y_1} & \dfrac{\partial x_1}{\partial y_2} & \cdots & \dfrac{\partial x_1}{\partial y_n} \\ \dfrac{\partial x_2}{\partial y_1} & \dfrac{\partial x_2}{\partial y_2} & \cdots & \dfrac{\partial x_2}{\partial y_n} \\ \vdots & \vdots & \ddots & \vdots \\ \dfrac{\partial x_n}{\partial y_1} & \dfrac{\partial x_n}{\partial y_2} & \cdots & \dfrac{\partial x_n}{\partial y_n} \end{vmatrix}$$

称为雅可比行列式.

***证明**　Y 的分布函数为

$$F_Y(y_1, y_2, \cdots, y_n) = P(Y_1 \leqslant y_1, Y_2 \leqslant y_2, \cdots, Y_n \leqslant y_n)$$

$$\int_{h_1(x_1, \cdots, x_n) \leqslant y_1} \cdots \int_{h_n(x_1, \cdots, x_n) \leqslant y_n} f(x_1, x_2, \cdots, x_n) \mathrm{d}x_1 \mathrm{d}x_2 \cdots \mathrm{d}x_n$$

又 $F_Y(y_1, y_2, \cdots, y_n) = \int_{u_1 \leqslant y_1} \cdots \int_{u_n \leqslant y_n} g(u_1, u_2, \cdots, u_n) \mathrm{d}u_1 \mathrm{d}u_2 \cdots \mathrm{d}u_n$，由重积分的

坐标变换公式知

$$g(y_1, y_2, \cdots, y_n) = |\boldsymbol{J}| f(x_1, x_2, \cdots, x_n)$$

现在我们考虑多维正态随机向量,先给出结论.

定理 2.7　设 $\boldsymbol{P}$ 为正交矩阵,满足

$$\boldsymbol{P}^{\mathrm{T}} \boldsymbol{B} \boldsymbol{P} = \begin{bmatrix} \sigma_1^2 & 0 & \cdots & 0 \\ 0 & \sigma_2^2 & \cdots & 0 \\ \vdots & \vdots & \ddots & \vdots \\ 0 & 0 & \cdots & \sigma_n^2 \end{bmatrix} \stackrel{\text{def}}{=} \boldsymbol{\Sigma}$$

则

$$\boldsymbol{\Sigma}^{\frac{1}{2}} = \begin{bmatrix} \sigma_1 & 0 & \cdots & 0 \\ 0 & \sigma_2 & \cdots & 0 \\ \vdots & \vdots & \ddots & \vdots \\ 0 & 0 & \cdots & \sigma_n \end{bmatrix}, \quad \boldsymbol{\Sigma}^{-\frac{1}{2}} = \begin{bmatrix} \dfrac{1}{\sigma_1} & 0 & \cdots & 0 \\ 0 & \dfrac{1}{\sigma_2} & \cdots & 0 \\ \vdots & \vdots & \ddots & \vdots \\ 0 & 0 & \cdots & \dfrac{1}{\sigma_n} \end{bmatrix}$$

$$\boldsymbol{\Sigma}^{-1} = \begin{bmatrix} \dfrac{1}{\sigma_1^2} & 0 & \cdots & 0 \\ 0 & \dfrac{1}{\sigma_2^2} & \cdots & 0 \\ \vdots & \vdots & \ddots & \vdots \\ 0 & 0 & \cdots & \dfrac{1}{\sigma_n^2} \end{bmatrix}$$

(1) 如果令 $\boldsymbol{y} = \boldsymbol{P}^{\mathrm{T}}(\boldsymbol{x} - \boldsymbol{\mu})$,那么

$$g(y_1, y_2, \cdots, y_n) = \frac{1}{(2\pi)^{\frac{n}{2}} |\boldsymbol{\Sigma}|^{\frac{1}{2}}} \exp\left(-\frac{1}{2} \boldsymbol{y}^{\mathrm{T}} \boldsymbol{\Sigma}^{-1} \boldsymbol{y}\right)$$

$$= \frac{1}{(2\pi)^{\frac{n}{2}} \sigma_1 \sigma_2 \cdots \sigma_n} \exp\left(-\sum_{i=1}^{n} \frac{y_i^2}{2\sigma_i^2}\right)$$

(2) 如果令 $\boldsymbol{y} = \boldsymbol{P}^{\mathrm{T}} \boldsymbol{x}$,记 $\boldsymbol{v} = \boldsymbol{P}^{\mathrm{T}} \boldsymbol{\mu} = (v_1, v_2, \cdots, v_n)^{\mathrm{T}}$,那么

$$g(y_1, y_2, \cdots, y_n) = \frac{1}{(2\pi)^{\frac{n}{2}} |\boldsymbol{\Sigma}|^{\frac{1}{2}}} \exp\left[-\frac{1}{2}(\boldsymbol{y}-\boldsymbol{v})^{\mathrm{T}}\boldsymbol{\Sigma}^{-1}(\boldsymbol{y}-\boldsymbol{v})\right]$$

$$= \frac{1}{(2\pi)^{\frac{n}{2}}\sigma_1\sigma_2\cdots\sigma_n} \exp\left[-\sum_{i=1}^{n}\frac{(y_i-v_i)^2}{2\sigma_i^2}\right]$$

(3) 如果令 $\boldsymbol{y} = (\boldsymbol{\Sigma}^{\frac{1}{2}})^{-1}\boldsymbol{P}^{\mathrm{T}}(\boldsymbol{x}-\boldsymbol{\mu})$, 则

$$g(y_1, y_2, \cdots, y_n) = \frac{1}{(2\pi)^{\frac{n}{2}}} \exp\left(-\frac{1}{2}\boldsymbol{y}^{\mathrm{T}}\boldsymbol{y}\right) = \frac{1}{(2\pi)^{\frac{n}{2}}} \exp\left(-\frac{1}{2}\sum_{i=1}^{n}y_i^2\right)$$

*证明 (1) 因为 $\boldsymbol{B}$ 为对称矩阵, 则存在正交矩阵 $\boldsymbol{P}$, 使

$$\boldsymbol{P}^{\mathrm{T}}\boldsymbol{B}\boldsymbol{P} = \begin{bmatrix} \lambda_1 & 0 & \cdots & 0 \\ 0 & \lambda_2 & \cdots & 0 \\ \vdots & \vdots & \ddots & \vdots \\ 0 & 0 & \cdots & \lambda_n \end{bmatrix}$$

又因为 $\boldsymbol{B}$ 是正定的, 所以 $\lambda_i > 0 (1 \leqslant i \leqslant n)$. 记 $\sigma_i^2 = \lambda_i (1 \leqslant i \leqslant n)$, 则

$$\boldsymbol{P}^{\mathrm{T}}\boldsymbol{B}\boldsymbol{P} = \begin{bmatrix} \sigma_1^2 & 0 & \cdots & 0 \\ 0 & \sigma_2^2 & \cdots & 0 \\ \vdots & \vdots & \ddots & \vdots \\ 0 & 0 & \cdots & \sigma_n^2 \end{bmatrix} = \boldsymbol{\Sigma}$$

又 $\boldsymbol{\Sigma}^{-1} = (\boldsymbol{P}^{\mathrm{T}}\boldsymbol{B}\boldsymbol{P})^{-1} = \boldsymbol{P}^{-1}\boldsymbol{B}^{-1}(\boldsymbol{P}^{\mathrm{T}})^{-1} = \boldsymbol{P}^{\mathrm{T}}\boldsymbol{B}^{-1}\boldsymbol{P}$, 令 $\boldsymbol{y} = \boldsymbol{P}^{\mathrm{T}}(\boldsymbol{x}-\boldsymbol{\mu})$, 则 $\boldsymbol{P}\boldsymbol{y} = \boldsymbol{x}-\boldsymbol{\mu}$, 所以有 $(\boldsymbol{x}-\boldsymbol{\mu})^{\mathrm{T}}\boldsymbol{B}^{-1}(\boldsymbol{x}-\boldsymbol{\mu}) = (\boldsymbol{P}\boldsymbol{y})^{\mathrm{T}}\boldsymbol{B}^{-1}(\boldsymbol{P}\boldsymbol{y}) = \boldsymbol{y}^{\mathrm{T}}\boldsymbol{P}^{\mathrm{T}}\boldsymbol{B}^{-1}\boldsymbol{P}\boldsymbol{y} = \boldsymbol{y}^{\mathrm{T}}\boldsymbol{\Sigma}^{-1}\boldsymbol{y}$. 由 $\boldsymbol{P}\boldsymbol{y} = \boldsymbol{x}-\boldsymbol{\mu}$ 得 $\boldsymbol{x} = \boldsymbol{P}\boldsymbol{y}+\boldsymbol{\mu}$, 即

$$x_1 = p_{11}y_1 + p_{12}y_2 + \cdots + p_{1n}y_n + \mu_1$$
$$x_2 = p_{21}y_1 + p_{22}y_2 + \cdots + p_{2n}y_n + \mu_2$$
$$\cdots$$
$$x_n = p_{n1}y_1 + p_{n2}y_2 + \cdots + p_{nn}y_n + \mu_n$$

所以

$$\frac{\partial x_1}{\partial y_1} = p_{11}, \quad \frac{\partial x_2}{\partial y_1} = p_{21}, \quad \cdots, \quad \frac{\partial x_n}{\partial y_1} = p_{n1}$$

$$\frac{\partial x_1}{\partial y_2} = p_{12}, \quad \frac{\partial x_2}{\partial y_2} = p_{22}, \quad \cdots, \quad \frac{\partial x_n}{\partial y_2} = p_{n2}$$

$$\cdots$$

$$\frac{\partial x_1}{\partial y_n} = p_{1n}, \quad \frac{\partial x_2}{\partial y_n} = p_{2n}, \quad \cdots, \quad \frac{\partial x_n}{\partial y_n} = p_{nn}$$

于是得坐标变换的雅可比行列式为 $|\boldsymbol{J}| = \|\boldsymbol{P}\|$. 又因为

$$|\boldsymbol{P}|^2 = |\boldsymbol{P}^{\mathrm{T}}| \cdot |\boldsymbol{P}| = |\boldsymbol{P}^{\mathrm{T}}\boldsymbol{P}| = |\boldsymbol{I}| = 1$$

所以 $|\boldsymbol{P}| = \pm 1$, $|\boldsymbol{J}| = 1$, $|\boldsymbol{B}| = |\boldsymbol{P}^{\mathrm{T}}||\boldsymbol{B}||\boldsymbol{P}| = |\boldsymbol{P}^{\mathrm{T}}\boldsymbol{B}\boldsymbol{P}| = |\boldsymbol{\Sigma}|$,于是得

$$g(y_1, y_2, \cdots, y_n) = \frac{|\boldsymbol{J}|}{(2\pi)^{\frac{n}{2}}|\boldsymbol{\Sigma}|^{\frac{1}{2}}} \exp(-\boldsymbol{y}^{\mathrm{T}}\boldsymbol{\Sigma}^{-1}\boldsymbol{y})$$

$$= \frac{1}{(2\pi)^{\frac{n}{2}}\sigma_1\sigma_2\cdots\sigma_n} \exp\left(-\sum_{i=1}^{n}\frac{y_i^2}{2\sigma_i^2}\right)$$

(2) 如果令 $\boldsymbol{y} = \boldsymbol{P}^{\mathrm{T}}\boldsymbol{x}$,则 $\boldsymbol{x} - \boldsymbol{\mu} = \boldsymbol{P}\boldsymbol{y} - \boldsymbol{\mu}$,于是

$$\begin{aligned}
(\boldsymbol{x} - \boldsymbol{\mu})^{\mathrm{T}}\boldsymbol{B}^{-1}(\boldsymbol{x} - \boldsymbol{\mu}) &= (\boldsymbol{P}\boldsymbol{y} - \boldsymbol{\mu})^{\mathrm{T}}\boldsymbol{B}^{-1}(\boldsymbol{P}\boldsymbol{y} - \boldsymbol{\mu}) \\
&= (\boldsymbol{y}^{\mathrm{T}}\boldsymbol{P}^{\mathrm{T}} - \boldsymbol{\mu}^{\mathrm{T}})\boldsymbol{B}^{-1}(\boldsymbol{P}\boldsymbol{y} - \boldsymbol{\mu}) \\
&= (\boldsymbol{y}^{\mathrm{T}} - \boldsymbol{\mu}^{\mathrm{T}}\boldsymbol{P})\boldsymbol{P}^{\mathrm{T}}\boldsymbol{B}^{-1}\boldsymbol{P}(\boldsymbol{y} - \boldsymbol{P}^{\mathrm{T}}\boldsymbol{\mu}) \\
&= (\boldsymbol{y} - \boldsymbol{P}^{\mathrm{T}}\boldsymbol{\mu})^{\mathrm{T}}\boldsymbol{P}^{\mathrm{T}}\boldsymbol{B}^{-1}\boldsymbol{P}(\boldsymbol{y} - \boldsymbol{P}^{\mathrm{T}}\boldsymbol{\mu}) \\
&= (\boldsymbol{y} - \boldsymbol{P}^{\mathrm{T}}\boldsymbol{\mu})^{\mathrm{T}}\boldsymbol{\Sigma}^{-1}(\boldsymbol{y} - \boldsymbol{P}^{\mathrm{T}}\boldsymbol{\mu})
\end{aligned}$$

再令 $\boldsymbol{v} = \boldsymbol{P}^{\mathrm{T}}\boldsymbol{\mu} = (v_1, v_2, \cdots, v_n)^{\mathrm{T}}$,则

$$g(y_1, y_2, \cdots, y_n) = \frac{|\boldsymbol{J}|}{(2\pi)^{\frac{n}{2}}|\boldsymbol{\Sigma}|^{\frac{1}{2}}} \exp\left[-\frac{1}{2}(\boldsymbol{y} - \boldsymbol{v})^{\mathrm{T}}\boldsymbol{\Sigma}^{-1}(\boldsymbol{y} - \boldsymbol{v})\right]$$

$$= \frac{1}{(2\pi)^{\frac{n}{2}}\sigma_1\sigma_2\cdots\sigma_n} \exp\left[-\sum_{i=1}^{n}\frac{(y_i - v_i)^2}{2\sigma_i^2}\right]$$

(3) 这个结论的证明方法与(1)的证明方法相同. 令

$$\boldsymbol{y} = (\boldsymbol{\Sigma}^{\frac{1}{2}})^{-1}\boldsymbol{P}^{\mathrm{T}}(\boldsymbol{x} - \boldsymbol{\mu}), \quad \boldsymbol{x} - \boldsymbol{\mu} = \boldsymbol{P}\boldsymbol{\Sigma}^{\frac{1}{2}}\boldsymbol{y}$$

则

$$(\boldsymbol{x} - \boldsymbol{\mu})^{\mathrm{T}}\boldsymbol{B}^{-1}(\boldsymbol{x} - \boldsymbol{\mu}) = \boldsymbol{y}^{\mathrm{T}}\boldsymbol{\Sigma}^{\frac{1}{2}}\boldsymbol{P}^{\mathrm{T}}\boldsymbol{B}^{-1}\boldsymbol{P}\boldsymbol{\Sigma}^{\frac{1}{2}}\boldsymbol{y} = \boldsymbol{y}^{\mathrm{T}}\boldsymbol{\Sigma}^{\frac{1}{2}}\boldsymbol{\Sigma}^{-1}\boldsymbol{\Sigma}^{\frac{1}{2}}\boldsymbol{y} = \boldsymbol{y}^{\mathrm{T}}\boldsymbol{y}$$

$$\boldsymbol{J} = |\boldsymbol{\Sigma}^{\frac{1}{2}}\boldsymbol{P}| = |\boldsymbol{\Sigma}^{\frac{1}{2}}||\boldsymbol{P}| = \sigma_1\sigma_2\cdots\sigma_n$$

于是

$$g(y_1, y_2, \cdots, y_n) = \frac{|\boldsymbol{J}|}{(2\pi)^{\frac{n}{2}}|\boldsymbol{\Sigma}|^{\frac{1}{2}}} \exp\left(-\frac{1}{2}\boldsymbol{y}^{\mathrm{T}}\boldsymbol{y}\right) = \frac{1}{(2\pi)^{\frac{n}{2}}} \exp\left(-\frac{1}{2}\sum_{i=1}^{n}y_i^2\right)$$

2.6　随机变量的条件分布

2.6.1　离散型随机变量的条件分布

设 (X, Y) 为二元离散型随机变量, X 的取值为 $x_i (1 \leqslant i \leqslant m)$, Y 的取值为 $y_j (1 \leqslant j \leqslant n)$. 若已知 $X = x_i$,则在事件 $\{X = x_i\}$ 发生的条件下,事件 $\{Y = y_j\}$ 发

生的概率为

$$P(Y = y_j | X = x_i) = \frac{P(X = x_i, Y = y_j)}{P(X = x_i)} = \frac{p_{ij}}{p_{i\cdot}}. \quad (1 \leqslant j \leqslant n) \quad (2.23)$$

它被定义为 Y 关于 $X = x_i$ 的条件概率,记为 $P(Y = y_j | X = x_i)$. 可见随机变量的条件概率是随机事件条件概率的扩展. 类似地,若已知 $Y = y_j$,则在事件$\{Y = y_j\}$发生的条件下,事件$\{X = x_i\}$发生的概率为

$$P(X = x_i \mid Y = y_j) = \frac{P(X = x_i, Y = y_j)}{P(Y = y_j)} = \frac{p_{ij}}{p_{\cdot j}} \quad (1 \leqslant i \leqslant m)$$

它被定义为 X 关于 $Y = y_j$ 的条件概率,记为 $P(X = x_i \mid Y = y_j)$.

如果 $P(Y = y_j | X = x_i) > P(Y = y_j)$,则说明当 $X = x_i$ 时,$\{Y = y_j\}$发生的可能性增大,反之,若 $P(Y = y_j | X = x_i) < P(Y = y_j)$,则说明当 $X = x_i$ 时,$\{Y = y_j\}$不发生的可能性增大. 若 $P(Y = y_j | X = x_i) = P(Y = y_j)$,则说明 X 的取值对 Y 的取值的概率没有影响,这就是下一节将要讨论的随机变量的独立性.

【例 2.22】 根据例 2.15 的联合分布概率分布,计算 $Y = 0$ 时关于 X 的条件概率分布律.

解 根据例 2.15 的数据和条件概率的定义有

$$P(X = 0 \mid Y = 0) = \frac{P(X = 0, Y = 0)}{P(Y = 0)} = \frac{9/25}{15/25} = \frac{3}{5}$$

$$P(X = 1 \mid Y = 0) = \frac{P(X = 1, Y = 0)}{P(Y = 0)} = \frac{6/25}{15/25} = \frac{2}{5}$$

和随机变量的分布函数相对应,不论(X, Y)是离散型的还是连续型的随机变量,我们都可以定义条件分布函数如下:

$$P(X \leqslant x \mid Y = y) = \lim_{\Delta y \to 0} P(X \leqslant x | y \leqslant Y \leqslant y + \Delta y)$$

和

$$P(Y \leqslant y \mid X = x) = \lim_{\Delta x \to 0} P(Y \leqslant y | x \leqslant X \leqslant x + \Delta x)$$

对离散型随机变量,可以直接取 $\Delta x = 0$ 或 $\Delta y = 0$,得

$$P(X \leqslant x \mid Y = y) = \frac{P(X \leqslant x, Y = y)}{P(Y = y)}$$

$$= \sum_{x_i \leqslant x} \frac{P(X = x_i, Y = y)}{P(Y = y)}$$

$$= \sum_{x_i \leqslant x} P(X = x_i | Y = y)$$

$$P(Y \leqslant y | X = x) = \sum_{y_i \leqslant y} P(Y = y_i | X = x)$$

在上例中,条件分布函数为

$$P(X \leqslant x \mid Y = 0) = \begin{cases} 0, & x < 0 \\ \dfrac{3}{5}, & 0 \leqslant x < 1 \\ 1, & x \geqslant 1 \end{cases}$$

2.6.2 连续型随机变量的条件分布

对连续型随机变量,因为 $P(X = c) = 0$,所以不能像上面那样简单地定义条件概率分布. 但我们可以考虑其条件分布函数

$$\begin{aligned} P(Y \leqslant y \mid X = x) &= \lim_{\Delta x \to 0} P(Y \leqslant y \mid x \leqslant X \leqslant x + \Delta x) \\ &= \lim_{\Delta x \to 0} \frac{P(x \leqslant X \leqslant x + \Delta x, Y \leqslant y)}{P(x \leqslant X \leqslant x + \Delta x)} \\ &= \lim_{\Delta x \to 0} \frac{\int_x^{x+\Delta x} \int_{-\infty}^y f(x,y) \mathrm{d}x \mathrm{d}y}{\int_x^{x+\Delta x} \int_{-\infty}^{+\infty} f(x,y) \mathrm{d}x \mathrm{d}y} \end{aligned}$$

把 $\displaystyle\int_x^{x+\Delta x} \int_{-\infty}^y f(x,y)\mathrm{d}x\mathrm{d}y$ 看成函数 $F(z) = \displaystyle\int_x^z \int_{-\infty}^y f(x,y)\mathrm{d}x\mathrm{d}y$ 在 $z = x + \Delta x$ 处的值,因为

$$F'(z) = \int_{-\infty}^y f(z,y)\mathrm{d}y$$

所以由中值定理

$$\int_x^{x+\Delta x} \int_{-\infty}^y f(x,y)\mathrm{d}x\mathrm{d}y = F'(\xi_1)\Delta x = \int_{-\infty}^y f(\xi_1, y)\mathrm{d}y \cdot \Delta x \quad (\xi_1 \in [x, x + \Delta x])$$

同理把 $\displaystyle\int_x^{x+\Delta x} \int_{-\infty}^{+\infty} f(x,y)\mathrm{d}x\mathrm{d}y$ 看成 $G(z) = \displaystyle\int_x^z \int_{-\infty}^{+\infty} f(x,y)\mathrm{d}x\mathrm{d}y$ 在 $z = x + \Delta x$ 处的值,又因为

$$G'(z) = \int_{-\infty}^{+\infty} f(z,y)\mathrm{d}y$$

根据中值定理

$$\begin{aligned} \int_x^{x+\Delta x} \int_{-\infty}^{+\infty} f(x,y)\mathrm{d}x\mathrm{d}y &= G'(\xi_2)\Delta x \\ &= \int_{-\infty}^{+\infty} f(\xi_2, y)\mathrm{d}y \cdot \Delta x \quad (\xi_2 \in [x, x + \Delta x]) \end{aligned}$$

于是

$$P(Y \leqslant y \mid X = x) = \lim_{\Delta x \to 0} \frac{\int_{-\infty}^y f(\xi_1, y)\mathrm{d}y \cdot \Delta x}{\int_{-\infty}^{+\infty} f(\xi_2, y)\mathrm{d}y \cdot \Delta x} = \lim_{\Delta x \to 0} \frac{\int_{-\infty}^y f(\xi_1, y)\mathrm{d}y}{\int_{-\infty}^{+\infty} f(\xi_2, y)\mathrm{d}y}$$

因为当 $\Delta x \rightarrow 0$ 时，$\xi_1 \rightarrow x$，$\xi_2 \rightarrow x$，所以

$$P(Y \leqslant y \mid X = x) = \frac{\int_{-\infty}^{y} f(x,y)\mathrm{d}y}{\int_{-\infty}^{+\infty} f(x,y)\mathrm{d}y} = \int_{-\infty}^{y} \frac{f(x,y)}{f_X(x)}\mathrm{d}y \qquad (2.24)$$

其中 $f_X(x)$ 为 X 的边缘概率密度函数. 记 $f_{Y\mid X}(y \mid x) \equiv \dfrac{f(x,y)}{f_X(x)}$，则条件分布函数为

$$P(Y \leqslant y \mid X = x) = \int_{-\infty}^{y} f_{Y\mid X}(y \mid x)\mathrm{d}y \qquad (2.25)$$

根据概率密度函数的定义，我们把 $f_{Y\mid X}(y \mid x)$ 看成是在给定 $X = x$ 的条件下 Y 的条件概率密度函数. 同样地，我们定义

$$f_{X\mid Y}(x \mid y) = \frac{f(x,y)}{f_Y(y)} \qquad (2.26)$$

为在 $Y = y$ 的条件下 X 的条件概率密度函数，则条件分布函数为

$$P(X \leqslant x \mid Y = y) = \int_{-\infty}^{x} f_{X\mid Y}(x \mid y)\mathrm{d}x \qquad (2.27)$$

【例 2.23】 设 (X, Y) 的联合密度函数为

$$f(x,y) = \begin{cases} \dfrac{\mathrm{e}^{-\frac{x}{y}}\mathrm{e}^{-y}}{y}, & 0 < x < \infty, 0 < y < \infty \\ 0, & \text{其他} \end{cases}$$

求 $P(X > 1 \mid Y = y)$.

解 Y 的边缘概率密度函数为

$$f_Y(y) = \int_{-\infty}^{+\infty} f(x,y)\mathrm{d}x = \int_{0}^{+\infty} \frac{\mathrm{e}^{-\frac{x}{y}}\mathrm{e}^{-y}}{y}\mathrm{d}x = \mathrm{e}^{-y} \quad (0 < y < \infty)$$

所以当 $x > 0$，$y > 0$ 时

$$f_{X\mid Y}(x \mid y) = \frac{f(x,y)}{f_Y(y)} = \frac{\mathrm{e}^{-\frac{x}{y}}}{y}$$

$$P(X > 1 \mid Y = y) = \int_{1}^{\infty} f_{X\mid Y}(x \mid y)\mathrm{d}x = \int_{1}^{\infty} \frac{\mathrm{e}^{-\frac{x}{y}}}{y}\mathrm{d}x = \mathrm{e}^{-\frac{1}{y}}$$

【例 2.24】 求二元正态分布的条件概率密度函数 $f_{Y\mid X}(y \mid x)$.

解 因为公式

$$f_{Y\mid X}(y \mid x) = \frac{f(x,y)}{f_X(x)}$$

$$= \frac{1}{\sqrt{2\pi}\sigma_2\sqrt{1-\rho^2}}\exp\left\{-\frac{1}{2(1-\rho^2)} \cdot \left[\left(\frac{x-\mu_1}{\sigma_1}\right)^2\right.\right.$$

$$\left. -\frac{2\rho(x-\mu_1)(y-\mu_2)}{\sigma_1\sigma_2} + \frac{(y-\mu_2)^2}{\sigma_2^2} \right] + \frac{(x-\mu_1)^2}{2\sigma_1^2} \right\}$$

$$= \frac{1}{\sqrt{2\pi}\sigma_2\sqrt{1-\rho^2}} \exp\left\{ -\frac{1}{2(1-\rho^2)} \cdot \left[\frac{(x-\mu_1)^2\rho^2}{\sigma_1^2} \right. \right.$$

$$\left. \left. -\frac{2\rho(x-\mu_1)(y-\mu_2)}{\sigma_1\sigma_2} + \frac{(y-\mu_2)^2}{\sigma_2^2} \right] \right\}$$

$$= \frac{1}{\sqrt{2\pi}\sigma_2\sqrt{1-\rho^2}} \exp\left(-\frac{1}{2\sigma_2^2(1-\rho^2)} \right.$$

$$\left. \times \left\{ y - \left[\mu_2 + \frac{\rho\sigma_2}{\sigma_1}(x-\mu_1) \right] \right\}^2 \right)$$

所以 $f_{Y|X}(y|x)$ 服从正态分布 $N\left[\mu_2 + \rho\dfrac{\sigma_2}{\sigma_1}(x-\mu_1), \sigma_2^2(1-\rho^2) \right]$,这个结论在统计学中很有用.

2.7　随机变量的独立性

2.7.1　随机变量独立性的概念

定义 2.9　设 $X_1, X_2, \cdots, X_n$ 为 n 个随机变量,若对任意实数 $x_1, x_2, \cdots, x_n$ 有

$$P(X_1 \leqslant x_1, X_2 \leqslant x_2, \cdots, X_n \leqslant x_n) = P(X_1 \leqslant x_1)P(X_2 \leqslant x_2)\cdots P(X_n \leqslant x_n) \tag{2.28}$$

则称 $X_1, X_2, \cdots, X_n$ 是相互独立的.若用分布函数表示,这个条件等价于

$$F(x_1, x_2, \cdots, x_n) = F_{X_1}(x_1)F_{X_2}(x_2)\cdots F_{X_n}(x_n) \tag{2.29}$$

当 $X_i (1 \leqslant i \leqslant n)$ 为离散型随机变量时,容易验证上面条件等价于

$$P(X_1 = x_1, X_2 = x_2, \cdots, X_n = x_n) = P(X_1 = x_1)P(X_2 = x_2)\cdots P(X_n = x_n) \tag{2.30}$$

事实上,如果式(2.30)成立,那么

$$P(X_1 \leqslant x_1, X_2 \leqslant x_2, \cdots, X_n \leqslant x_n)$$

$$= \sum_{\sum x_i^{(i)} \leqslant x_i, 1 \leqslant i \leqslant n} P(X_1 = x_1^{(1)}, X_2 = x_2^{(2)}, \cdots, X_n = x_n^{(n)})$$

$$= \sum_{\sum x_i^{(i)} \leqslant x_i, 1 \leqslant i \leqslant n} \prod_{i=1}^{n} P(X_i = x_i^{(i)})$$

$$= \prod_{i=1}^{n} \sum_{\sum x_i^{(i)} \leqslant x_i} P(X_i = x_i^{(i)})$$

$$= \prod_{i=1}^{n} P(X_i \leqslant x_i)$$

所以 $X_1, X_2, \cdots, X_n$ 相互独立. 反之, 如果 $X_1, X_2, \cdots, X_n$ 相互独立, 那么

$$P(X_1 \leqslant x_1, X_2 \leqslant x_2, \cdots, X_n \leqslant x_n)$$

$$= P(X_1 \leqslant x_1) P(X_2 \leqslant x_2) \cdots P(X_n \leqslant x_n)$$

$$= \prod_{i=1}^{n} \sum_{\sum x_i^{(i)} \leqslant x_i} P(X_i = x_i^{(i)})$$

$$= \sum_{\substack{\sum x_i^{(i)} \leqslant x_i \\ 1 \leqslant i \leqslant n}} \prod_{i=1}^{n} P(X_i = x_i^{(i)})$$

所以

$$P(X_1 = x_1^{(1)}, X_2 = x_2^{(2)}, \cdots, X_n = x_n^{(n)})$$

$$= P(X_1 = x_1^{(1)}) P(X_2 = x_2^{(2)}) \cdots P(X_n = x_n^{(n)})$$

故式(2.30)成立.

当 $X_i (1 \leqslant i \leqslant n)$ 为连续型随机变量时, 上面条件等价于

$$f(x_1, x_2, \cdots, x_n) = f_{X_1}(x_1) f_{X_2}(x_2) \cdots f_{X_n}(x_n) \tag{2.31}$$

事实上, 如果式(2.31)成立, 则

$$F(x_1, x_2, \cdots, x_n) = \int_{-\infty}^{x_1} \int_{-\infty}^{x_2} \cdots \int_{-\infty}^{x_n} f(x_1, x_2, \cdots, x_n) \mathrm{d}x_1 \mathrm{d}x_2 \cdots \mathrm{d}x_n$$

$$= \int_{-\infty}^{x_1} f_{X_1}(x_1) \mathrm{d}x_1 \int_{-\infty}^{x_2} f_{X_2}(x_2) \mathrm{d}x_2 \cdots \int_{-\infty}^{x_n} f_{X_n}(x_n) \mathrm{d}x_n$$

$$= F_{X_1}(x_1) F_{X_2}(x_2) \cdots F_{X_n}(x_n)$$

式(2.29)成立, $X_1, X_2, \cdots, X_n$ 相互独立. 反之, 如果式(2.29)成立, 则

$$\int_{-\infty}^{x_1} \int_{-\infty}^{x_2} \cdots \int_{-\infty}^{x_n} f(x_1, x_2, \cdots, x_n) \mathrm{d}x_1 \mathrm{d}x_2 \cdots \mathrm{d}x_n$$

$$= \int_{-\infty}^{x_1} f_{X_1}(x_1) \mathrm{d}x_1 \int_{-\infty}^{x_2} f_{X_2}(x_2) \mathrm{d}x_2 \cdots \int_{-\infty}^{x_n} f_{X_n}(x_n) \mathrm{d}x_n$$

$$= \int_{-\infty}^{x_1} \int_{-\infty}^{x_2} \cdots \int_{-\infty}^{x_n} f_{X_1}(x_1) f_{X_2}(x_2) \cdots f_{X_n}(x_n) \mathrm{d}x_1 \mathrm{d}x_2 \cdots \mathrm{d}x_n$$

于是 $f(x_1, x_2, \cdots, x_n) = f_{X_1}(x_1) f_{X_2}(x_2) \cdots f_{X_n}(x_n)$ 成立.

当 X, Y 相互独立时

$$
\begin{aligned}
P(Y \leqslant y \mid X = x) &= \lim_{\Delta x \to 0} \frac{P(x \leqslant X \leqslant x + \Delta x, Y \leqslant y)}{P(x \leqslant X \leqslant x + \Delta x)} \\
&= \lim_{\Delta x \to 0} \frac{P(X \leqslant x + \Delta x, Y \leqslant y) - P(X < x, Y \leqslant y)}{P(x \leqslant X \leqslant x + \Delta x)} \\
&= \lim_{\Delta x \to 0} \frac{P(X \leqslant x + \Delta x)P(Y \leqslant y) - P(X < x)P(Y \leqslant y)}{P(x \leqslant X \leqslant x + \Delta x)} \\
&= \lim_{\Delta x \to 0} \frac{[P(X \leqslant x + \Delta x) - P(X < x)]P(Y \leqslant y)}{P(x \leqslant X \leqslant x + \Delta x)} \\
&= \lim_{\Delta x \to 0} \frac{P(x \leqslant X \leqslant x + \Delta x)P(Y \leqslant y)}{P(x \leqslant X \leqslant x + \Delta x)} \\
&= \lim_{\Delta x \to 0} P(Y \leqslant y) \\
&= P(Y \leqslant y)
\end{aligned}
$$

可见当 X 和 Y 独立时, X 的取值对 Y 的分布没有影响, 即 X 的取值不影响 Y 的取值的概率. 同理可得 $P(X \leqslant x \mid Y = y) = P(X \leqslant x)$, 即 Y 的取值不影响 X 的分布.

【例 2.25】 对二元正态分布, 联合密度函数为

$$
\begin{aligned}
f(x,y) = \frac{1}{2\pi\sigma_1\sigma_2\sqrt{1-\rho^2}} \exp\Bigg\{ &- \frac{1}{2(1-\rho)^2} \\
&\times \left[\frac{(x-\mu_1)^2}{\sigma_1^2} - \frac{2\rho(x-\mu_1)(y-\mu_2)}{\sigma_1\sigma_2} + \frac{(y-\mu_2)^2}{\sigma_2^2} \right] \Bigg\}
\end{aligned}
$$

试分析两个随机变量独立的条件.

解 显然, 当且仅当 $\rho = 0$ 时

$$
f(x,y) = \frac{1}{\sqrt{2\pi}\sigma_1} \exp\left[- \frac{(x-\mu_1)^2}{2\sigma_1^2} \right] \cdot \frac{1}{\sqrt{2\pi}\sigma_2} \exp\left[- \frac{(y-\mu_2)^2}{2\sigma_2^2} \right] = f_X(x) f_Y(y)
$$

所以二元正态分布的随机变量独立的充要条件是 $\rho = 0$.

对多元正态分布随机变量, 当且仅当

$$
\boldsymbol{B} = \begin{bmatrix} \sigma_1^2 & 0 & \cdots & 0 \\ 0 & \sigma_2^2 & \cdots & 0 \\ \vdots & \vdots & \ddots & \vdots \\ 0 & 0 & \cdots & \sigma_n^2 \end{bmatrix}
$$

时

$$
\begin{aligned}
f(x_1, x_2, \cdots, x_n) &= \frac{1}{(2\pi)^{\frac{n}{2}} |\boldsymbol{B}|^{\frac{1}{2}}} \exp\left[- \sum_{i=1}^{n} \frac{(x_i - \mu_i)^2}{2\sigma_i^2} \right] \\
&= \prod_{i=1}^{n} \frac{1}{\sqrt{2\pi}\sigma_i} \exp\left[- \frac{(x_i - \mu_i)^2}{2\sigma_i^2} \right]
\end{aligned}
$$

所以 $X_1, X_2, \cdots, X_n$ 相互独立的充要条件是 B 为正定的对角矩阵.

【例 2.26】 设随机变量 X 和 Y 相互独立, X 服从 $[0,1]$ 上的均匀分布, Y 服从 $\lambda = 1$ 的指数分布, 求 $Z = X + Y$ 的概率密度函数.

解

$$f_X(x) = \begin{cases} 1, & 0 \leqslant x \leqslant 1 \\ 0, & \text{其他} \end{cases}, \quad f_Y(y) = \begin{cases} \mathrm{e}^{-y}, & y \geqslant 0 \\ 0, & \text{其他} \end{cases}$$

则

$$f_Z(z) = \int_{-\infty}^{+\infty} f_X(x) f_Y(z-x) \mathrm{d}x$$

当 $z < 0$ 时, 若 $x < 0$, 则

$$f_X(x) = 0, \quad f_X(x) f_Y(z-x) = 0$$

若 $x \geqslant 0$, 则

$$z - x < 0, \quad f_Y(z-x) = 0, \quad f_X(x) f_Y(z-x) = 0$$

所以, 当 $z < 0$ 时

$$f_Z(z) = 0$$

当 $0 \leqslant z < 1$ 时, 若 $z - x > 0$, 则 $f_Y(z-x) = \mathrm{e}^{-(z-x)}$. 若又有 $0 \leqslant x \leqslant 1$, 则

$$f_X(x) f_Y(z-x) = \mathrm{e}^{-(z-x)}$$

由 $z - x > 0, 0 \leqslant x \leqslant 1, 0 \leqslant z \leqslant 1$ 得, 对固定的 z, x 的变化范围是 $0 \leqslant x \leqslant z$, 所以有

$$f_Z(z) = \int_0^z \mathrm{e}^{-(z-x)} \mathrm{d}x = 1 - \mathrm{e}^{-z}$$

当 $z \geqslant 1$ 时, 若 $z - x > 0$ 且 $0 < x < 1$, 则

$$f_X(x) f_Y(z-x) = \mathrm{e}^{-(z-x)}$$

但若 $x \geqslant 1$ 或 $x \leqslant 0$, 则

$$f_X(x) = 0, \quad f_X(x) f_Y(z-x) = 0$$

所以 x 的变化范围是 $0 < x < 1$, 从而

$$f_Z(z) = \int_0^1 \mathrm{e}^{-(z-x)} \mathrm{d}x = \mathrm{e}^{-z}(\mathrm{e} - 1)$$

所以

$$f_Z(z) = \begin{cases} 0, & z < 0 \\ 1 - \mathrm{e}^{-z}, & 0 \leqslant z < 1 \\ \mathrm{e}^{-z}(\mathrm{e} - 1), & z \geqslant 1 \end{cases}$$

2.7.2 独立随机变量的性质

定理 2.8 若 $X_1, X_2, \cdots, X_n$ 相互独立, 则其中任意 r 个随机变量 X_{i_1},

$X_{i_2}, \cdots, X_{i_r}$ 也相互独立.

证明　考虑随机变量 $X_{i_1}, X_{i_2}, \cdots, X_{i_r}$ 有

$P(X_{i_1} \leqslant x_{i_1}, X_{i_2} \leqslant x_{i_2}, \cdots, X_{i_r} \leqslant x_{i_r})$

$\quad = P(X_1 < +\infty, \cdots, X_{i_1-1} < +\infty, X_{i_1} \leqslant x_{i_1}, X_{i_1+1} < +\infty, \cdots, X_{i_r-1} < +\infty,$

$\qquad X_{i_r} \leqslant x_{i_r}, X_{i_r+1} < +\infty, \cdots, X_n < +\infty)$

$\quad = P(X_1 < +\infty) \cdots P(X_{i_1-1} < +\infty) P(X_{i_1} \leqslant x_{i_1}) P(X_{i_1+1} < +\infty) \cdots$

$\qquad P(X_{i_r-1} < +\infty) P(X_{i_r} \leqslant x_{i_r}) P(X_{i_r+1} < +\infty) \cdots P(X_n < +\infty)$

$\quad = P(X_{i_1} \leqslant x_{i_1}) P(X_{i_2} \leqslant x_{i_2}) \cdots P(X_{i_r} \leqslant x_{i_r})$

所以 $X_{i_1}, X_{i_2}, \cdots, X_{i_r}$ 相互独立.

定理 2.9　若 $X_1, X_2, \cdots, X_n$ 相互独立,则

$$P(X_1 > x_1, X_2 > x_2, \cdots, X_n > x_n) = P(X_1 > x_1) P(X_2 > x_2) \cdots P(X_n > x_n)$$

证明　首先由定理 2.8 可知,$X_2, \cdots, X_n$ 也相互独立,于是得

$P(X_1 > x_1, X_2 \leqslant x_2, \cdots, X_n \leqslant x_n)$

$\quad = P(\{X_2 \leqslant x_2, \cdots, X_n \leqslant x_n\} - \{X_1 \leqslant x_1, X_2 \leqslant x_2, \cdots, X_n \leqslant x_n\})$

$\quad = P(\{X_2 \leqslant x_2, \cdots, X_n \leqslant x_n\}) - P(\{X_1 \leqslant x_1, X_2 \leqslant x_2, \cdots, X_n \leqslant x_n\})$

$\quad = P(X_2 \leqslant x_2) \cdots P(X_n \leqslant x_n) - P(X_1 \leqslant x_1) P(X_2 \leqslant x_2) \cdots P(X_n \leqslant x_n)$

$\quad = [1 - P(X_1 \leqslant x_1)] P(X_2 \leqslant x_2) \cdots P(X_n \leqslant x_n)$

$\quad = P(X_1 > x_1) P(X_2 \leqslant x_2) \cdots P(X_n \leqslant x_n)$

再考虑

$P(X_1 > x_1, X_2 > x_2, X_3 \leqslant x_3, \cdots, X_n \leqslant x_n)$

$\quad = P(\{X_1 > x_1, X_3 \leqslant x_3, \cdots, X_n \leqslant x_n\} - \{X_1 > x_1, X_2 \leqslant x_2, \cdots, X_n \leqslant x_n\})$

$\quad = P(X_1 > x_1, X_3 \leqslant x_3, \cdots, X_n \leqslant x_n) - P(X_1 > x_1, X_2 \leqslant x_2, \cdots, X_n \leqslant x_n)$

由定理 2.8 知,$X_1, X_3, \cdots, X_n$ 相互独立,所以由上面的结论知

$P(X_1 > x_1, X_3 \leqslant x_3, \cdots, X_n \leqslant x_n) = P(X_1 > x_1) P(X_3 \leqslant x_3) \cdots P(X_n \leqslant x_n)$

于是

$\qquad P(X_1 > x_1, X_2 > x_2, X_3 \leqslant x_3, \cdots, X_n \leqslant x_n)$

$\qquad\quad = P(X_1 > x_1) P(X_3 \leqslant x_3) \cdots P(X_n \leqslant x_n)$

$\qquad\quad\ - P(X_1 > x_1) P(X_2 \leqslant x_2) \cdots P(X_n \leqslant x_n)$

$\qquad\quad = P(X_1 > x_1)[1 - P(X_2 \leqslant x_2)] P(X_3 \leqslant x_3) \cdots P(X_n \leqslant x_n)$

$$= P(X_1 > x_1)P(X_2 > x_2)P(X_3 \leqslant x_3)\cdots P(X_n \leqslant x_n)$$

如此进行下去,最后得

$$P(X_1 > x_1, X_2 > x_2, \cdots, X_n > x_n) = P(X_1 > x_1)P(X_2 > x_2)\cdots P(X_n > x_n)$$

由定理 2.9 的证明过程可知如下结论成立:

推论 2.1 若 $X_1, X_2, \cdots, X_n$ 相互独立,则

$$P(X_1 \equiv x_1, X_2 \equiv x_2, \cdots, X_n \equiv x_n) = P(X_1 \equiv x_1)P(X_2 \equiv x_2)\cdots P(X_n \equiv x_n)$$

这里"$\equiv$"表示"$>$"或"$\leqslant$".

2.7.3 最大值和最小值的分布

设 $X_i (1 \leqslant i \leqslant n)$ 为相互独立的随机变量,再设随机变量

$$X = \max\{X_1, X_2, \cdots, X_n\}, \quad Y = \min\{X_1, X_2, \cdots, X_n\}$$

它们分别为最大值和最小值随机变量. X 的分布函数为

$$\begin{aligned}
F_X(x) &= P(X \leqslant x) = P(\max\{X_1, X_2, \cdots, X_n\} \leqslant x) \\
&= P(X_1 \leqslant x, X_2 \leqslant x, \cdots, X_n \leqslant x) \\
&= P(X_1 \leqslant x)P(X_2 \leqslant x)\cdots P(X_n \leqslant x) \\
&= F_{X_1}(x)F_{X_2}(x)\cdots F_{X_n}(x)
\end{aligned}$$

特别地,当 $X_i (1 \leqslant i \leqslant n)$ 为独立同分布时,上式简化为

$$F_X(x) = [F(x)]^n \tag{2.32}$$

其中 $F(x)$ 为 $X_i (1 \leqslant i \leqslant n)$ 的分布函数.

Y 的分布函数为

$$\begin{aligned}
F_Y(y) &= P(Y \leqslant y) = 1 - P(Y > y) \\
&= 1 - P(\min\{X_1, X_2, \cdots, X_n\} > y) \\
&= 1 - P(X_1 > y, X_2 > y, \cdots, X_n > y) \\
&= 1 - P(X_1 > y)P(X_2 > y)\cdots P(X_n > y) \\
&= 1 - [1 - F_{X_1}(y)][1 - F_{X_2}(y)]\cdots [1 - F_{X_n}(y)]
\end{aligned}$$

特别地,当 $X_i (1 \leqslant i \leqslant n)$ 为独立同分布时,上式简化为

$$F_Y(y) = 1 - [1 - F(y)]^n \tag{2.33}$$

习　题　2

A　　组

选择题

1. 设随机变量 X 的概率密度函数为 $f(x)$，且 $f(-x)=f(x)$，$F(x)$ 为 X 的分布函数，对任意实数 a，有（　　）.

   A. $F(-a)=1-\displaystyle\int_0^a f(x)\mathrm{d}x$　　　　B. $F(-a)=\dfrac{1}{2}-\displaystyle\int_0^a f(x)\mathrm{d}x$

   C. $F(-a)=F(a)$　　　　　　　　D. $F(-a)=2F(a)-1$

2. 任何一个连续型随机变量的概率密度函数 $f(x)$ 一定满足（　　）.

   A. $0\leqslant f(x)\leqslant 1$　　　　　　　B. $\displaystyle\lim_{x\to\infty}f(x)=1$

   C. $\displaystyle\int_{-\infty}^{+\infty}f(x)\mathrm{d}x=1$　　　　　D. 在定义域内单调下降

3. 设随机变量 X 和 Y 相互独立，其概率分布为

m	-1	1
$P(X=m)$	$\dfrac{1}{2}$	$\dfrac{1}{2}$
$P(Y=m)$	$\dfrac{1}{2}$	$\dfrac{1}{2}$

   则下列式子中正确的是（　　）.

   A. $X=Y$　　　　　　　　　　B. $P(X=Y)=0$

   C. $P(X=Y)=\dfrac{1}{2}$　　　　　　D. $P(X=Y)=1$

4. 设 X 是一个离散型随机变量，它的概率分布律可能正确的是（　　）.

   A.
X	-2	1	3
p	$1/3$	1	$1/3$

   B.
X	-2	1	3
p	$1/5$	1	$1/5$

C.

X	-2	1	3
p	1/4	1/2	3/5

D.

X	-2	1	3
p	1/3	1/2	1/6

计算题

1. 某一设备由三个独立工作的元件组成,该设备在一次试验中每个元件发生故障的概率为 0.1.试求出该设备在一次试验中发生故障的元件数的概率分布.

2. 一批零件的次品率为 10%,从中任取 4 个零件,出现的次品数记为随机变量 X,试求出它的概率分布.

3. 两颗骰子同时投掷两次,随机变量 X 表示在这两次投掷中两颗骰子同时出现偶数的次数,试求出它的概率分布.

4. 有一批零件,总共有 10 个,其中有 8 个是标准零件,从中任取 2 个零件,这 2 个零件中标准零件的概率分布是怎样的?

5. 有一批零件,总共有 6 个,其中有 4 个是标准零件,从中任取 3 个零件,设随机变量 X 表示所取这 3 个零件中标准零件的个数,求随机变量 X 的概率分布.

6. 一台设备由 1 000 个元件组成,各元件的工作是相互独立的.任何 1 个元件在时间 T 时失效的概率为 0.002.求在时间 T 时恰好有 3 个元件失效的概率.

7. 用轮船运送 500 件产品,在运输途中每件产品受损坏的概率为 0.002.求下列事件在运输途中受损坏的产品
   (1) 小于 3 件的概率; (2) 多于 3 件的概率; (3) 至少有 1 件的概率.

8. 商店订购 1 000 瓶矿物饮料,这些饮料在运输途中瓶子被打碎的概率为 0.003.求商店收到的破碎玻璃瓶
   (1) 恰有 2 只的概率; (2) 小于 2 只的概率; (3) 多于 2 只的概率;
   (4) 至少有 1 只的概率.

9. 假设随机变量 X 的分布函数为

$$F(x) = \begin{cases} 0, & x < -1 \\ 3x/4 + 3/4, & -1 \leqslant x < 1/3 \\ 1, & x \geqslant 1/3 \end{cases}$$

   求随机变量 X 在区间 $(0, 1/3)$ 内取值的概率.

10. 假设随机变量 X 的分布函数为

$$F(x) = \begin{cases} 0, & x < 0 \\ x^2, & 0 \leqslant x < 1 \\ 1, & x \geqslant 1 \end{cases}$$

求随机变量 X 在区间 $(0.25, 0.75)$ 内的概率以及在四次独立试验中有三次恰好在该区间内取值的概率.

11. 离散型随机变量 X 的概率分布为

X	2	4	7
p	0.5	0.2	0.3

求分布函数并作出图形.

12. 离散型随机变量 X 的概率分布为

X	3	4	7	10
p	0.2	0.1	0.4	0.3

求分布函数并作出图形.

13. 假定连续型随机变量 X 的分布函数为

$$F(x) = \begin{cases} 0, & x < 0 \\ \sin x, & 0 \leqslant x < \pi/2 \\ 1, & x \geqslant \pi/2 \end{cases}$$

求概率密度函数 $f(x)$.

14. 假定连续型随机变量 X 的分布函数为

$$F(x) = \begin{cases} 0, & x < 0 \\ \sin 2x, & 0 \leqslant x < \pi/4 \\ 1, & x \geqslant \pi/4 \end{cases}$$

求概率密度函数 $f(x)$.

15. 设连续型随机变量 X 的概率密度函数为

$$f(x) = \begin{cases} a\mathrm{e}^{-2x}, & x \in (0, \infty) \\ 0, & x \notin (0, \infty) \end{cases}$$

其中 $a > 0$,求随机变量 X 落在区间 $(1, 2)$ 内的概率.

16. 设连续型随机变量 X 的概率密度函数为

$$f(x) = \begin{cases} \dfrac{2\cos^2 x}{\pi}, & x \in (-\pi/2, \pi/2) \\ 0, & x \notin (-\pi/2, \pi/2) \end{cases}$$

求随机变量 X 落在 $(0, \pi/4)$ 内的概率.

17. 设连续型随机变量 X 的概率密度函数为

$$f(x) = \begin{cases} 3\sin 3x, & x \in (\pi/6, \pi/3) \\ 0, & x \notin (\pi/6, \pi/3) \end{cases}$$

求分布函数 $F(x)$.

18. 假定连续型随机变量 X 的分布函数为

$$F(x) = \begin{cases} 0, & x < 0 \\ x^2, & 0 \leqslant x < 1 \\ 1, & x \geqslant 1 \end{cases}$$

求概率密度函数 $f(x)$.

19. 设连续型随机变量 X 在整个数轴上取值,其概率密度函数为

$$f(x) = \frac{2c}{1 + x^2}$$

求常数 c.

20. 随机变量 X 在区间 $(-3, 3)$ 内的概率密度函数为 $f(x) = \dfrac{1}{\pi\sqrt{9 - x^2}}$,在其他区间 $f(x) = 0$,求随机变量 $X < 1$ 和 $X > 1$ 的概率.

21. 设随机变量 X 服从正态分布,其中 $\mu = 10$,$\sigma = 2$,求变量 X 落在区间 $(12, 14)$ 内的概率.

22. 测量长度时产生的偶然误差服从 $\sigma = 20$ 毫米和 $\mu = 0$ 毫米的正态分布,求在三次独立测量时误差的绝对值一次也没有超过 4 毫米的概率.

23. 机器制造的滚珠,若其直径的偏差(绝对值)不超过 0.7 毫米算是合格的,而直径测量误差的偏差服从 $\mu = 0$ 和 $\sigma = 0.4$ 毫米的正态分布,求滚珠合格的概率.

24. 试证明:若连续型随机变量 X 服从参数为 λ 的指数分布,则 X 在区间 (a, b) 内发生的概率为 $\mathrm{e}^{-\lambda a} - \mathrm{e}^{-\lambda b}$.

25. 连续型随机变量 X 服从指数分布,其概率密度函数为

$$f(x) = \begin{cases} 3\mathrm{e}^{-3x}, & x \geqslant 0 \\ 0, & x < 0 \end{cases},$$

求随机变量 X 落在区间 $(0.13, 0.7)$ 内的概率.

26. 设相互独立均匀分布的随机变量 X 和 Y 的概率密度函数分别为

$$f_1(x) = \begin{cases} 1, & x \in [0, 1] \\ 0, & x \notin [0, 1] \end{cases}, \quad f_2(y) = \begin{cases} 1, & y \in [0, 1] \\ 0, & y \notin [0, 1] \end{cases}$$

求随机变量 $Z = X + Y$ 的分布函数和概率密度函数.

27. 设二维随机向量 (X, Y) 的联合概率分布律为

X Y	3	10	12
4	0.17	0.13	0.25
5	0.10	0.30	0.05

求二维随机向量 (X, Y) 关于 X 和 Y 的边缘概率分布.

28. 设二维随机向量 (X, Y) 的联合概率分布律为

X Y	26	30	41	50
2.3	0.05	0.12	0.08	0.04
2.7	0.09	0.30	0.11	0.21

求二维随机向量 (X, Y) 关于 X 和 Y 的边缘概率分布.

29. 设二维随机变量 (X, Y) 的联合分布函数为

$$F(x, y) = \begin{cases} (1 - e^{-4x})(1 - e^{-2y}), & x > 0, y > 0 \\ 0, & x < 0 \text{ 或 } y < 0 \end{cases}$$

求二维随机变量 (X, Y) 的联合密度函数.

30. 设二维随机变量 (X, Y) 的联合分布函数为

$$F(x, y) = \begin{cases} (1 - 3^{-x})(1 - 3^{-y}), & x > 0, y > 0 \\ 0, & x < 0 \text{ 或 } y < 0 \end{cases}$$

求二维随机变量 (X, Y) 的联合密度函数.

31. 设二维随机变量 (X, Y) 的联合密度函数为

$$f(x, y) = \begin{cases} C(R - \sqrt{x^2 + y^2}), & (x, y) \in D \\ 0, & (x, y) \notin D \end{cases}$$

其中 $D: x^2 + y^2 \leqslant R^2$, 求: (1) 常数 C; (2) 当 $R = 2$ 时, 求二维随机变量 (X, Y) 落在以原点为圆心以 $r = 1$ 为半径的圆域内的概率.

32. 设二维随机变量 (X, Y) 的联合概率分布律为

X Y	2	5	8
0.4	0.15	0.30	0.35
0.8	0.05	0.12	0.03

求: (1) 关于 X 和 Y 的边缘概率分布; (2) 随机变量 X 关于 $Y = 0.4$ 的条件概率分布; (3) 随机变量 Y 关于 $X = 5$ 的条件概率分布.

33. 设二维随机变量 (X,Y) 的联合概率分布律为

Y \ X	3	6
10	0.25	0.10
14	0.15	0.05
18	0.32	0.13

　　求:(1) 随机变量 X 关于 $Y=10$ 的条件概率分布;(2) 随机变量 Y 关于 $X=6$ 的条件概率分布.

34. 设二维随机变量 (X,Y) 的联合密度函数为

$$f(x,y) = \frac{1}{\pi} e^{-\frac{1}{2}(x^2+2xy+5y^2)}$$

　　求:(1) 边缘密度函数;(2) 条件密度函数.

35. 设二维随机变量 (X,Y) 的联合密度函数为

$$f(x,y) = C e^{-x^2-2xy-4y^2}$$

　　求:(1) 常数 C;(2) 边缘密度函数;(3) 条件密度函数.

36. 设二维随机变量 (X,Y) 的联合密度函数为

$$f(x,y) = \begin{cases} \cos x \cos y, & (x,y) \in \left(0,\frac{\pi}{2}\right) \times \left(0,\frac{\pi}{2}\right) \\ 0, & (x,y) \notin \left(0,\frac{\pi}{2}\right) \times \left(0,\frac{\pi}{2}\right) \end{cases}$$

　　试证明:随机变量 X 和 Y 相互独立.

37. 设连续型二维随机变量 (X,Y) 在以原点为中心,各边平行于坐标轴,边长为 $2a$ 和 $2b$ 的矩形内服从均匀分布.

　　求:(1) (X,Y) 的联合密度函数;(2) X 和 Y 的边缘密度函数.

38. 设 X 和 Y 独立,且二维随机变量 (X,Y) 的边缘密度函数为

$$f_1(x) = \begin{cases} 5e^{-5x}, & x \geqslant 0 \\ 0, & x < 0 \end{cases}, \quad f_2(y) = \begin{cases} 2e^{-2y}, & y \geqslant 0 \\ 0, & y < 0 \end{cases}$$

　　求:(1) 联合密度函数;(2) 联合分布函数.

39. 设 $X \sim N(0,1)$.

　　(1) 求 $Y = e^X$ 的概率密度函数;(2) 求 $Y = 2X^2+1$ 的概率密度函数;
　　(3) 求 $Y = |X|$ 的概率密度函数.

40. 每年袭击某地的台风次数近似服从参数为 4 的泊松分布. 求一年中该地区受台风袭击次数为 3~5 的概率.

41. 设随机变量 (X,Y) 的联合概率分布律为

Y \ X	0	1	2	3	4	5
0	0	0.01	0.03	0.05	0.07	0.09
1	0.01	0.02	0.04	0.05	0.06	0.08
2	0.01	0.03	0.05	0.05	0.05	0.06
3	0.01	0.02	0.04	0.06	0.06	0.05

求:(1) $P(X=2 \mid Y=2)$, $P(Y=3 \mid X=0)$;

(2) $V=\max(X,Y)$ 的概率分布;

(3) $U=\min(X,Y)$ 的概率分布;

(4) $W=X+Y$ 的概率分布.

42. 设随机变量 X 与 Y 相互独立且具有同一概率分布律

X,Y	0	1
p	0.5	0.5

求:(1) 随机变量 $Z=\max(X,Y)$ 的概率分布;

(2) 随机变量 $V=\min(X,Y)$ 的概率分布;

(3) $U=XY$ 的概率分布.

B　组

选择题

1. 设随机变量 X 服从正态分布 $N(\mu_1,\sigma_1^2)$,随机变量 Y 服从正态分布 $N(\mu_2,\sigma_2^2)$,且 $P(|X-\mu_1|<1)>P(|Y-\mu_2|<1)$,则必有(　　).

A. $\sigma_1<\sigma_2$　　　B. $\sigma_1>\sigma_2$　　　C. $\mu_1<\mu_2$　　　D. $\mu_1>\mu_2$

2. 设随机变量 $X\sim N(\mu,\sigma^2)$,则随着 σ 增大,$P(|X-\mu|<\sigma)$ 的概率(　　).

A. 单调增加　　　B. 单调减少　　　C. 保持不变　　　D. 增减不定

3. 设 $F_1(x)$ 与 $F_2(x)$ 分别为随机变量 X_1 与 X_2 的分布函数,为使 $F(x)=aF_1(x)-bF_2(x)$ 是某一随机变量的分布函数,在下列给定的各组数值中应取(　　).

A. $a=3/5,b=-2/5$　　　　　B. $a=2/3,b=2/3$

C. $a=-1/2,b=3/2$　　　　　D. $a=1/2,b=-3/2$

4. 设随机变量 $X_i = \begin{bmatrix} -1 & 0 & 1 \\ \dfrac{1}{4} & \dfrac{1}{2} & \dfrac{1}{4} \end{bmatrix}$ $(i=1,2)$,且满足 $P(X_1 X_2 = 0) = 1$,则

$P(X_1 = X_2)$ 等于( ).

A. 0   B. 1/4   C. 1/2   D. 1

5. 设二维随机变量 (X,Y) 的概率分布律为

Y \ X	0	1
0	0.4	a
1	b	0.1

若随机事件 $\{X=0\}$ 与 $\{X+Y=1\}$ 相互独立,则( ).

A. $a=0.2, b=0.3$ B. $a=0.1, b=0.4$

C. $a=0.3, b=0.2$ D. $a=0.4, b=0.1$

计算题

1. 一汽车沿着一街道行驶,需要通过三个均设有红绿信号灯的路口,每个信号灯为红或绿与其他信号灯为红或绿相互独立,且红绿灯显示的时间长度相等,以 X 表示该汽车首次遇到红灯前已通过路口的个数,求 X 的概率分布.

2. 已知随机变量 X 和 Y 的联合密度函数为

$$f(x,y) = \begin{cases} 4xy, & (x,y) \in [0,1] \times [0,1] \\ 0, & (x,y) \notin [0,1] \times [0,1] \end{cases}$$

求 X 和 Y 的联合分布函数 $F(x,y)$.

3. 某仪器装有 3 只独立工作的同型号电子元件,其寿命(单位:小时)都服从同一指数分布,分布函数为

$$f(x) = \begin{cases} \dfrac{1}{600} e^{-\frac{x}{600}}, & x \geqslant 0 \\ 0, & x < 0 \end{cases}$$

试求在仪器使用的最初 200 小时内,至少有 1 只电子元件损坏的概率.

4. 设随机变量 X 和 Y 独立,其中 X 的概率分布为 $X \sim \begin{pmatrix} 1 & 2 \\ 0.3 & 0.7 \end{pmatrix}$,而 Y 的概率密度为 $f(y)$,求随机变量 $U = X + Y$ 的概率密度函数 $g(u)$.

5. 假设随机变量 X 服从参数为 2 的指数分布,证明 $Y = 1 - e^{-2X}$ 在区间 $[0,1]$ 上服从均匀分布.

6. 设随机变量 X 和 Y 的联合分布是正方形 $G = \{(x,y) \mid 1 \leqslant x \leqslant 3, 1 \leqslant y \leqslant 3\}$ 上的均匀分布,试求随机变量 $U = |X - Y|$ 的概率密度函数 $f(u)$.

7. 假设随机变量 X_1, X_2, X_3, X_4 相互独立,且为同分布,$P(X_i = 0) = 0.6$, $P(X_i = 1) = 0.4 (i = 1,2,3,4)$,求随机变量 $X = \begin{vmatrix} X_1 & X_2 \\ X_3 & X_4 \end{vmatrix}$ 的概率分布.

8. 假设随机变量 X 的密度函数为

$$f(x) = \begin{cases} 2x, & 0 < x < 1 \\ 0, & 其他 \end{cases}$$

用 Y 表示对 X 的 3 次独立重复观察中事件 $\left\{ X \leqslant \dfrac{1}{2} \right\}$ 出现的次数,求 $P(Y = 2)$.

9. 两门炮轮流进行射击,直至有一门炮击中目标为止.第一门炮与第二门炮击中目标的概率分别为 0.3 和 0.7.第一门炮先射击.设离散型随机变量 X 和 Y 分别表示第一门炮与第二门炮所耗费的炮弹数,试写出 X 和 Y 的概率分布.

第 3 章　随机变量的数字特征

通过第 2 章的介绍我们已经知道,要了解一个随机变量的统计特性,只要找出描述随机变量的分布函数,或等价地找出它的概率分布或者概率密度函数即可.然而在实际应用中往往有两种情况:一是要找出随机变量的分布函数很困难或代价太高,不切实际;二是我们要也只要知道反映随机变量取值范围和随机变量之间相互关系的基本特征即可.本章就介绍反映随机变量取值水平的数字特征数学期望,反映随机变量取值分散程度的数字特征方差以及反映随机变量之间相互关联程度的数字特征协方差和相关系数.最后,我们还要介绍随机变量的特征函数,为第 4 章和第 5 章的学习做准备.

3.1　随机变量的数学期望

3.1.1　数学期望的定义

我们先看一个启发性的例子.设 X 是一个离散型随机变量,它的取值为 x_1, $x_2,\cdots,x_n$,现进行 N 次重复独立随机试验,求它的平均值.记第 i 次试验中 X 的取值为 $X(i)$,则 X 的平均值 $\overline{X}$ 为

$$\overline{X} = \frac{1}{N}\sum_{i=1}^{N} X(i) = \frac{1}{N}\sum_{k=1}^{n} n_k x_k = \sum_{k=1}^{n} \frac{n_k}{N} x_k = \sum_{k=1}^{n} f_k x_k$$

上式中 n_k 为 X 取值 x_k 的次数,f_k 为其频率.当 N 充分大时,$f_k \approx p_k$,这里 p_k 为 X 取值 x_k 的概率.于是 $\overline{X} \approx \sum_{k=1}^{n} p_k x_k$,这就启发我们引入如下概念:

定义 3.1　设离散型随机变量 X 的概率分布为 $P(X = x_i) = p_i (i = 1, 2,\cdots)$,若级数 $\sum_i x_i p_i$ 绝对收敛,即 $\sum_i p_i |x_i| < \infty$,则称

$$E(X) = \sum_i p_i x_i \tag{3.1}$$

为 X 的数学期望或均值.

所以,数学期望反映了随机变量取值的平均情况,这个平均值是以概率为权重的加权平均.

现在考虑连续型的随机变量.先假设随机变量 X 的概率密度函数只在区间 $[a,b]$ 内不为零.将 $[a,b]$ 分为 n 份,即取分隔点 $a = x_0 < x_1 < x_2 < \cdots < x_n = b$,则 X 在 $[x_{i-1},x_i]$ 上取值的概率为 $p_i \approx f(x_i)\Delta x_i$,这里 $\Delta x_i = x_i - x_{i-1}$,于是和离散型随机变量相似,$X$ 在 $[a,b]$ 上取值的平均值为 $\bar{X} \approx \sum_{i=1}^{n} x_i f(x_i)\Delta x_i$.令 $n \to \infty$ 且 $\max(\Delta x_i) \to 0$,则得 $\bar{X} \approx \int_a^b xf(x)\mathrm{d}x$.如果在 $(-\infty, +\infty)$ 上,$f(x) \neq 0$,则可以令 $\bar{X} = \lim\limits_{\substack{a \to -\infty \\ b \to +\infty}} \int_a^b xf(x)\mathrm{d}x$,这就启发我们定义连续型随机变量 X 的数学期望或均值如下:

定义 3.2　设 X 是连续型随机变量,具有概率密度函数 $f(x)$,若 $\int_{-\infty}^{+\infty} |x|f(x)\mathrm{d}x < \infty$,则称

$$E(X) = \int_{-\infty}^{+\infty} xf(x)\mathrm{d}x \tag{3.2}$$

为 X 的数学期望或均值.

因此,连续型随机变量的数学期望反映了它取值的平均值.

需要说明的是,从定义可知,无论是离散型的还是连续型的随机变量,随机变量数学期望的存在是有前提条件的,并不是所有的随机变量都有数学期望,在后面的例题中将会看到这个结论.

下面我们举几个实例来说明随机变量数学期望的实际意义.

【例 3.1】　一机床加工某种零件,已知它加工出优质品、合格品和废品的概率依次是 0.2,0.7,0.1,如果出售优质品和合格品,每个零件可分别获得利润 0.4 元和 0.2 元;如果加工出一件废品,则损失 0.2 元,问这台机床每加工一个零件,平均可获得多少利润?

解　以 X 表示获得的利润,它是一个随机变量,根据题目条件,得到其概率分布如表 3.1 所示.

表 3.1　零件获利的概率分布

X	-0.2	0.2	0.4
p	0.1	0.7	0.2

于是

$$E(X) = \sum_{i=1}^{3} x_i p_i = (-0.2) \times 0.1 + 0.2 \times 0.7 + 0.4 \times 0.2 = 0.2$$

所以这台机床每加工一个零件,平均可获得 0.2 元的利润.

【例3.2】 某种电子元件使用寿命 X(单位:小时)的概率密度为

$$f(x) = \begin{cases} \dfrac{1}{1\,000} \mathrm{e}^{-\frac{x}{1\,000}}, & x \geqslant 0 \\ 0, & x < 0 \end{cases}$$

假设规定:使用寿命在 500 小时以下为废品,产值为 0 元;在 500~1 000 小时之间为次品,产值为 10 元;在 1 000~1 500 小时之间为二等品,产值为 30 元;1 500 小时以上为一等品,产值为 40 元.求该种产品的平均产值.

解 设 Y 表示加工一个电子元件得到的产值,Y 的取值为 $0,10,30,40$,于是

$$\begin{aligned} P(Y = 0) = P(X < 500) &= \int_{-\infty}^{500} f(x)\mathrm{d}x \\ &= \int_{0}^{500} \frac{1}{1\,000} \mathrm{e}^{-\frac{x}{1\,000}} \mathrm{d}x \\ &= 1 - \mathrm{e}^{-0.5} \end{aligned}$$

$$\begin{aligned} P(Y = 10) = P(500 \leqslant X < 1\,000) &= \int_{500}^{1\,000} f(x)\mathrm{d}x \\ &= \int_{500}^{1\,000} \frac{1}{1\,000} \mathrm{e}^{-\frac{x}{1\,000}} \mathrm{d}x \\ &= \mathrm{e}^{-0.5} - \mathrm{e}^{-1} \end{aligned}$$

$$\begin{aligned} P(Y = 30) = P(1\,000 \leqslant X < 1\,500) &= \int_{1\,000}^{1\,500} f(x)\mathrm{d}x \\ &= \int_{1\,000}^{1\,500} \frac{1}{1\,000} \mathrm{e}^{-\frac{x}{1\,000}} \mathrm{d}x \\ &= \mathrm{e}^{-1} - \mathrm{e}^{-1.5} \end{aligned}$$

$$P(Y = 40) = P(X \geqslant 1\,500) = \int_{1\,500}^{+\infty} f(x)\mathrm{d}x = \int_{1\,500}^{+\infty} \frac{1}{1\,000} \mathrm{e}^{-\frac{x}{1\,000}} \mathrm{d}x = \mathrm{e}^{-1.5}$$

所以有

$$\begin{aligned} E(Y) &= 0 \times (1 - \mathrm{e}^{-0.5}) + 10 \times (\mathrm{e}^{-0.5} - \mathrm{e}^{-1}) + 30 \times (\mathrm{e}^{-1} - \mathrm{e}^{-1.5}) + 40 \times \mathrm{e}^{-1.5} \\ &= 15.65 \end{aligned}$$

因此,该种产品的平均产值为 15.65 元.

【例3.3】 有甲、乙两个射手,射手甲和射手乙的射击命中率分别由表 3.2 和表 3.3 给出,试比较两人的射击技术.

表 3.2 射手甲命中率的概率分布

环数	8	9	10
p	0.3	0.1	0.6

表 3.3　射手乙命中率的概率分布

环数	8	9	10
p	0.2	0.5	0.3

解　我们可采用环数平均值来衡量技术的高低. 射手甲为 $8\times0.3+9\times0.1+10\times0.6=9.3$, 射手乙为 $8\times0.2+9\times0.5+10\times0.3=9.1$, 所以射手甲比射手乙技术高.

【例 3.4】　设随机变量 X 的密度函数为

$$f(x) = \begin{cases} \dfrac{1}{1\,500^2}x, & 0 < x \leqslant 1\,500 \\ -\dfrac{1}{1\,500^2}(x-3\,000), & 1\,500 < x \leqslant 3\,000 \\ 0, & \text{其他} \end{cases}$$

求 $E(X)$.

解　根据期望的定义有

$$E(X) = \int_{-\infty}^{\infty} xf(x)\mathrm{d}x = \int_{-\infty}^{0} x\cdot0\mathrm{d}x + \int_{0}^{1\,500} x\cdot\frac{1}{1\,500^2}x\mathrm{d}x$$
$$+ \int_{1\,500}^{3\,000} x\cdot\left[-\frac{1}{1\,500^2}(x-3\,000)\right]\mathrm{d}x + \int_{3\,000}^{\infty} x\cdot0\mathrm{d}x$$
$$= 1\,500$$

【例 3.5】　设随机变量 X 的取值和对应的概率如下:

$$P\left[X = (-1)^k\frac{2^k}{k}\right] = \frac{1}{2^k} \quad (k = 1,2,3,\cdots)$$

求 $E(X)$.

解　根据期望的定义有 $\sum\limits_{k=1}^{\infty} p_k x_k = \sum\limits_{k=1}^{\infty}(-1)^k\frac{1}{k} = -\ln 2$, 但是另一方面却有

$$\sum_{k=1}^{\infty} p_k|x_k| = \sum_{k=1}^{\infty}\frac{1}{k} = \infty$$

所以随机变量 X 的数学期望 $E(X)$ 不存在.

【例 3.6】　设随机变量 X 服从柯西分布, 其概率密度函数为

$$f(x) = \frac{1}{\pi}\cdot\frac{1}{1+x^2} \quad (x \in (-\infty, +\infty))$$

求 $E(X)$.

解　由于 $\int_{-\infty}^{+\infty} |x|f(x)\mathrm{d}x = \int_{-\infty}^{+\infty} |x|\frac{1}{\pi}\cdot\frac{1}{1+x^2}\mathrm{d}x = \infty$, 所以 X 的数学期望

$E(X)$ 不存在.

3.1.2　数学期望的性质

在实际计算随机变量的数学期望时,我们可以根据期望的定义计算,但如果能够利用数学期望的性质,则往往简单得多.同时,数学期望的性质在理论分析中也起着重要的作用,下面就介绍随机变量数学期望的性质.

性质 3.1　若 $a \leqslant X \leqslant b$,则 $E(X)$ 存在,且 $a \leqslant E(X) \leqslant b$,特别地,若 X 恒取常数 c,则 $E(X) = c$;

性质 3.2　对任意的实数 a 与 b 有 $E(aX + b) = aE(X) + b$;

性质 3.3　设 (X, Y) 是二元随机变量,若 $E(X)$,$E(Y)$ 存在,则对任意的实数 k_1 和 k_2,$E(k_1 X \pm k_2 Y)$ 存在,且 $E(k_1 X \pm k_2 Y) = k_1 E(X) \pm k_2 E(Y)$;

性质 3.4　若 X, Y 相互独立,且 $E(XY)$ 存在,则有 $E(XY) = E(X)E(Y)$.

证明　(1) 当 X 为离散型随机变量时

$$\sum_i p_i x_i \geqslant \sum_i p_i a = a \sum_i p_i = a, \quad \sum_i p_i x_i \leqslant \sum_i p_i b = b \sum_i p_i = b$$

所以 $a \leqslant E(X) \leqslant b$;当 X 为连续型随机变量时

$$E(X) = \int_{-\infty}^{+\infty} x f(x) \mathrm{d}x \geqslant \int_{-\infty}^{+\infty} a f(x) \mathrm{d}x = a \int_{-\infty}^{+\infty} f(x) \mathrm{d}x = a$$

$$E(X) = \int_{-\infty}^{+\infty} x f(x) \mathrm{d}x \leqslant \int_{-\infty}^{+\infty} b f(x) \mathrm{d}x = b \int_{-\infty}^{+\infty} f(x) \mathrm{d}x = b$$

所以也有 $a \leqslant E(X) \leqslant b$. 如果 $X = c$,由上面的结论知,$c \leqslant E(X) \leqslant c$,即 $E(X) = c$.

(2) 如果 X 为离散型随机变量

$$E(aX + b) = \sum_i p_i (ax_i + b) = a \sum_i p_i x_i + b \sum_i p_i = aE(X) + b$$

如果 X 为连续型随机变量

$$\int_{-\infty}^{+\infty} (ax + b) f(x) \mathrm{d}x = a \int_{-\infty}^{+\infty} x f(x) \mathrm{d}x + b \int_{-\infty}^{+\infty} f(x) \mathrm{d}x = aE(X) + b$$

(3) 先考虑离散型的情况. 记 (X, Y) 的联合概率分布和边缘概率分布分别为

$$P(X = a_i, Y = b_j) = p_{ij}, \quad P(X = a_i) = p_{i \cdot}, \quad P(Y = b_j) = p_{\cdot j}$$

则

$$\begin{aligned} E(k_1 X \pm k_2 Y) &= \sum_i \sum_j (k_1 a_i \pm k_2 b_j) p_{ij} \\ &= \sum_i \sum_j k_1 a_i p_{ij} \pm \sum_j \sum_i k_2 b_j p_{ij} \\ &= k_1 \sum_i a_i p_{i \cdot} \pm k_2 \sum_j b_j p_{\cdot j} \end{aligned}$$

$$= k_1 E(X) \pm k_2 E(Y)$$

再考虑连续型的情况. 记 (X, Y) 的联合密度函数和边缘密度函数分别为 $f(x, y), f_X(x), f_Y(y)$,则

$$E(k_1 X \pm k_2 Y) = \int_{-\infty}^{+\infty} \int_{-\infty}^{+\infty} (k_1 x \pm k_2 y) f(x, y) \mathrm{d}x \mathrm{d}y$$

$$= k_1 \int_{-\infty}^{+\infty} \int_{-\infty}^{+\infty} x f(x, y) \mathrm{d}x \mathrm{d}y \pm k_2 \int_{-\infty}^{+\infty} \int_{-\infty}^{+\infty} y f(x, y) \mathrm{d}x \mathrm{d}y$$

$$= k_1 \int_{-\infty}^{+\infty} x \left[\int_{-\infty}^{+\infty} f(x, y) \mathrm{d}y \right] \mathrm{d}x \pm k_2 \int_{-\infty}^{+\infty} y \left[\int_{-\infty}^{+\infty} f(x, y) \mathrm{d}x \right] \mathrm{d}y$$

$$= k_1 \int_{-\infty}^{+\infty} x f_X(x) \mathrm{d}x \pm k_2 \int_{-\infty}^{+\infty} y f_Y(y) \mathrm{d}y$$

$$= k_1 E(X) \pm k_2 E(Y)$$

(4) 对离散型情况,因为 X, Y 相互独立,从而有 $p_{ij} = p_{i\cdot} p_{\cdot j}$,所以

$$E(XY) = \sum_i \sum_j a_i b_j p_{ij} = \sum_i a_i p_{i\cdot} \cdot \sum_j b_j p_{\cdot j} = E(X)E(Y)$$

对连续型情况,因为 X, Y 相互独立,从而有 $f(x, y) = f_X(x) f_Y(y)$,所以

$$E(XY) = \int_{-\infty}^{+\infty} \int_{-\infty}^{+\infty} xy f(x, y) \mathrm{d}x \mathrm{d}y = \int_{-\infty}^{+\infty} x f_X(x) \mathrm{d}x \int_{-\infty}^{+\infty} y f_Y(y) \mathrm{d}y$$

$$= E(X)E(Y)$$

3.1.3 常见分布的数学期望

1. 0-1 分布

随机变量 X 服从参数为 p 的 0-1 分布,由期望定义知 $E(X) = 0 \times (1 - p) + 1 \times p = p$.

2. 二项分布

设随机变量 X 服从二项分布 $B(n, p)$,其概率分布为

$$P(X = k) = C_n^k p^k (1 - p)^{n-k} \quad (k = 0, 1, 2, \cdots, n)$$

由期望定义知

$$E(X) = \sum_{k=0}^{n} k C_n^k p^k (1 - p)^{n-k}$$

$$= \sum_{k=1}^{n} \frac{kn!}{k!(n-k)!} p^k (1 - p)^{n-k}$$

$$= np \sum_{k=1}^{n} \frac{(n-1)!}{(k-1)![(n-1)-(k-1)]!} p^{k-1} (1 - p)^{(n-1)-(k-1)}$$

$$= np \sum_{k=1}^{n} C_{n-1}^{k-1} p^{k-1} (1 - p)^{(n-1)-(k-1)}$$

$$\xlongequal{\diamondsuit\, i=k-1} np \sum_{i=0}^{n-1} C_{n-1}^i p^i (1-p)^{(n-1)-i}$$

$$= np$$

最后的等号成立是因为 $C_{n-1}^i p^i (1-p)^{(n-1)-i}$ 表示对应参数为 $n-1$ 和 p 的二项分布.

3. 泊松分布

设随机变量 X 服从参数为 λ 的泊松分布,概率分布为

$$P(X=k) = \frac{\lambda^k}{k!} e^{-\lambda} \quad (k=0,1,2,\cdots)$$

由期望定义知 $E(X) = \sum_{k=0}^{\infty} k \cdot \frac{\lambda^k e^{-\lambda}}{k!} = \lambda e^{-\lambda} \sum_{k=1}^{\infty} \frac{\lambda^{k-1}}{(k-1)!} = \lambda e^{-\lambda} e^{\lambda} = \lambda$.

4. 均匀分布

设 X 服从区间 $[a,b]$ 上的均匀分布,则其概率密度函数为

$$f(x) = \begin{cases} \dfrac{1}{b-a}, & a \leqslant x \leqslant b \\ 0, & \text{其他} \end{cases}$$

由期望定义知 $E(X) = \int_{-\infty}^{+\infty} xf(x)\mathrm{d}x = \int_a^b \frac{x}{b-a}\mathrm{d}x = \frac{a+b}{2}$.

5. 指数分布

设 X 服从参数为 λ 的指数分布,则其概率密度函数为

$$f(x) = \begin{cases} \lambda e^{-\lambda x}, & x \geqslant 0 \\ 0, & x < 0 \end{cases}$$

由期望定义知 $E(X) = \int_{-\infty}^{+\infty} xf(x)\mathrm{d}x = \int_0^{+\infty} x\lambda e^{-\lambda x}\mathrm{d}x = 1/\lambda$.

6. 正态分布

设 X 服从正态分布 $N(\mu, \sigma^2)$,则其概率密度函数为

$$f(x) = \frac{1}{\sqrt{2\pi}\sigma} \exp\left[-\frac{(x-\mu)^2}{2\sigma^2}\right]$$

由期望定义知

$$E(X) = \int_{-\infty}^{+\infty} xf(x)\mathrm{d}x = \int_{-\infty}^{+\infty} x \frac{1}{\sqrt{2\pi}\sigma} \exp\left[-\frac{(x-\mu)^2}{2\sigma^2}\right]\mathrm{d}x$$

令 $t = \dfrac{x-\mu}{\sigma}$,则 $x = \sigma t + \mu$,从而

$$E(X) = \int_{-\infty}^{+\infty} xf(x)\mathrm{d}x = \int_{-\infty}^{+\infty} \frac{\sigma t + \mu}{\sqrt{2\pi}} \exp\left(-\frac{t^2}{2}\right)\mathrm{d}t$$

$$= \frac{\sigma}{\sqrt{2\pi}} \int_{-\infty}^{+\infty} t e^{-\frac{t^2}{2}}\mathrm{d}t + \frac{\mu}{\sqrt{2\pi}} \int_{-\infty}^{+\infty} e^{-\frac{t^2}{2}}\mathrm{d}t$$

$$= \mu$$

3.1.4　随机变量函数的数学期望

现在考虑随机变量函数的数学期望. 设 X 是随机变量, $Y = g(X)$ 为随机变量的函数. 先考虑离散型随机变量的情形. 设 X 的取值为 $x_1, x_2, \cdots, x_n$, 对应 Y 的取值为

$$y_i = g(x_i) \quad (i = 1, 2, \cdots, n)$$

这里当 $i \neq j$ 时, 可能有 $y_i = y_j$ 成立, 但这对求期望没有影响. 假设进行 N 次重复独立随机试验, 求 Y 的平均值 $\overline{Y}$. 记第 l 次试验中 Y 的取值为 $Y(l)$, 则

$$\overline{Y} = \frac{1}{N} \sum_{l=1}^{N} Y(l) = \frac{1}{N} \sum_{k=1}^{n} n_k g(x_k) = \sum_{k=1}^{n} \frac{n_k}{N} g(x_k) = \sum_{k=1}^{n} f_k g(x_k)$$

上式中 n_k 为 X 取值 x_k 的次数, f_k 为 X 取值 x_k 的频率, 当 N 充分大时, $f_k \approx p_k$, 这里 p_k 为 X 取值 x_k 的概率. 于是 $\overline{Y} \approx \sum_{k=1}^{n} p_k g(x_k)$.

再考虑连续型随机变量. 先假设随机变量 X 的概率密度函数只在区间 $[a, b]$ 内不为零. 将 $[a, b]$ 分为 n 份, 即取分隔点 $a = x_0 < x_1 < x_2 < \cdots < x_n = b$, 则 X 在 $[x_{i-1}, x_i]$ 上取值的概率为 $p_i \approx f(x_i) \Delta x_i$, 这里 $\Delta x_i = x_i - x_{i-1}$. 于是和离散型随机变量相似, $Y = g(X)$ 在 $[a, b]$ 上取值的平均值为 $\overline{Y} \approx \sum_{i=1}^{n} g(x_i) f(x_i) \Delta x_i$. 令 $n \to \infty$ 且 $\max(\Delta x_i) \to 0$, 则得 $\overline{Y} = \int_a^b g(x) f(x) \mathrm{d}x$. 对于 $x \in (-\infty, +\infty)$ 且 $f(x) \neq 0$ 的一般情况, 则可以令

$$\overline{Y} = \lim_{\substack{a \to -\infty \\ b \to +\infty}} \int_a^b g(x) f(x) \mathrm{d}x$$

于是我们可以定义 $Y = g(X)$ 的数学期望如下:

定义 3.3　(1) 设离散型随机变量 X 的概率分布为 $P\{x = x_i\} = p_i (i = 1, 2, \cdots)$, $Y = g(X)$ 为随机变量 X 的函数, 若级数 $\sum_i g(x_i) p_i$ 绝对收敛, 即 $\sum_i |g(x_i)| p_i < \infty$, 则称

$$E(Y) = \sum_i g(x_i) p_i \tag{3.3}$$

为 $Y = g(X)$ 的数学期望或均值.

(2) 如果 X 是连续型随机变量, 具有密度函数 $f(x)$, 且 $\int_{-\infty}^{+\infty} |g(x)| f(x) \mathrm{d}x < \infty$, 则称

$$E(Y) = \int_{-\infty}^{+\infty} g(x) f(x) \mathrm{d}x \tag{3.4}$$

为 $Y = g(X)$ 的数学期望.

需要说明的是,$Y = g(X)$ 作为一个随机变量,按定义 3.1 和定义 3.2 也应有它自己的数学期望,即如果 Y 为离散型随机变量,就有 $E(Y) = \sum_j y_j q_j$,这里 $y_j(j = 1,2,\cdots)$ 为 Y 的取值,$q_j = P(Y = y_j)$ 为 Y 的概率分布.如果 Y 为连续型随机变量,就有 $E(Y) = \int_{-\infty}^{+\infty} y h(y)\mathrm{d}y$,这里 $h(y)$ 为 Y 的概率密度函数.利用测度理论可以证明,用定义 3.1 和定义 3.2 定义的 Y 的数学期望与用定义 3.3 定义的 Y 的数学期望是相同的.即有

$$E(Y) = \sum_i g(x_i)p_i = \sum_j y_j q_j, \quad E(Y) = \int_{-\infty}^{+\infty} g(x)f(x)\mathrm{d}x = \int_{-\infty}^{+\infty} y h(y)\mathrm{d}y$$

【例 3.7】 设随机变量 X 的概率分布如表 3.4 所示,求 $E(2X^2 + 3)$.

表 3.4　X 的概率分布

X	-1	0	1	2
p	0.2	0.1	0.4	0.3

解

$$\begin{aligned}
E(2X^2 + 3) &= [2 \times (-1)^2 + 3] \times 0.2 + (2 \times 0^2 + 3) \times 0.1 \\
&\quad + (2 \times 1^2 + 3) \times 0.4 + (2 \times 2^2 + 3) \times 0.3 \\
&= 6.6
\end{aligned}$$

在求连续型随机变量的均值和其他数字特征时,往往要计算以下两个积分:

$$\int_{-\infty}^{+\infty} \mathrm{e}^{-\frac{x^2}{2}}\mathrm{d}x, \quad \int_{-\infty}^{+\infty} x^2 \mathrm{e}^{-\frac{x^2}{2}}\mathrm{d}x$$

我们以引理的形式给出结果:

引理 3.1 (1) $\int_{-\infty}^{+\infty} \mathrm{e}^{-\frac{x^2}{2}}\mathrm{d}x = \sqrt{2\pi}$;(2) $\int_{-\infty}^{+\infty} x^2 \mathrm{e}^{-\frac{x^2}{2}}\mathrm{d}x = \sqrt{2\pi}$.

其中(2)可以利用分部积分由(1)得到.事实上

$$\int_{-\infty}^{+\infty} x^2 \mathrm{e}^{-\frac{x^2}{2}}\mathrm{d}x = -\int_{-\infty}^{+\infty} x\,\mathrm{d}\mathrm{e}^{-\frac{x^2}{2}} = -\left. x\mathrm{e}^{-\frac{x^2}{2}} \right|_{-\infty}^{+\infty} + \int_{-\infty}^{+\infty} \mathrm{e}^{-\frac{x^2}{2}}\mathrm{d}x = \sqrt{2\pi}$$

【例 3.8】 设随机变量 $X \sim N(0,1)$,求随机变量 $Y = X^2$ 的数学期望.

解 根据期望的定义和引理 3.1 有

$$E(Y) = E(X^2) = \int_{-\infty}^{+\infty} x^2 \frac{1}{\sqrt{2\pi}} \mathrm{e}^{-\frac{x^2}{2}}\mathrm{d}x = 1$$

3.2　随机变量的方差

3.2.1　方差的定义

由于数学期望 $E(X)$ 只代表了随机变量 X 取值的平均水平,而没有反映其取值的变动范围大小,所以我们还要考察 X 在 $E(X)$ 周围取值的情况. 在实际问题中往往有这样的情况,两个随机变量,其期望相同,但有一个集中分布在期望的周围,有一个分散在以期望为中心的一个很大区间内. 因此我们采用 $E\{[X - E(X)]^2\}$ 来衡量随机变量 X 的取值偏离 $E(X)$ 的平均程度. 显然也可以选择 $E|X - E(X)|$ 这个量,但是绝对值运算有许多不便之处. 于是我们引入如下概念:

定义 3.4　设 X 为随机变量,如果 $E\{[X - E(X)]^2\}$ 存在,则称其为 X 的方差,记作 $D(X)$,即有

$$D(X) = E\{[X - E(X)]^2\} \tag{3.5}$$

而称 $\sqrt{D(X)}$ 为均方差或标准差.

显然,从定义上看,方差实际上是随机变量 X 的函数 $Y = [X - E(X)]^2$ 的数学期望. 所以当随机变量 X 为离散型随机变量,且其概率分布为 $P(X = a_i) = p_i$ 时,如果级数 $\sum_i [a_i - E(X)]^2 p_i$ 收敛,则定义 X 的方差为

$$D(X) = \sum_i [a_i - E(X)]^2 p_i \tag{3.6}$$

而当 X 为连续型随机变量,其概率密度函数为 $f(x)$ 时,如果广义积分 $\int_{-\infty}^{+\infty} [x - E(X)]^2 f(x)\mathrm{d}x$ 收敛,则定义 X 的方差为

$$D(X) = \int_{-\infty}^{+\infty} [x - E(X)]^2 f(x)\mathrm{d}x \tag{3.7}$$

显然方差越小,随机变量的取值越集中,说明期望的代表性越好,反之则相反.

【例 3.9】　设甲、乙两工厂生产同一种产品,他们月产量的概率分布如表 3.5 所示.

表 3.5　产量的概率分布

X, Y	15.8	15.9	16.0	16.1	16.2
p_x	0.15	0.20	0.30	0.20	0.15
p_y	0.01	0.14	0.72	0.10	0.03

试比较两工厂的生产水平.

解 首先我们分别计算两工厂的平均产量,即数学期望:

$$E(X) = 15.8 \times 0.15 + 15.9 \times 0.20 + 16.0 \times 0.30 + 16.1 \times 0.20 + 16.2 \times 0.15$$
$$= 16.0$$

$$E(Y) = 15.8 \times 0.01 + 15.9 \times 0.14 + 16.0 \times 0.72 + 16.1 \times 0.10 + 16.2 \times 0.03$$
$$= 16.0$$

显然期望相等,所以我们不能通过期望来判断两工厂的产出水平哪个更好些,所以就要考虑使用新的指标来分析,这个新的指标就是方差. 下面来比较 X 和 Y 的方差大小.

$$D(X) = (15.8 - 16.0)^2 \times 0.15 + (15.9 - 16.0)^2 \times 0.20 + (16.0 - 16.0)^2$$
$$\times 0.30 + (16.1 - 16.0)^2 \times 0.20 + (16.2 - 16.0)^2 \times 0.15$$
$$= 0.016$$

$$D(Y) = (15.8 - 16.0)^2 \times 0.01 + (15.9 - 16.0)^2 \times 0.14 + (16.0 - 16.0)^2$$
$$\times 0.78 + (16.1 - 16.0)^2 \times 0.10 + (16.2 - 16.0)^2 \times 0.03$$
$$= 0.004$$

显然 $D(Y) < D(X)$,所以乙厂产量比甲厂稳定,因此乙厂的生产状况好于甲厂.

3.2.2 方差的性质

方差有如下常用的基本性质,这些性质既可以用于求随机变量的方差,又可以用于理论分析.

性质 3.5 方差的简化计算公式:$D(X) = E(X^2) - [E(X)]^2$;

性质 3.6 若 $X = c, c$ 是常数,则 $D(X) = 0$;

性质 3.7 若 c 是常数,则 $D(cX) = c^2 D(X)$;

性质 3.8 若 X, Y 是两个相互独立的随机变量,且 $D(X), D(Y)$ 存在,则
$$D(aX \pm bY) = a^2 D(X) + b^2 D(Y)$$

性质 3.9 $D(X) = E\{[X - E(X)]^2\} \leqslant E[(X - c)^2]$,其中 c 是任意常数;

性质 3.10 $D(X = c) = 0$ 的充要条件为 $P(X = c) = 1$,这里 $c = E(X)$.

证明 根据数学期望的性质可得

$$D(X) = E\{[X - E(X)]^2\}$$
$$= E\{X^2 - 2XE(X) + [E(X)]^2\}$$
$$= E(X^2) - 2[E(X)]^2 + [E(X)]^2$$
$$= E(X^2) - [E(X)]^2$$

这就证明了性质 3.5.

$$D(c) = E\{[c - E(c)]^2\} = E[(c - c)^2] = 0$$

这就证明了性质3.6.

$$D(cX) = E[(cX)^2] - [E(cX)]^2 = c^2\{E(X^2) - [E(X)]^2\} = c^2D(X)$$

这就证明了性质3.7.

$$\begin{aligned}
D(aX \pm bY) &= E[(aX \pm bY)^2] - [E(aX \pm bY)]^2 \\
&= a^2E(X^2) + b^2E(Y^2) \pm 2abE(XY) \\
&\quad - \{a^2[E(X)]^2 + b^2[E(Y)]^2 \pm 2abE(X)E(Y)\} \\
&= a^2\{E(X^2) - [E(X)]^2\} + b^2\{E(Y^2) - [E(Y)]^2\} \\
&\quad \pm 2ab[E(XY) - E(X)E(Y)] \\
&= a^2D(X) + b^2D(Y)
\end{aligned}$$

最后一步使用了性质3.4,这就证明了性质3.8.容易验证

$$D(X) = E\{[X - E(X)]^2\} = E[(X - c)^2] - [c - E(X)]^2 \leqslant E[(X - c)^2]$$

这就证明了性质3.9.性质3.10的证明见第4章的例4.4.

3.2.3 常见分布的方差

1. 0-1分布

设随机变量 X 服从参数为 p 的0-1分布,由方差定义知

$$D(X) = (0 - p)^2 \times (1 - p) + (1 - p)^2 \times p = p(1 - p)$$

2. 二项分布

设随机变量 X 服从二项分布 $B(n,p)$,其概率分布为

$$P(X = k) = C_n^k p^k (1 - p)^{n-k} \quad (k = 0,1,2,\cdots,n)$$

所以

$$\begin{aligned}
E(X^2) &= \sum_{k=0}^{n} k^2 C_n^k p^k (1 - p)^{n-k} \\
&= \sum_{k=1}^{n} \frac{k^2 n!}{k!(n-k)!} p^k (1 - p)^{n-k} \\
&= np \sum_{k=1}^{n} k \frac{(n-1)!}{(k-1)![(n-1)-(k-1)]!} p^{k-1} (1 - p)^{(n-1)-(k-1)} \\
&= np \sum_{k=1}^{n} (k-1) \frac{(n-1)!}{(k-1)![(n-1)-(k-1)]!} p^{k-1} (1 - p)^{(n-1)-(k-1)} \\
&\quad + np \sum_{k=1}^{n} \frac{(n-1)!}{(k-1)![(n-1)-(k-1)]!} p^{k-1} (1 - p)^{(n-1)-(k-1)} \\
&= np \sum_{k=1}^{n} (k-1) C_{n-1}^{k-1} p^{k-1} (1 - p)^{(n-1)-(k-1)}
\end{aligned}$$

$$+ np \sum_{k=1}^{n} C_{n-1}^{k-1} p^{k-1} (1-p)^{(n-1)-(k-1)}$$

$$\xlongequal{\diamond i = k-1} np \sum_{i=0}^{n-1} i C_{n-1}^{i} p^{i} (1-p)^{(n-1)-i} + np \sum_{i=0}^{n-1} C_{n-1}^{i} p^{i} (1-p)^{(n-1)-i}$$

在上式中, $\sum_{i=0}^{n-1} i C_{n-1}^{i} p^{i} (1-p)^{(n-1)-i}$ 为服从 $B(n-1,p)$ 的随机变量的数学期望, 即

$$\sum_{i=0}^{n-1} i C_{n-1}^{i} p^{i} (1-p)^{(n-1)-i} = (n-1) p$$

于是由方差的性质 3.5 知

$$D(X) = E(X^2) - [E(X)]^2 = n^2 p^2 + np(1-p) - n^2 p^2 = np(1-p)$$

我们也可以这样更简单地得到二项分布的方差. 令 $X_i = 1$ 表示第 i 次试验中某个事件 A 出现, 对应的概率为 p, $X_i = 0$ 表示第 i 次试验中某个事件 A 未出现, 根据二项分布与 0-1 分布的关系可知, $X = \sum_{i=1}^{n} X_i$ 表示事件 A 出现的次数, 则 $X \sim B(n,p)$. 因为各 X_i 是独立的, 根据性质 3.8 可知

$$D(X) = D\left(\sum_{i=1}^{n} X_i \right) = \sum_{i=1}^{n} D(X_i) = np(1-p)$$

3. 泊松分布

设随机变量 X 服从参数为 λ 的泊松分布, 其概率分布为

$$P(X = k) = \frac{\lambda^k}{k!} e^{-\lambda} \quad (k = 0, 1, 2, \cdots)$$

由于 $E(X) = \lambda$, 又有

$$E(X^2) = \sum_{k=0}^{\infty} k^2 \frac{\lambda^k}{k!} e^{-\lambda} = \sum_{k=1}^{\infty} k \frac{\lambda^k}{(k-1)!} e^{-\lambda}$$

$$= \lambda \sum_{k=1}^{\infty} \left[(k-1) \frac{\lambda^{k-1}}{(k-1)!} e^{-\lambda} + \frac{\lambda^{k-1}}{(k-1)!} e^{-\lambda} \right]$$

$$\xlongequal{\diamond i = k-1} \lambda \sum_{i=0}^{\infty} i \frac{\lambda^i}{i!} e^{-\lambda} + \lambda e^{-\lambda} \sum_{i=0}^{\infty} \frac{\lambda^i}{i!}$$

上式中 $\sum_{i=0}^{\infty} i \frac{\lambda^i}{i!} e^{-\lambda}$ 即是服从参数为 λ 的泊松分布随机变量的均值, 而 $\sum_{i=0}^{\infty} \frac{\lambda^i}{i!} = e^{\lambda}$, 所以

$$E(X^2) = \lambda^2 + \lambda, \quad D(X) = E(X^2) - [E(X)]^2 = \lambda$$

4. 均匀分布

设 X 服从区间 $[a,b]$ 上的均匀分布, 则其概率密度函数为

$$f(x) = \begin{cases} \dfrac{1}{b-a}, & a \leqslant x \leqslant b \\ 0, & \text{其他} \end{cases}$$

已经得到 $E(X) = \dfrac{a+b}{2}$,而

$$E(X^2) = \int_{-\infty}^{+\infty} x^2 f(x) \mathrm{d}x = \int_a^b x^2 \frac{1}{b-a} \mathrm{d}x = \frac{x^3}{3(b-a)} \Big|_a^b = \frac{a^2 + ab + b^2}{3}$$

从而由方差的性质 3.5 知

$$D(X) = E(X^2) - [E(X)]^2 = \frac{a^2 + ab + b^2}{3} - \frac{(a+b)^2}{4} = \frac{(b-a)^2}{12}$$

5. 指数分布

设 X 服从参数为 λ 的指数分布,则其概率密度函数为

$$f(x) = \begin{cases} \lambda \mathrm{e}^{-\lambda x}, & x \geqslant 0 \\ 0, & x < 0 \end{cases}$$

已经得到 $E(X) = 1/\lambda$,而

$$\begin{aligned} E(X^2) &= \int_{-\infty}^{+\infty} x^2 f(x) \mathrm{d}x = \int_0^{+\infty} x^2 \lambda \mathrm{e}^{-\lambda x} \mathrm{d}x = \int_0^{+\infty} 2x \mathrm{e}^{-\lambda x} \mathrm{d}x \\ &= \frac{2}{\lambda} \int_0^{+\infty} x \lambda \mathrm{e}^{-\lambda x} \mathrm{d}x \\ &= \frac{2}{\lambda^2} \end{aligned}$$

于是由方差的性质 3.5 知 $D(X) = E(X^2) - [E(X)]^2 = \dfrac{1}{\lambda^2}$.

6. 正态分布

设 X 服从正态分布 $N(\mu, \sigma^2)$,则其概率密度函数为

$$f(x) = \frac{1}{\sqrt{2\pi}\sigma} \exp\left[-\frac{(x-\mu)^2}{2\sigma^2}\right]$$

因为 $E(X) = \mu$,所以由方差定义知

$$D(X) = E[(X-\mu)^2] = \int_{-\infty}^{+\infty} \frac{(x-\mu)^2}{\sqrt{2\pi}\sigma} \exp\left[-\frac{(x-\mu)^2}{2\sigma^2}\right] \mathrm{d}x$$

令 $t = \dfrac{x-\mu}{\sigma}$,则根据变量代换和引理 3.1 有

$$D(X) = \frac{\sigma^2}{\sqrt{2\pi}} \int_{-\infty}^{+\infty} t^2 \mathrm{e}^{-\frac{t^2}{2}} \mathrm{d}t = \frac{\sigma^2}{\sqrt{2\pi}} \sqrt{2\pi} = \sigma^2$$

3.2.4 随机变量函数的方差

定义 3.5 设 X 为随机变量,$Y = g(X)$ 为随机变量 X 的函数,则 Y 的方差

定义为

$$D(Y) = E\{[Y - E(Y)]^2\} = E(\{g(X) - E[g(X)]\}^2)$$
$$= E\{[g(X)]^2\} - \{E[g(X)]\}^2 \qquad (3.8)$$

可见求随机变量函数方差也可以转化为求随机变量函数期望,具体求法可以参考前面随机变量函数的期望的内容,这里不给出具体的例题.

3.2.5　随机变量的标准化

定义 3.6　设随机变量 X 具有数学期望 $E(X) = \mu$ 及方差 $D(X) = \sigma^2 > 0$,则称 $X^* = \dfrac{X - \mu}{\sigma}$ 为 X 的标准化随机变量.

根据期望、方差的性质有

$$E(X^*) = E\left(\frac{X - \mu}{\sigma}\right) = \frac{1}{\sigma}[E(X) - \mu] = \frac{1}{\sigma}(\mu - \mu) = 0 \qquad (3.9)$$

$$D(X^*) = D\left(\frac{X - \mu}{\sigma}\right) = D\left(\frac{X}{\sigma} - \frac{\mu}{\sigma}\right) = \frac{1}{\sigma^2}D(X) = \frac{1}{\sigma^2}\sigma^2 = 1 \quad (3.10)$$

一个随机变量,无论是离散型的还是连续型的,无论其分布是什么,只要有数学期望和方差,都可以标准化,且标准化后的期望都为 0 而方差都为 1.

3.2.6　随机变量的数字特征与 Riemann-Stieltjes 积分 *

在有些教科书、专著和论文中,将离散型和连续型随机变量的期望和方差统一表示成 Riemann-Stieltjes 积分的形式.为了方便读者今后的学习和研究,这里就作一个简要的介绍.

设 $F(x)$,$g(x)$ 是定义在区间 $[a,b]$ 上的实函数.将 $[a,b]$ 分成 n 份,即插入分隔点

$$a = x_0 < x_1 < x_2 < \cdots < x_n = b$$

记 $\Delta F(x_i) = F(x_i) - F(x_{i-1})(1 \leqslant i \leqslant n)$.作和 $\sum\limits_{i=1}^{n} g(\xi_i)\Delta F(x_i)$,其中 $\xi_i \in [x_{i-1}, x_i]$.令 $n \to \infty$,且满足 $\lambda_n = \max\limits_{1 \leqslant i \leqslant n}(x_i - x_{i-1}) \to 0$,如果 $\lim\limits_{n \to \infty} = \sum\limits_{i=1}^{n} g(\xi_i)\Delta F(x_i)$ 存在,且其值不依赖于对区间 $[a,b]$ 的分割,则称它为 $g(x)$ 在区间 $[a,b]$ 上关于 $F(x)$ 的 Riemann-Stieltjes 积分,并记为 $\int_a^b g(x)\mathrm{d}F(x)$.而在 $(-\infty, +\infty)$ 上的 Riemann-Stieltjes 积分则定义为

$$\lim_{\substack{a \to -\infty \\ b \to +\infty}} = \int_a^b g(x)\mathrm{d}F(x) \overset{\text{def}}{=} \int_{-\infty}^{+\infty} g(x)\mathrm{d}F(x)$$

从定义可知 Riemann-Stieltjes 积分有以下性质(其中 a 可以是有限数,也可以是 $-\infty$, b 可以是有限数,也可以是 $+\infty$):

性质 3.11 $\int_a^b [\alpha g_1(x) + \beta g_2(x)]\mathrm{d}F(x) = \alpha \int_a^b g_1(x)\mathrm{d}F(x) + \beta \int_a^b g_2(x)\mathrm{d}F(x)$;

性质 3.12 $\int_a^b g(x)\mathrm{d}F(x) = \int_a^c g(x)\mathrm{d}F(x) + \int_c^b g(x)\mathrm{d}F(x)$;

性质 3.13 若 $g(x)$ 在 $x = a$ 处连续,则

$$\lim_{x \to a-0} = \int_x^a g(x)\mathrm{d}F(x) = g(a)[F(a) - F(a-0)]$$

性质 3.14 若 $F(x)$ 在 (a, b) 上为常数,则 $\int_a^b g(x)\mathrm{d}F(x) = 0$;

性质 3.15 若 $F'(x) = f(x)$,则 $\int_a^b g(x)\mathrm{d}F(x) = \int_a^b g(x)f(x)\mathrm{d}x$.

由于离散型随机变量的分布函数被定义为 $F(x) = \sum_{x_i \leqslant x} p_i$,显然 $F(x)$ 是一个阶梯函数且右连续. 如果 $F(x)$ 在 $[\alpha, \beta]$ 处平坦,对于在 $[\alpha, \beta]$ 的 $g(x)$,由性质 3.14 得到 $\int_\alpha^\beta g(x)\mathrm{d}F(x) = 0$,而 $F(x)$ 在跳跃处 x_i 有 $F(x_i) - F(x_i - 0) = p_i$,由性质 3.13 得到

$$\lim_{x \to x_i - 0} = \int_x^{x_i} g(x)\mathrm{d}F(x) = g(x_i)[F(x_i) - F(x_i - 0)] = g(x_i)p_i$$

从而

$$\int_{-\infty}^{+\infty} g(x)\mathrm{d}F(x) = \sum_{i=1}^\infty g(x_i)p_i = E[g(x)]$$

对于连续型随机变量 X,设其分布函数和概率密度函数分别为 $F(x), f(x)$. 因为 $f(x) = F'(x)$,所以 $\int_{-\infty}^{+\infty} g(x)\mathrm{d}F(x) = \int_{-\infty}^{+\infty} g(x)f(x)\mathrm{d}x = E[g(x)]$. 这正是性质 3.15.

根据上面的分析结果,无论是离散型随机变量还是连续型随机变量,都有

$$\int_{-\infty}^{+\infty} g(x)\mathrm{d}F(x) = E[g(X)]$$

若 $g(x) = x^k$,则

$$\int_{-\infty}^{+\infty} x^k \mathrm{d}F(x) = E(X^k)$$

称 $E(X^k)$ 为 X 的 k 阶原点阶矩,当 $k = 1$ 时,这个积分就是期望.

若 $g(x) = [x - E(X)]^k$,则

$$\int_{-\infty}^{+\infty} [x - E(X)]^k dF(x) = E\{[X - E(X)]^k\}$$

称 $E\{[X - E(X)]^k\}$ 为 X 的 k 阶中心矩,当 $k = 2$ 时,这个积分就是方差.

3.3　协方差和相关系数

3.3.1　协方差的定义

对于二元随机变量 (X, Y),仅知道 X 和 Y 各自的数字特征有时候还不够,还要考虑 X 和 Y 的相互依赖关系,刻画这种关系的量就是协方差和相关系数.

定义 3.7　设两个随机变量 X, Y 的期望和方差都存在,则称

$$\text{Cov}(X, Y) = E\{[X - E(X)][Y - E(Y)]\} \tag{3.11}$$

为 X 和 Y 的协方差.

根据式(3.11),通过简单的计算可知,协方差可表示为

$$\text{Cov}(X, Y) = E(XY) - E(X)E(Y) \tag{3.12}$$

特别地,当 $X = Y$ 时有 $\text{Cov}(X, X) = E(X^2) - E(X)E(X) = D(X)$,可见方差是协方差的一种特例.

协方差反映了两个随机变量 X 和 Y 的线性协同变动情况,其正负反映了变化的方向,若其值为正,则表示 X 取大的值时,Y 取大的值的概率较大;若其值为负,则表示 X 取大的值时,Y 取小的值的概率较大.这一点将在介绍后面相关系数的性质时作详细的说明.

3.3.2　协方差的性质

协方差具有以下常用的基本性质:

性质 3.16　$\text{Cov}(X, Y) = \text{Cov}(Y, X)$;

性质 3.17　若 a, b 为两个任意常数,则 $\text{Cov}(aX, bY) = ab\text{Cov}(X, Y)$;

性质 3.18　$\text{Cov}(X \pm Y, Z) = \text{Cov}(X, Z) \pm \text{Cov}(Y, Z)$;

性质 3.19　若 X 与 Y 独立,则 $\text{Cov}(X, Y) = 0$.

证明　$\text{Cov}(Y, X) = E\{[Y - E(Y)][X - E(X)]\}$

$$= E\{[X - E(X)][Y - E(Y)]\}$$

$$= \text{Cov}(X, Y)$$

这就证明了性质 3.16.

$$\begin{aligned}
\mathrm{Cov}(aX, bY) &= E\{[aX - E(aX)][bY - E(bY)]\} \\
&= E\{a[X - E(X)]b[Y - E(Y)]\} \\
&= abE\{[X - E(X)][Y - E(Y)]\} \\
&= ab\mathrm{Cov}(X, Y)
\end{aligned}$$

这就证明了性质 3.17.

$$\begin{aligned}
\mathrm{Cov}(X \pm Y, Z) &= E\{[X \pm Y - E(X \pm Y)][Z - E(Z)]\} \\
&= E(\{X - E(X) \pm [Y - E(Y)]\}[Z - E(Z)]) \\
&= E\{[X - E(X)][Z - E(Z)]\} \\
&\quad \pm E\{[Y - E(Y)][Z - E(Z)]\} \\
&= \mathrm{Cov}(X, Z) \pm \mathrm{Cov}(Y, Z)
\end{aligned}$$

这就证明了性质 3.18.

当 X 与 Y 独立时

$$\mathrm{Cov}(X, Y) = E(XY) - E(X)E(Y) = E(X)E(Y) - E(X)E(Y) = 0$$

这就证明了性质 3.19.

定理 3.1 假设随机变量 X 和 Y 存在期望与方差,则

$$D(aX \pm bY) = a^2 D(X) + b^2 D(Y) \pm 2ab\mathrm{Cov}(X, Y) \tag{3.13}$$

证明

$$\begin{aligned}
D(aX \pm bY) &= E[(aX \pm bY)^2] - [E(aX \pm bY)]^2 \\
&= a^2\{E(X^2) - [E(X)]^2\} + b^2\{E(Y^2) - [E(Y)]^2\} \\
&\quad \pm 2ab[E(XY) - E(X)E(Y)] \\
&= a^2 D(X) + b^2 D(Y) \pm 2ab\mathrm{Cov}(X, Y)
\end{aligned}$$

【例 3.10】 设 X 和 Y 的联合概率分布及边缘概率分布如表 3.6 所示.

表 3.6　(X, Y) 的联合概率分布及边缘概率分布

Y\X	1	2	3	$p_i.$
1	0.20	0.10	0.01	0.31
2	0.15	0.30	0.06	0.51
3	0.03	0.05	0.10	0.18
$p._j$	0.38	0.45	0.17	1

试求 $\mathrm{Cov}(X, Y)$.

解 由 X 和 Y 的边缘分布律可以求出它们各自的数学期望为

$$E(X) = \sum_{i=1}^{3} iP(X = i) = 1 \times 0.31 + 2 \times 0.51 + 3 \times 0.18 = 1.87$$

$$E(Y) = \sum_{j=1}^{3} jP(Y = j) = 1 \times 0.38 + 2 \times 0.45 + 3 \times 0.17 = 1.79$$

而由 X 和 Y 的联合概率分布可以求出 XY 的数学期望为

$$\begin{aligned}
E(XY) = \sum_{i=1}^{3} \sum_{j=1}^{3} ijP_{ij} &= 1 \times 1 \times 0.20 + 1 \times 2 \times 0.10 + 1 \times 3 \times 0.01 \\
&\quad + 2 \times 1 \times 0.15 + 2 \times 2 \times 0.30 + 2 \times 3 \times 0.06 \\
&\quad + 3 \times 1 \times 0.03 + 3 \times 2 \times 0.05 + 3 \times 3 \times 0.10 \\
&= 3.58
\end{aligned}$$

于是得到 X 和 Y 的协方差为

$$\mathrm{Cov}(X, Y) = E(XY) - E(X)E(Y) = 3.58 - 1.87 \times 1.79 = 0.2327$$

3.3.3　相关系数的定义

协方差反映了两个随机变量 X 和 Y 的协同变动情况,但是协方差的大小却不能很好地衡量两者关联的程度.这是由于协方差是绝对量,会受到两个随机变量 X 和 Y 的计量单位影响,例如设 X 表示身高(单位:米),Y 为体重(单位:公斤),现在把它们的计量单位改为厘米和克,并记新计量单位下的随机变量为 X' 和 Y'.于是有

$$\mathrm{Cov}(X, Y) = \mathrm{Cov}(100X', 1\,000Y') = 10^5 \mathrm{Cov}(X', Y')$$

虽然 $\mathrm{Cov}(X, Y)$ 和 $\mathrm{Cov}(X', Y')$ 这两个量都是衡量身高和体重关系的量,但因为计量单位不同,它们的值也不同.所以说,协方差值的大小不能很好地反映两者的关联程度.解决这个问题的办法就是引入一个相对性指标,这就是相关系数.

　　定义 3.8　若 (X, Y) 是一个二维随机变量,具有期望 $E(X)$,$E(Y)$ 和方差 $D(X)$,$D(Y)$ 以及协方差 $\mathrm{Cov}(X, Y)$,则称

$$\rho_{XY} = \frac{\mathrm{Cov}(X, Y)}{\sqrt{D(X)D(Y)}} \tag{3.14}$$

为随机变量 X 和 Y 的相关系数.

　　为了看清相关系数的本质,对每个随机变量实行标准化处理,即令

$$X^* = \frac{X - E(X)}{\sqrt{D(X)}}, \quad Y^* = \frac{Y - E(Y)}{\sqrt{D(Y)}}$$

由随机变量的标准化性质知 $E(X^*) = E(Y^*) = 0$,$D(X^*) = D(Y^*) = 1$.标准化后的两个随机变量的协方差为

$$\begin{aligned}
\mathrm{Cov}(X^*, Y^*) &= E\{[X^* - E(X^*)][Y^* - E(Y^*)]\} \\
&= E(X^* Y^*) \\
&= E\left\{ \frac{[X - E(X)]}{\sqrt{D(X)}} \frac{[Y - E(Y)]}{\sqrt{D(Y)}} \right\}
\end{aligned}$$

$$= \frac{\mathrm{Cov}(X,Y)}{\sqrt{D(X)D(Y)}}$$
$$= \rho_{XY}$$

所以相关系数是两个随机变量标准化后的协方差,它是无量纲的,是相对的量,不受计量单位变更的影响,因此它能够更好地反映两个随机变量的协同变化方向,也可以用来比较若干组不同的随机变量,如 (X,Y),(U,V) 和 (W,Z) 的关联程度的大小.

3.3.4　相关系数的性质

现在介绍相关系数的性质.作为准备,首先介绍柯西-许瓦兹不等式.

定理 3.2　若 (X,Y) 是二维随机变量,有 $E(X^2)<\infty$,$E(Y^2)<\infty$,则有

$$[E(XY)]^2 \leqslant E(X^2)E(Y^2) \tag{3.15}$$

该不等式被称为柯西-许瓦兹不等式.

证明　考虑实变量 t 的一个二次函数

$$g(t) = E[(tX-Y)^2] = t^2 E(X^2) - 2tE(XY) + E(Y^2)$$

视 t 为未知数,该函数取值非负,则根据方程与不等式的关系知二次方程的判别式一定非正,即有

$$\Delta = [2E(XY)]^2 - 4E(X^2)E(Y^2) \leqslant 0$$

移项得

$$[E(XY)]^2 \leqslant E(X^2)E(Y^2)$$

相关系数具有如下常用的性质:

性质 3.20　相关系数的取值范围满足 $|\rho_{XY}| \leqslant 1$;

性质 3.21　$|\rho_{XY}|=1$ 的充要条件是 $P(Y=aX+b)=1$,其中 a,b 为

$$a = \rho_{XY}\frac{\sqrt{D(Y)}}{\sqrt{D(X)}}, \quad b = E(Y) - \rho_{XY}E(X)\frac{\sqrt{D(Y)}}{\sqrt{D(X)}}$$

性质 3.22　如果 X,Y 相互独立,则 $\rho_{XY}=0$.

证明　由柯西-许瓦兹不等式可知

$$\begin{aligned}
[\mathrm{Cov}(X,Y)]^2 &= (E\{[X-E(X)][Y-E(Y)]\})^2 \\
&\leqslant E\{[X-E(X)]^2\}E\{[Y-E(Y)]^2\} \\
&= D(X)D(Y)
\end{aligned}$$

于是得

$$\rho_{XY}^2 = \frac{[\mathrm{Cov}(X,Y)]^2}{D(X)D(Y)} \leqslant 1 \quad \Rightarrow \quad |\rho_{XY}| \leqslant 1$$

这就证明了性质 3.20.

令 $X^* = \dfrac{X - E(X)}{\sqrt{D(X)}}$，$Y^* = \dfrac{Y - E(Y)}{\sqrt{D(Y)}}$，则

$$E[(X^*)^2] = 1, \quad E[(Y^*)^2] = 1, \quad \text{Cov}(X^*, Y^*) = E(X^* Y^*) = \rho_{XY}$$

由定理 3.1 得

$$\begin{aligned}
D(Y^* - \rho_{XY} X^*) &= E[(Y^*)^2] - 2\rho_{XY} E(X^* Y^*) + \rho_{XY}^2 E[(X^*)^2] \\
&= 1 - 2\rho_{XY}\rho_{XY} + \rho_{XY}^2 \\
&= 1 - \rho_{XY}^2 \\
&\geqslant 0
\end{aligned}$$

由此可见，$|\rho_{XY}| = 1$ 的充要条件是 $D(Y^* - \rho_{XY} X^*) = 0$. 再由性质 3.10 可知 $D(Y^* - \rho_{XY} X^*) = 0$ 的充要条件是 $P(Y^* - \rho_{XY} X^* = c) = 1$，其中 $c = E(Y^* - \rho_{XY} X^*)$. 因为 $E(Y^* - \rho_{XY} X^*) = E(Y^*) - \rho_{XY} E(X^*) = 0$，所以 $P(Y^* - \rho_{XY} X^* = 0) = 1$，即

$$P\left(\frac{Y - E(Y)}{\sqrt{D(Y)}} = \rho_{XY} \frac{X - E(X)}{\sqrt{D(X)}} \right) = 1$$

进一步地，令 $a = \rho_{XY} \dfrac{\sqrt{D(Y)}}{\sqrt{D(X)}}$，$b = E(Y) - \rho_{XY} E(X) \dfrac{\sqrt{D(Y)}}{\sqrt{D(X)}}$，则有 $P\{Y = aX + b\} = 1$，这就证明了性质 3.21.

如果 X, Y 相互独立，由性质 3.19 知，$\text{Cov}(X, Y) = 0$，所以 $\rho_{XY} = 0$. 这就证明了性质 3.22.

由性质 3.21 可知，当相关系数 $|\rho_{XY}| = 1$ 时，X 与 Y 以概率 1 成线性关系，这也表明了相关系数是度量随机变量之间线性相关程度的量，相关系数越大，线性关系越强. 如果 $\rho_{XY} > 0$，那么 X 增大，Y 也有增大的可能性，且 ρ_{XY} 越接近于 1，这个可能性越大；如果 $\rho_{XY} < 0$，那么 X 增大，Y 就有变小的可能性，且 ρ_{XY} 越接近于 1，这个可能性越大. 特别地，当 $\rho_{XY} = 0$ 时，X 与 Y 无线性依赖关系，这时我们称 X 与 Y 不相关，而协方差 $\text{Cov}(X, Y) = \sqrt{D(X)} \sqrt{D(Y)} \rho_{XY}$，所以在 X 与 Y 的单位是固定的条件下，协方差的绝对值越大，X 和 Y 的线性依赖关系越强，反之线性依赖关系越弱. 因为

$$E(XY) = \text{Cov}(X, Y) + E(X)E(Y)$$

所以，X 和 Y 不相关的充要条件是 $E(XY) = E(X)E(Y)$. 因此许多教材把这个条件作为两个随机变量不相关的定义.

需要指出的是，相关系数的大小仅反映了两个随机变量之间线性关联程度的大小，$\rho_{XY} = 0$ 并不说明 X 与 Y 没有任何相关关联，这时称 X 与 Y 是线性不相关的，X 和 Y 可能存在非线性关系；另一方面，当 X 与 Y 相互独立时，也有 $E(XY) = E(X)E(Y)$，所以两个随机变量的独立隐含了它们不相关. 但反之 X 与

Y 不相关不一定意味着 X 与 Y 相互独立,下面的例 3.12 就说明了这一点.不过在例 3.13 中可以看到,对于正态分布而言,X 与 Y 独立和 X 与 Y 不相关是等价的.

【例 3.11】　计算例 3.10 中两个随机变量 X 与 Y 的相关系数.

解　已经计算得到 $\text{Cov}(X,Y) = 0.232\,7$,进一步计算得 $D(X) = 0.473\,1$,$D(Y) = 0.505\,9$,从而有

$$\rho_{XY} = \frac{\text{Cov}(X,Y)}{\sqrt{D(X)}\,\sqrt{D(Y)}} = \frac{0.232\,7}{\sqrt{0.473\,1 \times 0.505\,9}} = 0.475\,65$$

【例 3.12】　设 X 与 Y 的联合概率分布和边缘概率分布由表 3.7 给出,计算相关系数.

表 3.7　(X,Y)的联合概率分布和边缘概率分布

Y ＼ X	-2	-1	1	2	$P\{Y = y_j\}$
1	0	1/4	1/4	0	1/2
4	1/4	0	0	1/4	1/2
$P\{X = x_k\}$	1/4	1/4	1/4	1/4	1

解　容易得到下列结果:

$$E(X) = 0, \quad E(Y) = \frac{5}{2}, \quad E(XY) = 0$$

从而有 $\text{Cov}(XY) = E(XY) - E(X)E(Y) = 0$,因此有 $\rho_{XY} = 0$,表明 X 与 Y 之间没有线性关系,但另一方面有 $P(X = -2, Y = 1) = 0 \neq P(X = -2)P(Y = 1) = \frac{1}{8}$,从而 X 与 Y 是不独立的,实际上有 $Y = X^2$ 成立,所以 X 与 Y 存在非线性的关联关系.

【例 3.13】　计算二元正态分布随机变量的相关系数.

解　(X,Y) 的概率密度函数为

$$f(x,y) = \frac{1}{2\pi\sigma_1\sigma_2\sqrt{1-\rho^2}}\exp\left\{-\frac{1}{2(1-\rho^2)}\left[\frac{(x-\mu_1)^2}{\sigma_1^2}\right.\right.$$
$$\left.\left. -2\rho\frac{(x-\mu_1)(y-\mu_2)}{\sigma_1\sigma_2} + \frac{(y-\mu_2)^2}{\sigma_2^2}\right]\right\}$$

在第 2 章我们已经得到了 X 和 Y 的边缘概率密度函数分别为

$$f_X(x) = \frac{1}{\sqrt{2\pi}\sigma_1}\text{e}^{-\frac{(x-\mu_1)^2}{2\sigma_1^2}}, \quad f_Y(y) = \frac{1}{\sqrt{2\pi}\sigma_2}\text{e}^{-\frac{(y-\mu_2)^2}{2\sigma_2^2}}$$

所以 μ_1, σ_1^2 为 X 的均值和方差,μ_2, σ_2^2 为 Y 的均值和方差.下面证明 ρ 为 X 和 Y 的相关系数.

$$\mathrm{Cov}(X,Y) = \int_{-\infty}^{+\infty} \int_{-\infty}^{+\infty} (x - \mu_1)(y - \mu_2) f(x,y) \mathrm{d}x \mathrm{d}y$$

$$= \frac{1}{2\pi\sigma_1\sigma_2 \sqrt{(1-\rho^2)}} \int_{-\infty}^{+\infty} \int_{-\infty}^{+\infty} (x - \mu_1)(y - \mu_2)$$

$$\times \exp\left\{ -\frac{1}{2(1-\rho^2)} \left[\frac{(x-\mu_1)^2}{\sigma_1^2} - 2\rho \frac{(x-\mu_1)(y-\mu_2)}{\sigma_1\sigma_2} \right.\right.$$

$$\left.\left. + \frac{(y-\mu_2)^2}{\sigma_2^2} \right] \right\} \mathrm{d}x \mathrm{d}y$$

$$= \frac{1}{2\pi\sigma_1\sigma_2 \sqrt{(1-\rho^2)}} \int_{-\infty}^{+\infty} \int_{-\infty}^{+\infty} (x - \mu_1)(y - \mu_2)$$

$$\times \exp\left[-\frac{1}{2(1-\rho^2)} \left(\frac{x-\mu_1}{\sigma_1} - \rho \frac{y-\mu_2}{\sigma_2} \right)^2 - \frac{(y-\mu_2)^2}{2\sigma_2^2} \right] \mathrm{d}x \mathrm{d}y$$

令 $u = \dfrac{1}{\sqrt{1-\rho^2}} \left(\dfrac{x-\mu_1}{\sigma_1} - \rho \dfrac{y-\mu_2}{\sigma_2} \right), v = \dfrac{y-\mu_2}{\sigma_2}$,则

$$\mathrm{Cov}(X,Y) = \frac{1}{2\pi} \int_{-\infty}^{+\infty} \int_{-\infty}^{+\infty} (\sigma_1\sigma_2 \sqrt{1-\rho^2} uv + \rho\sigma_1\sigma_2 v^2) \exp\left(-\frac{u^2}{2} - \frac{v^2}{2} \right) \mathrm{d}u \mathrm{d}v$$

$$= \frac{\sigma_1\sigma_2 \sqrt{1-\rho^2}}{2\pi} \int_{-\infty}^{+\infty} v \mathrm{e}^{-\frac{v^2}{2}} \mathrm{d}v \int_{-\infty}^{+\infty} u \mathrm{e}^{-\frac{u^2}{2}} \mathrm{d}u + \frac{\rho\sigma_1\sigma_2}{2\pi} \int_{-\infty}^{+\infty} v^2 \mathrm{e}^{-\frac{v^2}{2}} \mathrm{d}v \int_{-\infty}^{+\infty} \mathrm{e}^{-\frac{u^2}{2}} \mathrm{d}u$$

$$= \rho\sigma_1\sigma_2$$

所以

$$\rho_{XY} = \frac{\mathrm{Cov}(X,Y)}{\sqrt{D(X)D(Y)}} = \frac{\rho\sigma_1\sigma_2}{\sigma_1\sigma_2} = \rho \tag{3.16}$$

由此可知,$\rho = 0$ 既是 (X,Y) 相互独立的充要条件,又是它们不相关的充要条件,因此,对于正态随机变量而言,不相关与独立是等价的.

3.3.5 多维随机变量的数字特征*

现考虑 n 维随机向量 $\boldsymbol{X} = (X_1, X_2, \cdots, X_n)^{\mathrm{T}}$ 的情形. 因为 $\boldsymbol{X}$ 的每个分量都是随机变量,所以它们有各自的均值和方差,各个分量之间还有协方差和相关系数,因此我们要研究这些数字特征所构成的向量和矩阵.

定义 3.9 设 n 维随机向量 $\boldsymbol{X} = (X_1, X_2, \cdots, X_n)^{\mathrm{T}}$ 的每个分量都具有均值 $E(X_i) = \mu_i (1 \leqslant i \leqslant n)$,则 $\boldsymbol{X}$ 的均值向量定义为

$$E(\boldsymbol{X}) = [E(X_1), E(X_2), \cdots, E(X_n)]^{\mathrm{T}} = (\mu_1, \mu_2, \cdots, \mu_n)^{\mathrm{T}} \tag{3.17}$$

定义 3.10 记 n 维随机向量 $\boldsymbol{X} = (X_1, X_2, \cdots, X_n)^{\mathrm{T}}$ 的每个分量 $X_i (1 \leqslant i \leqslant n)$ 的方差为 $D(X_i) = \sigma_{ii}^2$. 记 X_i 和 X_j 之间的协方差为 $\mathrm{Cov}(X_i, X_j) = \sigma_{ij} (1 \leqslant i, j \leqslant n; i \neq j)$,则这些数值可以排成一个矩阵

$$\boldsymbol{\Sigma} = \begin{bmatrix} \sigma_{11}^2 & \sigma_{12} & \cdots & \sigma_{1n} \\ \sigma_{21} & \sigma_{22}^2 & \cdots & \sigma_{2n} \\ \vdots & \vdots & \ddots & \vdots \\ \sigma_{n1} & \sigma_{n2} & \cdots & \sigma_{nn}^2 \end{bmatrix} \tag{3.18}$$

我们称这个矩阵为 $\boldsymbol{X}$ 的协方差矩阵.

设 $\boldsymbol{Q} = (q_{ij})_{m \times n}$ 为 $m \times n$ 个随机变量 $q_{ij} (1 \leqslant i \leqslant m; 1 \leqslant j \leqslant n)$ 构成的矩阵, 类似随机向量的均值向量的定义, $\boldsymbol{Q}$ 的均值矩阵定义为 $E(\boldsymbol{Q}) = [E(q_{ij})]_{m \times n}$, 于是 $\boldsymbol{X}$ 的协方差矩阵可以表示成如下形式:

$$\boldsymbol{\Sigma} = E\{[\boldsymbol{X} - E(\boldsymbol{X})][\boldsymbol{X} - E(\boldsymbol{X})]^{\mathrm{T}}\} \tag{3.19}$$

事实上, 矩阵

$$[\boldsymbol{X} - E(\boldsymbol{X})][\boldsymbol{X} - E(\boldsymbol{X})]^{\mathrm{T}} = [(X_i - \mu_i)(X_j - \mu_j)]_{n \times n}$$

于是

$$\begin{aligned} \boldsymbol{\Sigma} &= E\{[\boldsymbol{X} - E(\boldsymbol{X})][\boldsymbol{X} - E(\boldsymbol{X})]^{\mathrm{T}}\} \\ &= E\{[(X_i - \mu_i)(X_j - \mu_j)]_{n \times n}\} \\ &= (\sigma_{ij})_{n \times n} \end{aligned}$$

再考虑 $\boldsymbol{X}$ 的相关系数矩阵. 记 X_i 和 X_j 之间的相关系数为 $\rho_{ij}(1 \leqslant i, j \leqslant n; i \neq j)$, 而 X_i 和它自己的相关系数为

$$\rho_{ii} = \frac{\mathrm{Cov}(X_i, X_i)}{\sqrt{D(X_i)} \sqrt{D(X_i)}} = \frac{D(X_i)}{D(X_i)} = 1 \quad (1 \leqslant i \leqslant n)$$

于是我们可以构造一个矩阵

$$\boldsymbol{R} = \begin{bmatrix} \rho_{11} & \rho_{12} & \cdots & \rho_{1n} \\ \rho_{21} & \rho_{22} & \cdots & \rho_{2n} \\ \vdots & \vdots & \ddots & \vdots \\ \rho_{n1} & \rho_{n2} & \cdots & \rho_{nn} \end{bmatrix} = \begin{bmatrix} 1 & \rho_{12} & \cdots & \rho_{1n} \\ \rho_{21} & 1 & \cdots & \rho_{2n} \\ \vdots & \vdots & \ddots & \vdots \\ \rho_{n1} & \rho_{n2} & \cdots & 1 \end{bmatrix}$$

这个矩阵被称为 $\boldsymbol{X}$ 的相关系数矩阵. 作为正式定义, 我们有:

定义 3.11 记 n 维随机向量 $\boldsymbol{X} = (X_1, X_2, \cdots, X_n)^{\mathrm{T}}$ 的分量 X_i 和 X_j 之间的相关系数为 $\rho_{ij}(1 \leqslant i, j \leqslant n; i \neq j)$, 则称矩阵

$$\boldsymbol{R} = \begin{bmatrix} 1 & \rho_{12} & \cdots & \rho_{1n} \\ \rho_{21} & 1 & \cdots & \rho_{2n} \\ \vdots & \vdots & \ddots & \vdots \\ \rho_{n1} & \rho_{n2} & \cdots & 1 \end{bmatrix} \tag{3.20}$$

为 $\boldsymbol{X}$ 的相关系数矩阵.

若记

$$\boldsymbol{\Lambda} = \mathrm{diag}[\sigma_{11}^2, \sigma_{22}^2, \cdots, \sigma_{nn}^2], \quad \boldsymbol{\Lambda}^{-\frac{1}{2}} = \mathrm{diag}[\sigma_{11}^{-1}, \sigma_{22}^{-1}, \cdots, \sigma_{nn}^{-1}]$$

则容易验证协方差矩阵和相关系数矩阵的转换关系为

$$\boldsymbol{R} = \boldsymbol{\Lambda}^{-\frac{1}{2}} \boldsymbol{\Sigma} \boldsymbol{\Lambda}^{-\frac{1}{2}} \tag{3.21}$$

协方差矩阵和相关系数矩阵的一个重要性质是其非负定性,其特征根为非负.

定理 3.3 协方差矩阵 $\boldsymbol{\Sigma}$ 和相关系数矩阵 $\boldsymbol{R}$ 是非负定的,即对任意非零向量 $\boldsymbol{x} = (x_1, x_2, \cdots, x_n)^{\mathrm{T}}$ 有

$$\boldsymbol{x}^{\mathrm{T}} \boldsymbol{\Sigma} \boldsymbol{x} \geqslant 0, \quad \boldsymbol{x}^{\mathrm{T}} \boldsymbol{R} \boldsymbol{x} \geqslant 0$$

证明 先考虑协方差矩阵. 记 $E(X_i) = \mu_i (1 \leqslant i \leqslant n)$. 对任意上述向量中的实数 $x_i (1 \leqslant i \leqslant n)$,因为

$$\boldsymbol{x}^{\mathrm{T}} \boldsymbol{\Sigma} \boldsymbol{x} = \sum_{i=1}^{n} \sum_{j=1}^{n} x_i x_j \sigma_{ij}$$

$$= \sum_{i=1}^{n} \sum_{j=1}^{n} x_i x_j E\big[(X_i - \mu_i)(X_j - \mu_j) \big]$$

$$= E\Big[\sum_{i=1}^{n} \sum_{j=1}^{n} x_i x_j (X_i - \mu_i)(X_j - \mu_j) \Big]$$

$$= E\Big\{ \Big[\sum_{i=1}^{n} x_i (X_i - \mu_i) \Big]^2 \Big\}$$

而 $E\Big\{ \Big[\sum_{i=1}^{n} x_i (X_i - \mu_i) \Big]^2 \Big\} \geqslant 0$,所以协方差矩阵是非负定的. 再考虑相关系数矩阵. 记 $\sqrt{D(X_i)} = \sigma_{ii} (1 \leqslant i \leqslant n)$. 对任意实数 $x_i (1 \leqslant i \leqslant n)$,因为

$$\boldsymbol{x}^{\mathrm{T}} \boldsymbol{R} \boldsymbol{x} = \sum_{i=1}^{n} \sum_{j=1}^{n} x_i x_j \rho_{ij} = \sum_{i=1}^{n} \sum_{j=1}^{n} x_i x_j \frac{\sigma_{ij}}{\sigma_{ii} \sigma_{jj}} = \sum_{i=1}^{n} \sum_{j=1}^{n} \frac{x_i}{\sigma_{ii}} \cdot \frac{x_j}{\sigma_{jj}} \sigma_{ij}$$

$$= \sum_{i=1}^{n} \sum_{j=1}^{n} \widetilde{x}_i \, \widetilde{x}_j \sigma_{ij}$$

$$= \widetilde{\boldsymbol{x}}^{\mathrm{T}} \boldsymbol{\Sigma} \widetilde{\boldsymbol{x}}$$

$$\geqslant 0$$

其中 $\widetilde{\boldsymbol{x}} = \left(\dfrac{x_1}{\sigma_{11}}, \dfrac{x_2}{\sigma_{22}}, \cdots, \dfrac{x_n}{\sigma_{nn}} \right)^{\mathrm{T}}$,所以相关系数矩阵也是非负定的.

需要指出的是,协方差矩阵和相关系数矩阵在主成分分析、因子分析、典型相关分析、结构模型分析等多元统计分析中有着重要作用.

3.4　随机变量的特征函数

3.4.1　特征函数的定义与性质

定义 3.12　设 X 和 Y 是两个随机变量,令 $Z = X + \mathrm{i}Y$,则 Z 是一个复随机变量,而称 X 和 Y 为实随机变量.

复随机变量的数学期望定义如下:

定义 3.13　设 X 和 Y 为实随机变量,$E(X)$ 和 $E(Y)$ 都存在,则定义 $Z = X + \mathrm{i}Y$ 的数学期望为 $E(Z) = E(X) + \mathrm{i}E(Y)$.

在本节中,我们主要讨论形如 $\mathrm{e}^{\mathrm{i}X}$ 的复随机变量,即 $\mathrm{e}^{\mathrm{i}X} = \cos X + \mathrm{i}\sin X$. 则根据定义 3.13 有

$$E(\mathrm{e}^{\mathrm{i}X}) = E(\cos X) + \mathrm{i}E(\sin X)$$

所谓随机变量的特征函数,就是 $\mathrm{e}^{\mathrm{i}tX}$ 的数学期望.

定义 3.14　设 X 为一个随机变量,它的特征函数定义为

$$\varphi_X(t) = E(\mathrm{e}^{\mathrm{i}tX}) = E(\cos tX) + \mathrm{i}E(\sin tX) \tag{3.22}$$

其中 t 为任意实数.

所以 X 的特征函数是 t 的函数,而且还是一个复函数,因为它有一个实部 $E(\cos tX)$ 和一个虚部 $E(\sin tX)$. 当 X 是离散型随机变量时有

$$\varphi_X(t) = \sum_k p_k \mathrm{e}^{\mathrm{i}tx_k} = \sum_k p_k \cos(tx_k) + \mathrm{i}\sum_k p_k \sin(tx_k) \tag{3.23}$$

其中 x_k 为随机变量 X 的取值,p_k 为对应的概率. 当 X 是连续型随机变量时有

$$\varphi_X(t) = \int_{-\infty}^{+\infty} \cos(tx)f(x)\mathrm{d}x + \mathrm{i}\int_{-\infty}^{+\infty} \sin(tx)f(x)\mathrm{d}x \tag{3.24}$$

其中 $f(x)$ 是 X 的概率密度函数.

为了进一步讨论特征函数的性质,先介绍下面两个引理:

引理 3.2　设 $u = a + \mathrm{i}b$ 是任意复数,$Z = X + \mathrm{i}Y$ 是一个复随机变量,其中 X 和 Y 存在数学期望,则

$$E(uZ) = uE(Z)$$

这个引理告诉我们,一个复随机变量乘以一个复数后,其均值就等于这个复数乘以这个复随机变量的均值.

证明　因为

$$uZ = (a + ib)(X + iY) = (aX - bY) + i(bX + aY)$$

$$E(uZ) = E(aX - bY) + iE(bX + aY)$$

另一方面有

$$uE(Z) = (a + ib)[E(X) + iE(Y)] = E(aX - bY) + iE(bX + aY)$$

所以有

$$E(uZ) = uE(Z)$$

引理 3.3 设 $h(x) = f(x) + ig(x)$,这里 $f(x)$ 和 $g(x)$ 为实函数,定义

$$\int h(x)dx = \int f(x)dx + i\int g(x)dx$$

则对任意复数 $u = a + ib$ 有 $\int uh(x)dx = u\int h(x)dx$.

证明 因为

$$uh(x) = (a + ib)[f(x) + ig(x)] = [af(x) - bg(x)] + i[bf(x) + ag(x)]$$

于是

$$\int uh(x)dx = \int [af(x) - bg(x)]dx + i\int [bf(x) + ag(x)]dx$$

$$= \int (a + ib)f(x)dx + i\int (a + ib)g(x)dx$$

$$= (a + ib)\left[\int f(x)dx + i\int g(x)dx\right]$$

$$= u\int h(x)dx$$

这个引理说明了,积分号里面复常数可以提到积分号外面来.

定理 3.4 设 X 为实随机变量,a 和 b 为任意实常数,令 $Y = aX + b$,则 Y 的特征函数为

$$\varphi_Y(t) = \varphi_X(at)e^{ibt} \tag{3.25}$$

证明 $\varphi_Y(t) = E(e^{itY}) = E[e^{it(aX + b)}] = E(e^{itaX}e^{itb}) = e^{itb}E(e^{itaX}) = \varphi_X(at)e^{itb}$.

定理 3.5 设 X 和 Y 为两个独立的实随机变量,它们的特征函数分别记为 $\varphi_X(t)$ 和 $\varphi_Y(t)$,令 $Z = X + Y$,则 Z 的特征函数为 $\varphi_Z(t) = \varphi_X(t)\varphi_Y(t)$.一般地,如果 $X_i(1 \leqslant i \leqslant n)$ 是相互独立的随机变量,则 $Z = \sum_{i=1}^{n} X_i$ 的特征函数为

$$\varphi_Z(t) = \prod_{i=1}^{n} \varphi_{X_i}(t).$$

证明 先证明 X 和 Y 为连续型随机变量,设它们的边缘密度函数和联合密度函数分别为 $f_X(x), f_Y(y), f(x,y)$,则

$$\varphi_Z(t) = \int_{-\infty}^{+\infty} \int_{-\infty}^{+\infty} \mathrm{e}^{\mathrm{i}t(x+y)} f(x,y)\mathrm{d}x\mathrm{d}y$$

$$= \int_{-\infty}^{+\infty} \int_{-\infty}^{+\infty} \mathrm{e}^{\mathrm{i}tx} \mathrm{e}^{\mathrm{i}ty} f_X(x) f_Y(y)\mathrm{d}x\mathrm{d}y$$

$$= \int_{-\infty}^{+\infty} \mathrm{e}^{\mathrm{i}tx} f_X(x)\mathrm{d}x \int_{-\infty}^{+\infty} \mathrm{e}^{\mathrm{i}ty} f_Y(y)\mathrm{d}y$$

$$= \varphi_X(t)\varphi_Y(t)$$

对离散型随机变量,设它们的联合概率分布和边缘概率分布为 $p_{ij}, p_i., p._j$,则

$$\varphi_Z(t) = E[\mathrm{e}^{\mathrm{i}t(X+Y)}] = \sum_i \sum_j \mathrm{e}^{\mathrm{i}t(x_i+y_j)} p_{ij}$$

$$= \sum_i \mathrm{e}^{\mathrm{i}tx_i} p_i. \sum_j \mathrm{e}^{\mathrm{i}ty_j} p._j$$

$$= \varphi_X(t)\varphi_Y(t)$$

对于多个独立随机变量和,由数学归纳法可以得到 $\varphi_Z(t) = \prod_{i=1}^{n} \varphi_{X_i}(t)$.

定理 3.6　设 X 的特征函数为 $\varphi_X(t)$,且 $E(|X^k|) < \infty \ (1 \leqslant k \leqslant n)$,则 $\varphi_X(t)$ 有直到 n 阶的导数,且有

$$\frac{\mathrm{d}^k \varphi_X(t)}{\mathrm{d}t^k}\bigg|_{t=0} = \mathrm{i}^k E(X^k) \quad (1 \leqslant k \leqslant n)$$

或

$$E(X^k) = \mathrm{i}^{-k} \frac{\mathrm{d}^k \varphi_X(t)}{\mathrm{d}t^k}\bigg|_{t=0} \quad (1 \leqslant k \leqslant n)$$

* **证明**　设 $g(t) = \mathrm{e}^{\mathrm{i}tX} = \cos tX + \mathrm{i}\sin tX$,先证明

$$\frac{\mathrm{d}g^k(t)}{\mathrm{d}t^k} = \mathrm{i}^k X^k g(t)$$

根据数学归纳法,当 $k=1$ 时有

$$\frac{\mathrm{d}g(t)}{\mathrm{d}t} = (\cos tX + \mathrm{i}\sin tX)'$$

$$= (-X\sin tX + \mathrm{i}X\cos tX)$$

$$= \mathrm{i}X(\cos tX + \mathrm{i}\sin tX)$$

$$= \mathrm{i}X\mathrm{e}^{\mathrm{i}tX}$$

$$= \mathrm{i}Xg(t)$$

设当 $k = n-1$ 时 $\dfrac{\mathrm{d}g^{n-1}(t)}{\mathrm{d}t^{n-1}} = \mathrm{i}^{n-1} X^{n-1} g(t)$ 成立. 当 $k = n$ 时

$$\frac{\mathrm{d}g^n(t)}{\mathrm{d}t^n} = \frac{\mathrm{d}}{\mathrm{d}t}\left[\frac{\mathrm{d}g^{n-1}(t)}{\mathrm{d}t^{n-1}}\right] = \frac{\mathrm{d}}{\mathrm{d}t}[\mathrm{i}^{n-1} X^{n-1} g(t)] = \mathrm{i}^{n-1} X^{n-1} \frac{\mathrm{d}g(t)}{\mathrm{d}t} = \mathrm{i}^n X^n g(t)$$

于是对任意的 k 上式成立.

对离散型随机变量,因为

$$E\,|\,X^k\,| = \sum_j p_j\,|\,x_j\,|^{\,k} < \infty$$

所以由测度论知识可知,在式

$$\frac{\mathrm{d}^k\varphi_X(t)}{\mathrm{d}t^k} = \frac{\mathrm{d}^k}{\mathrm{d}t^k}\Big(\sum_j p_j\mathrm{e}^{\mathrm{i}tx_j}\Big)$$

中,求和运算和求微分运算可以交换顺序,即

$$
\begin{aligned}
\frac{\mathrm{d}^k}{\mathrm{d}t^k}\Big(\sum_j p_j\mathrm{e}^{\mathrm{i}tx_j}\Big) &= \sum_j \frac{\mathrm{d}^k}{\mathrm{d}t^k}(p_j\mathrm{e}^{\mathrm{i}tx_j})\\
&= \sum_j p_j\frac{\mathrm{d}^k\mathrm{e}^{\mathrm{i}tx_j}}{\mathrm{d}t^k}\\
&= \sum_j p_j\mathrm{i}^k x_j^k\mathrm{e}^{\mathrm{i}tx_j}\\
&= \mathrm{i}^k\sum_j p_j x_j^k\mathrm{e}^{\mathrm{i}tx_j}\\
&= \mathrm{i}^k E(X^k\mathrm{e}^{\mathrm{i}tX})
\end{aligned}
$$

对连续型随机变量,因为

$$E(\,|\,X\,|^{\,k}) = \int_{-\infty}^{+\infty}\,|\,x\,|^{\,k}f(x)\mathrm{d}x < \infty$$

所以由测度论知识可知,在式

$$\frac{\mathrm{d}^k\varphi_X(t)}{\mathrm{d}t^k} = \frac{\mathrm{d}^k}{\mathrm{d}t^k}\int_{-\infty}^{+\infty}\mathrm{e}^{\mathrm{i}tx}f(x)\mathrm{d}x$$

中,求积分运算和求微分运算可以交换顺序,即

$$
\begin{aligned}
\frac{\mathrm{d}^k}{\mathrm{d}t^k}\int_{-\infty}^{+\infty}\mathrm{e}^{\mathrm{i}tx}f(x)\mathrm{d}x &= \int_{-\infty}^{+\infty}\Big(\frac{\mathrm{d}^k}{\mathrm{d}t^k}\mathrm{e}^{\mathrm{i}tx}\Big)f(x)\mathrm{d}x\\
&= \int_{-\infty}^{+\infty}\mathrm{i}^k x^k\mathrm{e}^{\mathrm{i}tx}f(x)\mathrm{d}x\\
&= \mathrm{i}^k\int_{-\infty}^{+\infty}x^k\mathrm{e}^{\mathrm{i}tx}f(x)\mathrm{d}x\\
&= \mathrm{i}^k E(X^k\mathrm{e}^{\mathrm{i}tX})
\end{aligned}
$$

令 $t = 0$,则无论 X 是离散型的还是连续型的,都有

$$\frac{\mathrm{d}^k\varphi_X(t)}{\mathrm{d}t^k}\bigg|_{t=0} = \mathrm{i}^k E(X^k)\quad (1\leqslant k\leqslant n)$$

下面不加证明地介绍一个重要的结论:

定理 3.7 随机变量 X 的分布函数由其特征函数唯一确定.

当给出一个随机变量的分布函数后,就可以计算出这个随机变量的特征函数,所以一个分布函数确定了一个特征函数.而定理 3.7 又告诉我们,一个特征函数也确定了一个分布函数.所以特征函数与分布函数是一一对应的.如果已知 X 的特

征函数为 $\varphi_X(t)$,且又知 $\varphi_X(t)$ 对应于某个分布函数 $F(x)$,则 X 一定服从该分布函数,这一点在求分布复杂的随机变量的分布函数和证明中心极限定理时起了重要的作用.

3.4.2　常见分布的特征函数

1. 0-1 分布

设随机变量 X 服从参数为 p 的 0-1 分布,则其特征函数为

$$\varphi_X(t) = E(\mathrm{e}^{\mathrm{i}tX}) = p\mathrm{e}^{\mathrm{i}t\times 1} + (1-p)\mathrm{e}^{\mathrm{i}t\times 0} = p\mathrm{e}^{\mathrm{i}t} + q$$

2. 二项分布

记 $X = \sum\limits_{i=1}^{n} X_i$,其中 X_i 服从参数为 p 的 0-1 分布,且相互独立,则 X 服从二项分布 $B(n,p)$,于是 X 的特征函数为 $\varphi_X(t) = \prod\limits_{i=1}^{n} \varphi_{X_i}(t) = (p\mathrm{e}^{\mathrm{i}t} + q)^n$.

设 $X \sim B(n_1,p)$, $Y \sim B(n_2,p)$,且 X 和 Y 为两个独立的实随机变量,则 $X + Y$ 的特征函数为 $\varphi_{X+Y}(t) = \varphi_X(t)\varphi_Y(t) = (p\mathrm{e}^{\mathrm{i}t} + q)^{n_1+n_2}$. 因为 $(p\mathrm{e}^{\mathrm{i}t} + q)^{n_1+n_2}$ 是 $B(n_1+n_2,p)$ 的特征函数,所以 $X + Y$ 服从分布 $B(n_1+n_2,p)$.

3. 泊松分布

随机变量 X 服从参数为 λ 的泊松分布 $P(\lambda)$,则其特征函数为

$$\varphi_X(t) = E(\mathrm{e}^{\mathrm{i}tX}) = \sum_{k=0}^{\infty} p_k \mathrm{e}^{\mathrm{i}tk} = \sum_{k=0}^{\infty} \frac{\lambda^k}{k!}\mathrm{e}^{-\lambda}\mathrm{e}^{\mathrm{i}tk} = \sum_{k=0}^{\infty} \frac{(\lambda\mathrm{e}^{\mathrm{i}t})^k}{k!}\mathrm{e}^{-\lambda} = \mathrm{e}^{\lambda(\mathrm{e}^{\mathrm{i}t}-1)}$$

设 $X \sim P(\lambda_1)$, $Y \sim P(\lambda_2)$,且 X 和 Y 为两个独立的实随机变量,则 $X + Y$ 的特征函数为 $\varphi_{X+Y}(t) = \varphi_X(t)\varphi_Y(t) = \mathrm{e}^{(\lambda_1+\lambda_2)(\mathrm{e}^{\mathrm{i}t}-1)}$. 因为 $\mathrm{e}^{(\lambda_1+\lambda_2)(\mathrm{e}^{\mathrm{i}t}-1)}$ 是 $P(\lambda_1+\lambda_2)$ 的特征函数,所以 $X + Y \sim P(\lambda_1+\lambda_2)$.

4. 正态分布

首先假设 X 服从标准正态分布 $N(0,1)$,则其特征函数为

$$\varphi_X(t) = E(\mathrm{e}^{\mathrm{i}tX}) = \int_{-\infty}^{+\infty} \mathrm{e}^{\mathrm{i}tx} \frac{1}{\sqrt{2\pi}} \mathrm{e}^{-\frac{x^2}{2}} \mathrm{d}x = \frac{1}{\sqrt{2\pi}} \int_{-\infty}^{+\infty} \mathrm{e}^{\mathrm{i}tx-\frac{x^2}{2}} \mathrm{d}x$$

$$= \frac{1}{\sqrt{2\pi}} \mathrm{e}^{-\frac{t^2}{2}} \int_{-\infty}^{+\infty} \mathrm{e}^{-\frac{(x-\mathrm{i}t)^2}{2}} \mathrm{d}x$$

根据复变函数的知识可以证明

$$\int_{-\infty}^{+\infty} \mathrm{e}^{-\frac{(x-\mathrm{i}t)^2}{2}} \mathrm{d}x = \sqrt{2\pi}$$

从而有 $\varphi_X(t) = \mathrm{e}^{-\frac{t^2}{2}}$.

再设 $X \sim N(\mu, \sigma^2)$，则 $X^* = \dfrac{X-\mu}{\sigma} \sim N(0, 1)$，所以有 $X = \sigma X^* + \mu$，再根据特征函数的性质知，X 的特征函数为 $\varphi_X(t) = \mathrm{e}^{\mathrm{i}\mu t - \frac{1}{2}\sigma^2 t^2}$.

设 $X \sim N(\mu_1, \sigma_1^2)$，$Y \sim N(\mu_2, \sigma_2^2)$，且 X 和 Y 为两个独立的实随机变量，则 $c_1 X + c_2 Y (c_i \in \mathbf{R}; i = 1, 2)$ 的特征函数为

$$\varphi_{c_1 X + c_2 Y}(t) = \varphi_{c_1 X}(t) \varphi_{c_2 Y}(t) = \mathrm{e}^{\mathrm{i}\mu_1 c_1 t - \frac{1}{2} c_1^2 \sigma_1^2 t^2} \mathrm{e}^{\mathrm{i}\mu_2 c_2 t - \frac{1}{2} c_2^2 \sigma_2^2 t^2}$$

$$= \mathrm{e}^{\mathrm{i}(c_1 \mu_1 + c_2 \mu_2) t - \frac{1}{2}(c_1^2 \sigma_1^2 + c_2^2 \sigma_2^2) t^2}$$

而 $\mathrm{e}^{\mathrm{i}(c_1 \mu_1 + c_2 \mu_2) t - \frac{1}{2}(c_1^2 \sigma_1^2 + c_2^2 \sigma_2^2) t^2}$ 是正态分布 $N(c_1 \mu_1 + c_2 \mu_2, c_1^2 \sigma_1^2 + c_2^2 \sigma_2^2)$ 的特征函数，所以 $c_1 X + c_2 Y$ 服从正态分布 $N(c_1 \mu_1 + c_2 \mu_2, c_1^2 \sigma_1^2 + c_2^2 \sigma_2^2)$，这个性质被称为正态分布的可加性.

显然，利用数学归纳法可以把以上的可加性推广到有限多个独立随机变量和的情形. 我们把上面的结论概括为如下定理：

定理 3.8 (1) 设 $X \sim B(n_1, p)$，$Y \sim B(n_2, p)$，且 X 和 Y 为独立的随机变量，则 $X + Y$ 服从分布 $B(n_1 + n_2, p)$. 一般地，设 $X_i (1 \leqslant i \leqslant n)$ 服从 $B(n_i, p)$，且它们相互独立，则 $X = \displaystyle\sum_{i=1}^{n} X_i$ 服从 $B\left(\displaystyle\sum_{i=1}^{n} n_i, p\right)$.

(2) 设 $X \sim P(\lambda_1)$，$Y \sim P(\lambda_2)$，且 X 和 Y 为独立的随机变量，则 $X + Y \sim P(\lambda_1 + \lambda_2)$. 一般地，设 $X_i (1 \leqslant i \leqslant n)$ 服从 $P(\lambda_i)$，且它们相互独立，则 $X = \displaystyle\sum_{i=1}^{n} X_i$ 服从 $P\left(\displaystyle\sum_{i=1}^{n} \lambda_i\right)$.

(3) 设 $X \sim N(\mu_1, \sigma_1^2)$，$Y \sim N(\mu_2, \sigma_2^2)$，且 X 和 Y 为独立的随机变量，则 $c_1 X + c_2 Y$ 服从正态分布 $N(c_1 \mu_1 + c_2 \mu_2, c_1^2 \sigma_1^2 + c_2^2 \sigma_2^2)$. 一般地，设 $X_i (1 \leqslant i \leqslant n)$ 服从 $N(\mu_i, \sigma_i^2)$，且它们相互独立，则 $X = \displaystyle\sum_{i=1}^{n} c_i X_i$ 服从 $N\left(\displaystyle\sum_{i=1}^{n} c_i \mu_i, \displaystyle\sum_{i=1}^{n} c_i^2 \sigma_i^2\right)$.

3.4.3 多维随机变量的特征函数*

我们先介绍多维随机变量特征函数的定义及其性质，然后推导多维正态分布随机变量的均值向量和协方差矩阵.

定义 3.15 设 $X = (X_1, X_2, \cdots, X_n)^{\mathrm{T}}$ 为一个随机向量，则其特征函数被定义为

$$\varphi_X(t_1, t_2, \cdots, t_n) = E\left[\mathrm{e}^{\mathrm{i}(t_1 x_1 + t_2 x_2 + \cdots + t_n x_n)}\right] \tag{3.26}$$

下面我们不加证明地给出特征函数的一个重要定理：

定理 3.9 设 $X = (X_1, X_2, \cdots, X_n)^{\mathrm{T}}$ 为 n 维随机向量，如果

$$E(X_1^{k_1} X_2^{k_2} \cdots X_n^{k_n})$$

存在,则

$$E(X_1^{k_1} X_2^{k_2} \cdots X_n^{k_n}) = \mathrm{i}^{-\sum\limits_{j=1}^{n} k_j} \left\{ \frac{\partial^{k_1+k_2+\cdots+k_n} \left[\varphi_X(t_1, t_2, \cdots, t_n) \right]}{\partial t_1^{k_1} \partial t_2^{k_2} \cdots \partial t_n^{k_n}} \right\} \Bigg|_{t_1=t_2=\cdots=t_n=0}$$

$$(3.27)$$

注意,上式中可以取 $k_l = k_m = 1, k_j = 0 (j \neq l; j \neq m)$,于是

$$E(X_l X_m) = \mathrm{i}^{-2} \left\{ \frac{\partial^2 \left[\varphi_X(t_1, \cdots, t_l, \cdots, t_m, \cdots, t_n) \right]}{\partial t_l \partial t_m} \right\} \Bigg|_{t_1=t_2=\cdots=t_n=0}$$

利用这个公式我们可以通过特征函数计算两个随机变量的协方差. 下面再不予证明地给出一个重要定理:

定理 3.10　设 n 维随机向量 $\boldsymbol{X} = (X_1, X_2, \cdots, X_n)^{\mathrm{T}}$ 的分布函数为 $F(x_1, x_2, \cdots, x_n)$,则它由 $\boldsymbol{X}$ 的特征函数 $\varphi_X(t_1, t_2, \cdots, t_n)$ 唯一确定.

因此和一维随机变量一样,如果一个多维随机向量的特征函数具有某种形式,而具有该形式的特征函数对应某个分布函数,那么这个随机向量也一定服从这个分布函数.

当 $\boldsymbol{X}$ 为连续型随机向量时,它的特征函数为

$$\varphi_X(t_1, t_2, \cdots, t_n) = \int_{-\infty}^{+\infty} \cdots \int_{-\infty}^{+\infty} \mathrm{e}^{\mathrm{i}(t_1 x_1 + t_2 x_2 + \cdots + t_n x_n)} f(x_1, x_2, \cdots, x_n) \mathrm{d}x_1 \mathrm{d}x_2 \cdots \mathrm{d}x_n$$

引入向量

$$\boldsymbol{t} = (t_1, t_2, \cdots, t_n)^{\mathrm{T}}, \quad \boldsymbol{x} = (x_1, x_2, \cdots, x_n)^{\mathrm{T}}$$

则

$$t_1 x_1 + t_2 x_2 + \cdots + t_n x_n = \boldsymbol{t}^{\mathrm{T}} \boldsymbol{x}$$

于是特征函数可以简记为

$$\varphi_X(\boldsymbol{t}) = \int_{-\infty}^{+\infty} \cdots \int_{-\infty}^{+\infty} \mathrm{e}^{\mathrm{i}\boldsymbol{t}^{\mathrm{T}}\boldsymbol{x}} f(x_1, x_2, \cdots, x_n) \mathrm{d}x_1 \mathrm{d}x_2 \cdots \mathrm{d}x_n$$

现在我们考虑 n 维正态分布的特征函数.

定理 3.11　设 $\boldsymbol{X}$ 服从 n 维正态分布 $N(\boldsymbol{\mu}, \boldsymbol{B})$,且 $\boldsymbol{B}$ 正定,则 $\boldsymbol{X}$ 的特征函数为

$$\varphi_X(\boldsymbol{t}) = \exp\left\{ \mathrm{i}\boldsymbol{t}^{\mathrm{T}}\boldsymbol{\mu} - \frac{1}{2}\boldsymbol{t}^{\mathrm{T}}\boldsymbol{B}\boldsymbol{t} \right\}$$

证明　由定义知

$$\varphi_X(\boldsymbol{t}) = \int_{-\infty}^{+\infty} \cdots \int_{-\infty}^{+\infty} \mathrm{e}^{\mathrm{i}\boldsymbol{t}^{\mathrm{T}}\boldsymbol{x}} \frac{1}{(2\pi)^{\frac{n}{2}} |\boldsymbol{B}|^{\frac{1}{2}}}$$

$$\times \exp\left\{ -\frac{1}{2}(\boldsymbol{x} - \boldsymbol{\mu})^{\mathrm{T}} \boldsymbol{B}^{-1}(\boldsymbol{x} - \boldsymbol{\mu}) \right\} \mathrm{d}x_1 \mathrm{d}x_2 \cdots \mathrm{d}x_n$$

$$= \int_{-\infty}^{+\infty} \cdots \int_{-\infty}^{+\infty} \frac{1}{(2\pi)^{\frac{n}{2}} |\boldsymbol{B}|^{\frac{1}{2}}}$$

$$\times \exp\left\{ \mathrm{i}\boldsymbol{t}^{\mathrm{T}}\boldsymbol{x} - \frac{1}{2}(\boldsymbol{x}-\boldsymbol{\mu})^{\mathrm{T}}\boldsymbol{B}^{-1}(\boldsymbol{x}-\boldsymbol{\mu}) \right\} \mathrm{d}x_1 \mathrm{d}x_2 \cdots \mathrm{d}x_n$$

在第 2 章中我们证明了,对正定矩阵 $\boldsymbol{B}$,存在正交矩阵 $\boldsymbol{P}$,如果令

$$\boldsymbol{y} = \boldsymbol{P}^{\mathrm{T}}(\boldsymbol{x}-\boldsymbol{\mu})$$

则

$$(\boldsymbol{x}-\boldsymbol{\mu})^{\mathrm{T}}\boldsymbol{B}^{-1}(\boldsymbol{x}-\boldsymbol{\mu}) = \boldsymbol{y}^{\mathrm{T}}\boldsymbol{\Sigma}^{-1}\boldsymbol{y}$$

这里

$$\boldsymbol{\Sigma} = \begin{pmatrix} \sigma_1^2 & 0 & \cdots & 0 \\ 0 & \sigma_2^2 & \cdots & 0 \\ \vdots & \vdots & \ddots & \vdots \\ 0 & 0 & \cdots & \sigma_n^2 \end{pmatrix}, \quad \boldsymbol{\Sigma}^{-1} = \begin{pmatrix} \sigma_1^{-2} & 0 & \cdots & 0 \\ 0 & \sigma_2^{-2} & \cdots & 0 \\ \vdots & \vdots & \ddots & \vdots \\ 0 & 0 & \cdots & \sigma_n^{-2} \end{pmatrix}$$

又由于 $\boldsymbol{x} = \boldsymbol{P}\boldsymbol{y}+\boldsymbol{\mu}$,将它们代入公式 $\mathrm{i}\boldsymbol{t}^{\mathrm{T}}\boldsymbol{x} - \frac{1}{2}(\boldsymbol{x}-\boldsymbol{\mu})^{\mathrm{T}}\boldsymbol{B}^{-1}(\boldsymbol{x}-\boldsymbol{\mu})$ 中有

$$\mathrm{i}\boldsymbol{t}^{\mathrm{T}}\boldsymbol{x} - \frac{1}{2}(\boldsymbol{x}-\boldsymbol{\mu})^{\mathrm{T}}\boldsymbol{B}^{-1}(\boldsymbol{x}-\boldsymbol{\mu}) = \mathrm{i}\boldsymbol{t}^{\mathrm{T}}\boldsymbol{P}\boldsymbol{y} + \mathrm{i}\boldsymbol{t}^{\mathrm{T}}\boldsymbol{\mu} - \frac{1}{2}\boldsymbol{y}^{\mathrm{T}}\boldsymbol{\Sigma}^{-1}\boldsymbol{y}$$

令 $\boldsymbol{P}^{\mathrm{T}}\boldsymbol{t} = \boldsymbol{s} = (s_1, s_2, \cdots, s_n)^{\mathrm{T}}$,则 $\boldsymbol{t}^{\mathrm{T}}\boldsymbol{P} = \boldsymbol{s}^{\mathrm{T}}$,$\boldsymbol{t}^{\mathrm{T}}\boldsymbol{P}\boldsymbol{y} = \boldsymbol{s}^{\mathrm{T}}\boldsymbol{y}$,所以

$$\begin{aligned} \mathrm{i}\boldsymbol{t}^{\mathrm{T}}\boldsymbol{P}\boldsymbol{y} + \mathrm{i}\boldsymbol{t}^{\mathrm{T}}\boldsymbol{\mu} - \frac{1}{2}\boldsymbol{y}^{\mathrm{T}}\boldsymbol{\Sigma}^{-1}\boldsymbol{y} &= \mathrm{i}\boldsymbol{t}^{\mathrm{T}}\boldsymbol{\mu} - \frac{1}{2}\sum_{j=1}^{n}\frac{y_j^2}{\sigma_j^2} + \mathrm{i}\boldsymbol{s}^{\mathrm{T}}\boldsymbol{y} \\ &= \mathrm{i}\boldsymbol{t}^{\mathrm{T}}\boldsymbol{\mu} - \frac{1}{2}\sum_{j=1}^{n}\left(\frac{y_j^2}{\sigma_j^2} - 2\mathrm{i}s_j y_j\right) \\ &= \mathrm{i}\boldsymbol{t}^{\mathrm{T}}\boldsymbol{\mu} - \frac{1}{2}\sum_{j=1}^{n}\left(\frac{y_j}{\sigma_j} - \mathrm{i}\sigma_j s_j\right)^2 - \frac{1}{2}\sum_{j=1}^{n}\sigma_j^2 s_j^2 \\ &= \mathrm{i}\boldsymbol{t}^{\mathrm{T}}\boldsymbol{\mu} - \frac{1}{2}\sum_{j=1}^{n}\left(\frac{y_j}{\sigma_j} - \mathrm{i}\sigma_j s_j\right)^2 - \frac{1}{2}\boldsymbol{s}^{\mathrm{T}}\boldsymbol{\Sigma}\boldsymbol{s} \end{aligned}$$

因为 $\boldsymbol{\Sigma} = \boldsymbol{P}^{\mathrm{T}}\boldsymbol{B}\boldsymbol{P}$,$\boldsymbol{t} = \boldsymbol{P}\boldsymbol{s}$,所以上式变为

$$\begin{aligned} & \mathrm{i}\boldsymbol{t}^{\mathrm{T}}\boldsymbol{\mu} - \frac{1}{2}\sum_{j=1}^{n}\left(\frac{y_j}{\sigma_j} - \mathrm{i}\sigma_j s_j\right)^2 - \frac{1}{2}\boldsymbol{s}^{\mathrm{T}}\boldsymbol{P}^{\mathrm{T}}\boldsymbol{B}\boldsymbol{P}\boldsymbol{s} \\ &= \mathrm{i}\boldsymbol{t}^{\mathrm{T}}\boldsymbol{\mu} - \frac{1}{2}\sum_{j=1}^{n}\left(\frac{y_j}{\sigma_j} - \mathrm{i}\sigma_j s_j\right)^2 - \frac{1}{2}\boldsymbol{t}^{\mathrm{T}}\boldsymbol{B}\boldsymbol{t} \end{aligned}$$

所以

$$\exp\left[\mathrm{i}\boldsymbol{t}^{\mathrm{T}}\boldsymbol{x} - \frac{1}{2}(\boldsymbol{x}-\boldsymbol{\mu})^{\mathrm{T}}\boldsymbol{B}^{-1}(\boldsymbol{x}-\boldsymbol{\mu})\right]$$

$$= \exp\left(\mathrm{i}\boldsymbol{t}^{\mathrm{T}}\boldsymbol{\mu} - \frac{1}{2}\boldsymbol{t}^{\mathrm{T}}\boldsymbol{B}\boldsymbol{t}\right)\exp\left[-\frac{1}{2}\sum_{j=1}^{n}\left(\frac{y_j}{\sigma_j} - \mathrm{i}\sigma_j s_j\right)^2\right]$$

$$\varphi_X(t) = \frac{\exp\left(\mathrm{i}t^{\mathrm{T}}\boldsymbol{\mu} - \frac{1}{2}t^{\mathrm{T}}\boldsymbol{B}t\right)}{(2\pi)^{\frac{n}{2}}|\boldsymbol{B}|^{\frac{1}{2}}}$$

$$\times \int_{-\infty}^{+\infty}\cdots\int_{-\infty}^{+\infty}\exp\left[-\frac{1}{2}\sum_{j=1}^{n}\left(\frac{y_j}{\sigma_j} - \mathrm{i}\sigma_j s_j\right)^2\right]\mathrm{d}y_1\mathrm{d}y_2\cdots\mathrm{d}y_n$$

$$= \frac{\exp\left(\mathrm{i}t^{\mathrm{T}}\boldsymbol{\mu} - \frac{1}{2}t^{\mathrm{T}}\boldsymbol{B}t\right)}{(2\pi)^{\frac{n}{2}}|\boldsymbol{B}|^{\frac{1}{2}}}\prod_{j=1}^{n}\int_{-\infty}^{+\infty}\exp\left[-\frac{1}{2}\left(\frac{y_j}{\sigma_j} - \mathrm{i}\sigma_j s_j\right)^2\right]\mathrm{d}y_j$$

因为

$$\int_{-\infty}^{+\infty}\exp\left[-\frac{1}{2}\left(\frac{y_j}{\sigma_j} - \mathrm{i}\sigma_j s_j\right)^2\right]\mathrm{d}y_j$$

$$= \sigma_j\int_{-\infty}^{+\infty}\exp\left[-\frac{1}{2}\left(\frac{y_j}{\sigma_j} - \mathrm{i}\sigma_j s_j\right)^2\right]\mathrm{d}\frac{y_j}{\sigma_j}$$

$$= \sigma_j\int_{-\infty}^{+\infty}\exp\left[-\frac{1}{2}\left(u_j - \mathrm{i}\sigma_j s_j\right)^2\right]\mathrm{d}u_j$$

应用复变函数知识可以证明

$$\int_{-\infty}^{+\infty}\exp\left[-\frac{1}{2}\left(u_j - \mathrm{i}\sigma_j s_j\right)^2\right]\mathrm{d}u_j = \sqrt{2\pi}$$

$$\prod_{j=1}^{n}\int_{-\infty}^{+\infty}\exp\left[-\frac{1}{2}\left(\frac{y_j}{\sigma_j} - \mathrm{i}\sigma_j s_j\right)^2\right]\mathrm{d}y_j = (2\pi)^{\frac{n}{2}}\prod_{j=1}^{n}\sigma_j$$

又因为 $|\boldsymbol{B}| = |\boldsymbol{P}^{\mathrm{T}}\boldsymbol{\Sigma}\boldsymbol{P}| = |\boldsymbol{P}^{\mathrm{T}}||\boldsymbol{\Sigma}||\boldsymbol{P}| = |\boldsymbol{\Sigma}| = \prod_{j=1}^{n}\sigma_j^2$，所以

$$\prod_{j=1}^{n}\int_{-\infty}^{+\infty}\exp\left[-\frac{1}{2}\left(\frac{y_j}{\sigma_j} - \mathrm{i}\sigma_j s_j\right)^2\right]\mathrm{d}y_j = (2\pi)^{\frac{n}{2}}|\boldsymbol{B}|^{\frac{1}{2}}$$

于是得 $\varphi_X(t) = \exp\left(\mathrm{i}t^{\mathrm{T}}\boldsymbol{\mu} - \frac{1}{2}t^{\mathrm{T}}\boldsymbol{B}t\right)$.

考虑三维正态随机向量的特征函数

$$\varphi_X(t_1,t_2,t_3) = \exp\left\{\mathrm{i}(t_1,t_2,t_3)\begin{bmatrix}\mu_1\\\mu_2\\\mu_3\end{bmatrix} - \frac{1}{2}(t_1,t_2,t_3)\begin{bmatrix}b_{11}&b_{12}&b_{13}\\b_{21}&b_{22}&b_{23}\\b_{31}&b_{32}&b_{33}\end{bmatrix}\begin{bmatrix}t_1\\t_2\\t_3\end{bmatrix}\right\}$$

在上式中令 $t_2 = 0$，则得

$$\varphi_X(t_1,0,t_3) = \exp\left\{\mathrm{i}(t_1,0,t_3)\begin{bmatrix}\mu_1\\\mu_2\\\mu_3\end{bmatrix} - \frac{1}{2}(t_1,0,t_3)\begin{bmatrix}b_{11}&b_{12}&b_{13}\\b_{21}&b_{22}&b_{23}\\b_{31}&b_{32}&b_{33}\end{bmatrix}\begin{bmatrix}t_1\\0\\t_3\end{bmatrix}\right\}$$

$$= \exp\left\{\mathrm{i}(t_1,t_3)\begin{bmatrix}\mu_1\\\mu_3\end{bmatrix} - \frac{1}{2}(t_1,t_3)\begin{bmatrix}b_{11}&b_{13}\\b_{31}&b_{33}\end{bmatrix}\begin{bmatrix}t_1\\t_3\end{bmatrix}\right\}$$

一般地,设 $\widetilde{X}$ 为 X 的一个子向量,即 $\widetilde{X} = (X_{k_1}, X_{k_2}, \cdots, X_{k_m})^{\mathrm{T}}$,令不属于子向量的分量 X_j 所对应的 t_j 设为 0,于是

$$\varphi_X(0, \cdots, t_{k_1}, \cdots, 0, \cdots, t_{k_2}, \cdots, 0, \cdots, t_{k_m}, \cdots, 0) = \exp\left(\mathrm{i}\widetilde{t}^{\mathrm{T}}\widetilde{\mu} - \frac{1}{2}\widetilde{t}^{\mathrm{T}}\widetilde{B}\widetilde{t}\right)$$

其中 $\widetilde{t} = (t_{k_1}, t_{k_2}, \cdots, t_{k_m})^{\mathrm{T}}$, $\widetilde{\mu} = (\mu_{k_1}, \mu_{k_2}, \cdots, \mu_{k_m})^{\mathrm{T}}$, $\widetilde{B}$ 为仅保留 B 中第 k_1, $k_2, \cdots, k_m$ 行和第 $k_1, k_2, \cdots, k_m$ 列所得到的矩阵. 记

$$\widetilde{\varphi}(t_{k_1}, t_{k_2}, \cdots, t_{k_m}) = \varphi_X(0, \cdots, t_{k_1}, \cdots, 0, \cdots, t_{k_2}, \cdots, 0, \cdots, t_{k_m}, \cdots, 0)$$

则

$$\widetilde{\varphi}(t_{k_1}, t_{k_2}, \cdots, t_{k_m}) = \exp\left\{\mathrm{i}\widetilde{t}^{\mathrm{T}}\widetilde{\mu} - \frac{1}{2}\widetilde{t}^{\mathrm{T}}\widetilde{B}\widetilde{t}\right\}$$

为 $\widetilde{X}$ 的特征函数. 由分布函数的唯一性, $\widetilde{X}$ 服从正态分布 $N(\widetilde{\mu}, \widetilde{B})$. 特别地,令 $\widetilde{X} = X_j (1 \leqslant j \leqslant n)$,则 X_j 的特征函数为 $\widetilde{\varphi}(t_j) = \exp\left(\mathrm{i}t_j\mu_j - \frac{1}{2}t_j^2\sigma_j^2\right)$,所以 X_j 服从正态分布 $N(\mu_j, \sigma_j^2)$,当 j 取遍 $1, 2, \cdots, n$ 时,则知 $E(X_j) = \mu_j (1 \leqslant j \leqslant n)$,从而知

$$E(X) = [E(X_1), E(X_2), \cdots, E(X_n)]^{\mathrm{T}} = (\mu_1, \mu_2, \cdots, \mu_n)^{\mathrm{T}} = \mu$$

再考虑 X 的协方差矩阵,因为

$$E(X_j X_k) = \mathrm{i}^{-2}\left\{\frac{\partial^2[\varphi_X(t_1, \cdots, t_j, \cdots, t_k, \cdots, t_n)]}{\partial t_j \partial t_k}\right\}\Bigg|_{t_1 = t_2 = \cdots = t_n = 0} = b_{jk} + \mu_j\mu_k$$

这里 $B = (b_{jk})_{n \times n}$, $\mu = (\mu_1, \mu_2, \cdots, \mu_n)^{\mathrm{T}}$,所以

$$E[(X_j - \mu_j)(X_k - \mu_k)] = E(X_j X_k) - \mu_j\mu_k = b_{jk}$$

从而知 $B = (b_{jk})_{n \times n}$ 为 X 的协方差矩阵.

将以上的结果综合起来得到下面的定理:

定理 3.12　(1) $X = (X_1, X_2, \cdots, X_n)^{\mathrm{T}}$ 服从正态分布 $N(\mu, B)$,且 B 为正定矩阵,则子向量 $\widetilde{X} = (X_{k_1}, X_{k_2}, \cdots, X_{k_m})^{\mathrm{T}}$ 服从正态分布 $N(\widetilde{\mu}, \widetilde{B})$,其中 $\widetilde{\mu} = (\mu_{k_1}, \mu_{k_2}, \cdots, \mu_{k_m})^{\mathrm{T}}$, $\widetilde{B}$ 为仅保留 B 中第 $k_1, k_2, \cdots, k_m$ 行和第 $k_1, k_2, \cdots, k_m$ 列所得到的矩阵. 特别地, X_j 服从正态分布 $N(\mu_j, \sigma_j^2)$;

(2) X 的均值向量为 $\mu = (\mu_1, \mu_2, \cdots, \mu_n)^{\mathrm{T}}$,协方差矩阵为 B.

3.5　随机变量的条件数学期望*

我们已经知道,当两个随机变量 X 和 Y 的相关系数不为零时,它们之间存在

一定的线性依赖性,于是就引出这样的问题,当已知 X 的取值为 x 时,怎么预测 Y 的取值,现在我们就来研究这个问题,首先引入条件数学期望的概念.

定义 3.16　(1) 设 (X,Y) 为二元离散型随机变量,则在 $X = x_i$ 的条件下,Y 关于 X 的条件数学期望为

$$E(Y|x_i) = \sum_j y_j P(Y = y_j | X = x_i)$$

(2) 设 (X,Y) 为二元连续型随机变量,则在 $X = x$ 的条件下,Y 关于 X 的条件数学期望为

$$E(Y|x) = \int_{-\infty}^{+\infty} y f_{Y|X}(y|x) \mathrm{d}y$$

由定义可知,当随机变量 X 的取值已知时,Y 关于 X 的条件数学期望是一个数,而 X 是一个随机变量,依某个分布函数取多个值或在一个区域上取值,所以 Y 关于 X 的条件数学期望也可以看成是随机变量 X 的函数,从而也是随机变量,这时被记作 $E(Y|X)$,因此我们也可以这样定义条件数学期望:

定义 3.17　设 (X,Y) 为二元随机变量,Y 关于 X 的条件数学期望是 X 的函数,被记为 $E(Y|X)$,如果 (X,Y) 为离散型随机变量,则当 $X = x_i$ 时

$$E(Y|x_i) = \sum_j y_j P(Y = y_j | X = x_i)$$

如果 (X,Y) 为连续型随机变量,则当 $X = x$ 时

$$E(Y|x) = \int_{-\infty}^{+\infty} y f_{Y|X}(y|x) \mathrm{d}y$$

显然这两个定义是等价的.

条件数学期望有如下性质:

性质 3.23　设 a,b 为常数,则 $E(aY + b|X) = aE(Y|X) + b$;

性质 3.24　$E_X[E(Y|X)] = E(Y)$. 这里 $E_X[\cdot]$ 表示对随机变量 X 的函数求均值.

证明　(1) 如果 (X,Y) 为离散型随机变量,则当 $X = x_i$ 时

$$E(aY + b|x_i) = \sum_j (ay_j + b) P(Y = y_j | X = x_i)$$

$$= a\sum_j y_j P(Y = y_j | X = x_i) + b\sum_j P(Y = y_j | X = x_i)$$

$$= aE(Y|x_i) + b$$

如果 (X,Y) 为连续型随机变量,则当 $X = x$ 时

$$E(aY + b|x) = \int_{-\infty}^{+\infty} (ay + b) f_{Y|X}(y|x) \mathrm{d}y$$

$$= a\int_{-\infty}^{+\infty} y f_{Y|X}(y|x) \mathrm{d}y + b\int_{-\infty}^{+\infty} f_{Y|X}(y|x) \mathrm{d}y$$

$$= aE(Y|x) + b$$

(2) 因为 $E(Y|X)$ 为随机变量 X 的函数,所以当 (X,Y) 为离散型随机变量时

$$E_X[E(Y|x_i)] = \sum_i \left[\sum_j y_j P(Y = y_j | X = x_i) \right] P(X = x_i)$$

$$= \sum_j \sum_i y_j P(Y = y_j | X = x_i) P(X = x_i)$$

$$= \sum_j \sum_i y_j P(Y = y_j, X = x_i)$$

$$= \sum_j y_j P(Y = y_j)$$

$$= E(Y)$$

当 (X,Y) 为连续型随机变量时

$$E_X[E(Y|X)] = \int_{-\infty}^{+\infty} E(Y|X) f_X(x) \mathrm{d}x$$

$$= \int_{-\infty}^{+\infty} \int_{-\infty}^{+\infty} y f_{Y|X}(y|x) f_X(x) \mathrm{d}x \mathrm{d}y$$

$$= \int_{-\infty}^{+\infty} \int_{-\infty}^{+\infty} y f(x,y) \mathrm{d}x \mathrm{d}y$$

$$= \int_{-\infty}^{+\infty} y \left[\int_{-\infty}^{+\infty} f(x,y) \mathrm{d}x \right] \mathrm{d}y$$

$$= \int_{-\infty}^{+\infty} y f_Y(y) \mathrm{d}y$$

$$= E(Y)$$

现在可以考虑预测问题. 所谓用 X 来预测 Y 是这样一个过程:我们无法知道 Y 的取值,但能知道 X 的取值,于是构造 X 的函数 $g(X)$,当 X 的取值为 x 时,用 $g(x)$ 作为 Y 的取值 y 的估计,记为 $\hat{y} = g(x)$,称 $\hat{y}$ 为 y 的预测值. 显然 $g(X)$ 是一个随机变量,不妨记为 $\hat{Y} = g(X)$. 问题是选取怎样的函数 $g(X)$ 作为 Y 的预测才是最好的. 我们考察预测误差的平方 $(Y - \hat{Y})^2$,自然要求 $(Y - \hat{Y})^2$ 越小越好. 但 $(Y - \hat{Y})^2$ 是一个随机变量,所以我们希望它的平均值越小越好,即均值 $E[(Y - \hat{Y})^2]$ 越小越好. 可以证明当 $g(X)$ 取为条件数学期望 $E(Y|X)$ 时, $E[(Y - \hat{Y})^2]$ 最小. 这就是下面的定理:

定理 3.13 设 (X,Y) 为二元随机变量, $g(X)$ 是 X 的函数,则以下不等式成立:

$$E\{[Y - E(Y|X)]^2\} \leqslant E\{[Y - g(X)]^2\}$$

证明　对任意 $g(X)$ 和 X 的任意可能取值 x,有

$$E\{[Y-g(x)]^2\,|\,x\} = E\{[Y-E(Y\,|\,x)+E(Y\,|\,x)-g(x)]^2\,|\,x\}$$

$$= E\{[Y-E(Y\,|\,x)]^2\,|\,x\} + E\{[E(Y\,|\,x)-g(x)]^2\,|\,x\}$$

$$+ 2E\{[Y-E(Y\,|\,x)][E(Y\,|\,x)-g(x)]\,|\,x\}$$

因为对 X 任意可能的取值 x, $E(Y\,|\,x)-g(x)$ 为一个数,所以由性质 3.23 知

$$E\{[Y-E(Y\,|\,x)][E(Y\,|\,x)-g(x)]\,|\,x\}$$

$$= [E(Y\,|\,x)-g(x)]E\{[Y-E(Y\,|\,x)]\,|\,x\}$$

$$= [E(Y\,|\,x)-g(x)][E(Y\,|\,x)-E(Y\,|\,x)]$$

$$= 0$$

从而

$$E\{[Y-E(Y\,|\,x)][E(Y\,|\,x)-g(x)]\,|\,x\} = 0$$

由此可知

$$E\{[Y-g(x)]^2\,|\,x\} \geqslant E\{[Y-E(Y\,|\,x)]^2\,|\,x\}$$

于是

$$E_X\{E[Y-g(X)^2\,|\,X]\} \geqslant E_X(E\{[Y-E(Y\,|\,X)]^2\,|\,X\})$$

$$E\{[Y-g(X)]^2\} \geqslant E\{[Y-E(Y\,|\,X)]^2\}$$

习 题 3

A 组

选择题

1. 设随机变量 X 和 Y 的方差存在且不等于 0,则 $D(X+Y) = D(X) + D(Y)$ 是 X 和 Y(　　).

   A. 不相关的充分条件,且不是必要条件

   B. 独立的充分条件,但不是必要条件

   C. 不相关的充要条件

   D. 独立的充要条件

2. 一台仪器由 5 只元件组成,已知各元件出故障是独立的,且第 k 只元件出故障的概率为 $p_k = \dfrac{k+1}{10}$,则出故障的元件数的方差是(　　).

A. 1.3　　　　B. 1.2　　　　C. 1.1　　　　D. 1.0

3. 如果 X 与 Y 满足 $D(X+Y)=D(X-Y)$,则必有(　　).

A. X 与 Y 独立　　　　　　　　B. X 与 Y 不相关

C. $D(Y)=0$　　　　　　　　　　D. $D(X)D(Y)=0$

计算题

1. 箱内装有 5 个电子元件,其中 2 个是次品,现每次从箱子中随机地取出 1 件进行检验,直到查出全部次品为止,求所需检验次数的数学期望.

2. 将一均匀骰子独立地抛掷 3 次,求出现的点数之和的数学期望.

3. 袋中装有标着号码 $1,2,\cdots,9$ 的 9 个球,从袋中有放回地取出 4 个球,求所得号码之和 X 的数学期望.

4. 设随机变量 X 的概率密度为

$$f(x)=\frac{1}{2}\mathrm{e}^{-|x|}\quad(-\infty<x<+\infty)$$

求 $E(X)$ 及 $D(X)$.

5. 设随机变量 $X\sim N(0,4),Y\sim U(0,4)$,且 X 和 Y 相互独立,求 $E(XY)$,$D(X+Y)$ 及 $D(2X-3Y)$.

6. 罐中有 5 颗围棋子,其中 2 颗为白子,另 3 颗为黑子,如果有放回地每次取 1 子,共取 3 次,求 3 次中取到的白子次数 X 的数学期望与方差.

7. 在上题中,若将抽样方式改为不放回抽样,则结果又是如何?

8. 已知 X 的密度函数为 $f(x)=\frac{1}{2\lambda}\mathrm{e}^{-\frac{|x-\mu|}{\lambda}}$,求 X 的期望.

9. 设 X 与 Y 相互独立且都服从 $P(\lambda)$,令 $U=2X+Y$,$V=2X-Y$,求相关系数 ρ_{UV}.

10. 设 (X,Y) 服从 $D=\{(X,Y)\mid X^2+Y^2\leqslant 1\}$ 上的均匀分布,求 $\mathrm{Cov}(X,Y)$ 和 ρ_{XY} 并且讨论 X 与 Y 的独立性.

11. 判断下列随机变量 X 是否存在期望和方差.

(1) $x_k=(-1)^k\frac{2^k}{k}(k=1,2,\cdots)$,$P(X=x_k)=\frac{1}{2^k}$;

(2) $f(x)=\frac{1}{\pi}\frac{1}{1+x^2}(-\infty<x<+\infty)$.

12. 将 n 个球放入 N 只盒子中,设每个球落入各只盒子是等可能的,求有球盒子数 X 的数学期望.

13. 一辆送客汽车,载有 m 位乘客从起点站开出,沿途有 n 个车站可以下车,若到达一个车站,没有乘客下车就不停车.设每位乘客在每一个车站下车是等可能的,试求汽车平均停车次数.

14. 抛硬币 n 次,设 X 为出现正面后紧接反面的次数,求 $E(X)$.

15. 设 X 是 n 重贝努里试验中事件 A 出现的次数,且 $P(A) = p$,假设当 X 是偶数时 $Y = 0$,当 X 是奇数时 $Y = 1$,求 Y 的数学期望.

16. 设随机变量 X 的概率密度为 $f(x) = \dfrac{1}{\pi(1+x^2)}$ $(x \in (-\infty, +\infty))$,求 $E[\min(|X|, 1)]$.

17. 地铁到达一站时间为每个整点的第 5 分钟、第 25 分钟、第 55 分钟,设一乘客在早上 8 点至 9 点之间随机到达,求候车时间的数学期望.

18. 设两个随机变量 X, Y 相互独立,且都服从 $N(0, 0.5)$,求 $D(|X-Y|)$.

19. 今有两封信欲投入编号为 Ⅰ, Ⅱ, Ⅲ 的 3 个邮筒,设 X, Y 分别表示投入第 Ⅰ 号和第 Ⅱ 号邮箱的信的数目,试求:(1) (X, Y) 的联合分布;(2) X 与 Y 是否独立;(3) 令 $U = \max(X, Y), V = \min(X, Y)$,求 $E(U), E(V)$.

20. 假设二维随机变量 (X, Y) 在 $D = \{(X, Y) | 0 \leqslant X \leqslant 2, 0 \leqslant Y \leqslant 1\}$ 上服从均匀分布,记

$$U = \begin{cases} 0, & X \leqslant Y \\ 1, & X > Y \end{cases}, \quad V = \begin{cases} 0, & X \leqslant 2Y \\ 1, & X > 2Y \end{cases}$$

求:(1) U 和 V 的联合分布;(2) U 和 V 的相关系数 ρ_{UV}.

21. 设 $X \sim E(1)$,$Y_k = \begin{cases} 0, X \leqslant k \\ 1, X > k \end{cases}$ $(k = 1, 2)$,求:

(1) (Y_1, Y_2) 的联合分布;(2) Y_1 与 Y_2 的边缘分布,并讨论它们的独立性;(3) $E(Y_1 + Y_2)$.

22. 设 A, B 为两个随机事件,且 $P(A) = \dfrac{1}{4}, P(B|A) = \dfrac{1}{3}, P(A|B) = \dfrac{1}{2}$,令

$$X = \begin{cases} 1, & A \text{ 发生} \\ 0, & A \text{ 不发生} \end{cases}, \quad Y = \begin{cases} 1, & B \text{ 发生} \\ 0, & B \text{ 不发生} \end{cases}$$

求:(1) 二维随机变量 (X, Y) 的概率分布;(2) X 与 Y 的相关系数 ρ_{XY};(3) $Z = X^2 + Y^2$ 的概率分布.

23. n 封信任意投到 n 个信封里去,而每个信封应该对应着唯一的 1 封信,设信与信封配对的个数为 X,求 $E(X)$ 与 $D(X)$.

24. 已知随机变量 X 和 Y 分别服从正态分布 $N(1, 3^2)$ 和 $N(0, 4^2)$,且 X 与 Y 的相关系数 $\rho_{XY} = -\dfrac{1}{2}$,设 $Z = \dfrac{X}{3} + \dfrac{Y}{2}$.(1) 求 Z 的数学期望 $E(Z)$ 和

方差 $D(Z)$；(2) 求 X 与 Z 的相关系数 ρ_{XZ}；(3) 问 X 与 Z 是否相互独立？为什么？

25. 设 (X,Y) 的联合密度函数为

$$f(x,y) = \begin{cases} 2-x-y, & 0 \leqslant x \leqslant 1, 0 \leqslant y \leqslant 1 \\ 0, & \text{其他} \end{cases}$$

(1) 判别 (X,Y) 是否相互独立，是否相关；(2) 求 $E(XY)$，$D(X+Y)$.

26. 设随机变量 X 的分布密度为 $f(x) = \dfrac{1}{2}e^{-|x|}$ $(-\infty < x < +\infty)$，求：

(1) X 的数学期望 $E(X)$ 和方差 $D(X)$；(2) X 与 $|X|$ 的协方差，并问 X 与 $|X|$ 是否不相关？(3) X 与 $|X|$ 是否相互独立？为什么？

27. 设某种商品每周的需求量 X 服从区间 $[10,30]$ 上的均匀分布的随机变量，而经销商店进货数量为区间 $[10,30]$ 中的某一整数，商店每销售一单位商品可获利 500 元；若供大于求则削价处理，每处理一单位商品亏损 100 元；若供不应求，则可从外部调剂供应，此时每一单位商品仅获利 300 元，为使商店所获利润期望值不少于 9 280 元，试确定最少进货量.

28. 市场上对商品需求量（单位：吨）为 $X \sim U(2\,000,4\,000)$，每售出 1 吨可得 3 万元，若售不出而囤积在仓库中则每吨需保养费 1 万元，问需要组织多少货源才能使收益最大？

证明题

1. 设随机变量 X 在区间 $[a,b]$ 中取值，证明：$E(X) \in [a,b]$.

2. 设 A,B 是两个随机事件，随机变量

$$X = \begin{cases} 1, & \text{若 } A \text{ 出现} \\ -1, & \text{否则} \end{cases}, \quad Y = \begin{cases} 1, & \text{若 } B \text{ 出现} \\ -1, & \text{否则} \end{cases}$$

证明：X,Y 不相关与 A,B 独立互为充要条件.

3. 对于任意两个事件 A 和 B，且 $0 < P(A) < 1, 0 < P(B) < 1$，称

$$\rho = \frac{P(AB) - P(A)P(B)}{\sqrt{P(A)P(B)P(\bar{A})P(\bar{B})}}$$

为事件 A 和事件 B 的相关系数.

(1) 证明：事件 A 和事件 B 独立的充要条件是其相关系数等于零；

(2) 利用随机变量相关系数的基本性质，证明：$|\rho| \leqslant 1$.

B　　组

选择题

1. 对任意两个随机变量 X 和 Y,若 $E(XY)=E(X)E(Y)$,则(　　).

   A. $D(XY)=D(X)D(Y)$　　　　B. $D(X+Y)=D(X)+D(Y)$

   C. X 和 Y 独立　　　　　　　　D. X 和 Y 不独立

2. 设随机变量 X 和 Y 独立同分布,记 $U=X-Y$,$V=X+Y$,则 U 与 V(　　).

   A. 不独立　　　B. 独立　　　C. 相关系数不为零　　　D. 相关系数为零

3. 将一枚硬币重复掷 n 次,以 X 和 Y 分别表示正面向上和反面向上的次数,则 X 和 Y 的相关系数等于(　　).

   A. -1　　　　　B. 0　　　　　　C. 0.5　　　　　D. 1

4. 设随机变量 X_{ij}($i,j=1,2,\cdots,n$;$n\geqslant2$)独立同分布,$E(X_{ij})=2$,则随机变量

$$Y=\begin{vmatrix} X_{11} & X_{12} & \cdots & X_{1n} \\ X_{21} & X_{22} & \cdots & X_{2n} \\ \vdots & \vdots & \ddots & \vdots \\ X_{n1} & X_{n2} & \cdots & X_{nn} \end{vmatrix}$$

   的数学期望 $E(Y)=$(　　).

   A. -2　　　　　B. 0　　　　　　C. 2　　　　　　D. 1

5. 设随机变量 X 在区间 $[-1,2]$ 上服从均匀分布,随机变量

$$Y=\begin{cases} 1, & X>0 \\ 0, & X=0 \\ -1, & X<0 \end{cases}$$

   则方差 $D(Y)=$(　　).

   A. 8/9　　　　　B. 0　　　　　　C. 2　　　　　　D. 1

6. 设随机变量 X 和 Y 的联合概率分布为

X＼Y	-1	0	1
0	0.07	0.18	0.15
1	0.08	0.32	0.20

   则 X^2 和 Y^2 的协方差 $\mathrm{Cov}(X^2,Y^2)=$(　　).

   A. -0.02　　　B. 0　　　　　　C. 4　　　　　　D. 1

7. 设随机变量 X 和 Y 的相关系数为 0.9,若 $Z = X - 0.4$,则 Y 与 Z 的相关系数为( ).

A. 0 B. 0.9 C. 0.1 D. -0.4

8. 设随机变量 X 服从参数为 λ 的指数分布,则 $P\{X > \sqrt{D(X)}\} = ($ $)$.

A. 0.5 B. 0.1 C. 0.2 D. e^{-1}

计算题

1. 已知随机变量 X 的概率密度函数为

$$f(x) = \begin{cases} \dfrac{x}{a^2} e^{-\frac{x^2}{2a^2}}, & x > 0 \\ 0, & x \leqslant 0 \end{cases}$$

求随机变量 $Y = \dfrac{1}{X}$ 的数学期望 $E(Y)$.

2. 已知随机变量 (X, Y) 的联合密度函数为

$$f(x, y) = \begin{cases} e^{-(x+y)}, & x > 0, y > 0 \\ 0, & 其他 \end{cases}$$

试求:(1) $P\{X < Y\}$;(2) $E(XY)$.

3. 设随机变量 (X, Y) 在圆域 $X^2 + Y^2 \leqslant r^2$ 上服从联合均匀分布.

(1) 求 (X, Y) 的相关系数 ρ_{XY};(2) 问 X 和 Y 是否独立?

4. 某设备由三大部件构成,在设备运转中各部件需要调整的概率相应为 $0.10, 0.20, 0.30$,设各部件的状态相互独立,以 X 表示同时需要调整的部件数.试求 $E(X)$ 和 $D(X)$.

5. 设随机变量 X 和 Y 同分布,X 的概率密度函数为

$$f(x) = \begin{cases} \dfrac{3}{8} x^2, & 0 < x < 2 \\ 0, & 其他 \end{cases}$$

(1) 已知事件 $A = \{X > a\}$ 与事件 $B = \{Y > a\}$ 相互独立,且 $P\{A \cup B\} = \dfrac{3}{4}$,求 a;

(2) 求 $\dfrac{1}{X^2}$ 的数学期望.

6. 设由自动线加工的某种零件的内径 X(单位:毫米)服从正态分布 $N(\mu, 1)$,内径小于 10 毫米或大于 12 毫米均为不合格品,其他为合格品,销售每件合格品获利,销售每件不合格品亏损.已知销售利润 Y(单位:元)与销售零件的内径 X 有如下关系:

$$Y = \begin{cases} -1, & X < 10 \\ 20, & 10 \leqslant X \leqslant 12 \\ -5, & X > 12 \end{cases}$$

问平均内径 μ 取何值时,销售一个零件的平均利润最大?

7. 设一部机器在一天内发生故障的概率为 0.2,机器发生故障时全天停止工作.一周五个工作日,若无故障,可获利润 10 万元;发生一次故障仍可获利润 5 万元;若发生两次故障,获利润 0 元;若发生三次或三次以上故障就要亏损 2 万元.求一周内的利润期望.

8. 游客乘电梯从底层到电视塔的顶层观光.电梯于每个整点的第 5 分钟、第 25 分钟和第 55 分钟从底层起行.设一游客在早上 8 点的第 X 分钟到达底层候梯处,且 X 在 $[0,60]$ 上服从均匀分布,求该游客等候时间的数学期望.

9. 两台同样的自动记录仪,每台无故障工作的时间服从参数为 5 的指数分布.先开动其中一台,当其发生故障时停用而另一台自动开动.试求两台自动记录仪无故障工作的总时间 T 的概率密度函数 $f(t)$、数学期望和方差.

10. 一商店经销某种商品,每周的进货量 X 与顾客对该种商品的需求量 Y 为两个相互独立的随机变量,且都服从区间 $[10,20]$ 上的均匀分布.商店每售出一单位商品可得利润 1 000 元;若需求量超过了进货量,可以从其他商店调剂供应,这时每售出一单位商品可得利润 500 元.试求此商店经销该种商品每周所得利润的期望值.

11. 假设随机变量 U 在区间 $[-2,2]$ 上服从均匀分布,随机变量

$$X = \begin{cases} -1, & \text{若 } U \leqslant -1 \\ 1, & \text{若 } U > -1 \end{cases}, \quad Y = \begin{cases} -1, & \text{若 } U \leqslant 1 \\ 1, & \text{若 } U > 1 \end{cases}$$

试求:(1) X 和 Y 的联合概率分布;(2) $D(X+Y)$.

12. 设一设备开机后无故障工作的时间 X 服从指数分布,平均无故障工作的时间为 5 小时.设备定时开机,出现故障时自动关机,而在无故障的情况下工作 2 小时便关机.试求该设备每次开机无故障工作的时间 Y 的分布函数.

13. 设随机变量 X 的概率密度函数为

$$f(x) = \begin{cases} 0.5, & -1 < x < 0 \\ 0.25, & 0 \leqslant x < 2 \\ 0, & \text{其他} \end{cases}$$

令 $Y = X^2$,$F(X,Y)$ 为随机变量 (X,Y) 的分布函数,求:(1) Y 的概率密度函数 $f_Y(y)$;(2) $\mathrm{Cov}(X,Y)$;(3) $F\left(-\dfrac{1}{2},4\right)$.

第4章 大数定律与中心极限定理

在第1章引入概率这个概念时,我们曾经指出,概率是频率稳定性的反映,随着观察次数的增多,频率将会逐渐稳定到概率;在第2章我们也指出正态分布是一种常见的分布,本章将给出它们背后所隐含的理论依据.我们首先介绍切比雪夫不等式,然后介绍依概率收敛的概念和几个常见的大数定律,最后介绍依分布收敛的概念和三个中心极限定理.

4.1 切比雪夫不等式

4.1.1 切比雪夫不等式

我们知道方差反映了随机变量在以数学期望为中心区域内分散的平均程度,设 X 为随机变量,其数学期望为 $E(X)$,方差为 $D(X)$.对任意的常数 $\varepsilon > 0$,事件 $|X - E(X)| \geqslant \varepsilon$ 发生的概率 $P(|X - E(X)| \geqslant \varepsilon)$ 应该与 $D(X)$ 有一定的关系. 直观地说,如果 $D(X)$ 越大,X 的取值范围也较大,那么 $P(|X - E(X)| \geqslant \varepsilon)$ 也会大,下面著名的切比雪夫不等式就给出了这个概率与方差关系的估计.

定理 4.1 设随机变量 X 具有数学期望 $E(X)$ 与方差 $D(X)$,则对于任意 $\varepsilon > 0$,下面两个等价的不等式成立:

$$P(|X - E(X)| \geqslant \varepsilon) \leqslant \frac{D(X)}{\varepsilon^2} \tag{4.1}$$

$$P(|X - E(X)| < \varepsilon) \geqslant 1 - \frac{D(X)}{\varepsilon^2} \tag{4.2}$$

上述两个不等式称为切比雪夫不等式.

证明 (1) 若 X 为离散型随机变量,其概率分布为 $P(X = x_i) = p_i (i = 1, 2, \cdots)$,则

$$P(|X - E(X)| \geqslant \varepsilon) = \sum_{|x_i - E(X)| \geqslant \varepsilon} P(X = x_i)$$

$$\leqslant \sum_{|x_i - E(X)| \geqslant \varepsilon} \frac{[x_i - E(X)]^2}{\varepsilon^2} P(X = x_i)$$

$$\leqslant \frac{1}{\varepsilon^2} \sum_i [x_i - E(X)]^2 P(X = x_i)$$

$$= \frac{D(X)}{\varepsilon^2}$$

(2) 若 X 为连续型随机变量,其密度函数为 $f(x)$,则

$$P(|X - E(X)| \geqslant \varepsilon) = \int_{|x - E(X)| \geqslant \varepsilon} f(x)\mathrm{d}x$$

$$\leqslant \int_{|x - E(X)| \geqslant \varepsilon} \frac{[x - E(X)]^2}{\varepsilon^2} f(x)\mathrm{d}x$$

$$\leqslant \frac{1}{\varepsilon^2} \int_{-\infty}^{+\infty} [x - E(X)]^2 f(x)\mathrm{d}x$$

$$= \frac{D(X)}{\varepsilon^2}$$

用切比雪夫不等式来估计随机变量落在以均值为中心的某个区间内的概率,只需要知道方差 $D(X)$ 及数学期望 $E(X)$ 两个数字特征就够了,所以这个不等式适用于任意分布的随机变量,因而使用起来比较方便.但是,正因为它没有完全地利用随机变量的统计特性,如概率分布或概率密度函数,所以一般来说,它给出的估计是比较粗略的,这一点可以从下面的例子看到.

【例 4.1】 设随机变量 $X \sim U(-3,3)$,试求:(1) $P(|X| < 2.7)$;(2) 利用切比雪夫不等式估计 $P(|X| < 2.7)$ 的下界.

解 因为 $X \sim U(-3,3)$,所以 X 的概率密度函数为

$$f(x) = \begin{cases} \dfrac{1}{6}, & -3 \leqslant x \leqslant 3 \\ 0, & \text{其他} \end{cases}$$

易求得 $E(X) = 0, D(X) = 3$,故

(1) $P(|X| < 2.7) = P(-2.7 < X < 2.7) = \int_{-2.7}^{2.7} \dfrac{1}{6} \mathrm{d}x = 0.9.$

(2) $P(|X| < 2.7) = P(|X - E(X)| < 2.7) \geqslant 1 - \dfrac{D(X)}{2.7^2} = 1 - \dfrac{3}{2.7^2} = 0.588\,5.$

显然,利用切比雪夫不等式估计概率是相当粗糙的.

4.1.2 切比雪夫不等式的应用

除了估算概率以外,切比雪夫不等式还常常被应用到其他场合,下面结合几个

例题来说明这一点.

【例 4.2】 用切比雪夫不等式确定当掷一枚均匀硬币时,需掷多少次,才能保证出现正面的频率在 0.4~0.6 之间的概率不小于 0.90.

解 设需要投掷 n 次,令 $X_i = 1$ 表示出现正面, $X_i = 0$ 表示出现反面,则出现正面的频率为 $\frac{1}{n}\sum_{i=1}^{n}X_i$,由于硬币质地均匀,所以出现正面的概率为 $p = 0.5$.因此有 $E(X_i) = 0.5, D(X_i) = 0.5 \times (1 - 0.5) = 0.25$.因为 $X_i(1 \leqslant i \leqslant n)$ 是独立的,所以

$$E\left(\frac{1}{n}\sum_{i=1}^{n}X_i\right) = \frac{1}{n}\sum_{i=1}^{n}E(X_i) = \frac{1}{n} \times n \times 0.5 = 0.5$$

$$D\left(\frac{1}{n}\sum_{i=1}^{n}X_i\right) = \frac{1}{n^2}D\left(\sum_{i=1}^{n}X_i\right) = \frac{1}{n^2}\sum_{i=1}^{n}D(X_i) = \frac{1}{n^2} \times n \times 0.25 = \frac{0.25}{n}$$

由切比雪夫不等式得

$$P\left(0.4 < \frac{1}{n}\sum_{i=1}^{n}X_i < 0.6\right) = P\left(\left|\frac{1}{n}\sum_{i=1}^{n}X_i - 0.5\right| < 0.1\right) \geqslant 1 - \frac{0.25}{0.1^2 n} \geqslant 0.9$$

于是得 $n \geqslant 250$.

【例 4.3】 在 n 重贝努里试验中,若已知每次试验中事件 A 出现的概率为 0.75.设 $n = 18\,750$,用切比雪夫不等式估计 ε,使事件 A 出现的频率在 $(0.75 - \varepsilon, 0.75 + \varepsilon)$ 之间的概率不小于 0.90.

解 令 $X_i = 1$ 表示在试验中事件 A 出现, $X_i = 0$ 表示在试验中事件 A 不出现,则在 $18\,750$ 次试验中事件 A 出现的总次数为 $X = \sum_{i=1}^{18\,750}X_i$,且有

$$E(X_i) = p = 0.75, \quad D(X_i) = p(1 - p) = 0.75 \times 0.25 = 0.187\,5$$

而题意为

$$P\left(0.75 - \varepsilon \leqslant \frac{X}{18\,750} \leqslant 0.75 + \varepsilon\right) \geqslant 0.90$$

容易得到

$$E\left(\frac{X}{18\,750}\right) = E\left(\frac{1}{18\,750}\sum_{i=1}^{18\,750}X_i\right) = \frac{1}{18\,750}\sum_{i=1}^{18\,750}E(X_i)$$
$$= \frac{1}{18\,750} \times 18\,750 \times 0.75$$
$$= 0.75$$

$$D\left(\frac{X}{18\,750}\right) = D\left(\frac{1}{18\,750}\sum_{i=1}^{18\,750}X_i\right) = \frac{1}{18\,750^2}\sum_{i=1}^{18\,750}D(X_i)$$
$$= \frac{18\,750}{18\,750^2} \times 0.18\,750$$
$$= 10^{-5}$$

从而对 $\dfrac{X}{18\,750}$ 使用切比雪夫不等式有

$$P\left(\left|\frac{X}{18\,750}-0.75\right|\leqslant\varepsilon\right)\geqslant 1-\frac{10^{-5}}{\varepsilon^2}=0.9$$

从而得 $\varepsilon=0.01$.

*【例 4.4】 证明第 3 章性质 3.10,即 $D(X=c)=0$ 的充要条件为 $P(X=c)=1$,且 $c=E(X)$.

证明 **充分性**:假设 $P[X=E(X)]=1$. 记 $A=\{\omega:X(\omega)\neq E(X)\}$,则 $P(A)=0$.设在 A 上,$|X|<M$,于是

$$E(X^2)\leqslant M^2\times 0+[E(X)]^2\times 1=[E(X)]^2$$
$$E(X^2)\geqslant -M^2\times 0+[E(X)]^2\times 1=[E(X)]^2$$

所以 $E(X^2)=[E(X)]^2$,$D(X)=E(X^2)-[E(X)]^2=0$.

必要性:设 $D(X)=0$,则对任意正整数 n,根据切比雪夫不等式有

$$P\left(|X-E(X)|\geqslant\frac{1}{n}\right)\leqslant\frac{D(X)}{1/n^2}=0\quad(n=1,2,\cdots)$$

易知事件 $\{\omega:|X(\omega)-E(X)|\neq 0\}$ 可以等价地表示为

$$\bigcup_{n=1}^{\infty}\left\{\omega:|X(\omega)-E(X)|\geqslant\frac{1}{n}\right\}$$

事实上, 如果 $\omega\in\{\omega:|X(\omega)-E(X)|\neq 0\}$, 则 $X(\omega)\neq E(X)$. 记 $|X(\omega)-E(X)|=\varepsilon$,令 $n_0=\left[\dfrac{1}{\varepsilon}\right]+1$,则 $|X(\omega)-E(X)|\geqslant\dfrac{1}{n_0}$,由并集的定义知

$$\omega\in\bigcup_{n=1}^{\infty}\left\{\omega:|X(\omega)-E(X)|\geqslant\frac{1}{n}\right\}$$

故

$$\{\omega:|X(\omega)-E(X)|\neq 0\}\subset\bigcup_{n=1}^{\infty}\left\{\omega:|X(\omega)-E(X)|\geqslant\frac{1}{n}\right\}$$

再设 $\omega\in\bigcup\limits_{n=1}^{\infty}\left\{\omega:|X(\omega)-E(X)|\geqslant\dfrac{1}{n}\right\}$,则由并集的定义知,存在 n_0,使 $|X(\omega)-E(X)|\geqslant\dfrac{1}{n_0}$,所以,$\omega\in\{\omega:|X(\omega)-E(X)|\neq 0\}$,故

$$\{\omega:|X(\omega)-E(X)|\neq 0\}\supset\bigcup_{n=1}^{\infty}\left\{\omega:|X(\omega)-E(X)|\geqslant\frac{1}{n}\right\}$$

$$\{\omega:|X(\omega)-E(X)|\neq 0\}=\bigcup_{n=1}^{\infty}\left\{\omega:|X(\omega)-E(X)|\geqslant\frac{1}{n}\right\}$$

于是

$$P(|X - E(X)| \neq 0) \leqslant \sum_{n=1}^{\infty} P\left(|X - E(X)| \geqslant \frac{1}{n}\right) = 0$$

从而有 $P[X = E(X)] = 1 - P(|X - E(X)| \neq 0) = 1$.

需要指出的是,除以上例子外,切比雪夫不等式在下面的大数定律的证明中也起着重要的作用.

4.2 大 数 定 律

4.2.1 依概率收敛与大数定律

假设事件 A 在一次随机试验中发生的概率为 p,如果做了一个 n 重贝努里试验,事件 A 共发生了 n_A 次,则事件 A 在 n 次试验中发生的频率为 $\frac{n_A}{n}$,当 n 增大时,频率逐渐稳定到概率,那么是否有

$$\lim_{n \to \infty} \frac{n_A}{n} = p \tag{4.3}$$

成立? 如果结论成立,那么这个极限意味着,对任给的 $\varepsilon > 0$,存在充分大的正整数 N,使得对一切 $n > N$ 都有 $\left|\frac{n_A}{n} - p\right| < \varepsilon$ 成立,而我们知道,频率 $\frac{n_A}{n}$ 是随着试验结果的变化而变化的,在 n 重贝努里试验中,试验结果 $\underbrace{AA \cdots A}_{n\text{个}}$ 发生的概率为 $P(AA \cdots A) = p^n > 0$,所以这个结果是可能发生的. 当出现这样的结果时,$n_A = n$,于是 $\frac{n_A}{n} = 1$,从而当 ε 很小时($0 < \varepsilon < 1 - p$),不论 N 多么大,也不能得到当 $n > N$ 时,都有 $\left|\frac{n_A}{n} - p\right| < \varepsilon$ 成立,所以形如式(4.3)的极限关系式并不成立. 但当 n 很大时,事件 $\left\{\left|\frac{n_A}{n} - p\right| \geqslant \varepsilon\right\}$ 发生的概率是很小的. 例如,事件 $\left\{\frac{n_A}{n} = 1\right\}$ 发生的概率为

$$P\left(\frac{n_A}{n} = 1\right) = P(AA \cdots A) = p^n$$

显然,当 $n \to \infty$ 时这个概率趋向于零. 所以,频率"靠近"概率不是意味着极限关系式(4.3)成立,而是意味着

$$P\left(\left|\frac{n_A}{n} - p\right| \geqslant \varepsilon\right) \to 0 \quad (n \to \infty)$$

其中 $\varepsilon>0$ 可以任意小. 这个结论就是下面要证明的贝努里大数定律. 在此之前, 首先介绍与大数定律相关的若干概念.

定义 4.1 设 $\{X_n\}_{n=1}^{\infty}$ 为概率空间 $(\Omega, \mathscr{F}, P)$ 上定义的随机变量序列, 若存在另一个随机变量 X, 使得对于任意的 $\varepsilon>0$ 恒有

$$\lim_{n \to \infty} P(\,|\,X_n - X\,| \geqslant \varepsilon) = 0$$

或

$$\lim_{n \to \infty} P(\,|\,X_n - X\,| < \varepsilon) = 1 \tag{4.4}$$

则称随机变量序列 $\{X_n\}_{n=1}^{\infty}$ 依概率收敛于随机变量 X (作为特例 X 也可以为常数), 简记为 $X_n \overset{p}{\longrightarrow} X$.

由定义知, 依概率收敛的直观解释就是, 不管 $\varepsilon>0$ 有多小, 只要 n 充分大, 随机变量 X_n 落在区间 $(X-\varepsilon, X+\varepsilon)$ 之外的概率就可以任意小. 也就是说, 对任意小的 $\varepsilon>0$ 和任意小的 $\delta>0$, 都存在 N, 当 $n>N$ 时, $P(\,|\,X_n - X\,|>\varepsilon)<\delta$.

定义 4.2 设随机变量序列 $\{X_n\}_{n=1}^{\infty}$ 有数学期望 $E(X_i)$, 令 $\overline{X_n} = \dfrac{1}{n} \sum_{i=1}^{n} X_i$,

则 $E(\overline{X_n}) = \dfrac{1}{n} \sum_{i=1}^{n} E(X_i)$. 若有 $\overline{X_n} \overset{p}{\longrightarrow} E(\overline{X_n})$ 成立, 则称随机变量序列 $\{X_n\}_{n=1}^{\infty}$ 服从大数定律.

需要说明的是, $\overline{X_n} = \dfrac{1}{n} \sum_{i=1}^{n} X_i$ 是随机变量的算术平均值, 而 $E(\overline{X_n}) = \dfrac{1}{n} \sum_{i=1}^{n} E(X_i)$ 是 $\overline{X_n}$ 的均值. 所以, 所谓 "随机变量序列 $\{X_n\}_{n=1}^{\infty}$ 服从大数定律", 是指当 n 充分大时, 算术平均 $\overline{X_n}$ 充分靠近其概率平均 $E(\overline{X_n})$.

4.2.2 常见的大数定律

大数定律有许多, 它们的结论是一样的, 都是 $\overline{X_n} = \dfrac{1}{n} \sum_{i=1}^{n} X_i$ 依概率收敛于

$E(\overline{X_n}) = \dfrac{1}{n} \sum_{i=1}^{n} E(X_i)$. 不同的只是条件和随机序列 $\{X_n\}_{n=1}^{\infty}$ 的形式不同.

定理 4.2 (贝努里大数定律) 设 n_A 是 n 重贝努里试验中事件 A 出现的次数, 又 A 在每次试验中出现的概率为 $p\,(0<p<1)$, 则对任意的 $\varepsilon>0$, 有

$$\lim_{n \to \infty} P\left(\left|\,\frac{n_A}{n} - p\,\right| < \varepsilon\right) = 1 \tag{4.5}$$

证明 令

$$X_i = \begin{cases} 1, & \text{在第 } i \text{ 次试验中 } A \text{ 出现} \\ 0, & \text{在第 } i \text{ 次试验中 } A \text{ 不出现} \end{cases} \quad (1 \leqslant i \leqslant n)$$

则 $E(X_i) = p, D(X_i) = p(1-p) = pq(1 \leqslant i \leqslant n)$，而 $n_A = \sum\limits_{i=1}^{n} X_i$，于是

$$\frac{n_A}{n} - p = \overline{X_n} - E(\overline{X_n})$$

由切比雪夫不等式有

$$P\left(\left|\frac{n_A}{n} - p\right| \geqslant \varepsilon\right) = P(|\overline{X_n} - E(\overline{X_n})| \geqslant \varepsilon) \leqslant \frac{D(\overline{X_n})}{\varepsilon^2}$$

因为 $X_i(1 \leqslant i \leqslant n)$ 相互独立，所以

$$D(\overline{X_n}) = \frac{1}{n^2} \sum_{i=1}^{n} D(X_i) = \frac{pq}{n} \leqslant \frac{1}{4n}$$

从而有

$$0 \leqslant \lim_{n \to \infty} P\left(\left|\frac{n_A}{n} - p\right| \geqslant \varepsilon\right) \leqslant \lim_{n \to \infty} \frac{1}{4n\varepsilon^2} = 0$$

从而贝努里大数定律成立.

贝努里大数定律表明，只要贝努里试验的次数足够多，频率就充分靠近概率，而且次数越多越靠近. 这完全符合第 1 章中介绍的抛硬币的试验，也从理论上证明了从频率出发定义概率是合理的.

在贝努里大数定律中，要求随机变量的序列是独立同分布序列，实际上去掉"同分布"这个条件，只保留独立性，大数定律同样成立，这就是下面要介绍的泊松大数定律：

定理 4.3（泊松大数定律）　设 $\{X_n\}_{n=1}^{\infty}$ 为相互独立随机变量序列，且有 $P(X_n = 1) = p_n, P(X_n = 0) = 1 - p_n$，则 $\{X_n\}_{n=1}^{\infty}$ 服从大数定律.

证明　根据定律中的条件有

$$E(\overline{X_n}) = \frac{1}{n} \sum_{i=1}^{n} p_i = \overline{p_n}, \quad D(\overline{X_n}) = \frac{1}{n^2} \sum_{i=1}^{n} p_i(1-p_i) \leqslant \frac{1}{4n}$$

从而根据切比雪夫不等式，对于任意的正数 $\varepsilon > 0$ 恒有

$$\lim_{n \to \infty} P(|\overline{X_n} - \overline{p_n}| \geqslant \varepsilon) \leqslant \frac{D(\overline{X_n})}{\varepsilon^2} \leqslant \frac{1}{4n\varepsilon^2}$$

所以有 $\lim\limits_{n \to \infty} P(|\overline{X_n} - \overline{p_n}| \geqslant \varepsilon) = 0$.

实际上，以上大数定律的证明中都使用了不等式 $D(\overline{X_n}) \leqslant \frac{1}{4n}$，因此，如果对随机变量序列 $\{X_n\}_{n=1}^{\infty}$ 的方差施加一定的限制，就可以得到较为一般的切比雪夫大数定律.

定理 4.4（切比雪夫大数定律）　设 $\{X_n\}_{n=1}^{\infty}$ 为相互独立随机变量序列,且有 $E(X_n)=a_n,D(X_n)=\sigma_n^2\leqslant b<\infty$,则 $\{X_n\}_{n=1}^{\infty}$ 服从大数定律,即

$$\lim_{n\to\infty}P\left(\left|\frac{1}{n}\sum_{i=1}^{n}X_i-\frac{1}{n}\sum_{i=1}^{n}E(X_i)\right|<\varepsilon\right)=1 \qquad (4.6)$$

证明　利用切比雪夫不等式有

$$P\left(\left|\frac{1}{n}\sum_{i=1}^{n}X_i-\frac{1}{n}\sum_{i=1}^{n}E(X_i)\right|\geqslant\varepsilon\right)\leqslant\frac{D\left(\frac{1}{n}\sum_{i=1}^{n}X_i\right)}{\varepsilon^2}=\frac{D\left(\sum_{i=1}^{n}X_i\right)}{n^2\varepsilon^2}$$

根据定律中的条件有

$$D\left(\sum_{i=1}^{n}X_i\right)=\sum_{i=1}^{n}D(X_i)\leqslant nb$$

从而有

$$P\left(\left|\frac{1}{n}\sum_{i=1}^{n}X_i-\frac{1}{n}\sum_{i=1}^{n}E(X_i)\right|\geqslant\varepsilon\right)\leqslant\frac{b}{n\varepsilon^2}\to 0\quad(n\to\infty)$$

例如,设 $\{X_n\}_{n=1}^{\infty}$ 为独立同分布随机变量序列,均服从参数为 λ 的泊松分布,因为 $E(X_n)=\lambda,D(X_n)=\lambda$,因而满足定理 4.4 的条件,由式(4.6)可得

$$\lim_{n\to\infty}P\left(\left|\frac{1}{n}\sum_{i=1}^{n}X_i-\lambda\right|<\varepsilon\right)=1$$

可以看出,在证明贝努里大数定律、泊松大数定律以及切比雪夫大数定律中,都是以切比雪夫不等式为基础的,所以要求随机变量具有有限方差,进一步研究表明,方差存在这个条件并不是必要的,下面介绍的辛钦大数定律就是一个例子:

定理 4.5（辛钦大数定律）　设 $\{X_n\}_{n=1}^{\infty}$ 为独立同分布随机变量序列,且数学期望 $E(X_i)=a$ 有界,则对任意的 $\varepsilon>0$,有

$$\lim_{n\to\infty}P\left(\left|\frac{1}{n}\sum_{i=1}^{n}X_i-a\right|<\varepsilon\right)=1 \qquad (4.7)$$

定理的证明从略.

4.3　中心极限定理

4.3.1　依分布收敛与中心极限定理

在概率论中,人们一直把正态分布作为最重要的随机变量的分布来看待,为何

许多随机变量会服从正态分布,仅仅是经验猜测还是确有理论依据,这是一个重要的问题.正态分布是高斯在研究误差理论时提出来的.所以现在不妨来考察一下"误差"是怎样的一个随机变量.以炮弹的着落点误差为例,设目标着落点是坐标原点,炮弹实际的着落点坐标为(X,Y),它是一个二维随机变量,我们先研究一下造成误差的原因是什么.即使炮身在瞄准后不再改变,那么在每次射击以后,它也会有因为炮身震动而造成微小的误差X_1和Y_1、每发炮弹外形上的细小差别而引起空气阻力不同而出现的误差X_2和Y_2、每发炮弹内炸药的数量或质量上的微小差异而引起的误差X_3和Y_3、炮弹在前进时遇到的空气气流的微小扰动而造成的误差X_4和Y_4等许多微小的误差,其中有的为正,有的为负,都是随机的,而炮弹的着落点的总误差X和Y是这些小随机误差的总和,即$X=\sum_{i=1}^{n}X_i$,$Y=\sum_{i=1}^{n}Y_i$,而且这些小随机误差X_i和Y_i之间可以看成是相互独立的.因此要讨论X的分布就要讨论独立随机变量的和$X=\sum_{i=1}^{n}X_i$当n很大时的统计规律,对$Y=\sum_{i=1}^{n}Y_i$也一样.

既然要研究当n很大时$X=\sum_{i=1}^{n}X_i$的统计规律,讨论当$n\to\infty$时$X=\sum_{i=1}^{n}X_i$的极限是一个自然的想法,但会遇到这样的问题,即$\lim\limits_{n\to\infty}\sum_{i=1}^{n}X_i$可能为无穷大.一个简单而自然的做法就是将$\sum_{i=1}^{n}X_i$标准化,使其变为均值为0、方差为1的随机变量,即考虑

$$S_n=\frac{\sum_{i=1}^{n}X_i-\sum_{i=1}^{n}E(X_i)}{\sqrt{D\left(\sum_{i=1}^{n}X_i\right)}}$$

这时,对任意的n,都有$E(S_n)=0$,$D(S_n)=1$.因而当$n\to\infty$时,S_n不发生趋向于无穷大的情况.对我们来说,重要的是要考察当n充分大时S_n的分布.我们可以用S_n的极限分布来估计当n充分大时S_n的分布.为此首先介绍与此研究相关的概念和结论.

定义4.3 设随机变量序列$\{X_n\}_{n=1}^{\infty}$的分布函数为$F_n(x)(n=1,2,3,\cdots)$,随机变量X的分布函数为$F(x)$.若在$F(x)$的任意一个连续点x处有$\lim\limits_{n\to\infty}F_n(x)=F(x)$成立,则称$\{X_n\}_{n=1}^{\infty}$依分布收敛于随机变量$X$,简记为$X_n\xrightarrow{D}X$,同时称$F(x)$为$F_n(x)$的极限分布函数.

直接根据定义来判断随机变量序列是否依分布收敛是比较困难的,下面不加

证明地给出了判断的准则.

定理 4.6（勒维-克拉美定理）　设随机变量序列 $\{X_n\}_{n=1}^{\infty}$ 的特征函数为 $\varphi_n(t)$，随机变量 X 的特征函数为 $\varphi(t)$，则 $\{X_n\}_{n=1}^{\infty}$ 依分布收敛于随机变量 X 的充要条件为对任意的实数 t 有

$$\lim_{n \to \infty} \varphi_n(t) = \varphi(t)$$

成立.

定义 4.4　设随机变量序列 $\{X_n\}_{n=1}^{\infty}$ 相互独立，并具有有限的数学期望

$$E(X_n) = \mu_n \text{ 和方差} D(X_n) = \sigma_n^2，令 A_n^2 = \sum_{i=1}^{n} \sigma_i^2，Y_n = \frac{\sum_{i=1}^{n} X_i - \sum_{i=1}^{n} E(X_i)}{\sqrt{D\left(\sum_{i=1}^{n} X_i\right)}} =$$

$\sum_{i=1}^{n} \dfrac{X_i - \mu_i}{A_n}$. 若对于任意实数 $x \in \mathbf{R}$ 有

$$\lim_{n \to \infty} P(Y_n \leqslant x) = \frac{1}{\sqrt{2\pi}} \int_{-\infty}^{x} e^{-\frac{t^2}{2}} \mathrm{d}t$$

成立，则称随机变量序列 $\{X_n\}_{n=1}^{\infty}$ 服从中心极限定理.

由定义知，随机变量序列 $\{X_n\}_{n=1}^{\infty}$ 服从中心极限定理，意味着随机变量序列的和标准化后的分布函数收敛于标准正态分布函数，即依分布收敛于标准正态分布.

下面介绍几个常见的中心极限定理. 与大数定律的情况相似，每个中心极限定理的结论都是随机变量序列之和在标准化后依分布收敛于标准正态分布，所不同的是条件和随机变量的形式不一样.

4.3.2　德莫佛-拉普拉斯中心极限定理

定理 4.7（德莫佛-拉普拉斯中心极限定理）　设 $\{X_n\}_{n=1}^{\infty}$ 为服从同一 0-1 分布且相互独立的随机变量序列，即 $P(X_i = 1) = p$，$P(X_i = 0) = q$，则 $\{X_n\}_{n=1}^{\infty}$ 服从中心极限定理，即

$$\lim_{n \to \infty} P\left(\frac{\sum_{i=1}^{n} X_i - np}{\sqrt{npq}} \leqslant x\right) = \frac{1}{\sqrt{2\pi}} \int_{-\infty}^{x} e^{-\frac{t^2}{2}} \mathrm{d}t \tag{4.8}$$

* **证明**　因为 $X_1, X_2, \cdots, X_n$ 相互独立且都服从 0-1 分布，并且 $E(X_i) = p$，$D(X_i) = pq$，所以 $A_n^2 = \sum_{i=1}^{n} \sigma_i^2 = npq$，$Y_n = \sum_{i=1}^{n} \dfrac{X_i - p}{\sqrt{npq}}$. 根据第 3 章的分析知道 X_i 的特征函数为 $\varphi(t) = q + pe^{it}$，再根据特征函数的性质有，$\dfrac{X_i - p}{\sqrt{npq}}$ 的特征函

数为 $\varphi^*(t) = (q + pe^{it/\sqrt{npq}})e^{-pit/\sqrt{npq}}$,从而 Y_n 的特征函数为

$$\varphi_{Y_n}(t) = (q + pe^{it/\sqrt{npq}})^n e^{-npit/\sqrt{npq}} = (qe^{-pit/\sqrt{npq}} + pe^{qit/\sqrt{npq}})^n$$

利用泰勒展开式有

$$\varphi_{Y_n}(t) = \left[1 - \frac{t^2}{2n} + o\left(\frac{t^2}{n}\right)\right]^n \to e^{-\frac{t^2}{2}}$$

而 $e^{-\frac{t^2}{2}}$ 为标准正态分布的特征函数,因此根据定理 4.6 和定义 4.4 知定理 4.7 成立.

因为 $Y_n = \sum\limits_{i=1}^{n} X_i$ 服从贝努里分布 $B(n, p)$,所以根据定理 4.7 知,对服从贝努里分布的随机变量 Y_n,当 n 充分大时有

$$P(a \leqslant Y_n \leqslant b) \approx P\left(\frac{a - np}{\sqrt{npq}} \leqslant \frac{Y_n - np}{\sqrt{npq}} \leqslant \frac{b - np}{\sqrt{npq}}\right)$$

$$= \Phi\left(\frac{b - np}{\sqrt{npq}}\right) - \Phi\left(\frac{a - np}{\sqrt{npq}}\right) \tag{4.9}$$

图 4.1 给出了 1 000 个服从贝努里分布 $B(1, 0.3)$ 的标准化随机数的直方图. 图中的左上角给出了这批标准化随机数的描述性统计量与检验结果,其中 Mean(平均值)为 $-0.035\,33$,Variance(方差)为 $1.047\,084$ 与 1 接近,P:Mean $= 0$(T) 表示均值为 0 的 t 检验概率,结果为 $0.275\,155$,这表明均值与 0 无显著差异(关于假设检验的内容在第 7 章介绍),最后一行的 Normal Pr$>$A-Square 表示正态检验的概率,结果为 $0.147\,2$,表示这批数据服从正态分布,因此这批标准化后的数据可以

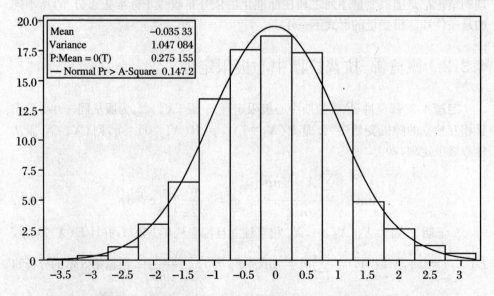

图 4.1 德莫佛-拉普拉斯中心极限定理的计算机模拟结果

认为服从标准正态分布(下面的图 4.2 和图 4.3 的解释也类似).

【例 4.5】　一船舶在某海区航行,已知每遭受一次海浪的冲击,纵摇角大于 $3°$ 的概率为 $1/3$,若船舶遭受了 90 000 次海浪冲击,问有 29 500～30 500 次纵摇角大于 $3°$ 的概率是多少?

解　将船舶每遭受一次海浪冲击看成一次随机试验,并假设各次试验是相互独立的,在 90 000 次海浪冲击中,纵摇角大于 $3°$ 的次数为 X,则 X 是一个随机变量,且 $X \sim B\left(90\,000, \dfrac{1}{3}\right)$,概率分布为

$$P(X = k) = C_{90\,000}^{k} \left(\frac{1}{3}\right)^{k} \left(\frac{2}{3}\right)^{90\,000-k} \quad (0 \leqslant k \leqslant 90\,000)$$

故所求概率为

$$P(29\,500 \leqslant X \leqslant 30\,500) = \sum_{k=29\,500}^{30\,500} C_{90\,000}^{k} \left(\frac{1}{3}\right)^{k} \left(\frac{2}{3}\right)^{90\,000-k}$$

如果直接计算则很困难,借助于软件得到结果为 0.999 6.应用式(4.9)有

$$P(29\,500 \leqslant X \leqslant 30\,500)$$
$$= P\left(\frac{29\,500 - np}{\sqrt{np(1-p)}} \leqslant \frac{X - np}{\sqrt{np(1-p)}} \leqslant \frac{30\,500 - np}{\sqrt{np(1-p)}}\right)$$
$$= \Phi\left(\frac{30\,500 - 30\,000}{\sqrt{20\,000}}\right) - \Phi\left(\frac{29\,500 - 30\,000}{\sqrt{20\,000}}\right)$$
$$\approx \Phi\left(\frac{5\sqrt{2}}{2}\right) - \Phi\left(-\frac{5\sqrt{2}}{2}\right)$$
$$= 0.999\,5$$

显然,利用中心极限定理近似的效果非常好.

【例 4.6】　一家保险公司有 1 万人参加人寿保险,每人年初付保险费 12 元,若当年内投保人死亡,则保险公司向其家属赔付 3 000 元.假设此类人群的人口死亡率为 0.002,试求此项业务中:(1) 保险公司亏本的概率;(2) 保险公司一年获利不少于 4 万元的概率.

解　设随机变量 X 表示参保的 1 万人中在一年内死亡的人数,则 $X \sim B(10\,000, 0.002)$,易知 $np = 10\,000 \times 0.002 = 20$,$npq = 10\,000 \times 0.002 \times 0.998 = 19.96$.

(1) 保险公司亏本相当于 $3\,000X > 12 \times 10\,000$,所以由定理 4.7 知

$$P(3\,000X > 12 \times 10\,000) = P(X > 40) = 1 - P(X \leqslant 40)$$
$$\approx 1 - \Phi\left(\frac{40 - 20}{\sqrt{19.96}}\right)$$
$$= 1 - \Phi(4.476\,6)$$
$$\approx 0$$

（2）保险公司赢利不少于 4 万元相当于 $12 \times 10\,000 - 3\,000 X \geqslant 40\,000$，所以由定理 4.7 知

$$P(12 \times 10\,000 - 3\,000 X \geqslant 40\,000) = P(X \leqslant 26.666\,7)$$
$$\approx \Phi\left(\frac{26.666\,7 - 20}{\sqrt{19.96}}\right)$$
$$= 0.932\,2$$

4.3.3　林德伯格-勒维中心极限定理

定理 4.8（林德伯格-勒维中心极限定理）　设 $\{X_n\}_{n=1}^{\infty}$ 为独立同分布随机变量序列，且 $E(X_i) = \mu$，$D(X_i) = \sigma^2 > 0$，则 $\{X_n\}_{n=1}^{\infty}$ 服从中心极限定理，即

$$\lim_{n \to \infty} P\left\{\frac{\sum\limits_{i=1}^{n} X_i - n\mu}{\sigma \sqrt{n}} \leqslant x\right\} = \frac{1}{\sqrt{2\pi}} \int_{-\infty}^{x} e^{-\frac{t^2}{2}} \mathrm{d}t \tag{4.10}$$

*证明　设 $X_n - \mu$ 的特征函数为 $\varphi(t)$，而

$$A_n^2 = \sum_{i=1}^{n} \sigma_i^2 = n\sigma^2, \quad Y_n = \frac{\sum\limits_{i=1}^{n} X_i - n\mu}{\sigma \sqrt{n}} = \frac{\sum\limits_{i=1}^{n} (X_i - \mu)}{\sigma \sqrt{n}}$$

记 $\dfrac{\sum\limits_{i=1}^{n} (X_i - \mu)}{\sigma \sqrt{n}}$ 的特征函数为 $\varphi^*(t)$，则根据前面的结论知 $\varphi^*(t) = \left[\varphi\left(\dfrac{t}{\sigma \sqrt{n}}\right)\right]^n$．将 $\varphi(t)$ 在 $t = 0$ 处展开，有

$$\varphi(t) = 1 - \frac{1}{2} \sigma^2 t^2 + o(t^2)$$

故有

$$\varphi^*(t) = \left[\varphi\left(\frac{t}{\sigma \sqrt{n}}\right)\right]^n = \left[1 - \frac{1}{2n} t^2 + o\left(\frac{t^2}{n}\right)\right]^n \to e^{-\frac{t^2}{2}}$$

从而定理成立．

　　下面的直方图 4.2 给出了一个直观的模拟结果．由计算机产生 1\,000 个相互独立服从 $U(0,1)$ 随机数，然后进行标准化得到一个标准化随机数，重复这个过程 1\,000 次得到 1\,000 个标准化随机数，相关的统计检验结果表明这些标准化的随机数服从标准正态分布．

　　【例 4.7】　设袋中茶叶的重量为随机变量，其期望值为 100 克，标准差为 10 克，一大盒内有 200 袋，试求其大于 20.5 千克的概率．

解　令 X_i 为第 i 袋茶叶的重量,则有 $E(X_i) = 100, D(X_i) = 10^2(i = 1, 2, \cdots, 200)$,令总重量为 $X = \sum\limits_{i=1}^{200} X_i$,则 $E(X) = 20\,000, D(X) = 200 \times 10^2$,则

$$P\left(\sum_{i=1}^{n} X_i > 20\,500\right) = 1 - P\left(\sum_{i=1}^{n} X_i \leqslant 20\,500\right)$$

$$= 1 - P\left(\frac{\sum\limits_{i=1}^{n} X_i - 20\,000}{\sqrt{200 \times 100}} \leqslant \frac{20\,500 - 20\,000}{\sqrt{200 \times 100}}\right)$$

$$= 1 - \int_{-\infty}^{\frac{5}{\sqrt{2}}} \frac{1}{\sqrt{2\pi}} e^{-\frac{t^2}{2}} \mathrm{d}t$$

$$= 1 - 0.999\,79$$

$$= 0.000\,21$$

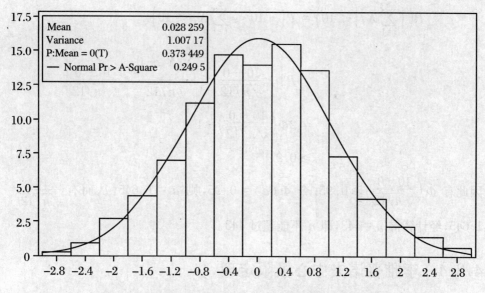

图 4.2　林德伯格-勒维中心极限定理的计算机模拟结果

【例 4.8】　计算机在进行加法运算时,每个加数取整数,设取整的误差是相互独立的,并且服从 $U(-0.5, 0.5)$.(1) 若将 1 500 个数相加,问误差总和的绝对值超过 15 的概率?(2) 至多 n 个数加在一起,可使得误差总和的绝对值小于 10 的概率不小于0.9,求 n.

解　令 X_i 为第 i 个加数的取整误差,则有 $E(X_i) = 0, D(X_i) = \dfrac{1}{12}$,记1 500 个加数取整的总误差为 $X = \sum\limits_{i=1}^{1\,500} X_i$,于是 $E(X) = 0, D(X) = \dfrac{1\,500}{12} = 125$.根据

题目的第一个问题,有

$$P\left(\left|\sum_{i=1}^{1\,500} X_i\right| > 15\right) = 1 - P\left(\left|\sum_{i=1}^{1\,500} X_i\right| \leqslant 15\right)$$

$$= 1 - P\left(-15 \leqslant \sum_{i=1}^{1\,500} X_i \leqslant 15\right)$$

$$= 1 - P\left(-\frac{15-0}{\sqrt{125}} \leqslant \frac{\sum\limits_{i=1}^{1\,500} X_i}{\sqrt{125}} \leqslant \frac{15-0}{\sqrt{125}}\right)$$

$$= 1 - [2\Phi(1.34) - 1]$$

$$= 0.180\,2$$

对于第二个问题即为

$$P\left(\left|\sum_{i=1}^{n} X_i\right| < 10\right) = P\left(-10 < \sum_{i=1}^{n} X_i < 10\right)$$

$$= P\left(-\frac{10-0}{\sqrt{n/12}} < \frac{\sum\limits_{i=1}^{n} X_i - 0}{\sqrt{n/12}} < \frac{10-0}{\sqrt{n/12}}\right)$$

$$= 2\Phi\left(\frac{10-0}{\sqrt{n/12}}\right) - 1$$

$$\geqslant 0.9$$

因此有 $\Phi\left(\dfrac{10-0}{\sqrt{n/12}}\right) \geqslant 0.95$. 令 $\Phi(a) = 0.95$, 则 $a = 1.645$, 从而有 $\dfrac{10}{\sqrt{n/12}} = 1.645$, 经计算得 $n = 443$, 即 n 不能超过 443.

4.3.4 李雅普诺夫中心极限定理

定理 4.9(李雅普诺夫中心极限定理) 设 $\{X_n\}_{n=1}^{\infty}$ 是相互独立的随机变量序列,具有数学期望 $E(X_i) = \mu_i$ 和方差 $D(X_i) = \sigma_i^2$, 记 $A_n^2 = \sum\limits_{i=1}^{n} \sigma_i^2$, 若存在 $\delta > 0$, 使得当 $n \to \infty$ 时, 有 $\dfrac{1}{A_n^{2+\delta}} \sum\limits_{i=1}^{n} E|X_i - \mu_i|^{2+\delta} \to 0$, 则 $\{X_n\}_{n=1}^{\infty}$ 服从中心极限定理, 即将随机变量之和 $\sum\limits_{i=1}^{n} X_i$ 标准化得到

$$Z_n = \frac{\sum\limits_{i=1}^{n} X_i - E\left(\sum\limits_{i=1}^{n} X_i\right)}{\sqrt{D\left(\sum\limits_{i=1}^{n} X_i\right)}} = \frac{\sum\limits_{i=1}^{n} X_i - \sum\limits_{i=1}^{n} \mu_i}{A_n}$$

记 Z_n 的分布函数为 $F_n(x)$，对任意实数 x 都有

$$\lim_{n \to \infty} F_n(x) = \lim_{n \to \infty} P\{Z_n \leqslant x\} = \int_{-\infty}^{x} \frac{1}{\sqrt{2\pi}} \mathrm{e}^{-\frac{t^2}{2}} \mathrm{d}t \qquad (4.11)$$

该定理的证明比较烦琐，这里略去. 现给出一个蒙特卡罗模拟结果，取 1 000 个服从 $[-i,i]$ 上均匀分布相互独立的随机数，再求它们的和并进行标准化，一共取 1 000 个这样的标准化随机数. 图 4.3 给出了它们分布的直方图. 左上角的统计检验结果表明这些标准化的随机数服从标准正态分布，这个结果的理论证明见下面的例 4.9.

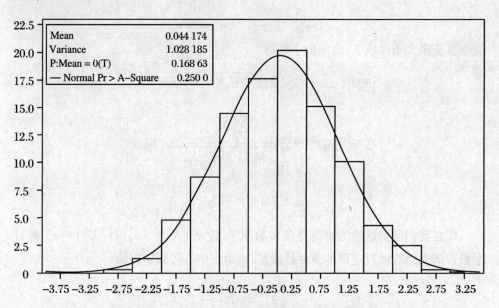

图 4.3　李雅普诺夫中心极限定理的计算机模拟结果

【**例 4.9**】　设 $\{X_n\}_{n=1}^{\infty}$ 为独立随机变量序列，对每个 $i \geqslant 1$，X_i 服从 $[-i,i]$ 上的均匀分布. 证明对任意实数 x，有

$$\lim_{n \to \infty} P\left[\sum_{i=1}^{n} X_i \leqslant \frac{x}{6}\sqrt{2n(n+1)(2n+1)}\right] = \frac{1}{\sqrt{2\pi}} \int_{-\infty}^{x} \mathrm{e}^{-\frac{t^2}{2}} \mathrm{d}t$$

证明　由 X_i 服从 $[-i,i]$ 上的均匀分布可知，X_i 的概率密度函数为

$$f_{X_i}(x_i) = \begin{cases} \dfrac{1}{2i}, & x_i \in [-i,i] \\ 0, & x_i \notin [-i,i] \end{cases}$$

则 $E(X_i) = 0, D(X_i) = \dfrac{i^2}{3}, E(|X_i|^3) = \displaystyle\int_{-i}^{i} \dfrac{1}{2i}|x_i|^3 \mathrm{d}x = \dfrac{i^3}{4}$，从而有

$$A_n^2 = \sum_{i=1}^{n} D(X_i) = \sum_{i=1}^{n} \dfrac{i^2}{3} = \dfrac{1}{18}n(n+1)(2n+1)$$

在李雅普诺夫条件中，取 $\delta = 1$，则

$$\dfrac{1}{A_n^{2+\delta}} \sum_{i=1}^{n} E(|X_i - \mu_i|^{2+\delta}) = \dfrac{(\sqrt{18})^3}{4} \dfrac{\displaystyle\sum_{i=1}^{n} i^3}{[n(n+1)(2n+1)]^{\frac{3}{2}}}$$

$$= \dfrac{27\sqrt{2}}{8} \dfrac{n^2(n+1)^2}{[n(n+1)(2n+1)]^{\frac{3}{2}}}$$

$$\to 0 \quad (n \to \infty)$$

故李雅普诺夫条件成立，由定理 4.9 得

$$\lim_{n \to \infty} P\left[\sum_{i=1}^{n} X_i \leqslant \dfrac{x}{6}\sqrt{2n(n+1)(2n+1)}\right]$$

$$= \lim_{n \to \infty} P\left[\dfrac{\displaystyle\sum_{i=1}^{n} X_i}{\sqrt{\dfrac{1}{18}n(n+1)(2n+1)}} \leqslant x\right]$$

$$= \int_{-\infty}^{x} \dfrac{1}{\sqrt{2\pi}} \mathrm{e}^{-\frac{t^2}{2}} \mathrm{d}t$$

现在我们回到炮弹的着落点误差的例子. 设 $E(X_i) = \mu_i, D(X_i) = \sigma_i^2$，假设李雅普诺夫中心极限定理的条件被满足，则由该中心极限定理知

$$Z_n = \dfrac{\displaystyle\sum_{i=1}^{n} X_i - E\left(\sum_{i=1}^{n} X_i\right)}{\sqrt{D\left(\displaystyle\sum_{i=1}^{n} X_i\right)}}$$

因为其分布收敛于标准正态分布，所以当 n 充分大时，$\displaystyle\sum_{i=1}^{n} X_i$ 也近似于正态分布.

同理 $\displaystyle\sum_{i=1}^{n} Y_i$ 也近似于正态分布，这就是误差往往服从正态分布的原因.

习　题　4

A　组

计算题

1. 设随机变量 X,Y 的数学期望都是 2,方差分别为 1 和 4,而相关系数为 0.5,则根据切比雪夫不等式估算 $P(|X-Y|\geqslant 6)$.

2. 设随机变量 X,Y 的数学期望分别是 -2 和 2,方差分别为 1 和 4,而相关系数为 -0.5,则根据切比雪夫不等式估算 $P(|X+Y|\geqslant 6)$.

3. 在一批种子中良种占 1/6,利用切比雪夫不等式估计在任意选出的 6 000 粒种子中良种所占比例与 1/6 比较上下不超过 1% 的概率.

4. 利用切比雪夫不等式估计随机变量与其期望之差的绝对值大于 3 倍标准差的概率.

5. 在每次试验中,事件 A 发生的概率为 0.5,利用切比雪夫不等式估计:在 1 000 次独立试验中,事件 A 发生的次数在 400～600 之间的概率.

6. 利用切比雪夫不等式确定当掷一均匀硬币时,需掷多少次,才能保证正面出现的频率在 0.4～0.6 之间的概率不小于 0.90,并用中心极限定理计算同一问题.

7. 某计算机系统有 120 个终端,每个终端有 5% 的时间在使用,若各个终端使用与否是相互独立的,试求至少有 10 个终端同时在使用的概率.

8. 某车间有同型号的机床 200 部,在某段时间内每部机床开动的概率为 0.7,假定各机床开关是相互独立的,开动时每部机床要消耗电能 15 个单位,问电站最少要供应车间多少个单位电能,才可以 0.95 的概率保证不致因供电不足而影响生产.

9. 某药厂断言,该厂生产的某种药品对于医治一种血液病的治愈率为 0.8,医院检验员任意抽查 100 个服用此药的病人,如果其中有 75 人治愈,就接受这一断言,否则就拒绝这一断言.

   (1) 若实际上此药品对于这种疾病的治愈率为 0.8,问接受这一断言的概率是多少?

(2) 若实际上此药品对于这种疾病的治愈率为 0.7,问接受这一断言的概率是多少?

10. 某地抽样调查结果表明,考生的外语成绩(百分制)近似服从正态分布,平均成绩为 72 分,96 分以上的考生占总数的 2.3%,试求考生外语的成绩在 60~84 分之间的概率.

11. 设有 1 000 人独立行动,每个人能够按时进入掩体的概率为 0.9,以 95% 的概率估计,在一次行动中:(1) 至少有多少人能够进入掩体;(2) 至多有多少人能够进入掩体.

证明题

1. 设随机变量 X 的概率密度函数为 $f(x) = \begin{cases} x^m e^{-x}, & x > 0 \\ 0, & x \leqslant 0 \end{cases}$,试用切比雪夫不等式证明:

$$P[0 < X < 2(m+1)] \geqslant \frac{m}{m+1}$$

2. 用切比雪夫不等式证明:若 X 为非负随机变量,且 $E(e^{kX})(k > 0)$ 存在,则对任意 $\varepsilon > 0$,有 $P(X \geqslant \varepsilon) \leqslant \dfrac{E(e^{kX})}{e^{k\varepsilon}}$ 成立.

B 组

计算题

1. 保险公司多年的统计资料表明,在索赔中被盗索赔户占 20%.以 X 表示在随机抽查的 100 个索赔户中因被盗向保险公司索赔的户数.
   (1) 写出 X 的概率分布;
   (2) 利用德莫佛-拉普拉斯定理,求被盗索赔户不少于 14 户且不多于 30 户的概率近似值.

2. 某工厂生产电子零部件,在正常生产情况下,废品的概率为 0.01,令 500 个装成一盒,问废品不超过 5 个的概率是多少? 试用二项分布、泊松分布和正态分布三种方法计算.

3. 一生产线生产的产品成箱包装,每箱的重量是随机的,假设每箱平均重 50 千克,标准差为 5 千克.若用最大载重量为 5 吨的汽车来承运,试用中心极限定理说明每辆车最多可以装多少箱,才能保证不超载的概率大于 0.977 ($\Phi(2) = 0.997$,其中 $\Phi(x)$ 是标准正态分布的分布函数).

4. 空战一方有 50 架轰炸机,而另一方有 100 架歼击机,若每 2 架歼击机对付 1 架轰炸机,这样共分成 50 个空战小组.假设在每组空战中,歼击机击落轰炸机的概率为 0.4,而轰炸机击落 2 架歼击机和 1 架歼击机的概率分别为 0.2 和 0.5.试求:(1) 击落轰炸机的数目不少于总数的 35% 的概率是多少?(2) 能以概率 0.9 保证击落歼击机数目的范围有多大?

5. 一个复杂的系统由 100 个相互独立的元件组成,在系统运行期间,每个元件损坏的概率为 0.10,为了使系统运行正常,至少有 85 个元件同时工作. (1) 求系统能够正常运行的概率;(2) 上述系统假设由 n 个相互独立的元件构成,而且又要求至少有 80% 的元件工作才能使整个系统正常运行,问 n 至少为多少时才能保证系统的可靠度为 0.95?

6. 甲、乙两个电影院在竞争 1 000 名观众,假定每个观众进入每个电影院都是等可能的,且都不受其他观众的影响,问每个电影院至少要设多少个座位,才能保证因缺少座位而使观众离去的概率不超过 1%?

证明题

1. 用概率论方法证明:$\lim\limits_{n \to \infty}\left(1 + n + \dfrac{n^2}{2!} + \cdots + \dfrac{n^n}{n!}\right)\mathrm{e}^{-n} = \dfrac{1}{2}$.

2. 设 $\{X_k\}_{k=1}^{\infty}$ 为独立同分布的随机变量序列,并且 X_k 的分布律为 $P(X_k = 2^{k-2\ln k}) = 2^{-k}$,证明:$\{X_k\}$ 服从大数定律.

3. 设 $\{X_k\}_{k=1}^{\infty}$ 为独立同分布的随机变量序列,且有如下的分布律:

$$X_k \sim \begin{Bmatrix} -2^k & 0 & 2^k \\ \dfrac{1}{2^{2k+1}} & 1 - \dfrac{1}{2^{2k}} & \dfrac{1}{2^{2k+1}} \end{Bmatrix}$$

证明:$\{X_k\}$ 服从大数定律.

4. 设 $X_1, X_2, \cdots, X_n$ 相互独立且服从同一分布,已知 $E(X_i^k) = \alpha_k\,(k = 1, 2, 3, 4)$,证明:当 n 充分大时,随机变量 $Z_n = \dfrac{1}{n}\sum\limits_{i=1}^{n} X_i^2$ 近似服从正态分布,并求出其分布参数.

第 5 章　抽　样　分　布

　　在很多场合,我们可能依据从总体中抽出部分样本对总体的某项特征进行推断,在这项工作中将涉及不少概念和相关统计量的分布.本章将介绍与此相关的内容,包括总体、样本、统计量等基本概念,重点介绍三大抽样分布和基于正态分布总体下的一些重要统计量的分布,为后续的参数估计、假设检验以及方差分析等内容的学习作理论准备.

5.1　统　计　量

5.1.1　总体与样本

　　首先我们看一个具体的例子.某工厂生产了一批灯管,我们要研究这批灯管的寿命,因为不可能对每一个灯管都测量其寿命,所以我们只能从中抽取一部分来进行测试,这时候我们就称这批灯管为总体或母体,组成总体的每个灯管称为个体,而称从总体中取出来的所有灯管为样本,从总体中取出样本的过程叫作抽样.灯管的寿命是我们要研究的总体的属性,并且这个属性是可以用数量来表示的.因为受各种无法人为控制因素的影响,即使在同样条件下,生产出来的灯管的寿命也是不一样的,如果我们把这批灯管的寿命看成一个变量 X,那么 X 的取值就随灯管的不同而不同,呈现出一定的分布,比如用小时作为衡量寿命的时间单位,将寿命分成许多时间段,落在每个时间段内的灯管个数呈现出一定的百分比,并且这个百分比在灯管总数很大时具有一定的稳定性,就像随机试验中的频率那样,稳定在某个数值的周围,所以我们可以把寿命 X 看成一个随机变量,它服从某个概率分布,记样本中第 i 个灯管的寿命为 $X_i(1 \leqslant i \leqslant n)$.在实际测试前,我们不知道 X_i 的值,只能根据 X 的分布来判断它取各个值的可能性是多少,因此可以把每个 X_i 看成是和 X 服从同样分布的随机变量.同时,为了使样本(即抽出的灯管)能更好地反映总体的寿命分布,抽样必须是随机的,也就是说第 i 个灯管是否被抽到不影响第 j 个灯管是否被抽到,这样就可以把样本 $X_i(1 \leqslant i \leqslant n)$ 看成是独立同分布的随机变量.

通过以上由具体到一般的分析,作为数学的抽象模型,我们可以这样来定义总体和样本:总体是反映研究对象某个属性的服从某个概率分布的随机变量 X;样本是一组和 X 有相同分布的相互独立的随机变量 $X_i(1 \leqslant i \leqslant n)$. n 称为样本的容量,样本的观测值 $x_i(1 \leqslant i \leqslant n)$ 称为数据或者样本的一次实现. 显然,样本可以看成一个 n 维的随机向量 $(X_1, X_2, \cdots, X_n)$,它的联合分布为

$$F(x_1, x_2, \cdots, x_n) = \prod_{i=1}^{n} F(x_i) \tag{5.1}$$

当总体 X 为离散型随机变量时,其概率分布为 $P(X = x) = p(x)$,则样本 $X_1, X_2, \cdots, X_n$ 的联合概率分布为

$$P(x_1, x_2, \cdots, x_n) = P(X_1 = x_1, X_2 = x_2, \cdots, X_n = x_n) = \prod_{i=1}^{n} p(x_i) \tag{5.2}$$

当总体 X 是连续型随机变量,其概率密度函数为 $f(x)$,则样本 $X_1, X_2, \cdots, X_n$ 的联合密度函数为

$$f(x_1, x_2, \cdots, x_n) = \prod_{i=1}^{n} f(x_i) \tag{5.3}$$

【例 5.1】　若 $X_1, X_2, \cdots, X_n$ 为取自总体 $X \sim B(1, p)$ 的样本,试写出样本 $X_1, X_2, \cdots, X_n$ 的联合概率分布.

　　解　因为总体 $X \sim B(1, p)$,所以总体 X 的概率分布为

$$P(X = x) = p^x (1 - p)^{1-x} \quad (x = 0, 1)$$

由式(5.2)得样本 $X_1, X_2, \cdots, X_n$ 的联合概率分布为

$$P(X_1 = x_1, X_2 = x_2, \cdots, X_n = x_n) = \prod_{i=1}^{n} p^{x_i} (1 - p)^{1-x_i}$$

$$= p^{\sum_{i=1}^{n} x_i} (1 - p)^{n - \sum_{i=1}^{n} x_i}$$

其中 $x_i = 0, 1 (i = 1, 2, \cdots, n)$.

【例 5.2】　设总体 X 服从参数为 $\lambda (\lambda > 0)$ 的指数分布,$X_1, X_2, \cdots, X_n$ 是取自该总体的样本,求样本 $X_1, X_2, \cdots, X_n$ 的联合密度函数.

　　解　总体 X 的概率密度函数为 $f(x) = \begin{cases} \lambda e^{-\lambda x}, & x \geqslant 0 \\ 0, & x < 0 \end{cases}$,因为 $X_1, X_2, \cdots, X_n$ 相互独立,且与总体 X 同分布,所以 $X_1, X_2, \cdots, X_n$ 的联合密度函数为

$$f(x_1, x_2, \cdots, x_n) = \prod_{i=1}^{n} f(x_i) = \begin{cases} \lambda^n e^{-\lambda \sum_{i=1}^{n} x_i}, & x_i \geqslant 0 \\ 0, & \text{其他} \end{cases}$$

5.1.2　统计量

我们从总体中抽取样本是希望从样本中获得关于总体的信息,那么怎么利用呢? 先看下面的例子.

【例 5.3】 设总体 X 有均值 $E(X)$, $X_1, X_2, \cdots, X_n$ 是容量为 n 的一个样本,试利用这个样本来估计均值 $E(X)$.

解　因为均值反映的是随机变量取值的平均值,所以我们构造样本的平均值

$$\bar{X} = \frac{1}{n}(X_1 + X_2 + \cdots + X_n)$$

因为 $E(\bar{X}) = \frac{1}{n}E(X_1 + X_2 + \cdots + X_n) = E(X)$,所以样本的平均值的数学期望恰好是总体 X 的数学期望 $E(X)$,所以 $\bar{X}$ 的取值落在以 $E(X)$ 为中心的区间内,从而我们可以用 $\bar{X}$ 来估计 $E(X)$. 如果我们得到了样本 $X_1, X_2, \cdots, X_n$ 的观察值 $x_1, x_2, \cdots, x_n$,那么 $\bar{X}$ 的观察值 $\bar{x} = \frac{1}{n}(x_1 + x_2 + \cdots + x_n)$ 即为 $E(X)$ 的估计值.

从这个例子可以看到,我们是通过构造样本的函数 $\bar{X}$ 来获取总体 X 的信息 $E(X)$,而函数 $\bar{X}$ 中只包含样本,而没有其他未知参数,从而一旦得到了样本的观察值 $x_i(1 \leqslant i \leqslant n)$, $\bar{X}$ 的取值也就得到了,于是也得到了 $E(X)$ 的估计值. 把这样的做法推广到一般的情形,我们引入如下统计量的概念:

定义 5.1　设 $X_1, X_2, \cdots, X_n$ 为取自总体 X 的样本, $g(X_1, X_2, \cdots, X_n)$ 是 $X_1, X_2, \cdots, X_n$ 的函数,且其中不含任何未知参数,则称 $g(X_1, X_2, \cdots, X_n)$ 为统计量.

显然,根据定义,统计量是随机变量的函数,因此也是随机变量. 设总体 $X \sim N(\mu, \sigma^2)$,其中 μ 已知,而 σ^2 未知, $X_1, X_2, \cdots, X_n$ 为取自总体 X 的样本,则样本的函数 $\sum_{i=1}^{n}(X_i - \mu)^2$ 与 $\bar{X}$ 均为统计量,而 $\frac{1}{\sigma^2}\sum_{i=1}^{n}(X_i - \bar{X})^2$ 与 $\frac{\bar{X} - \mu}{\sigma}$ 都不是统计量,因为 σ^2 是未知的,即使知道了样本的观测值 $x_i(1 \leqslant i \leqslant n)$,也无法计算出它们的值,从而也无法得到有关总体的信息.

我们就是通过构造恰当的统计量来从样本中获取我们想知道的总体信息的. 由于统计量本质上是随机变量,所以它具有一般随机变量所具有的特征. 下面我们介绍一些常用的统计量.

定义 5.2　设 $X_1, X_2, \cdots, X_n$ 为取自总体 X 的样本,统计量

$$\bar{X} = \frac{1}{n}\sum_{i=1}^{n}X_i \tag{5.4}$$

被称为样本均值;统计量

$$S^2 = \frac{1}{n-1} \sum_{i=1}^{n} (X_i - \overline{X})^2 \tag{5.5}$$

被称为样本方差,S 被称为样本标准差. 它们分别刻画了样本的取值中心和分散程度,并可分别用于估计总体均值 $E(X)$、总体方差 $D(X)$ 和总体标准差 $\sigma(X)$. 当得到样本观测值 $x_i (1 \leqslant i \leqslant n)$ 以后,可以分别求得上述三个统计量的实现值,分别记为

$$\overline{x} = \frac{1}{n} \sum_{i=1}^{n} x_i, \quad s^2 = \frac{1}{n-1} \sum_{i=1}^{n} (x_i - \overline{x})^2, \quad s = \sqrt{\frac{1}{n-1} \sum_{i=1}^{n} (x_i - \overline{x})^2}$$

一般地,称统计量

$$A_k = \frac{1}{n} \sum_{i=1}^{n} X_i^k \quad (k = 1, 2, \cdots) \tag{5.6}$$

为 k 阶样本原点矩,而称统计量

$$B_k = \frac{1}{n} \sum_{i=1}^{n} (X_i - \overline{X})^k \quad (k = 1, 2, \cdots) \tag{5.7}$$

为 k 阶样本中心矩. 由式(5.6)和式(5.7)易知,$A_1 = \overline{X}$,$B_2 = \dfrac{n-1}{n} S^2$.

下面的例子给出了几个基本的结论:

【例 5.4】 若总体 X 的均值、方差均存在,令 $E(X) = \mu$,$D(X) = \sigma^2$,X_1,$X_2, \cdots, X_n$ 为取自总体 X 的样本,则有以下结论:

$$E(\overline{X}) = \mu, \quad D(\overline{X}) = \frac{\sigma^2}{n}, \quad E(S^2) = \sigma^2$$

证明

$$E(\overline{X}) = E\left(\frac{1}{n} \sum_{i=1}^{n} X_i\right) = \frac{1}{n} \sum_{i=1}^{n} E(X_i) = \frac{1}{n} \times n\mu = \mu$$

$$D(\overline{X}) = D\left(\frac{1}{n} \sum_{i=1}^{n} X_i\right) = \frac{1}{n^2} \sum_{i=1}^{n} D(X_i) = \frac{1}{n^2} \times n\sigma^2 = \frac{\sigma^2}{n}$$

因为

$$E(X_i^2) = D(X_i) + [E(X_i)]^2 = \sigma^2 + \mu^2$$

$$E[(\overline{X})^2] = D(\overline{X}) + [E(\overline{X})]^2 = \frac{\sigma^2}{n} + \mu^2$$

所以

$$E(S^2) = E\left\{\frac{1}{n-1}\left[\sum_{i=1}^{n} X_i^2 - n(\overline{X})^2\right]\right\}$$

$$= \frac{1}{n-1}\left\{\sum_{i=1}^{n} E(X_i^2) - nE[(\overline{X})^2]\right\}$$

$$= \frac{1}{n-1}\Big[n(\sigma^2 + \mu^2) - n\Big(\frac{\sigma^2}{n} + \mu^2\Big) \Big]$$
$$= \sigma^2$$

显然,上面的结论对总体分布的类型和分布形式没有作具体要求,因而结论具有一般性.

5.2　三种常用的抽样分布

由于统计量是样本的函数,本质上是一个随机变量,因而它具有概率分布,通常称统计量的分布为抽样分布.掌握统计量的分布,有利于研究统计量的性质和优劣的评价标准,作为数理统计学的基本理论问题,抽样分布是参数估计和统计推断的基础.下面介绍三种常用统计量的分布.

5.2.1　χ^2 分布

定义 5.3　设 $X_1, X_2, \cdots, X_n$ 是取自标准正态分布总体 $N(0,1)$ 的样本,则称统计量 $\chi^2 = \sum\limits_{i=1}^{n} X_i^2$ 服从自由度为 n 的 χ^2 分布,记作 $\chi^2 \sim \chi^2(n)$.

$\chi^2(n)$ 变量的概率密度函数为

$$f_{\chi^2(n)}(x) = \begin{cases} \dfrac{1}{2^{\frac{n}{2}} \Gamma\big(\dfrac{n}{2}\big)} x^{\frac{n}{2}-1} \mathrm{e}^{-\frac{x}{2}}, & x > 0 \\ 0, & x \leqslant 0 \end{cases} \tag{5.8}$$

其中 $\Gamma(\alpha) = \displaystyle\int_0^{+\infty} t^{\alpha-1}\mathrm{e}^{-t}\mathrm{d}t = 2\int_0^{+\infty} y^{2\alpha-1}\mathrm{e}^{-y^2}\mathrm{d}y$,并且有以下结论:

$$\Gamma(\alpha + 1) = \begin{cases} \alpha\Gamma(\alpha), & \alpha \text{ 为非正整数} \\ \alpha!, & \alpha \text{ 为正整数} \end{cases}, \quad \Gamma\Big(\frac{1}{2}\Big) = \sqrt{\pi}$$

$\chi^2(n)$ 分布的概率密度函数 $f_{\chi^2(n)}(x)$ 的形态如图 5.1 所示.

由图 5.1 可以看出,$\chi^2(n)$ 分布的密度函数曲线随自由度 n 的取值不同而不同,而且是不对称的,但随着 n 的增大曲线逐渐趋于对称.

为了满足进一步讨论的需要,我们引入分位数的概念.

定义 5.4　设 X 为随机变量,$f(x)$ 是它的概率密度函数,给定一个 $\alpha(0 < \alpha < 1)$ 有:

(1) 记 C 是这样一个常数,它满足

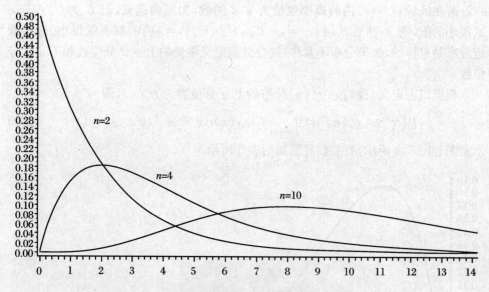

图 5.1　不同自由度下的卡方分布概率密度函数形态

$$P(X > C) = \int_C^\infty f(x)\mathrm{d}x = \alpha$$

我们称 C 为 $f(x)$ 的上 α 分位数, 即 C 是使 X 落在区域 (C, ∞) 内的概率恰为 α 的数, 为明确起见记 C 为 C_α.

当 α 的值取得很小时, 如 $\alpha = 0.05, \alpha = 0.1$, X 落在区域 (C_α, ∞) 内的概率就很小, 这时 $\{X > C_\alpha\}$ 是一个小概率事件, 所以可以认为事件 $\{X > C_\alpha\}$ 在一次随机试验中是几乎不可能发生的, 这就是所谓的小概率事件原理, 它在参数的假设检验中起着重要作用.

(2) 记 C 是这样一个常数, 它满足

$$P(X < C) = \int_{-\infty}^C f(x)\mathrm{d}x = \alpha$$

称 C 为 $f(x)$ 的下 α 分位数, 即 C 是使 X 落在区域 $(-\infty, C)$ 内的概率恰为 α 的数, 显然 C 满足

$$P(X > C) = \int_C^\infty f(x)\mathrm{d}x = 1 - \alpha$$

所以 C 也是使 X 落在区域 (C, ∞) 内的概率恰为数 $1 - \alpha$, 为明确起见, 记 C 为 $C_{1-\alpha}$. α 的取值很小, X 落在区域 $(-\infty, C_{1-\alpha})$ 内的概率就很小.

(3) 记 C 是这样一个常数, 它满足

$$P(|X| > C) = \int_{-\infty}^{-C} f(x)\mathrm{d}x + \int_C^\infty f(x)\mathrm{d}x = \frac{\alpha}{2} + \frac{\alpha}{2} = \alpha$$

称 C 为 $f(x)$ 的双侧 α 分位数, 即 C 是使 X 落在区域 $(-\infty, -C)$ 内的概率恰为

$\alpha/2$,落在区域(C,∞)内的概率也恰为$\alpha/2$的数,为明确起见,记C为$C_{\alpha/2}$.若α取很小的值,则X落在区域$(-\infty,-C_{\alpha/2})\bigcup(C_{\alpha/2},\infty)$内的概率就很小.这里假定分布是对称的,如果分布不对称,则要分别定义单侧的上$\alpha/2$分位数和下$\alpha/2$分位数.

　　根据以上定义,我们记$\chi^2(n)$分布的上α分位数为$\chi_\alpha^2(n)$,即

$$P[\chi^2>\chi_\alpha^2(n)]=\int_{\chi_\alpha^2(n)}^{+\infty}f_{\chi^2(n)}(x)\mathrm{d}x=\alpha\quad(0<\alpha<1)\qquad(5.9)$$

示意图如图5.2所示,有关临界值如附表3所示.

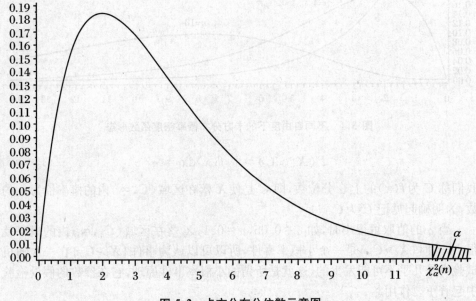

图 5.2　卡方分布分位数示意图

　　例如当$\alpha=0.05$,$n=10$时,查附表3得$\chi_{0.05}^2(10)=18.307$.对较大的n,通常采用以下近似公式:

$$\chi_\alpha^2(n)\approx\frac{1}{2}\left(z_\alpha+\sqrt{2n-1}\right)^2\qquad(5.10)$$

其中z_α是标准正态分布的上α分位数.例如当$\alpha=0.10$和$n=55$时有

$$\chi_{0.10}^2(55)\approx\frac{1}{2}\left(z_{0.10}+\sqrt{2\times55-1}\right)^2=68.706$$

　　$\chi^2(n)$分布具有如下重要性质:

　　(1) 若统计量$\chi^2\sim\chi^2(n)$,则$E(\chi^2)=n$,$D(\chi^2)=2n$.

　　这是因为$X_1,X_2,\cdots,X_n$是取自标准正态分布总体$N(0,1)$的样本,则$X_1,X_2,\cdots,X_n$相互独立,且都服从$N(0,1)$分布,从而$E(X_i)=0$和$D(X_i)=1$

$(i = 1, 2, \cdots, n)$,而

$$E(X_i^2) = D(X_i) + [E(X_i)]^2 = 1 + 0 = 1$$

故 $E[\chi^2(n)] = E\left(\sum_{i=1}^{n} X_i^2\right) = \sum_{i=1}^{n} E(X_i^2) = n \times 1 = n$. 由于

$$E(X_i^4) = \int_{-\infty}^{+\infty} x^4 \frac{1}{\sqrt{2\pi}} e^{-\frac{x^2}{2}} dx = 3$$

$$D(X_i^2) = E(X_i^4) - [E(X_i^2)]^2 = 3 - 1^2 = 2$$

故 $D[\chi^2(n)] = D\left(\sum_{i=1}^{n} X_i^2\right) = \sum_{i=1}^{n} D(X_i^2) = n \times 2 = 2n$.

(2) 若 $\chi_1^2 \sim \chi^2(n_1), \chi_2^2 \sim \chi^2(n_2)$,且 χ_1^2 和 χ_2^2 相互独立,则 $\chi_1^2 + \chi_2^2 \sim \chi^2(n_1 + n_2)$.

事实上,由 χ^2 分布的定义知 $\chi_1^2 = \sum_{i=1}^{n_1} X_i^2, \chi_2^2 = \sum_{i=1}^{n_2} X_{i+n_1}^2$,其中 $X_i(1 \leqslant i \leqslant n_1 + n_2)$ 为服从标准正态分布且相互独立的随机变量,于是

$$\chi_1^2 + \chi_2^2 = \sum_{i=1}^{n_1} X_i^2 + \sum_{i=1}^{n_2} X_{i+n_1}^2 = \sum_{i=1}^{n_1+n_2} X_i^2$$

所以 $\chi_1^2 + \chi_2^2$ 是服从自由度为 $n_1 + n_2$ 的 χ^2 分布.

一般地,若 $\chi_i^2 \sim \chi^2(n_i)(i = 1, 2, \cdots, k)$,且相互独立,则 $\sum_{i=1}^{k} \chi_i^2 \sim \chi^2\left(\sum_{i=1}^{k} n_i\right)$,所以相互独立的 χ^2 分布对自由度具有可加性.

(3) 设 n 维随机向量 $\boldsymbol{X} \sim N(\boldsymbol{\mu}, \boldsymbol{\Sigma})$,则 $(\boldsymbol{X} - \boldsymbol{\mu})^{\mathrm{T}} \boldsymbol{\Sigma}^{-1} (\boldsymbol{X} - \boldsymbol{\mu}) \sim \chi^2(n)$.

事实上,由定理 2.7 的(3)知,若令 $\boldsymbol{Y} = \boldsymbol{\Sigma}^{-\frac{1}{2}} (\boldsymbol{X} - \boldsymbol{\mu})$,则

$$(\boldsymbol{X} - \boldsymbol{\mu})^{\mathrm{T}} \boldsymbol{\Sigma}^{-1} (\boldsymbol{X} - \boldsymbol{\mu}) = \boldsymbol{Y}^{\mathrm{T}} \boldsymbol{\Sigma}^{\frac{1}{2}} \boldsymbol{\Sigma}^{-1} \boldsymbol{\Sigma}^{\frac{1}{2}} \boldsymbol{Y} = \boldsymbol{Y}^{\mathrm{T}} \boldsymbol{Y}$$

$\boldsymbol{Y}$ 的概率密度函数为

$$g(y_1, y_2, \cdots, y_n) = \frac{1}{(2\pi)^{\frac{n}{2}}} \exp\left\{-\frac{1}{2} \sum_{i=1}^{n} y_i^2\right\} = \prod_{i=1}^{n} \frac{1}{\sqrt{2\pi}} \exp\left\{-\frac{y_i^2}{2}\right\}$$

所以 $Y_1, Y_2, \cdots, Y_n$ 相互独立且服从标准正态分布,因此

$$(\boldsymbol{X} - \boldsymbol{\mu})^{\mathrm{T}} \boldsymbol{\Sigma}^{-1} (\boldsymbol{X} - \boldsymbol{\mu}) \sim \chi^2(n)$$

这个结论在计量经济学中有着广泛的应用.

【例 5.5】 设 X_1, X_2, X_3, X_4 是取自正态分布总体 $X \sim N(0, 2^2)$ 的一个样本,令

$$Y = a(X_1 - 2X_2)^2 + b(3X_3 - 4X_4)^2$$

求系数 a, b 使得 Y 服从 χ^2 分布,并求自由度.

解　由定理 3.8 知道，$X_1 - 2X_2 \sim N(0, 20)$，则

$$\frac{X_1 - 2X_2}{\sqrt{20}} \sim N(0, 1), \quad \left(\frac{X_1 - 2X_2}{\sqrt{20}}\right)^2 \sim \chi^2(1)$$

同理

$$3X_3 - 4X_4 \sim N(0, 100), \quad \left(\frac{3X_3 - 4X_4}{10}\right)^2 \sim \chi^2(1)$$

显然它们是相互独立的，所以取 $a = \dfrac{1}{20}, b = \dfrac{1}{100}$，则

$$\left(\frac{X_1 - 2X_2}{\sqrt{20}}\right)^2 + \left(\frac{3X_3 - 4X_4}{10}\right)^2 \sim \chi^2(2)$$

5.2.2　t 分布

定义 5.5　设随机变量 $X \sim N(0, 1)$，$Y \sim \chi^2(n)$，且 X 与 Y 相互独立，则统计量 $t = \dfrac{X}{\sqrt{Y/n}}$ 被称为服从自由度为 n 的 t 分布，记作 $t \sim t(n)$.

$t(n)$ 的概率密度函数为

$$f_{t(n)}(x) = \frac{\Gamma\left(\dfrac{n+1}{2}\right)}{\sqrt{n\pi}\,\Gamma\left(\dfrac{n}{2}\right)} \left(1 + \frac{x^2}{n}\right)^{-\frac{n+1}{2}} \quad (-\infty < x < +\infty) \tag{5.11}$$

$t(n)$ 分布的概率密度函数 $f_{t(n)}(x)$ 的形态如图 5.3 所示.

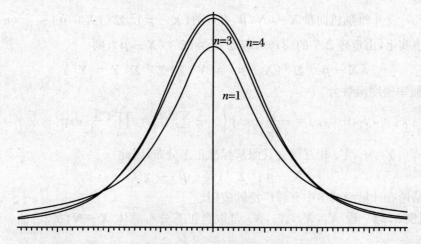

图 5.3　不同自由度下 t 分布概率密度函数形态

$t(n)$ 分布的概率密度函数 $f_{t(n)}(x)$ 关于 y 轴对称，其形状与 $N(0, 1)$ 分布的

概率密度函数曲线相似,但较平坦,可以证明,当 n 充分大时,$t(n)$ 分布将趋于 $N(0,1)$ 分布.

$t(n)$ 分布的上 α 分位数被记为 $t_\alpha(n)$,即 $t_\alpha(n)$ 满足

$$P[t > t_\alpha(n)] = \int_{t_\alpha(n)}^{+\infty} f_{t(n)}(x)\mathrm{d}x = \alpha \quad (0 < \alpha < 1) \tag{5.12}$$

示意图如图 5.4 所示,对应的临界值如附表 4 所示.

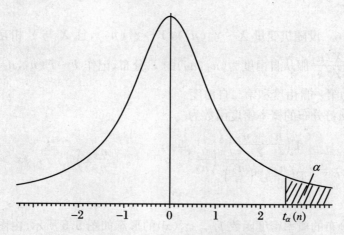

图 5.4 $t(n)$ 分布分位数示意图

而 $t(n)$ 分布的双侧 α 分位数被记为 $t_{\alpha/2}(n)$,即满足

$$P[|t| > t_{\alpha/2}(n)] = \int_{-\infty}^{-t_{\alpha/2}(n)} f_{t(n)}(x)\mathrm{d}x + \int_{t_{\alpha/2}(n)}^{+\infty} f_{t(n)}(x)\mathrm{d}x$$

$$= \frac{\alpha}{2} + \frac{\alpha}{2}$$

$$= \alpha \quad (0 < \alpha < 1) \tag{5.13}$$

例如当 $n = 10, \alpha = 0.05$ 时,$t_{0.05}(10) = 1.812\,5, t_{0.025}(10) = 2.228\,1$. 根据 $t(n)$ 概率密度函数曲线的对称性,可知

$$t_{1-\alpha}(n) = -t_\alpha(n) \tag{5.14}$$

这里 $t_{1-\alpha}(n)$ 为 $t(n)$ 分布的下 α 分位数. 另外还有

$$E[t(n)] = 0, \quad D[t(n)] = \frac{n}{n-2}$$

【例 5.6】 设 $X \sim N(\mu, \sigma^2), \dfrac{Y}{\sigma^2} \sim \chi^2(n)$,且 X 与 Y 相互独立,试求统计量 $T = \dfrac{X - \mu}{\sqrt{Y/n}}$ 的概率分布.

解 因为 $X \sim N(\mu, \sigma^2)$,所以 $\dfrac{X - \mu}{\sigma} \sim N(0,1)$,又 $\dfrac{Y}{\sigma^2} \sim \chi^2(n)$,且 X 与 Y 独

立,则 $\dfrac{X-\mu}{\sigma}$ 与 $\dfrac{Y}{\sigma^2}$ 独立,由定义 5.5 得

$$T = \frac{X-\mu}{\sqrt{Y/n}} \sim t(n)$$

5.2.3　F 分布

定义 5.6　设随机变量 $X \sim \chi^2(n_1)$, $Y \sim \chi^2(n_2)$,且 X 与 Y 相互独立,则称统计量 $F = \dfrac{X/n_1}{Y/n_2}$ 服从自由度为 (n_1,n_2) 的 F 分布,记作 $F \sim F(n_1,n_2)$,其中 n_1, n_2 分别称为第一自由度和第二自由度.

$F(n_1,n_2)$ 分布的概率密度函数为

$$f_{F(n_1,n_2)}(x) = \begin{cases} \dfrac{\Gamma\left(\dfrac{n_1+n_2}{2}\right)}{\Gamma\left(\dfrac{n_1}{2}\right)\Gamma\left(\dfrac{n_2}{2}\right)} \left(\dfrac{n_1}{n_2}\right)^{\frac{n_1}{2}} x^{\frac{n_1}{2}-1}\left(1+\dfrac{n_1}{n_2}x\right)^{-\frac{n_1+n_2}{2}}, & x>0 \\ 0, & x \leqslant 0 \end{cases} \tag{5.15}$$

$F(n_1,n_2)$ 分布的概率密度函数 $f_{F(n_1,n_2)}(x)$ 的形态如图 5.5 所示.由图 5.5 可知,$F(n_1,n_2)$ 分布的概率密度函数曲线是不对称的,其形状与自由度 n_1, n_2 有关.

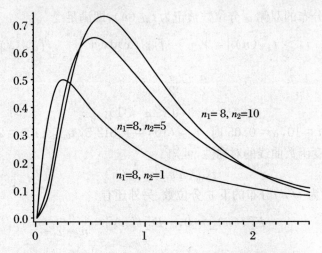

图 5.5　不同自由度下 F 分布概率密度函数的形态

由 F 分布的定义可知,若 $F \sim F(n_1,n_2)$,则 $\dfrac{1}{F} \sim F(n_2,n_1)$.

$F(n_1,n_2)$ 分布的上 α 分位数被记为 $F_\alpha(n_1,n_2)$,它满足

$$P[F > F_\alpha(n_1, n_2)] = \int_{F_\alpha(n_1, n_2)}^{+\infty} f_{F(n_1, n_2)}(x)\mathrm{d}x = \alpha \quad (0 < \alpha < 1) \quad (5.16)$$

示意图如图 5.6 所示,对应的临界值如附表 5 所示.

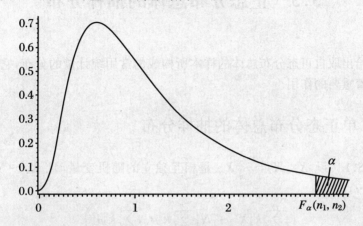

图 5.6 F 分布的分位数示意图

$F(n_1, n_2)$ 分布的上 α 分位数和下 α 分位数有如下关系:

$$F_{1-\alpha}(n_2, n_1) = \frac{1}{F_\alpha(n_1, n_2)} \quad (5.17)$$

证明 设 $X \sim F(n_1, n_2)$,则有 $\frac{1}{X} \sim F(n_2, n_1)$.记 $x = F_\alpha(n_1, n_2)$,则

$$P(X > x) = 1 - P(X \leqslant x) = \alpha, \quad P\left(\frac{1}{X} \geqslant \frac{1}{x}\right) = P(X \leqslant x) = 1 - \alpha$$

故 $\frac{1}{x} = F_{1-\alpha}(n_2, n_1)$,所以 $\frac{1}{F_\alpha(n_1, n_2)} = F_{1-\alpha}(n_2, n_1)$.

例如 $\alpha = 0.10, n_1 = 10, n_2 = 15$,则 $F_{0.10}(10, 15) = 2.06$;又如 $\alpha = 0.975, n_1 = 12, n_2 = 20$,则 $F_{0.975}(12, 20) = \dfrac{1}{F_{0.025}(20, 12)} = \dfrac{1}{3.07} = 0.325\,7$.

另外计算表明

$$E[F(n_1, n_2)] = \frac{n_1}{n_2 - 2}, \quad D[F(n_1, n_2)] = \frac{2n_2^2(n_1 + n_2 - 4)}{n_1(n_2 - 2)^2(n_2 - 4)}$$

【例 5.7】 已知统计量 $T \sim t(n)$,试证明:$T^2 \sim F(1, n)$.

证明 因为 $T \sim t(n)$,由定义 5.5 知道,存在 $X \sim N(0, 1)$ 和 $Y \sim \chi^2(n)$,且 X 与 Y 独立,并使得 $T = \dfrac{X}{\sqrt{Y/n}} \sim t(n)$,那么 $X^2 \sim \chi^2(1)$,且 X^2 与 Y 独立,由定义 5.6 有

$$T^2 = \frac{X^2}{Y/n} \sim F(1, n)$$

5.3　正态分布总体的抽样分布

以下给出取自正态分布总体的样本所构成的常用统计量的分布,它们在统计推断中有着重要的作用.

5.3.1　单正态分布总体的抽样分布

定理 5.1　设 $X_1, X_2, \cdots, X_n$ 是相互独立的随机变量,且 $X_i \sim N(\mu_i, \sigma_i^2)$ $(i = 1, 2, \cdots, n)$,则

$$\sum_{i=1}^{n} k_i X_i \sim N\left(\sum_{i=1}^{n} k_i \mu_i, \sum_{i=1}^{n} k_i^2 \sigma_i^2\right) \tag{5.18}$$

其中 $k_1, k_2, \cdots, k_n$ 是不全为零的常数,称此结论为独立正态分布的线性可加性.

该定理的证明可以直接由定理 3.8 得到.定理 5.1 有如下几种特殊情况,我们以推论的形式给出:

推论 5.1　设 $X_1, X_2, \cdots, X_n$ 为取自总体 $X \sim N(\mu, \sigma^2)$ 的样本,则

$$\sum_{i=1}^{n} k_i X_i \sim N\left(\mu \sum_{i=1}^{n} k_i, \sigma^2 \sum_{i=1}^{n} k_i^2\right) \tag{5.19}$$

其中 $k_1, k_2, \cdots, k_n$ 是不全为零的常数.

推论 5.2　设 $X_1, X_2, \cdots, X_n$ 为取自总体 $X \sim N(\mu, \sigma^2)$ 的样本,$\overline{X}$ 为样本均值,则

$$\overline{X} \sim N\left(\mu, \frac{\sigma^2}{n}\right) \tag{5.20}$$

$$\frac{\overline{X} - \mu}{\sigma} \sqrt{n} \sim N(0, 1) \tag{5.21}$$

【例 5.8】　假设从总体 $X \sim N(150, 25^2)$ 中随机抽取一容量为 25 的样本,试求样本均值 $\overline{X}$ 落在区间 $(140, 147.5)$ 内的概率.

解　因为 $E(X) = 150, D(X) = 25^2$,由式(5.20)可知,样本均值

$$\overline{X} = \frac{1}{25} \sum_{i=1}^{25} X_i \sim N(150, 25)$$

于是

$$P\{140 < \overline{X} < 147.5\} = P\left(\frac{140 - 150}{\sqrt{25}} < \frac{\overline{X} - 150}{\sqrt{25}} < \frac{147.5 - 150}{\sqrt{25}}\right)$$

$$= \Phi(-0.5) - \Phi(-2)$$
$$= 0.285\,8$$

【例 5.9】 设总体 $X \sim N(2,1)$，$X_1, X_2, \cdots, X_9$ 是来自该总体的一个样本，分别求 X 及 $\bar{X}$ 落在区间 $[1,3]$ 内的概率，并说明产生差异的原因.

解 因为 $X \sim N(2,1)$，所以

$$P(1 \leqslant X \leqslant 3) = \Phi\left(\frac{3-2}{1}\right) - \Phi\left(\frac{1-2}{1}\right) = 2\Phi(1) - 1 = 0.682\,7$$

由式 (5.20) 知，$\bar{X} \sim N\left(2, \dfrac{1}{9}\right)$，所以

$$P(1 \leqslant \bar{X} \leqslant 3) = \Phi\left(\frac{3-2}{\sqrt{1/9}}\right) - \Phi\left(\frac{1-2}{\sqrt{1/9}}\right) = 2\Phi(3) - 1 = 0.997\,3$$

产生差异的原因是由于均值统计量 $\bar{X}$ 的方差远小于总体 X 的方差，这说明均值统计量 $\bar{X}$ 的分布非常集中，而总体 X 的分布较分散，因而所求概率有差异.

在实际问题中，由于总体的方差通常未知，因此常用样本方差来替代总体的方差.

定理 5.2(费歇定理) 设 $\boldsymbol{X} = (X_1, X_2, \cdots, X_n)^{\mathrm{T}}$ 是取自总体 $N(\mu, \sigma^2)$ 的样本，$\bar{X}, S^2$ 分别为样本均值与样本方差，则

(1) $\dfrac{(n-1)S^2}{\sigma^2} = \dfrac{1}{\sigma^2} \sum\limits_{i=1}^{n} (X_i - \bar{X})^2 \sim \chi^2(n-1)$; \hfill (5.22)

(2) $\bar{X}$ 与 S^2 独立.

为了证明这个定理，同时也为了满足后面方差分析的需要，我们先介绍两个引理和一个推论如下：

* **引理 5.1** 设 $\boldsymbol{X} = (X_1, X_2, \cdots, X_n)^{\mathrm{T}}$ 是取自总体 $N(0, \sigma^2)$ 的一个样本，$\boldsymbol{M}$ 为幂等[①]且对称矩阵，满足 $R(\boldsymbol{M}) = r$，则 $\dfrac{\boldsymbol{X}^{\mathrm{T}} \boldsymbol{M} \boldsymbol{X}}{\sigma^2} \sim \chi^2(r)$.

* **证明** 因为 $\boldsymbol{M}$ 为对称矩阵，则一定可以对角化，即存在某个正交矩阵 $\boldsymbol{Q}$，使得 $\boldsymbol{M} = \boldsymbol{Q}\boldsymbol{\Lambda}\boldsymbol{Q}^{\mathrm{T}}$，从而有 $\boldsymbol{X}^{\mathrm{T}}\boldsymbol{M}\boldsymbol{X} = \boldsymbol{X}^{\mathrm{T}}\boldsymbol{Q}\boldsymbol{\Lambda}\boldsymbol{Q}^{\mathrm{T}}\boldsymbol{X} = (\boldsymbol{Q}^{\mathrm{T}}\boldsymbol{X})^{\mathrm{T}} \boldsymbol{\Lambda} (\boldsymbol{Q}^{\mathrm{T}}\boldsymbol{X}) = \boldsymbol{Y}^{\mathrm{T}}\boldsymbol{\Lambda}\boldsymbol{Y}$. 显然我们有 $\boldsymbol{X} \sim N(\boldsymbol{O}, \sigma^2 \boldsymbol{I}_n)$，因此 $\boldsymbol{Y} = \boldsymbol{Q}^{\mathrm{T}}\boldsymbol{X} \sim N(\boldsymbol{O}, \sigma^2 \boldsymbol{I}_n)$. 又由于 $\boldsymbol{M}$ 为幂等矩阵，因此其特征值只能是 0 或者 1，而 $R(\boldsymbol{M}) = r$，所以 $\mathrm{tr}(\boldsymbol{M}) = r = \mathrm{tr}(\boldsymbol{\Lambda})$，因此根据卡方分布定义 5.3 有

$$\frac{\boldsymbol{X}^{\mathrm{T}}\boldsymbol{M}\boldsymbol{X}}{\sigma^2} = \frac{\boldsymbol{Y}^{\mathrm{T}}}{\sigma}\boldsymbol{\Lambda}\frac{\boldsymbol{Y}}{\sigma} = \sum_{i=1}^{n} \lambda_i \left(\frac{y_i}{\sigma}\right)^2 \sim \chi^2(r)$$

---

① 所谓幂等矩阵就是满足 $\boldsymbol{M}^2 = \boldsymbol{M}$ 的矩阵，设幂等矩阵 $\boldsymbol{M}$ 的特征值为 λ，特征向量为 $\boldsymbol{\alpha}$，则有 $\boldsymbol{M}\boldsymbol{\alpha} = \lambda\boldsymbol{\alpha}$，$\boldsymbol{M}\boldsymbol{\alpha} = \boldsymbol{M}\boldsymbol{M}\boldsymbol{\alpha} = \boldsymbol{M}\lambda\boldsymbol{\alpha} = \lambda^2\boldsymbol{\alpha}$，$\lambda^2 = \lambda$，因此有 $\lambda = 0$ 或 $\lambda = 1$.

*引理 5.2   设 $X = (X_1, X_2, \cdots, X_n)^T$ 是取自总体 $N(0, \sigma^2)$ 的样本, M_1, M_2 为幂等对称矩阵, 如果满足 $M_1 M_2 = O$, 则有 $X^T M_1 X$ 与 $X^T M_2 X$ 相互独立.

*证明   由于 M_1, M_2 为幂等对称矩阵, 因此可以得到

$$X^T M_1 X = X^T M_1 M_1 X = x_1^T x_1, \quad X^T M_2 X = X^T M_2 M_2 X = x_2^T x_2$$

其中 $x_1 = M_1 X \sim N(O, M_1 \sigma^2)$, $x_2 = M_2 X \sim N(O, M_2 \sigma^2)$, 它们的协方差为

$$\mathrm{Cov}(M_1 X, M_2 X) = M_1 M_2^T \sigma^2 = M_1 M_2 \sigma^2 = O$$

根据正态分布的性质知道, 不相关等价于独立, 因此 $M_1 X$ 和 $M_2 X$ 相互独立, 从而各自形成的函数 $X^T M_1 X$ 与 $X^T M_2 X$ 也独立.

作为该引理的一个特殊情况, 有下面的推论 5.3:

*推论 5.3   设 $X = (X_1, X_2, \cdots, X_n)^T$ 是取自总体 $N(0, \sigma^2)$ 的样本, M 为幂等对称矩阵, 若 $LM = O$, 则 LX 与 $X^T M X$ 独立.

*费歇定理的证明: 令 $e^T = (1, 1, \cdots, 1)_{1 \times n}$, $M = I_n - \dfrac{1}{n} e e^T$, 则 M 为幂等对称矩阵, 而且有 $\mathrm{tr}(M) = n - 1$ 和 $Me = O$ 成立. 另一方面计算表明

$$\frac{(n-1)S^2}{\sigma^2} = \frac{X^T M X}{\sigma^2} = \frac{(X - e\mu)^T M (X - e\mu)}{\sigma^2}$$

而 $X - e\mu \sim N(O, \sigma^2 I_n)$, 从而根据引理 5.1 得到

$$\frac{(n-1)S^2}{\sigma^2} \sim \chi^2(n-1)$$

另外有 $\bar{X} - \mu = \dfrac{1}{n} e^T (X - e\mu)$, 而 $(Me)^T = e^T M = O$, 从而根据推论 5.3 得到 $\bar{X} - \mu$ 与 $(X - e\mu)^T M (X - e\mu)$ 独立, 也就是 $\bar{X} - \mu$ 与 $(n-1)S^2$ 相互独立, 所以 $\bar{X}$ 与 S^2 独立, 因此定理得证.

【例 5.10】   假设从总体 $X \sim N(\mu, \sigma^2)$ 中随机抽取一个容量为 16 的样本, 试求:

(1) $P\left(\dfrac{S^2}{\sigma^2} \leqslant 2.041\right)$;   (2) $D(S^2)$.

解   (1) $P\left(\dfrac{S^2}{\sigma^2} \leqslant 2.041\right) = P\left(\dfrac{15S^2}{\sigma^2} \leqslant 15 \times 2.041\right) = 1 - P\left(\dfrac{15S^2}{\sigma^2} > 30.615\right)$, 令 $P\left(\dfrac{15S^2}{\sigma^2} > 30.615\right) = \alpha$, 由式 (5.22) 可知

$$\frac{15S^2}{\sigma^2} \sim \chi^2(15)$$

记 $\chi_\alpha^2(15) = 30.165$, 查表得

$$\alpha = P\left(\frac{15S^2}{\sigma^2} > 30.165\right) \approx 0.01$$

故

$$P\left(\frac{S^2}{\sigma^2} \leqslant 2.041\right) \approx 1 - 0.01 = 0.99$$

(2) 因为 $\chi^2 = \dfrac{15S^2}{\sigma^2} \sim \chi^2(15)$，所以 $D[\chi^2(15)] = D\left(\dfrac{15S^2}{\sigma^2}\right) = 2 \times 15 = 30$，即

$$\frac{15^2}{\sigma^4} D(S^2) = 30 \quad \Rightarrow \quad D(S^2) = \frac{2}{15}\sigma^4$$

【例 5.11】 设 $X_1, X_2, \cdots, X_{10}$ 是取自总体 $X \sim N(\mu, \sigma^2)$ 的一个样本，求：

(1) $P\left[0.26\sigma^2 \leqslant \dfrac{1}{10} \sum\limits_{i=1}^{10} (X_i - \mu)^2 \leqslant 2.3\sigma^2\right]$;

(2) $P\left[0.26\sigma^2 \leqslant \dfrac{1}{10} \sum\limits_{i=1}^{10} (X_i - \bar{X})^2 \leqslant 2.3\sigma^2\right]$.

解　这两个问题很相似，但总体期望被样本均值统计量替代后，统计量分布发生了变化，所以二者的概率是不相等的.

因为 $X_i \sim N(\mu, \sigma^2)$，所以 $\sum\limits_{i=1}^{10}\left(\dfrac{X_i - \mu}{\sigma}\right)^2 \sim \chi^2(10)$，从而

$$P\left[0.26\sigma^2 \leqslant \frac{1}{10} \sum_{i=1}^{10} (X_i - \mu)^2 \leqslant 2.3\sigma^2\right]$$

$$= P\left[2.6\sigma^2 \leqslant \sum_{i=1}^{10} (X_i - \mu)^2 \leqslant 23\sigma^2\right]$$

$$= P[\chi^2(10) \geqslant 2.6] - P[\chi^2(10) \geqslant 23]$$

$$= 0.99 - 0.01$$

$$= 0.98$$

又因为 $X_i \sim N(\mu, \sigma^2)$，所以 $\sum\limits_{i=1}^{10}\left(\dfrac{X_i - \bar{X}}{\sigma}\right)^2 \sim \chi^2(9)$，从而有

$$P\left[0.26\sigma^2 \leqslant \frac{1}{10} \sum_{i=1}^{10} (X_i - \bar{X})^2 \leqslant 2.3\sigma^2\right]$$

$$= P\left[2.6\sigma^2 \leqslant \sum_{i=1}^{10} (X_i - \bar{X})^2 \leqslant 23\sigma^2\right]$$

$$= P[\chi^2(9) \geqslant 2.6] - P[\chi^2(9) \geqslant 23]$$

$$= 0.975 - 0.005$$

$$= 0.970$$

定理 5.3　设 $X_1, X_2, \cdots, X_n$ 是取自总体 $X \sim N(\mu, \sigma^2)$ 的一个样本，$\bar{X}, S$ 分别为样本均值与样本标准差，则

$$\frac{\bar{X} - \mu}{S/\sqrt{n}} \sim t(n-1) \tag{5.23}$$

证明   因为 $X_1, X_2, \cdots, X_n$ 是取自总体 $X \sim N(\mu, \sigma^2)$ 的样本,所以由式 (5.21)知

$$Z = \frac{\overline{X} - \mu}{\sigma/\sqrt{n}} \sim N(0,1)$$

由定理 5.2 可知 $Y = \dfrac{(n-1)S^2}{\sigma^2} \sim \chi^2(n-1)$. 又由于 $\overline{X}$ 与 S^2 相互独立,从而 Z 与 Y 也相互独立,根据 t 分布定义,有

$$\frac{Z}{\sqrt{Y/(n-1)}} = \frac{\dfrac{\overline{X} - \mu}{\sigma/\sqrt{n}}}{\sqrt{\dfrac{(n-1)S^2}{\sigma^2}/(n-1)}} = \frac{\overline{X} - \mu}{S/\sqrt{n}} \sim t(n-1)$$

5.3.2   双正态分布总体的抽样分布

对于双正态分布总体,有下面的抽样分布定理:

定理 5.4   设 $X_1, X_2, \cdots, X_{n_1}$ 与 $Y_1, Y_2, \cdots, Y_{n_2}$ 是分别取自总体 $X \sim N(\mu_1, \sigma_1^2)$ 与 $Y \sim N(\mu_2, \sigma_2^2)$ 的两个相互独立的样本,$\overline{X} = \dfrac{1}{n_1}\sum_{i=1}^{n_1} X_i$,$\overline{Y} = \dfrac{1}{n_2}\sum_{j=1}^{n_2} Y_j$ 分别是两个样本的均值统计量,则

$$\overline{X} - \overline{Y} \sim N\left(\mu_1 - \mu_2, \frac{\sigma_1^2}{n_1} + \frac{\sigma_2^2}{n_2}\right) \tag{5.24}$$

证明   由已知条件得 $\overline{X} \sim N\left(\mu_1, \dfrac{\sigma_1^2}{n_1}\right)$,$\overline{Y} \sim N\left(\mu_2, \dfrac{\sigma_2^2}{n_2}\right)$,而两样本相互独立, 所以 $\overline{X}$ 与 $\overline{Y}$ 独立,由定理 5.1 可知 $\overline{X} - \overline{Y}$ 亦为正态分布随机变量,且

$$E(\overline{X} - \overline{Y}) = E(\overline{X}) - E(\overline{Y}) = \mu_1 - \mu_2$$

$$D(\overline{X} - \overline{Y}) = D(\overline{X}) + D(\overline{Y}) = \frac{\sigma_1^2}{n_1} + \frac{\sigma_2^2}{n_2}$$

从而有

$$\overline{X} - \overline{Y} \sim N\left(\mu_1 - \mu_2, \frac{\sigma_1^2}{n_1} + \frac{\sigma_2^2}{n_2}\right)$$

若将 $\overline{X} - \overline{Y}$ 标准化,则有

$$\frac{(\overline{X} - \overline{Y}) - (\mu_1 - \mu_2)}{\sqrt{\dfrac{\sigma_1^2}{n_1} + \dfrac{\sigma_2^2}{n_2}}} \sim N(0,1) \tag{5.25}$$

定理 5.5 设 $X_1, X_2, \cdots, X_{n_1}$ 与 $Y_1, Y_2, \cdots, Y_{n_2}$ 是分别取自总体 $X \sim N(\mu_1, \sigma^2)$ 与 $Y \sim N(\mu_2, \sigma^2)$ 的两个相互独立的样本, $\bar{X} = \dfrac{1}{n_1} \sum\limits_{i=1}^{n_1} X_i, \bar{Y} = \dfrac{1}{n_2} \sum\limits_{j=1}^{n_2} Y_j$ 分别是两个样本的均值统计量, 而 $S_1^2 = \dfrac{1}{n_1 - 1} \sum\limits_{i=1}^{n_1} (X_i - \bar{X})^2, S_2^2 = \dfrac{1}{n_2 - 1} \sum\limits_{j=1}^{n_2} (Y_j - \bar{Y})^2$ 分别是两个样本的方差统计量, 则

$$\frac{(\bar{X} - \bar{Y}) - (\mu_1 - \mu_2)}{S_W \sqrt{\dfrac{1}{n_1} + \dfrac{1}{n_2}}} \sim t(n_1 + n_2 - 2) \tag{5.26}$$

其中

$$S_W^2 = \frac{(n_1 - 1)S_1^2 + (n_2 - 1)S_2^2}{n_1 + n_2 - 2} \tag{5.27}$$

证明 由式(5.25)可知

$$\frac{(\bar{X} - \bar{Y}) - (\mu_1 - \mu_2)}{\sigma \sqrt{\dfrac{1}{n_1} + \dfrac{1}{n_2}}} \sim N(0,1)$$

而由式(5.22)可知

$$\frac{(n_1 - 1)S_1^2}{\sigma^2} \sim \chi^2(n_1 - 1), \quad \frac{(n_2 - 1)S_2^2}{\sigma^2} \sim \chi^2(n_2 - 1)$$

且两者相互独立, 由 χ^2 分布的独立可加性知

$$\frac{(n_1 - 1)S_1^2}{\sigma^2} + \frac{(n_2 - 1)S_2^2}{\sigma^2} \sim \chi^2(n_1 + n_2 - 2)$$

又因为

$$\begin{aligned}
E(S_W^2) &= E\left[\frac{(n_1 - 1)S_1^2 + (n_2 - 1)S_2^2}{n_1 + n_2 - 2}\right] \\
&= \frac{(n_1 - 1)E(S_1^2) + (n_2 - 1)E(S_2^2)}{n_1 + n_2 - 2} \\
&= \sigma^2
\end{aligned}$$

根据 t 分布定义 5.5 有

$$\frac{\dfrac{(\bar{X} - \bar{Y}) - (\mu_1 - \mu_2)}{\sigma \sqrt{\dfrac{1}{n_1} + \dfrac{1}{n_2}}}}{\sqrt{\dfrac{(n_1 - 1)S_1^2 + (n_2 - 1)S_2^2}{\sigma^2(n_1 + n_2 - 2)}}} = \frac{(\bar{X} - \bar{Y}) - (\mu_1 - \mu_2)}{S_W \sqrt{\dfrac{1}{n_1} + \dfrac{1}{n_2}}} \sim t(n_1 + n_2 - 2)$$

需要指出的是, 本定理中两个正态分布总体具有相同的方差 σ^2.

定理 5.6 设 $X_1, X_2, \cdots, X_{n_1}$ 与 $Y_1, Y_2, \cdots, Y_{n_2}$ 是分别取自总体 $X \sim N(\mu_1, \sigma_1^2)$ 与 $Y \sim N(\mu_2, \sigma_2^2)$ 的两个相互独立的样本,且 $S_1^2 = \dfrac{1}{n_1 - 1} \sum\limits_{i=1}^{n_1} (X_i - \overline{X})^2$,

$S_2^2 = \dfrac{1}{n_2 - 1} \sum\limits_{j=1}^{n_2} (Y_j - \overline{Y})^2$ 分别是两样本的方差统计量,则

$$\frac{\sigma_2^2 S_1^2}{\sigma_1^2 S_2^2} \sim F(n_1 - 1, n_2 - 1) \tag{5.28}$$

证明 由式(5.22)知

$$\frac{(n_1 - 1) S_1^2}{\sigma_1^2} \sim \chi^2(n_1 - 1), \quad \frac{(n_2 - 1) S_2^2}{\sigma_2^2} \sim \chi^2(n_2 - 1)$$

由于两个样本相互独立,因此上述的两个统计量也相互独立. 据 F 分布的定义 5.6 有

$$\frac{\dfrac{(n_1 - 1) S_1^2}{\sigma_1^2} \Big/ (n_1 - 1)}{\dfrac{(n_2 - 1) S_2^2}{\sigma_2^2} \Big/ (n_2 - 1)} = \frac{\sigma_2^2 S_1^2}{\sigma_1^2 S_2^2} \sim F(n_1 - 1, n_2 - 1)$$

特别地,若定理中两正态分布总体的方差相等,则有

$$\frac{S_1^2}{S_2^2} \sim F(n_1 - 1, n_2 - 1) \tag{5.29}$$

【例 5.12】 从两个正态分布总体 $X \sim N(30, 12)$ 与 $Y \sim N(20, 18)$ 中分别抽取容量为 16 和 25 的两个独立样本,试求:(1) 两样本均值差落在 $(8, 12)$ 内的概率;(2) 两样本方差之比不大于 1.41 的概率.

解 由已知条件:$\mu_1 = 30, \sigma_1^2 = 12, \mu_2 = 20, \sigma_2^2 = 18, n_1 = 16, n_2 = 25$. 若记

$\overline{X} = \dfrac{1}{16} \sum\limits_{i=1}^{16} X_i, \overline{Y} = \dfrac{1}{25} \sum\limits_{i=1}^{25} Y_i$ 为两样本均值统计量,$S_1^2 = \dfrac{1}{15} \sum\limits_{i=1}^{16} (X_i - \overline{X})^2, S_2^2 = $

$\dfrac{1}{24} \sum\limits_{i=1}^{25} (Y_i - \overline{Y})^2$ 为两样本方差统计量,则

(1) 由式(5.24)知

$$\overline{X} - \overline{Y} \sim N(10, 1.47)$$

从而有

$$P(8 < \overline{X} - \overline{Y} < 12) = \Phi\left(\frac{12 - 10}{\sqrt{1.47}}\right) - \Phi\left(\frac{8 - 10}{\sqrt{1.47}}\right)$$

$$= \Phi(1.65) - \Phi(-1.65)$$

$$= 0.901$$

(2) 由式(5.28)知

$$F = \frac{\sigma_2^2 S_1^2}{\sigma_1^2 S_2^2} = \frac{18 S_1^2}{12 S_2^2} = \frac{3 S_1^2}{2 S_2^2} \sim F(15, 24)$$

于是

$$P\left(\frac{S_1^2}{S_2^2} \leqslant 1.41\right) = P\left(\frac{3}{2} \times \frac{S_1^2}{S_2^2} \leqslant \frac{3}{2} \times 1.41\right)$$

$$= P(F \leqslant 2.115)$$

$$= 1 - P(F > 2.115)$$

查表得 $F_{0.05}(15, 24) = 2.11$，即 $P(F > 2.115) \approx 0.05$，故 $P\left(\dfrac{S_1^2}{S_2^2} \leqslant 1.41\right) \approx 0.95$.

【例 5.13】　设总体 $X \sim N(0, \sigma^2)$，$X_1, X_2, \cdots, X_n, X_{n+1}, \cdots, X_{n+m}$ 是取自该

总体的容量为 $n + m$ 的一个样本，考察统计量 $T = \dfrac{\sqrt{m} \sum\limits_{i=1}^{n} X_i}{\sqrt{n} \sqrt{\sum\limits_{i=n+1}^{n+m} X_i^2}}$ 服从什么分布.

解　由于 $X_1, \cdots, X_{n+m}$ 相互独立且 $\dfrac{X_i}{\sigma} \sim N(0, 1)$，则有 $\sum\limits_{i=1}^{n} \left(\dfrac{X_i}{\sigma}\right) \sim N(0, n)$，

故 $\dfrac{\sum\limits_{i=1}^{n} \left(\dfrac{X_i}{\sigma}\right)}{\sqrt{n}} \sim N(0, 1)$，且 $\sum\limits_{i=n+1}^{n+m} \left(\dfrac{X_i}{\sigma}\right)^2 \sim \chi^2(m)$，又因为 $\dfrac{\sum\limits_{i=1}^{n} \left(\dfrac{X_i}{\sigma}\right)}{\sqrt{n}}$ 与 $\sum\limits_{i=n+1}^{n+m} \left(\dfrac{X_i}{\sigma}\right)^2$

相互独立，再由定义 5.5 得

$$T = \frac{\sqrt{m} \sum\limits_{i=1}^{n} X_i}{\sqrt{n} \sqrt{\sum\limits_{i=n+1}^{n+m} X_i^2}} \sim t(m)$$

习　题　5

A　组

选择题

1. 设总体 $X \sim N(\mu, \sigma^2)$，$\overline{X_1}, \overline{X_2}$ 分别为该总体的容量为 10 和 15 的两个样

本均值,记 $p_1 = P(|\overline{X_1} - \mu| > \sigma)$,$p_2 = P(|\overline{X_2} - \mu| > \sigma)$,则下列关系正确的是(   ).

A. $p_1 < p_2$ B. $p_1 = p_2$ C. $p_1 > p_2$ D. $p_1 = \mu, p_2 = \sigma$

2. 设总体 $X \sim N(\mu, \sigma^2)$,$\overline{X}$ 为该总体的样本均值,则 $P\{\overline{X} < \mu\}$ 的值(   ).

A. 小于 $\dfrac{1}{4}$ B. 等于 $\dfrac{1}{4}$ C. 大于 $\dfrac{1}{2}$ D. 等于 $\dfrac{1}{2}$

3. 设 $X_1, X_2, \cdots, X_n$ 是来自 $N(\mu, \sigma^2)$ 的样本,$\overline{X}$ 为该总体的样本均值,记

$$S_1^2 = \frac{1}{n-1} \sum_{i=1}^{n} (X_i - \overline{X})^2, \quad S_2^2 = \frac{1}{n} \sum_{i=1}^{n} (X_i - \overline{X})^2$$

$$S_3^2 = \frac{1}{n-1} \sum_{i=1}^{n} (X_i - \mu)^2, \quad S_4^2 = \frac{1}{n} \sum_{i=1}^{n} (X_i - \mu)^2$$

则服从自由度为 $n-1$ 的 t 分布的随机变量是(   ).

A. $t = \dfrac{\overline{X} - \mu}{S_1} \sqrt{n-1}$ B. $t = \dfrac{\overline{X} - \mu}{S_2} \sqrt{n-1}$

C. $t = \dfrac{\overline{X} - \mu}{S_3} \sqrt{n}$ D. $t = \dfrac{\overline{X} - \mu}{S_4} \sqrt{n-1}$

计算、证明题

1. 设 $X_1, X_2, \cdots, X_n$ 为一个样本,试证明:$\dfrac{1}{n(n-1)} \sum_{i<j} (X_i - X_j)^2 = S^2$.

2. 设 $X \sim N(\mu, \sigma^2)$,求样本均值 $\overline{X}$ 与总体期望 μ 的偏差绝对值不超过 $1.96 \sqrt{\dfrac{\sigma^2}{n}}$ 的概率.

3. 设总体 $X \sim N(0,1)$,$X_1, X_2, \cdots, X_5$ 是 X 的一个样本,求常数 C,使统计量 $\dfrac{C(X_1 + X_2)}{\sqrt{X_3^2 + X_4^2 + X_5^2}}$ 服从 t 分布.

4. 若总体 X 存在 $2k$ 阶原点矩 α_{2k},证明:对样本的 k 阶原点矩 A_k 有 $E(A_k) = \alpha_k$,$D(A_k) = \dfrac{\alpha_{2k} - \alpha_k^2}{n}$.特别地,对样本均值 $\overline{X}$,有 $E(\overline{X}) = \mu$,$D(\overline{X}) = \dfrac{\sigma^2}{n}$,其中 μ 与 σ^2 分别为总体 X 的均值与方差.

5. 设 $X_1, X_2, \cdots, X_{15}$ 是总体 $N(0, \sigma^2)$ 的一个样本,求

$$Y = \frac{X_1^2 + X_2^2 + \cdots + X_{10}^2}{2(X_{11}^2 + X_{12}^2 + \cdots + X_{15}^2)}$$

的分布.

B 组

计算题

1. 设 X_1, X_2, X_3, X_4 是来自正态分布总体 $N(0, 2^2)$ 的简单随机样本,令 $Y = a(X_1 - 2X_2)^2 + b(3X_3 - 4X_4)^2$,若 Y 服从 χ^2 分布,试确定 a, b 的值.

2. 设 X, Y 相互独立,且都服从 $N(0, 3^2)$,现从两个总体中抽取样本 X_1, $X_2, \cdots, X_9$ 和 $Y_1, Y_2, \cdots, Y_9$,试确定统计量 $Z = \dfrac{X_1 + X_2 + \cdots + X_9}{\sqrt{Y_1^2 + Y_2^2 + \cdots + Y_9^2}}$ 的分布及其参数.

3. 设 X, Y 相互独立,都服从 $N(30, 3^2)$,现从两个总体中抽取样本 X_1, $X_2, \cdots, X_{20}$ 和 $Y_1, Y_2, \cdots, Y_{25}$,求 $P(|\bar{X} - \bar{Y}| > 0.4)$ 的值.

4. 设 $X_1, X_2, \cdots, X_{25}$ 相互独立,且都服从 $N(3, 10^2)$,求 $P(0 < \bar{X} < 6)$ 和 $P(57.70 < S^2 < 151.73)$.

5. 从正态分布总体 $N(3.4, 6^2)$ 中抽取容量为 n 的样本,如果要求其样本均值位于区间 $(1.4, 5.4)$ 内的概率不小于 0.95,问样本容量 n 至少应取多大?

6. 设总体 $X \sim N(0, \sigma^2)$,从该总体中抽取简单随机样本 $X_1, X_2, \cdots, X_{2n}$,其样本均值为 $\bar{X} = \dfrac{1}{2n} \sum_{i=1}^{2n} X_i$,求统计量 $Y = \sum_{i=1}^{n} (X_i + X_{i+n} - 2\bar{X})^2$ 的数学期望.

7. 设总体 X 服从 $N(\mu_1, \sigma^2)$,总体 Y 服从 $N(\mu_2, \sigma^2)$,$X_1, X_2, \cdots, X_{n_1}$ 和 $Y_1, Y_2, \cdots, Y_{n_2}$ 分别是来自总体 X 和 Y 的简单随机样本,求

$$E\left[\frac{\sum_{i=1}^{n_1} (X_i - \bar{X})^2 + \sum_{j=1}^{n_2} (Y_j - \bar{Y})^2}{n_1 + n_2 - 2}\right]$$

证明题

1. 设 $X_1, X_2, \cdots, X_9$ 是来自正态分布总体的简单随机样本,令总体

$$Y_1 = \frac{1}{6}(X_1 + X_2 + \cdots + X_6), \quad Y_2 = \frac{1}{3}(X_7 + X_8 + X_9),$$

$$S^2 = \frac{1}{2} \sum_{i=7}^{9} (X_i - Y_2)^2$$

证明: $Z = \dfrac{\sqrt{2}(Y_1 - Y_2)}{S}$ 服从自由度为 2 的 t 分布.

2. 设总体 $X \sim N(0, \sigma^2)$, $X_1, X_2, \cdots, X_n, X_{n+1}, \cdots, X_{n+m}$ 是取自该总体的容量为 $n + m$ 的一个样本,证明:统计量 $F = \dfrac{m \sum\limits_{i=1}^{n} X_i^2}{n \sum\limits_{i=n+1}^{n+m} X_i^2} \sim F(n, m)$.

3. 设总体 $X \sim N(\mu, \sigma^2)$, $\overline{X}, S^2$ 分别是对应样本容量为 n 的样本均值和样本方差,设 $X_{n+1} \sim N(\mu, \sigma^2)$, 且 X_{n+1} 与 $X_1, X_2, \cdots, X_n$ 相互独立,证明:统计量

$$T = \frac{X_{n+1} - \overline{X}}{S} \sqrt{\frac{n}{n+1}} \sim t(n-1)$$

4. 设 $X_1, X_2, \cdots, X_m$ 和 $Y_1, Y_2, \cdots, Y_n$ 分别是从 $N(\mu_1, \sigma^2)$ 和 $N(\mu_2, \sigma^2)$ 的总体中抽取的独立随机样本,$\overline{X}$ 和 $\overline{Y}$ 表示样本均值,S_{1m}^2 和 S_{2n}^2 表示样本方差,α 和 β 是两个固定的实数,证明:

$$T = \frac{\alpha(\overline{X} - \mu_1) + \beta(\overline{Y} - \mu_2)}{\sqrt{\dfrac{(m-1)S_{1m}^2 + (n-1)S_{2n}^2}{m+n-2}} \sqrt{\dfrac{\alpha^2}{m} + \dfrac{\beta^2}{n}}} \sim t(m+n-2)$$

第6章 参数估计

随机变量的概率分布经常含有参数,例如正态分布 $N(\mu, \sigma^2)$、指数分布 $E(\lambda)$ 和泊松分布 $P(\lambda)$ 等. 如果这些参数未知,就无法对研究对象进行深入的分析,所以必须寻找对这些参数进行估计的方法. 本章主要研究在分布类型已知的条件下,如何对其中的未知参数进行估计,具体内容包括点估计、估计量的评价标准、正态分布总体下参数的区间估计以及非正态分布总体下参数的估计问题.

6.1 点 估 计

假设我们已知总体 X 的概率分布 $F(X)$ 的形式,它由若干个参数确定,其中未知参数或参数向量为 $\boldsymbol{\theta}$, $F(X)$ 由 $\boldsymbol{\theta}$ 唯一确定,为明确起见,记概率分布为 $F(X, \boldsymbol{\theta})$. 于是如何估计参数就成为我们关心的问题. 所谓参数的点估计,就是利用样本构造一个统计量,把该统计量的值作为未知参数的估计值,它是和后面介绍的参数的区间估计相对而言的.

由第5章的分析知道,总体中的每个个体与总体同分布,从总体中抽取的样本在一定程度上能够反映总体的信息,因此,一个自然而朴素的想法是利用样本的信息来估计总体的未知参数. 根据使用样本信息的方法不同,参数估计方法可分为多种,其中经常使用的有两种:一种是由皮尔逊(K. Pearson)提出的矩估计(Method of Moments,简记为 MM);另一种是由费歇(R. A. Fisher)提出的极大似然估计(Maximum Likelihood Estimate,简记为 MLE),本节就介绍这两种估计方法.

为便于描述,假设待估计的参数记为 $\boldsymbol{\theta} = (\theta_1, \theta_2, \cdots, \theta_m)^T$,即共有 m 个参数需要估计,来自总体 X 的一个样本为 $X_1, X_2, \cdots, X_n$,对应的样本观测值为 $x_1, x_2, \cdots, x_n$. 利用样本得到的总体参数 $\boldsymbol{\theta}$ 的估计记为 $\hat{\boldsymbol{\theta}}(X_1, X_2, \cdots, X_n)$,它是样本的函数,因而是随机变量,被称为估计量. 对给定的样本的观测值 $x_1, x_2, \cdots, x_n$,相应的估计值为 $\hat{\boldsymbol{\theta}}(x_1, x_2, \cdots, x_n)$,样本的观测值不同,参数的估计值也不同. 在以后的分析中,为方便起见,在不致引起混淆的场合下,我们不再区分估计量和估计值.

6.1.1 矩估计法

由第 3 章的分析知道,当总体 $X \sim N(\mu, \sigma^2)$ 时有 $E(X) = \mu, D(X) = \sigma^2$,它们分别为第 5 章所介绍的总体一阶原点矩和二阶中心矩.为了估计它们,一个自然的想法就是使用样本矩来替代相应的总体矩,并加上估计符号"^",即 $\hat{\mu} = \bar{X}, \hat{\sigma}^2 = S^2$,由第 5 章的分析知,$E(\bar{X}) = \mu, E(S^2) = \sigma^2$,因此这种估计方法是切实可行的.将这个方法一般化,就得到了矩估计的一般方法.

矩估计法的一般原理是:用样本的 k 阶原点矩 $A_k = \frac{1}{n} \sum_{i=1}^{n} X_i^k$ 作为总体的 k 阶原点矩 $E(X^k)$ 的估计;用样本原点矩函数 $g(A_1, A_2, \cdots, A_k)$ 来估计相应总体原点矩的同一组函数 $g(\mu_1, \mu_2, \cdots, \mu_k)$.这里 $\mu_i (i = 1, 2, \cdots, k)$ 为总体的 i 阶原点矩.

矩估计的具体做法如下:

设待估计参数为 $\boldsymbol{\theta} = (\theta_1, \theta_2, \cdots, \theta_m)^{\mathrm{T}}$,计算 $1 \sim m$ 阶总体原点矩,它们一般是 $\boldsymbol{\theta}$ 的函数,记为

$$\mu_j = \mu_j(\theta_1, \theta_2, \cdots, \theta_m) = E(X^j) \quad (j = 1, 2, \cdots, m)$$

同时构造 $1 \sim m$ 阶样本原点矩,记为 $A_j = \frac{1}{n} \sum_{i=1}^{n} X_i^j (j = 1, 2, \cdots, m)$.再根据矩估计原理,用 A_j 代替原点矩 μ_j,可以得到如下 m 个矩等式:

$$\begin{cases} \hat{\mu}_1(\theta_1, \theta_2, \cdots, \theta_m) = \frac{1}{n} \sum_{i=1}^{n} X_i \\ \hat{\mu}_2(\theta_1, \theta_2, \cdots, \theta_m) = \frac{1}{n} \sum_{i=1}^{n} X_i^2 \\ \cdots \\ \hat{\mu}_m(\theta_1, \theta_2, \cdots, \theta_m) = \frac{1}{n} \sum_{i=1}^{n} X_i^m \end{cases} \tag{6.1}$$

解上述方程组得到

$$\hat{\theta}_j = \hat{\theta}_j(X_1, X_2, \cdots, X_n) \quad (j = 1, 2, \cdots, m)$$

并以 $\hat{\theta}_j$ 作为参数 θ_j 的估计量,我们称 $\hat{\theta}_j$ 为未知参数 θ_j 的矩估计量,本书用 $\hat{\theta}_{\mathrm{MM}}$ 表示.

6.1.2 矩估计法的应用

下面介绍几个使用矩估计法来估计总体分布中未知参数的例子,以便掌握矩估计的基本原理.

【例 6.1】 设 $X_1, X_2, \cdots, X_n$ 是取自总体 X 的一组样本,假设 X 存在数学期望 μ 和方差 σ^2,试求数学期望和方差的矩估计.

解 记 $E(X) = \mu, D(X) = \sigma^2$,根据原点矩和中心矩的关系有

$$E(X^2) = D(X) + [E(X)]^2 = \sigma^2 + \mu^2$$

根据式(6.1),使用前面两个矩等式有

$$\begin{cases} \hat{\mu} = \dfrac{1}{n}\sum_{i=1}^{n} X_i \\ \hat{\mu}^2 + \hat{\sigma}^2 = \dfrac{1}{n}\sum_{i=1}^{n} X_i^2 \end{cases}$$

解方程组得到

$$\begin{cases} \hat{\mu}_{MM} = \bar{X} \\ \hat{\sigma}^2_{MM} = \dfrac{n-1}{n}S^2 \end{cases} \tag{6.2}$$

可见,对存在期望 μ 和方差 σ^2 的任意总体 X,总体期望 μ 的矩估计量是样本均值 $\bar{X}$,总体方差 σ^2 的矩估计量是样本二阶中心矩 $B_2 = \dfrac{n-1}{n}S^2$.

如果被估计的参数不是总体均值和总体方差,那么一般根据总体分布计算多个总体矩,直到含有待估计的参数为止,然后再利用矩估计原理求出矩估计.下面的例题就是一个这样的例子.

【例 6.2】 设总体 X 具有概率密度函数

$$f(x) = \frac{1}{2\theta}e^{-\frac{|x|}{\theta}} \quad (x \in (-\infty, +\infty))$$

其中 $\theta > 0, X_1, X_2, \cdots, X_n$ 为取自总体 X 的一个样本,试求分布中的未知参数 θ 的矩估计量.

解 首先考查一阶原点矩,计算得到

$$E(X) = \int_{-\infty}^{+\infty} xf(x)\mathrm{d}x = \int_{-\infty}^{+\infty} \frac{x}{2\theta}e^{-\frac{|x|}{\theta}}\mathrm{d}x = 0$$

显然一阶原点矩不含有待估计参数 θ,所以必须继续考查二阶原点矩.因为

$$E(X^2) = \int_{-\infty}^{+\infty} x^2 f(x)\mathrm{d}x = \int_{-\infty}^{+\infty} \frac{x^2}{2\theta}e^{-\frac{|x|}{\theta}}\mathrm{d}x = 2\theta^2$$

根据矩估计原理有 $2\hat{\theta}^2 = \dfrac{1}{n}\displaystyle\sum_{i=1}^{n} X_i^2$，从而得到 θ 的矩估计 $\hat{\theta}_{\mathrm{MM}} = \sqrt{\dfrac{1}{2n}\displaystyle\sum_{i=1}^{n} X_i^2}$．

【例 6.3】 已知总体 X 的概率分布如表 6.1 所示．

表 6.1　X 的概率分布

X	1	2	3
p	θ^2	$2\theta(1-\theta)$	$(1-\theta)^2$

其中参数 θ 是未知的．假设已取得样本观察值为 $x_1 = 1, x_2 = 2, x_3 = 1$，试求 θ 的矩估计．

解　根据离散型随机变量的期望公式有

$$E(X) = 1 \times \theta^2 + 2 \times 2\theta(1-\theta) + 3 \times (1-\theta)^2 = 3 - 2\theta$$

而 $\bar{x} = \dfrac{4}{3}$，用 $\bar{x}$ 代替 $E(X)$，从而有 $3 - 2\hat{\theta} = \dfrac{4}{3}$，于是得 $\hat{\theta}_{\mathrm{MM}} = \dfrac{5}{6}$．

【例 6.4】 设总体 X 的概率密度函数为

$$f(x) = \begin{cases} \dfrac{6x(\theta - x)}{\theta^3}, & x \in (0, \theta) \\ 0, & x \notin (0, \theta) \end{cases}$$

求 θ 的矩估计 $\hat{\theta}_{\mathrm{MM}}$，并求 $D(\hat{\theta}_{\mathrm{MM}})$．

解　根据连续型随机变量求期望公式得到

$$E(X) = \int_{-\infty}^{+\infty} xf(x)\mathrm{d}x = \int_0^\theta \frac{6x^2(\theta - x)}{\theta^3}\mathrm{d}x = \frac{\theta}{2}$$

根据矩估计原理，用 $\bar{X}$ 代替 $E(X)$，得 $\dfrac{\hat{\theta}}{2} = \bar{X}$，所以 $\hat{\theta}_{\mathrm{MM}} = 2\bar{X}$．又

$$E(X^2) = \int_0^\theta 6x^3 \frac{\theta - x}{\theta^3}\mathrm{d}x = \frac{3\theta^3}{10}, \quad D(X) = E(X^2) - [E(X)]^2 = \frac{\theta^2}{20}$$

从而

$$D(\hat{\theta}_{\mathrm{MM}}) = D(2\bar{X}) = 4D(\bar{X}) = \frac{4}{n}D(X) = \frac{4}{n} \times \frac{\theta^2}{20} = \frac{\theta^2}{5n}$$

从以上几个例子可以看出，我们在利用矩估计原理时，遵循了以下几个原则：

（1）尽量使用原点矩进行估计，而尽可能避免使用中心矩；

（2）从最低的原点矩开始，直至找到含有所有待估计参数的原点矩为止；

（3）有几个待估计参数就使用几个矩等式．

实际上原点矩和中心矩的选取应根据实际问题进行分析，如在例 6.1 中，在估计总体方差时，就可以直接使用样本二阶中心矩 $B_2 = \dfrac{n-1}{n}S^2$ 来替代，而不必使用

样本二阶原点矩来过渡.但在例 6.2 中,由于 $E(X) = 0$,则有 $E(X^2) = D(X) = 2\theta^2$,直接使用样本二阶中心矩来替代 $D(X)$,得到另一个估计量为 $\hat{\theta}_{MM} = \sqrt{B_2/2} = \sqrt{\dfrac{1}{2n}\sum_{i=1}^{n}(X_i - \bar{X})^2}$,显然这个结果比第一个结果复杂一些.因此使用不同类型的矩有可能会得到不同的估计结果,但从矩估计角度来说,这些结果都是成立的,因为它们都满足矩估计原理的要求.

从最低阶原点矩开始的原则是基于简化计算而提出的.高阶矩通常要比低阶矩更为复杂,因此参数估计就更加麻烦,例如对指数分布 $E(\lambda)$,我们可以得到 $E(X) = 1/\lambda, E(X^2) = 2/\lambda^2$,因此通常会使用第一个矩条件而不使用第二个矩条件.

关于使用矩条件个数问题,一般是坚持有几个待估计参数就使用几个有效的矩条件等式,但实际上使用矩条件个数越多,使用样本的信息就越充分,从这个角度来说,应该尽可能多地建立矩等式,但从方程组的角度来说,这可能会导致矛盾的解,例如在例 6.1 中,假设总体服从泊松分布 $P(\lambda)$,则有 $E(X) = D(X) = \lambda$,如果同时使用两个矩条件就有 $\hat{\lambda}_{MM} = \bar{X}, \hat{\lambda}_{MM} = \dfrac{n-1}{n}S^2$.所以对给定的样本观察值,这两者一般不会相等.解决这个问题的办法就是引入广义矩估计(Generalized Method of Moments,简记为 GMM),通过选取一个合适的权重矩阵把多个矩条件转化成最优化问题,具体原理已经超出本书的范围,这里不再介绍,只举一个例子来说明问题.

【例 6.5】　设总体 X 服从泊松分布 $P(\lambda)$,试同时使用原点矩和中心矩给出参数的估计量.

解　已知 $E(X) = D(X) = \lambda$,采用样本一阶原点矩 A_1 和样本二阶中心矩 B_2,假设两个矩条件具有同等的重要性,于是取相同的权重,构造如下最小化目标函数:

$$Q(\lambda) = w_1(A_1 - \lambda)^2 + w_2(B_2 - \lambda)^2$$

这里 $w_1 > 0, w_2 > 0$ 且 $w_1 + w_2 = 1$.因为取相同的权重,所以 $w_1 = w_2 = \dfrac{1}{2}$.求导有

$$\frac{\mathrm{d}Q(\lambda)}{\mathrm{d}\lambda} = -(A_1 - \lambda) - (B_2 - \lambda) = 0$$

求解得到广义矩估计 $\hat{\lambda}_{GMM} = \dfrac{A_1 + B_2}{2}$.这里的权重矩阵实际上就是以上述两个权重为元素构成的对角矩阵.

矩估计法具有直观、简便、通俗易懂的优点,但由于它只使用了有限个矩条件,对样本信息挖掘不够充分,使用信息量较少,因而有时估计精度较差.下面的极大

似然估计较好地挖掘了分布的信息.

6.1.3 极大似然估计法

极大似然估计法是估计参数的另一种常用方法,是参数点估计中最重要且精度较高的一种方法.极大似然估计法的基本原理是选取一个或一组参数的估计值,使得似然函数达到最大值.

设 θ 为要估计的未知参数或参数向量.若总体 X 是离散型随机变量,其概率分布为 $P(X=x)=p(x;\theta)$,当得到样本 $X_1,X_2,\cdots,X_n$ 一组观测值 $x_1,x_2,\cdots,x_n$ 时,样本 $X_1,X_2,\cdots,X_n$ 的联合概率分布为

$$P(X_1=x_1,X_2=x_2,\cdots,X_n=x_n)=\prod_{i=1}^{n}p(x_i;\theta)$$

若总体 X 是连续型随机变量,其概率密度函数为 $f(x;\theta)$,当取得样本 $X_1,X_2,\cdots,X_n$ 一组观测值 $x_1,x_2,\cdots,x_n$ 时,样本 $X_1,X_2,\cdots,X_n$ 的联合密度函数为

$$f(x_1,x_2,\cdots,x_n;\theta)=\prod_{i=1}^{n}f(x_i;\theta)$$

定义 6.1 当给定样本观测值 $x_1,x_2,\cdots,x_n$ 后,上述两个联合分布都是未知参数 θ 的函数,称之为似然函数,记作 $L(\theta)$,即

$$L(\theta)=\prod_{i=1}^{n}p(x_i;\theta) \tag{6.3}$$

$$L(\theta)=\prod_{i=1}^{n}f(x_i;\theta) \tag{6.4}$$

由式(6.3)与式(6.4)可见,似然函数 $L(\theta)$ 的大小反映了样本观测值 $x_1,x_2,\cdots,x_n$ 出现的概率大小,而为了使样本观测值 $x_1,x_2,\cdots,x_n$ 出现的概率最大,自然是要选择使得似然函数 $L(\theta)$ 达到最大值的参数 $\hat{\theta}$ 作为未知参数 θ 的估计值.因此,极大似然估计值 $\hat{\theta}$ 是满足

$$L(\hat{\theta})=\max L(\theta) \tag{6.5}$$

的解.参数 θ 的极大似然估计本书记为 $\hat{\theta}_{MLE}$.

实际估计时通常是将似然函数 $L(\theta)$ 取对数,转换为对数似然函数 $\ln L(\theta)$.因为对数函数是单调函数,当 $L(\theta)$ 达到最大值时,$\ln L(\theta)$ 也同时达到最大值,所以求两者的最大值所对应参数 θ 是相等的,因为这两个条件是等价的.这样的参数 θ 必满足

$$\frac{\mathrm{d}\ln L(\theta)}{\mathrm{d}\theta}=0 \tag{6.6}$$

或者

$$\frac{\partial \ln L(\boldsymbol{\theta})}{\partial \boldsymbol{\theta}} = \boldsymbol{O} \tag{6.7}$$

于是可以通过求解式(6.6)或式(6.7)的解来得到所求的 $\hat{\theta}_{\mathrm{MLE}}$ 或 $\hat{\boldsymbol{\theta}}_{\mathrm{MLE}}$.

显然 $\hat{\boldsymbol{\theta}}_{\mathrm{MLE}}$ 是一组样本观察值的函数,可以记为 $\hat{\boldsymbol{\theta}}_{\mathrm{MLE}}(x_1, x_2, \cdots, x_n)$,它是一个数值或向量.如果把其中观察值换成样本 $X_1, X_2, \cdots, X_n$,则得到 $\hat{\boldsymbol{\theta}}_{\mathrm{MLE}}(X_1, X_2, \cdots, X_n)$,它是一个随机变量或随机向量,我们称它为估计量,而称 $\hat{\boldsymbol{\theta}}_{\mathrm{MLE}}(x_1, x_2, \cdots, x_n)$ 为估计值.

当式(6.6)和式(6.7)是未知参数的非线性形式时,一般采用迭代法求解,在大样本下,极大似然估计量具有渐进正态性、一致性和有效性等优良性质.

6.1.4 极大似然估计法的应用

【例6.6】 设总体 $X \sim N(\mu, \sigma^2)$,其中参数 μ, σ^2 均未知,$x_1, x_2, \cdots, x_n$ 为取自总体 X 的一组样本观测值,试求 μ, σ^2 的极大似然估计.

解 因为 $X \sim N(\mu, \sigma^2)$,所以 X 具有概率密度函数

$$f(x, \mu, \sigma^2) = \frac{1}{\sqrt{2\pi}\sigma} \mathrm{e}^{-\frac{(x-\mu)^2}{2\sigma^2}} \quad (-\infty < x < +\infty)$$

给定 X 的样本观测值 $x_1, x_2, \cdots, x_n$,参数 μ, σ^2 的似然函数为

$$L(\mu, \sigma^2) = \prod_{i=1}^{n} f(x_i, \mu, \sigma^2) = \prod_{i=1}^{n} \frac{1}{\sqrt{2\pi}\sigma} \mathrm{e}^{-\frac{(x_i-\mu)^2}{2\sigma^2}} = (2\pi\sigma^2)^{-\frac{n}{2}} \mathrm{e}^{-\frac{1}{2\sigma^2}\sum_{i=1}^{n}(x_i-\mu)^2}$$

两边取对数

$$\ln L(\mu, \sigma^2) = -\frac{n}{2}\ln(2\pi) - \frac{n}{2}\ln \sigma^2 - \frac{1}{2\sigma^2}\sum_{i=1}^{n}(x_i-\mu)^2$$

对未知参数求偏导有

$$\begin{cases} \dfrac{\partial \ln L(\mu, \sigma^2)}{\partial \mu} = \dfrac{1}{\sigma^2}\sum_{i=1}^{n}(x_i-\mu) = 0 \\[3mm] \dfrac{\partial \ln L(\mu, \sigma^2)}{\partial \sigma^2} = -\dfrac{n}{2\sigma^2} + \dfrac{1}{2\sigma^4}\sum_{i=1}^{n}(x_i-\mu)^2 = 0 \end{cases}$$

解得

$$\begin{cases} \hat{\mu}_{\mathrm{MLE}} = \bar{x} \\[2mm] \hat{\sigma}^2_{\mathrm{MLE}} = \dfrac{n-1}{n}s^2 \end{cases}$$

它们分别为 μ,σ^2 的极大似然估计值,而 μ,σ^2 的极大似然估计量为

$$\begin{cases} \hat{\mu}_{\text{MLE}} = \overline{X} \\ \hat{\sigma}^2_{\text{MLE}} = \dfrac{n-1}{n}S^2 \end{cases}$$

显然,这与例 6.1 的矩估计具有相同的结果.

【例 6.7】 设总体 X 具有概率密度函数

$$f(x) = \frac{1}{2\theta}e^{-\frac{|x|}{\theta}} \quad (x \in (-\infty, +\infty))$$

其中 $\theta > 0$ 未知,$x_1,x_2,\cdots,x_n$ 为 X 的一组样本的观察值,试求 θ 的极大似然估计.

解 首先得到 $x_1,x_2,\cdots,x_n$ 对应的似然函数为

$$L(\theta) = \prod_{i=1}^{n} \frac{1}{2\theta}e^{-\frac{|x_i|}{\theta}} = (2\theta)^{-n}\exp\left(\sum_{i=1}^{n} -\frac{|x_i|}{\theta}\right)$$

对数化后得到对数化似然函数为

$$\ln L(\theta) = -n\ln(2\theta) - \sum_{i=1}^{n} \frac{|x_i|}{\theta}$$

求导有

$$\frac{\mathrm{d}\ln L(\theta)}{\mathrm{d}\theta} = -\frac{n}{\theta} + \frac{1}{\theta^2}\sum_{i=1}^{n} |x_i| = 0$$

得到极大似然估计值为 $\hat{\theta}_{\text{MLE}} = \dfrac{1}{n}\sum_{i=1}^{n} |x_i|$,对应的估计量为 $\hat{\theta}_{\text{MLE}} = \dfrac{1}{n}\sum_{i=1}^{n} |X_i|$.

【例 6.8】 已知离散型总体 X 的概率分布如表 6.2 所示.

表 6.2　X 的概率分布

X	1	2	3
p	θ^2	$2\theta(1-\theta)$	$(1-\theta)^2$

其中参数 $0<\theta<1$ 未知.已知取得样本值 $x_1=1,x_2=2,x_3=1$,试求 θ 的极大似然估计.

解 根据取得的样本观察值得到似然函数为

$$L(\theta) = \prod_{i=1}^{n} p(x_i;\theta) = p(x_1=1;\theta)p(x_2=2;\theta)p(x_3=1;\theta) = 2\theta^5(1-\theta)$$

求导有 $\dfrac{\mathrm{d}L(\theta)}{\mathrm{d}\theta} = 10\theta^4 - 12\theta^5 = 0$,解得 $\hat{\theta}_{\text{MLE}} = \dfrac{5}{6}$.

需要说明的是,极大似然估计的思想是使似然函数达到最大值时得到的参数估计结果,为此通常通过求导或求偏导来求极值点获得参数估计,但这不是极大似

然估计的要求,有的场合下可能无法通过求导或求偏导来求极值点,这时仍根据极大似然估计思想来进行估计.作为一个例子,请读者自行求解当总体 $X \sim U(a,b)$ 时参数 a,b 的极大似然估计值,并与矩估计的结果进行对比.

从例 6.6、例 6.7 和例 6.8 可以看到,极大似然估计首先是在给定样本的情况下得到估计量的值,然后再给出估计量表达式,通俗地说,极大似然估计是先见估计值而后见估计量,这与矩估计的先见估计量后见估计值恰好相反.

极大似然估计法的基本原理是把使似然函数取最大值的值作为参数的估计值,接下来我们将说明这样做是合理的.

6.1.5　K-L 信息量与极大似然估计*

设随机变量 X 是一个总体,其分布函数为 $G(x)$,但 $G(x)$ 通常未知,于是我们用一个函数 $F(x)$ 去逼近未知的 $G(x)$,这样就需要用一个量来衡量这种逼近程度,这个量就是所谓的 K-L(Kullback-Leibler)信息量.

当 X 为离散型随机变量时,设 $G(x)$ 的概率分布为 $P(X = x_i) = g(x_i)$,而 $F(x)$ 的概率分布为 $P(X = x_i) = f(x_i)$.这时 K-L 信息量定义为

$$I(G,F) = E_X\left\{\ln\left[\frac{g(X)}{f(X)}\right]\right\} = \sum_i \ln\left[\frac{g(x_i)}{f(x_i)}\right]g(x_i)$$

这里 $E_X\{\cdot\}$ 表示对随机变量 X 的函数求期望.

当 X 为连续型随机变量时,设 $G(x)$ 对应的概率密度函数为 $g(x)$,$F(x)$ 对应的概率密度函数为 $f(x)$.这时 K-L 信息量定义为

$$I(G,F) = E_X\left\{\ln\left[\frac{g(X)}{f(X)}\right]\right\} = \int_{-\infty}^{+\infty} \ln\left[\frac{g(x)}{f(x)}\right]g(x)\mathrm{d}x$$

K-L 信息量有如下性质:

性质 6.1　$I(G,F) \geqslant 0$;

性质 6.2　$I(G,F) = 0 \Leftrightarrow G(x) = F(x)$.

所以,我们用 $F(x)$ 去逼近 $G(x)$,就要求 $I(G,F)$ 越小越好.在实际应用中,$G(x)$ 是未知的,我们得到的只是样本 $X_1, X_2, \cdots, X_n$,所以我们要研究如何基于 K-L 信息量来度量 $F(x)$ 逼近 $G(x)$ 的程度.首先 K-L 信息量可以分解成两项,当 X 为离散型随机变量时

$$I(G,F) = \sum_i \{\ln[g(x_i)]g(x_i) - \ln[f(x_i)]g(x_i)\}$$

$$= \sum_i \ln[g(x_i)]g(x_i) - \sum_i \ln[f(x_i)]g(x_i)$$

$$= E_X\{\ln[g(X)]\} - E_X\{\ln[f(X)]\}$$

当 X 为连续型随机变量时

$$I(G,F) = \int_{-\infty}^{+\infty} \ln\left[\frac{g(x)}{f(x)}\right]g(x)\mathrm{d}x$$

$$= \int_{-\infty}^{+\infty} \ln[g(x)]g(x)\mathrm{d}x - \int_{-\infty}^{+\infty} \ln[f(x)]g(x)\mathrm{d}x$$

$$= E_X\{\ln[g(X)]\} - E_X\{\ln[f(X)]\}$$

上面两个式子中的第一项是常数,所以要使 K-L 信息取最小值,只要使 $E_X\{\ln[f(X)]\}$ 取最大值即可. 然而 $g(x_i)$ 或 $g(x)$ 是未知的,但是根据大数定律,对样本 $X_1, X_2, \cdots, X_n$ 有

$$\frac{1}{n}\sum_{i=1}^{n}\ln f(X_i) \xrightarrow{P} E_X[\ln f(X)]$$

所以,我们可以用 $\dfrac{1}{n}\displaystyle\sum_{i=1}^{n}\ln f(x_i)$ 来代替 $E_X[\ln f(X)]$,要求 $\dfrac{1}{n}\displaystyle\sum_{i=1}^{n}\ln f(x_i)$ 取最大值.

当 $f(x)$ 可用参数 θ 来刻画时,记 $f(x_i)$ 为 $f(x_i;\theta)$,而 $f(x)$ 为 $f(x;\theta)$,这时 $\dfrac{1}{n}\displaystyle\sum_{i=1}^{n}\ln f(X_i)$ 即为 θ 的函数,即 $\dfrac{1}{n}\displaystyle\sum_{i=1}^{n}\ln f(X_i;\theta)$. 假设得到了样本的观测值 $x_1, x_2, \cdots, x_n$,则 $\dfrac{1}{n}\displaystyle\sum_{i=1}^{n}\ln f(X_i;\theta)$ 变为 $\dfrac{1}{n}\displaystyle\sum_{i=1}^{n}\ln f(x_i;\theta)$. 如果我们要估计 θ 的值,就要使 $\dfrac{1}{n}\displaystyle\sum_{i=1}^{n}\ln f(x_i;\theta)$ 最大. 因为样本容量 n 是固定的,所以只要使 $\displaystyle\sum_{i=1}^{n}\ln f(x_i;\theta)$ 最大即可. 如果记 $\ln L(\theta) = \displaystyle\sum_{i=1}^{n}\ln f(x_i;\theta)$,那么它就是对数似然函数,而 $L(\theta) = \displaystyle\prod_{i=1}^{n}f(x_i;\theta)$ 则为似然函数. 这样使 $\dfrac{1}{n}\displaystyle\sum_{i=1}^{n}\ln f(x_i;\theta)$ 最大的参数估计方法就是极大似然估计法. 可见当 $G(x)$ 可以用带参数的函数来逼近时,使 K-L 信息量最小的参数估计方法和极大似然估计法是一致的,这就是极大似然估计法的合理性所在.

最后要指出的是,由例 6.1 与例 6.6、例 6.3 与例 6.8 可知,矩估计和极大似然估计结果相一致;而例 6.2 与例 6.7 的矩估计和极大似然估计的结果不一样,这就必然产生一个选择哪个估计量更好一点的问题,或者说如何评价这些估计量的优劣. 这是下节"估计量的评价标准"要解决的问题.

6.2 估计量的评价标准

由上节内容知道,参数估计量 $\hat{\theta} = \hat{\theta}(X_1, X_2, \cdots, X_n)$ 是样本的函数,也是一个随机变量,因此对于不同的样本观测值,便会得到不同的参数估计值. 因此要评价一个估计量的优劣,就不能仅仅依据某次抽样的结果来认定,而必须由多次抽样的平均结果来衡量,因此有必要考察估计量在各种取值下的平均结果,也就是要计算估计量的期望;另一方面,我们还要考察各个样本下参数估计的取值与其对应真实值的差异情况,也就是说要计算估计量的方差或均方误差. 参数的估计只是抽取总体中一部分样本而得出的结论,虽然我们不能得到所有的个体,但我们希望随着样本容量的不断增大,估计量与其被估计的真实值越来越接近,于是就产生了无偏性、有效性和一致性的评判标准,下面逐一加以介绍. 需要说明的是,本节只考虑单个参数的情形,对参数为向量的形式,感兴趣的读者可以参考相关的文献.

6.2.1 无偏性

定义 6.2 设 $\hat{\theta}$ 是参数 θ 的估计量,若

$$E(\hat{\theta}) = \theta \tag{6.8}$$

成立,则称 $\hat{\theta}$ 为 θ 的无偏估计量.

考虑例 6.1,无论总体 X 服从什么分布,只要期望 μ 和方差 σ^2 存在,就有 $\hat{\mu}_{MM} = \overline{X}, \hat{\sigma}^2_{MM} = \dfrac{n-1}{n}S^2$. 在例 5.3 中已经证明了 $E(\overline{X}) = \mu, E(S^2) = \sigma^2$,因此样本均值 $\overline{X}$ 是总体期望 μ 的无偏估计,而样本方差 S^2 是总体方差 σ^2 的无偏估计,而 $E(\hat{\sigma}^2_{MM}) = \dfrac{n-1}{n}E(S^2) = \dfrac{n-1}{n}\sigma^2 \neq \sigma^2$,因此该统计量不是无偏估计. 但我们也看到,当样本容量 n 趋向无穷大时,其极限为无偏估计. 这就启发我们引入如下概念:

定义 6.3 若 $\hat{\theta}_n$ 为 θ 的估计量,称 $\mathrm{Bias}(\hat{\theta}_n) = E(\hat{\theta}_n) - \theta$ 为估计量 $\hat{\theta}_n$ 的偏差;若有 $\lim\limits_{n \to \infty} \mathrm{Bias}(\hat{\theta}_n) = 0$ 成立,则称 $\hat{\theta}_n$ 为 θ 的渐进无偏估计量.

这里用样本容量 n 作下标,表示估计量 $\hat{\theta}_n$ 也是样本容量 n 的函数.

【例 6.9】 设总体 X 的概率密度函数为 $f(x;\lambda) = \begin{cases} \lambda e^{-\lambda x}, & x \geqslant 0 \\ 0, & x < 0 \end{cases}$，其中 $\lambda > 0$ 为未知参数，$X_1, X_2, \cdots, X_n$ 是来自 X 的样本，令 $Z = \min(X_1, X_2, \cdots, X_n)$，试证：$\overline{X}$ 和 nZ 都是 $\frac{1}{\lambda}$ 的无偏估计量.

证明 　因为 $E(X) = \frac{1}{\lambda}$，所以 $E(\overline{X}) = E\left(\frac{1}{n}\sum_{i=1}^{n}X_i\right) = \frac{1}{n}\sum_{i=1}^{n}E(X_i) = \frac{1}{n}\sum_{i=1}^{n}\frac{1}{\lambda} = \frac{1}{\lambda}$，即 $\overline{X}$ 是 $\frac{1}{\lambda}$ 的无偏估计量. 又因为 $E(nZ) = nE(Z)$，故只需求 Z 的数学期望即可, 首先求出 Z 的概率密度函数. 注意到 Z 的分布函数为

$$\begin{aligned}
F_Z(z) &= P[\min(X_1, X_2, \cdots, X_n) \leqslant z] \\
&= 1 - P[\min(X_1, X_2, \cdots, X_n) > z] \\
&= 1 - \prod_{i=1}^{n}[1 - P(X_i \leqslant z)] \\
&= 1 - [1 - F(z)]^n
\end{aligned}$$

这里 $F(\cdot)$ 是总体 X 的分布函数. 又总体 X 的分布函数为

$$F(x) = \int_{-\infty}^{x} f(t;\lambda)\mathrm{d}t = \begin{cases} 1 - e^{-\lambda x}, & x \geqslant 0 \\ 0, & x < 0 \end{cases}$$

故

$$F_Z(z) = \begin{cases} 1 - e^{-n\lambda z}, & z \geqslant 0 \\ 0, & z < 0 \end{cases}$$

于是 Z 的概率密度函数为

$$f_Z(z) = F_Z'(z) = \begin{cases} n\lambda e^{-n\lambda z}, & z \geqslant 0 \\ 0, & z < 0 \end{cases}$$

因而

$$E(Z) = \int_{-\infty}^{+\infty} z f_Z(z)\mathrm{d}z = \int_{0}^{+\infty} n\lambda z e^{-n\lambda z}\mathrm{d}z = \frac{1}{n\lambda}\Gamma(2) = \frac{1}{n\lambda}$$

所以 $E(nZ) = nE(Z) = \frac{1}{\lambda}$，即 nZ 也是 $\frac{1}{\lambda}$ 的无偏估计量.

从例 6.9 的讨论中我们发现, 一个待估计参数 θ 可能会有几个(甚至无穷多个)无偏估计量, 这就产生了哪一个无偏估计量更好的问题. 在 θ 的众多无偏估计量中, 自然要选择对 θ 的平均偏差较小者为好, 亦即一个较好的估计量应该有尽可能小的方差, 这便产生了有效性的要求.

6.2.2 有效性与均方误差

定义 6.4 设 $\hat{\theta}_1 = \hat{\theta}(X_1, X_2, \cdots, X_n)$ 与 $\hat{\theta}_2 = \hat{\theta}(X_1, X_2, \cdots, X_n)$ 都是参数 θ 的无偏估计量,若有

$$D(\hat{\theta}_1) < D(\hat{\theta}_2) \tag{6.9}$$

则称 $\hat{\theta}_1$ 比 $\hat{\theta}_2$ 有效.

【例 6.10】 试证明:在例 6.9 中,$\bar{X}$ 比 nZ 有效.

证明 因为

$$D(\bar{X}) = \frac{1}{n\lambda^2}, \quad D(nZ) = n^2 D(Z)$$

$$E(Z^2) = \int_{-\infty}^{+\infty} z^2 f_Z(z)\mathrm{d}z = \int_0^{+\infty} n\lambda z^2 \mathrm{e}^{-n\lambda z}\mathrm{d}z$$

$$= \frac{1}{n^2\lambda^2} \cdot \Gamma(3)$$

$$= \frac{2}{n^2\lambda^2}$$

故

$$D(Z) = E(Z^2) - \left[E(Z)\right]^2 = \frac{1}{n^2\lambda^2}, \quad D(nZ) = n^2 D(Z) = \frac{1}{\lambda^2}$$

所以当 $n>1$ 时,$D(\bar{X}) < D(nZ)$,因此 $\bar{X}$ 比 nZ 有效.

【例 6.11】 设总体 $X \sim N(0, \sigma^2)$,$\hat{\sigma}_1^2 = S^2, \hat{\sigma}_2^2 = \frac{1}{n}\sum_{i=1}^{n} X_i^2$,证明:$\hat{\sigma}_2^2$ 比 $\hat{\sigma}_1^2$ 有效.

证明 首先要验证它们是否都是方差 σ^2 的无偏估计量,事实上

$$E(\hat{\sigma}_1^2) = E(S^2) = \sigma^2$$

$$E(\hat{\sigma}_2^2) = \frac{1}{n}\sum_{i=1}^{n} E(X_i^2) = \frac{\sigma^2}{n}\sum_{i=1}^{n} E\left(\frac{X_i^2}{\sigma^2}\right) = \sigma^2$$

所以无偏性得证.再证明其有效性.实际上

$$D(\hat{\sigma}_1^2) = D(S^2) = \frac{2}{n-1}\sigma^4$$

$$D(\hat{\sigma}_2^2) = \frac{1}{n^2}\sum_{i=1}^{n} D(X_i^2) = \frac{\sigma^4}{n^2}\sum_{i=1}^{n} D\left(\frac{X_i^2}{\sigma^2}\right) = \frac{\sigma^4}{n^2}2n = \frac{2\sigma^4}{n}$$

从而有 $D(\hat{\sigma}_1^2) > D(\hat{\sigma}_2^2)$,因此 $\hat{\sigma}_2^2$ 比 $\hat{\sigma}_1^2$ 有效.

在实践中可能存在这样的情况:同一个参数的估计量有的可能是无偏但非有效,而另一个估计量可能是有偏但方差较小,此时应如何判断两个估计量谁优谁劣呢? 显然,此时单独使用无偏性或有效性中的任何一个标准去衡量都得不到结论,为此引入均方误差比较标准.

定义 6.5　设 $\hat{\theta} = \hat{\theta}(X_1, X_2, \cdots, X_n)$ 是参数 θ 的估计量,则定义均方误差标准为

$$\text{MSE}(\hat{\theta}) = E\big[(\hat{\theta} - \theta)^2\big]$$

展开上式的右边可得

$$\text{MSE}(\hat{\theta}) = \big[\text{Bias}(\hat{\theta})\big]^2 + D(\hat{\theta})$$

显然,均方误差标准综合了偏差和方差两个因素,如果两个估计量都为无偏估计量,则均方误差就转化为有效性评价标准;如果两个估计量方差相同,则均方误差就转化为无偏性评价标准.使用该指标评价的标准是使其取值最小的估计量为最优估计量.

【例 6.12】　设总体 $X \sim N(\mu, \sigma^2)$, $\hat{\sigma}_1^2 = S^2$, $\hat{\sigma}_3^2 = \dfrac{n-1}{n}S^2$,在 MSE 标准下比较哪个估计量更好.

解　根据前面的分析有

$$D(\hat{\sigma}_1^2) = \frac{2}{n-1}\sigma^4, \quad \text{Bias}(\hat{\sigma}_1^2) = 0$$

$$D(\hat{\sigma}_3^2) = \frac{2(n-1)}{n^2}\sigma^4, \quad \text{Bias}(\hat{\sigma}_3^2) = -\frac{1}{n}\sigma^2$$

从而有

$$\text{MSE}(\hat{\sigma}_1^2) = \frac{2}{n-1}\sigma^4, \quad \text{MSE}(\hat{\sigma}_3^2) = \frac{2(n-1)}{n^2}\sigma^4 + \frac{1}{n^2}\sigma^4 = \frac{2n-1}{n^2}\sigma^4$$

当 $n \geqslant 2$ 时有 $\text{MSE}(\hat{\sigma}_1^2) \geqslant \text{MSE}(\hat{\sigma}_3^2)$,从而在 MSE 标准下 $\hat{\sigma}_3^2$ 较 $\hat{\sigma}_1^2$ 更好些.

6.2.3　一致性

定义 6.6　设 $\hat{\theta}_n(X_1, X_2, \cdots, X_n)$ 是参数 θ 的估计量,若对于任意给定的 $\varepsilon > 0$ 有

$$\lim_{n \to \infty} P(|\hat{\theta}_n - \theta| < \varepsilon) = 1 \tag{6.10}$$

成立,则称 $\hat{\theta}_n$ 为 θ 的一致估计量,或称为相合估计量.

式(6.10)表明, $\hat{\theta}_n$ 是 θ 的一致估计量, 是指作为随机变量的 $\hat{\theta}_n$ 将按概率收敛到 θ, 即随着样本容量 n 的增大, $\hat{\theta}_n$ 趋向于 θ, 而出现较大偏差的概率变得很小. 因此, 一致性是估计量在大样本情况下表现出来的优良性质.

根据定义来判断 $\hat{\theta}_n$ 是否为 θ 的一致估计量有时较困难, 下面定理给出一致性判断的依据.

定理 6.1 设 $\hat{\theta}_n$ 是 θ 的估计量, 若 $\lim_{n \to \infty} \mathrm{MSE}(\hat{\theta}_n) = 0$, 则 $\hat{\theta}_n$ 是 θ 的一致估计量.

在这个定理中, 没有要求 $\hat{\theta}_n$ 满足无偏性, 如果无偏性得到满足, 则一致性判据简化为以下推论:

推论 6.1 设 $\hat{\theta}_n$ 是 θ 的无偏估计量, 若 $\lim_{n \to \infty} D(\hat{\theta}_n) = 0$, 则 $\hat{\theta}_n$ 是 θ 的一致估计量.

根据这个推论, 例 6.1 中的均值估计量 $\hat{\mu}_{\mathrm{MM}} = \overline{X}$ 为 μ 的一致估计量, 因为 $E(\overline{X}) = \mu, D(\overline{X}) = \dfrac{\sigma^2}{n}$, 显然有 $\lim_{n \to \infty} D(\overline{X}) = 0$. 另外, 当总体 $X \sim N(0, \sigma^2)$ 时, 方差 σ^2 的三个估计量 $\hat{\sigma}_1^2 = S^2, \hat{\sigma}_2^2 = \dfrac{1}{n} \sum_{i=1}^{n} X_i^2, \hat{\sigma}_3^2 = \dfrac{n-1}{n} S^2$ 都是 σ^2 一致性估计量, 因为例 6.11 和例 6.12 表明这三个估计量都满足定理 6.1 或其推论的条件.

6.3 单正态分布总体参数的区间估计

6.3.1 区间估计的概念

根据前面的分析知道, 估计量 $\hat{\theta}(X_1, X_2, \cdots, X_n)$ 的取值会随着样本观察值 $x_1, x_2, \cdots, x_n$ 的不同而不同. 因此每得到一组样本观察值, 就得到一个参数的估计值, 因此称之为点估计, 即使该估计量是无偏估计量, 在某次抽样时得到的估计值也许与真实值相差很大, 因为估计量的方差毕竟不为零. 因此, 对某次抽样下得到的估计值从心理上有点怀疑其合理性, 但我们又不能进行很多次抽样来得到多个估计值, 如果这样做, 也就失去了抽样的实际意义了. 所以我们有时更需要知道参数估计值可能变动的一个范围,并同时给出参数落在这个范围内的概率的大小.这种既给出参数的范围,又给出可靠程度的估计,显然更适合解决实际问题,这就是本节要讨论的区间估计问题,为此首先给出区间估计的定义.

定义6.7 设总体 X 的分布中含有未知参数 $\theta, X_1, X_2, \cdots, X_n$ 为取自 X 的样本,对于给定的正数 $\alpha \in (0, 1)$,若统计量 $\hat{\theta}_1 (X_1, X_2, \cdots, X_n)$ 与 $\hat{\theta}_2 (X_1, X_2, \cdots, X_n)$ 满足

$$P[\hat{\theta}_1 (X_1, X_2, \cdots, X_n) < \theta < \hat{\theta}_2 (X_1, X_2, \cdots, X_n)] = 1 - \alpha \quad (6.11)$$

则称 $1 - \alpha$ 为置信度(可靠度),区间 $(\hat{\theta}_1, \hat{\theta}_2)$ 为 θ 的置信度是 $1 - \alpha$ 的置信区间,$\hat{\theta}_1, \hat{\theta}_2$ 分别为置信下限与置信上限,并称这样的参数估计为双侧区间估计.需要注意的是,这里的 α 是事先给定的(通常 α 取 $0.05, 0.01$ 等),我们称之为显著性水平.

直观上我们知道,如果 $1 - \alpha$ 很大,则两个置信限之间的距离就很大,区间估计的宽度就变宽,估计的精度就相应地下降,反之则宽度变窄,估计精度就升高.因此我们可以推测 $\hat{\theta}_1, \hat{\theta}_2$ 实际上是显著性水平 α 的函数,后面的分析将证实这个结论.

我们还需要注意,待估计参数 θ 的真值是客观存在的确定值,而置信限 $\hat{\theta}_1, \hat{\theta}_2$ 却是由样本确定的统计量,所以区间 $(\hat{\theta}_1, \hat{\theta}_2)$ 是随机的.在样本容量都相同的条件下,反复抽样多次,每组样本的观测值都能确定一个具体区间 $(\hat{\theta}_1, \hat{\theta}_2)$,每个区间可能包含 θ 的真值,也可能不包含 θ 的真值.式(6.11)的统计含义是:在许多区间 $(\hat{\theta}_1, \hat{\theta}_2)$ 中,包含 θ 真值的区间约占 $100(1 - \alpha)\%$,不包含 θ 真值的区间 $(\hat{\theta}_1, \hat{\theta}_2)$ 约占 $100\alpha\%$,即区间 $(\hat{\theta}_1, \hat{\theta}_2)$ 以 $1 - \alpha$ 的概率包含参数 θ 的真值.因此式(6.11)实际上是事件 $\{\theta \in (\hat{\theta}_1, \hat{\theta}_2)\}$ 的概率.根据这个理解,要想得到 θ 的区间估计,必须解决两个问题:一是必须结合被估计的对象和估计条件选择一个合适的统计量;二是对选择的统计量进行适当变形使之包含待估计参数 θ 并且具有确定的分布,从而可以计算其分位数,只有这样才能构造置信区间 $(\hat{\theta}_1, \hat{\theta}_2)$,并计算事件 $\{\theta \in (\hat{\theta}_1, \hat{\theta}_2)\}$ 的概率.实际上这种思想贯穿本节与下节所有情况下的参数估计问题,所不同的是估计的对象与估计的条件不同而导致选择的样本统计量不同而已.

本节首先就单正态分布总体下的均值与方差这两个参数作区间估计,对于双正态分布总体的参数估计将在下一节讨论.

6.3.2 σ^2 已知时 μ 的区间估计

设总体 $X \sim N(\mu, \sigma^2)$，$X_1, X_2, \cdots, X_n$ 为取自 X 的样本，且

$$\bar{X} = \frac{1}{n} \sum_{i=1}^{n} X_i, \quad S^2 = \frac{1}{n-1} \sum_{i=1}^{n} (X_i - \bar{X})^2$$

因为作为 μ 无偏估计的样本均值 $\bar{X} \sim N(\mu, \sigma^2/n)$，所以样本均值统计量 $\bar{X}$ 既具有明确的分布，又含有待估计的参数 μ，故采用取标准化了的随机变量

$$Z = \frac{\bar{X} - \mu}{\sigma/\sqrt{n}} \sim N(0,1)$$

来进行区间估计. 对于给定的置信度 $1-\alpha$，存在 $N(0,1)$ 分布的双侧 α 分位数 $z_{\alpha/2}$，使得

$$P(|Z| < z_{\alpha/2}) = 1 - \alpha$$

即

$$P\left(-z_{\alpha/2} < \frac{\bar{X} - \mu}{\sigma/\sqrt{n}} < z_{\alpha/2}\right) = 1 - \alpha$$

经不等式变形，得

$$P\left(\bar{X} - z_{\alpha/2} \frac{\sigma}{\sqrt{n}} < \mu < \bar{X} + z_{\alpha/2} \frac{\sigma}{\sqrt{n}}\right) = 1 - \alpha$$

故 μ 的置信度为 $1-\alpha$ 的置信区间为

$$\left(\bar{X} - z_{\alpha/2} \frac{\sigma}{\sqrt{n}}, \bar{X} + z_{\alpha/2} \frac{\sigma}{\sqrt{n}}\right) \tag{6.12}$$

【例 6.13】 某灯具生产厂家生产一种 60 W 的灯泡，假设其寿命为随机变量 X 服从正态分布 $N(\mu, 36^2)$. 现在从该厂生产的这种灯泡中随机地抽取了 27 个产品进行测试，直到灯泡烧坏，测得它们的平均寿命为 1 478 小时. 请计算该厂 60 W 灯泡的平均寿命的置信度为 95% 的置信区间.

解 上述问题实际上就是求总体均值的置信区间. 由已知条件可得，总体方差 $\sigma^2 = 36^2$，样本容量为 $n = 27$，样本均值 $\bar{x} = 1\,478$. 因为置信度为 $1 - \alpha = 0.95$，所以查标准正态分布表可得 $z_{\alpha/2} = z_{0.025} = 1.96$，因此有

$$\bar{x} - z_{\alpha/2} \frac{\sigma}{\sqrt{n}} = 1\,478 - 1.96 \times \frac{36}{\sqrt{27}} = 1\,478 - 13.58 = 1\,464.42$$

$$\bar{x} + z_{\alpha/2} \frac{\sigma}{\sqrt{n}} = 1\,478 + 1.96 \times \frac{36}{\sqrt{27}} = 1\,478 + 13.58 = 1\,491.58$$

因此该厂 60 W 灯泡的平均寿命的置信度为 95% 的置信区间为

$$(1\,464.42, 1\,491.58)$$

实际问题中的 μ 与 σ^2 往往都是未知的,下面讨论在 σ^2 未知情形下对 μ 的区间估计.

6.3.3　σ^2 未知时 μ 的区间估计

因为 σ^2 未知,自然考虑用其无偏估计量 S^2 来代替它,根据定理5.3,可取随机变量

$$t = \frac{\overline{X} - \mu}{S}\sqrt{n} \sim t(n-1)$$

显然 t 分布满足区间估计的要求.对于给定的置信度 $1-\alpha$,则存在 $t(n-1)$ 分布的双侧 α 分位数 $t_{\alpha/2}(n-1)$,使得

$$P[\,|t| < t_{\alpha/2}(n-1)\,] = 1 - \alpha$$

即

$$P\left[-t_{\alpha/2}(n-1) < \frac{\overline{X}-\mu}{S}\sqrt{n} < t_{\alpha/2}(n-1)\right] = 1 - \alpha$$

不等式变形得

$$P\left[\overline{X} - t_{\alpha/2}(n-1)\frac{S}{\sqrt{n}} < \mu < \overline{X} + t_{\alpha/2}(n-1)\frac{S}{\sqrt{n}}\right] = 1 - \alpha$$

故 μ 的置信度为 $1-\alpha$ 的置信区间为

$$\left(\overline{X} - \frac{S}{\sqrt{n}}t_{\alpha/2}(n-1), \overline{X} + \frac{S}{\sqrt{n}}t_{\alpha/2}(n-1)\right) \tag{6.13}$$

【**例 6.14**】　假定可口可乐公司生产的瓶装雪碧的容量服从正态分布 $N(\mu, \sigma^2)$,瓶上标明净容量是 500 ml,在市场上随机抽取了 25 瓶,测得到其平均容量为 499.5 ml,标准差为 2.63 ml.试求该公司生产的这种瓶装饮料的平均容量的置信度为 99% 的置信区间.

解　由已知可得,样本容量为 $n = 25$,样本均值 $\bar{x} = 499.5$,样本标准差为 $s = 2.63$,因为置信度 $1 - \alpha = 0.99$,查自由度为 $n - 1 = 24$ 的 t 分布表得分位数 $t_{\alpha/2}(n-1) = t_{0.005}(24) = 2.797$,所以

$$\bar{x} - t_{\alpha/2}(n-1) \times \frac{s}{\sqrt{n}} = 499.5 - 2.797 \times 2.63/\sqrt{25} = 499.5 - 1.4712$$

$$\approx 498.03$$

$$\bar{x} + t_{\alpha/2}(n-1) \times \frac{s}{\sqrt{n}} = 499.5 + 2.797 \times 2.63/\sqrt{25} = 499.5 + 1.4712$$

$$\approx 500.97$$

因此,该公司生产的这种瓶装饮料的平均容量的置信度为 99% 的置信区间为 $(498.03, 500.97)$.

6.3.4 大样本时 μ 的区间估计

对于大样本(通常是指 $n \geqslant 30$),即使不知道总体服从什么分布,我们也可以用式(6.12)对单个总体均值 μ 进行近似区间估计. 这是因为中心极限定理告诉我们估计 μ 的随机变量 $\overline{X}$ 近似于正态分布.

【例 6.15】 某商店为了解用户对某种商品的需求量,调查了 100 个用户,得出每户每月平均需要该商品 10 kg,根据经验得知每户需求量方差 $\sigma_0^2 = 9\ kg^2$. 如果这个商店供应 10 000 个用户,就用户对这种商品的平均需求量 μ 进行区间估计,并给出这 10 000 个用户对这种商品总需求量的区间估计,取 $\alpha = 0.01$.

解 设用户对该商品的需求量记为 X,由于 $n = 100$ 较大,所以 X 近似服从正态分布. 由已知条件可知 $E(X) = \mu$,$D(X) = 9$,于是 X 近似服从正态分布 $N(\mu, 3^2)$,则

$$\frac{\overline{X} - \mu}{3/\sqrt{100}} \sim N(0, 1)$$

于是有

$$P\left(-z_{\alpha/2} < \frac{\overline{X} - \mu}{3/10} < z_{\alpha/2}\right) = 1 - \alpha$$

可得 μ 的置信度为 $1 - \alpha = 0.99$ 的置信区间为 $\left(\bar{x} - z_{\alpha/2}\frac{3}{10}, \bar{x} + z_{\alpha/2}\frac{3}{10}\right)$. 已知 $\bar{x} = 10$,故 μ 的置信度为 99% 的置信区间为

$$\left(10 - 2.58 \times \frac{3}{10}, 10 + 2.58 \times \frac{3}{10}\right) = (9.226, 10.774)$$

由题意可知 10 000 个用户对该商品的总需求量置信度为 99% 的置信区间为

$$(10\ 000 \times 9.226, 10\ 000 \times 10.774) = (92\ 260, 107\ 740)$$

6.3.5 μ 已知时 σ^2 的区间估计

当 μ 已知时,可以考虑的随机变量为

$$\chi^2 = \sum_{i=1}^{n}\left(\frac{X_i - \mu}{\sigma}\right)^2 \sim \chi^2(n)$$

对于给定的置信度 $1 - \alpha$,存在 $\chi^2(n)$ 分布的上 $\alpha/2$ 分位数 $\chi_{\alpha/2}^2(n)$ 及下 $\alpha/2$ 分位数 $\chi_{1-\alpha/2}^2(n)$,使得

$$P[\chi^2_{1-\alpha/2}(n) < \chi^2 < \chi^2_{\alpha/2}(n)] = 1 - \alpha$$

即

$$P\left[\chi^2_{1-\alpha/2}(n) < \sum_{i=1}^{n}\left(\frac{X_i - \mu}{\sigma}\right)^2 < \chi^2_{\alpha/2}(n)\right] = 1 - \alpha$$

经不等式变形得

$$P\left[\frac{\sum\limits_{i=1}^{n}(X_i - \mu)^2}{\chi^2_{\alpha/2}(n)} < \sigma^2 < \frac{\sum\limits_{i=1}^{n}(X_i - \mu)^2}{\chi^2_{1-\alpha/2}(n)}\right] = 1 - \alpha$$

故方差 σ^2 的置信度为 $1-\alpha$ 的置信区间为

$$\left(\frac{\sum\limits_{i=1}^{n}(X_i - \mu)^2}{\chi^2_{\alpha/2}(n)}, \frac{\sum\limits_{i=1}^{n}(X_i - \mu)^2}{\chi^2_{1-\alpha/2}(n)}\right) \tag{6.14}$$

而标准差 σ 的置信度为 $1-\alpha$ 的置信区间为

$$\left(\sqrt{\frac{\sum\limits_{i=1}^{n}(X_i - \mu)^2}{\chi^2_{\alpha/2}(n)}}, \sqrt{\frac{\sum\limits_{i=1}^{n}(X_i - \mu)^2}{\chi^2_{1-\alpha/2}(n)}}\right)$$

6.3.6 μ 未知时 σ^2 的区间估计

根据区间估计的两个条件,很容易想到应该使用样本方差统计量 S^2 进行区间估计.根据定理 5.2,有

$$\chi^2 = \frac{(n-1)S^2}{\sigma^2} \sim \chi^2(n-1)$$

对于给定的置信度 $1-\alpha$,存在 $\chi^2(n-1)$ 分布的上 $\alpha/2$ 分位数 $\chi^2_{\alpha/2}(n-1)$ 及下 $\alpha/2$ 分位数 $\chi^2_{1-\alpha/2}(n-1)$,使得

$$P[\chi^2_{1-\alpha/2}(n-1) < \chi^2 < \chi^2_{\alpha/2}(n-1)] = 1 - \alpha$$

即

$$P\left[\chi^2_{1-\alpha/2}(n-1) < \frac{(n-1)S^2}{\sigma^2} < \chi^2_{\alpha/2}(n-1)\right] = 1 - \alpha$$

经不等式变形,得

$$P\left[\frac{(n-1)S^2}{\chi^2_{\alpha/2}(n-1)} < \sigma^2 < \frac{(n-1)S^2}{\chi^2_{1-\alpha/2}(n-1)}\right] = 1 - \alpha$$

故方差 σ^2 的置信度为 $1-\alpha$ 的置信区间为

$$\left(\frac{(n-1)S^2}{\chi^2_{\alpha/2}(n-1)}, \frac{(n-1)S^2}{\chi^2_{1-\alpha/2}(n-1)}\right) \tag{6.15}$$

而标准差 σ 的置信度为 $1-\alpha$ 的置信区间为

$$\left(\sqrt{\frac{(n-1)S^2}{\chi_{\alpha/2}^2(n-1)}},\sqrt{\frac{(n-1)S^2}{\chi_{1-\alpha/2}^2(n-1)}}\right)$$

【例 6.16】 假设岩石密度的测量误差服从正态分布,随机抽测 12 个样品,测得 $s=0.2$,求 σ^2 的置信区间(取 $\alpha=0.1$).

解 查附表 3 得 $\chi_{0.05}^2(11)=19.675$,$\chi_{0.95}^2(11)=4.575$,根据式(6.14)得 σ^2 的置信区间为

$$\left(\frac{(n-1)s^2}{\chi_{\alpha/2}^2(n-1)},\frac{(n-1)s^2}{\chi_{1-\alpha/2}^2(n-1)}\right)=(0.02,0.10)$$

6.4 双正态分布总体参数的区间估计

在实践中,常常需要对两个总体的平均水平的差异进行区间估计,例如考察两个地区城镇人口的人均可支配收入的差距有多大,或者对衡量可支配收入变动程度的方差的差异进行区间估计,这都需要对两个正态分布总体的均值差和方差比作区间估计.

设总体 $X \sim N(\mu_1,\sigma_1^2)$,$Y \sim N(\mu_2,\sigma_2^2)$,$X_1,X_2,\cdots,X_{n_1}$ 与 $Y_1,Y_2,\cdots,Y_{n_2}$ 分别为取自独立总体 X 与 Y 的两组样本,记

$$\overline{X}=\frac{1}{n_1}\sum_{i=1}^{n_1}X_i,\quad \overline{Y}=\frac{1}{n_2}\sum_{j=1}^{n_2}Y_j$$

$$S_1^2=\frac{1}{n_1-1}\sum_{i=1}^{n_1}(X_i-\overline{X})^2,\quad S_2^2=\frac{1}{n_2-1}\sum_{j=1}^{n_2}(Y_j-\overline{Y})^2$$

分别为两个总体的样本均值与样本方差统计量,类似地可以给出各自对应的统计值.

6.4.1 σ_1^2,σ_2^2 均已知时 $\mu_1-\mu_2$ 的区间估计

这时的随机变量可取为

$$Z=\frac{\overline{X}-\overline{Y}-(\mu_1-\mu_2)}{\sqrt{\dfrac{\sigma_1^2}{n_1}+\dfrac{\sigma_2^2}{n_2}}} \sim N(0,1)$$

对于给定的置信度 $1-\alpha$,存在 $N(0,1)$ 的双侧分位数 $z_{\alpha/2}$,使得

$$P(|Z|<z_{\alpha/2})=1-\alpha$$

即

$$P\left[-z_{\alpha/2} < \frac{\overline{X} - \overline{Y} - (\mu_1 - \mu_2)}{\sqrt{\dfrac{\sigma_1^2}{n_1} + \dfrac{\sigma_2^2}{n_2}}} < z_{\alpha/2}\right] = 1 - \alpha$$

经不等式变形,得

$$P\left(\overline{X} - \overline{Y} - z_{\alpha/2}\sqrt{\frac{\sigma_1^2}{n_1} + \frac{\sigma_2^2}{n_2}} < \mu_1 - \mu_2 < \overline{X} - \overline{Y} + z_{\alpha/2}\sqrt{\frac{\sigma_1^2}{n_1} + \frac{\sigma_2^2}{n_2}}\right) = 1 - \alpha$$

故 $\mu_1 - \mu_2$ 的置信度为 $1 - \alpha$ 的置信区间为

$$\left(\overline{X} - \overline{Y} - z_{\alpha/2}\sqrt{\frac{\sigma_1^2}{n_1} + \frac{\sigma_2^2}{n_2}}, \overline{X} - \overline{Y} + z_{\alpha/2}\sqrt{\frac{\sigma_1^2}{n_1} + \frac{\sigma_2^2}{n_2}}\right) \tag{6.16}$$

【例 6.17】 设有两个总体 $X \sim N(\mu_1, 24)$,$Y \sim N(\mu_2, 18)$,从两个总体中分别抽取容量为 70 与 90 的两组相互独立的样本,并得到样本均值分别为 $\bar{x} = 52.6$,$\bar{y} = 48.5$,试求 $\mu_1 - \mu_2$ 的置信度为 99% 的置信区间.

解 由 $1 - \alpha = 0.99$,查附表 2 得 $z_{\alpha/2} = z_{0.005} = 2.58$,又

$$\sqrt{\frac{\sigma_1^2}{n_1} + \frac{\sigma_2^2}{n_2}} = \sqrt{\frac{24}{70} + \frac{18}{90}} = 0.736\,8$$

根据式(6.16),$\mu_1 - \mu_2$ 的置信度为 99% 的置信区间为

$$\left(\bar{x} - \bar{y} - z_{\alpha/2}\sqrt{\frac{\sigma_1^2}{n_1} + \frac{\sigma_2^2}{n_2}}, \bar{x} - \bar{y} + z_{\alpha/2}\sqrt{\frac{\sigma_1^2}{n_1} + \frac{\sigma_2^2}{n_2}}\right)$$

$$= (52.6 - 48.5 - 2.58 \times 0.736\,8, 52.6 - 48.5 + 2.58 \times 0.736\,8)$$

$$= (2.199, 6.001)$$

6.4.2 σ_1^2, σ_2^2 均未知且相等时 $\mu_1 - \mu_2$ 的区间估计

对于这种条件下的参数估计问题,可使用随机变量

$$T = \frac{\overline{X} - \overline{Y} - (\mu_1 - \mu_2)}{S_W\sqrt{\dfrac{1}{n_1} + \dfrac{1}{n_2}}} \sim t(n_1 + n_2 - 2)$$

其中 $S_W = \sqrt{\dfrac{(n_1 - 1)S_1^2 + (n_2 - 1)S_2^2}{n_1 + n_2 - 2}}$.对于给定的置信度 $1 - \alpha$,存在 $t(n_1 + n_2 - 2)$ 分布的双侧 α 分位数 $t_{\alpha/2}(n_1 + n_2 - 2)$,使得

$$P[|T| < t_{\alpha/2}(n_1 + n_2 - 2)] = 1 - \alpha$$

即

$$P\left[-t_{\alpha/2}(n_1 + n_2 - 2) < \frac{\overline{X} - \overline{Y} - (\mu_1 - \mu_2)}{S_W\sqrt{\dfrac{1}{n_1} + \dfrac{1}{n_2}}} < t_{\alpha/2}(n_1 + n_2 - 2)\right] = 1 - \alpha$$

经不等式变形得

$$P\left[\bar{X} - \bar{Y} - S_W \sqrt{\frac{1}{n_1} + \frac{1}{n_2}}\, t_{\alpha/2}(n_1 + n_2 - 2) < \mu_1 - \mu_2\right.$$

$$\left. < \bar{X} - \bar{Y} + S_W \sqrt{\frac{1}{n_1} + \frac{1}{n_2}}\, t_{\alpha/2}(n_1 + n_2 - 2)\right]$$

$$= 1 - \alpha$$

故 $\mu_1 - \mu_2$ 的置信度为 $1 - \alpha$ 的置信区间为

$$\left(\bar{X} - \bar{Y} - S_W \sqrt{\frac{1}{n_1} + \frac{1}{n_2}}\, t_{\alpha/2}(n_1 + n_2 - 2),\, \bar{X} - \bar{Y}\right.$$

$$\left. + S_W \sqrt{\frac{1}{n_1} + \frac{1}{n_2}}\, t_{\alpha/2}(n_1 + n_2 - 2)\right) \tag{6.17}$$

需要指出的是,用式(6.17)确定 $\mu_1 - \mu_2$ 的置信区间,其前提是两个正态分布总体方差相等,否则不能使用式(6.17).

【例 6.18】 某厂分别从两条流水生产线上抽取样本 $X_1, X_2, \cdots, X_{12}$ 及 Y_1, $Y_2, \cdots, Y_{17}$,测得 $\bar{x} = 10.6, \bar{y} = 9.5, s_1^2 = 2.4, s_2^2 = 4.7$.设两个正态分布总体的期望分别为 μ_1 和 μ_2,且方差相同,试求 $\mu_1 - \mu_2$ 的置信度为 95% 的置信区间.

解 由题中的条件得到 $s_w^2 = \dfrac{(n_1 - 1)s_1^2 + (n_2 - 1)s_2^2}{n_1 + n_2 - 2} = \dfrac{11 \times 2.4 + 16 \times 4.7}{12 + 17 - 2} =$

3.763,从而得 $s_w = \sqrt{3.763} = 1.94$.查附表 4 得 $t_{\alpha/2}(n_1 + n_2 - 2) = t_{0.025}(27) =$ 2.051 8,而 $\bar{x} - \bar{y} = 10.6 - 9.5 = 1.1$,故

$$t_{0.025}(27) s_w \sqrt{\frac{1}{n_1} + \frac{1}{n_2}} = 2.051\,8 \times 1.94 \sqrt{\frac{1}{12} + \frac{1}{17}} \approx 1.50$$

根据式(6.17)得 $\mu_1 - \mu_2$ 的置信度为 95% 的置信区间为

$$(1.1 - 1.50,\, 1.1 + 1.50) = (-0.40, 2.60)$$

6.4.3 μ_1, μ_2 均未知时 σ_1^2/σ_2^2 的区间估计

对于这种条件下的参数估计问题,可使用如下分布的随机变量:

$$F = \frac{S_1^2/\sigma_1^2}{S_2^2/\sigma_2^2} = \frac{S_1^2/S_2^2}{\sigma_1^2/\sigma_2^2} \sim F(n_1 - 1, n_2 - 1)$$

对于给定的置信度 $1 - \alpha$,存在 $F(n_1 - 1, n_2 - 1)$ 分布的上 $\alpha/2$ 分位数 $F_{\alpha/2}(n_1 - 1, n_2 - 1)$ 及下 $\alpha/2$ 分位数 $F_{1-\alpha/2}(n_1 - 1, n_2 - 1)$,使得

$$P[F_{1-\alpha/2}(n_1 - 1, n_2 - 1) < F < F_{\alpha/2}(n_1 - 1, n_2 - 1)] = 1 - \alpha$$

即

$$P\left[F_{1-\alpha/2}(n_1 - 1, n_2 - 1) < \frac{S_1^2/S_2^2}{\sigma_1^2/\sigma_2^2} < F_{\alpha/2}(n_1 - 1, n_2 - 1)\right] = 1 - \alpha$$

经不等式变形得

$$P\left[\frac{S_1^2}{S_2^2} \times \frac{1}{F_{\alpha/2}(n_1-1, n_2-1)} < \frac{\sigma_1^2}{\sigma_2^2} < \frac{S_1^2}{S_2^2} \times \frac{1}{F_{1-\alpha/2}(n_1-1, n_2-1)}\right] = 1 - \alpha$$

即

$$P\left[\frac{S_1^2}{S_2^2} \times \frac{1}{F_{\alpha/2}(n_1-1, n_2-1)} < \frac{\sigma_1^2}{\sigma_2^2} < \frac{S_1^2}{S_2^2} \times F_{\alpha/2}(n_2-1, n_1-1)\right] = 1 - \alpha$$

故 σ_1^2/σ_2^2 的置信度为 $1-\alpha$ 的置信区间为

$$\left(\frac{S_1^2}{S_2^2} \times \frac{1}{F_{\alpha/2}(n_1-1, n_2-1)}, \frac{S_1^2}{S_2^2} \times F_{\alpha/2}(n_2-1, n_1-1)\right) \tag{6.18}$$

【例 6.19】 设两位化验员 A, B 分别独立地对某种化合物各做 10 次测定,测定值的样本方差分别为 $s_A^2 = 0.541\,9, s_B^2 = 0.606\,5$. 设两个总体均服从正态分布,求方差比 σ_A^2/σ_B^2 的置信度为 95% 的置信区间.

解 根据题目条件,查表得

$$F_{\alpha/2}(9,9) = F_{0.025}(9,9) = 4.03, \quad F_{1-\alpha/2}(9,9) = \frac{1}{F_{\alpha/2}(9,9)} = \frac{1}{4.03} = 0.248\,1$$

根据求置信区间的公式得 σ_A^2/σ_B^2 的置信区间为

$$\left(\frac{s_A^2}{s_B^2} \times \frac{1}{F_{0.025}(9,9)}, \frac{s_A^2}{s_B^2} \times \frac{1}{F_{0.975}(9,9)}\right) = \left(\frac{0.541\,9}{0.606\,5} \times \frac{1}{4.03}, \frac{0.541\,9}{0.606\,5} \times 4.03\right)$$

$$= (0.222, 3.601)$$

6.5 单侧置信限

在前面的区间估计中,我们同时得到参数估计的置信上限和置信下限,即总体分布中的未知参数 θ 的双侧置信区间 $(\hat{\theta}_1, \hat{\theta}_2)$. 在一些实际问题中,我们可能只关注其中的上限或下限. 例如灯泡的寿命,我们希望了解其最低的寿命是多少. 又如产品的单位成本,我们只需要知道其最大可能值是多少. 这分别对应参数的下限估计和上限估计,统称为单侧置信限. 首先引入如下的定义:

定义 6.8 设 θ 是总体 X 分布中的未知参数,对于给定的值 $\alpha(0 < \alpha < 1)$,若由 X 的样本 $X_1, X_2, \cdots, X_n$ 确定的估计量 $\hat{\theta}_1 = \hat{\theta}_1(X_1, X_2, \cdots, X_n)$ 满足

$$P(\theta > \hat{\theta}_1) = 1 - \alpha$$

则称 $\hat{\theta}_1$ 是 θ 的置信度为 $1-\alpha$ 的单侧置信下限;又若有估计量 $\hat{\theta}_2 = \hat{\theta}_2(X_1, X_2, \cdots, X_n)$ 满足

$$P(\theta < \hat{\theta}_2) = 1 - \alpha$$

则称 $\hat{\theta}_2$ 是 θ 的置信度为 $1-\alpha$ 的单侧置信上限.

以单正态分布总体为例说明单侧置信限的推导过程. 假设总体 $X \sim N(\mu, \sigma^2)$，其中 σ^2 未知，则确定 μ 的置信度为 $1-\alpha$ 的单侧置信下限的过程如下：

与 σ^2 未知时构造 μ 的双侧置信区间的方法相同，取随机变量

$$t = \frac{\overline{X} - \mu}{S / \sqrt{n}} \sim t(n-1)$$

对于给定的置信度 $1-\alpha$，存在 $t(n-1)$ 分布的上 α 分位数 $t_\alpha(n-1)$，使得

$$P[t < t_\alpha(n-1)] = 1 - \alpha$$

即

$$P\left[\frac{\overline{X} - \mu}{S} \sqrt{n} < t_\alpha(n-1)\right] = 1 - \alpha$$

经不等式变形得

$$P\left[\mu > \overline{X} - t_\alpha(n-1)\frac{S}{\sqrt{n}}\right] = 1 - \alpha$$

故 μ 的置信度为 $1-\alpha$ 的单侧置信下限为

$$\overline{X} - t_\alpha(n-1)\frac{S}{\sqrt{n}} \tag{6.19}$$

对于给定的置信度 $1-\alpha$，存在 $t(n-1)$ 分布的下 α 分位数

$$t_{1-\alpha}(n-1) = -t_\alpha(n-1)$$

使得

$$P[t > t_{1-\alpha}(n-1)] = 1 - \alpha$$

即

$$P\left[\frac{\overline{X} - \mu}{S} \sqrt{n} > -t_\alpha(n-1)\right] = 1 - \alpha$$

经不等式变形得

$$P\left[\mu < \overline{X} + t_\alpha(n-1)\frac{S}{\sqrt{n}}\right] = 1 - \alpha$$

故 μ 的置信度为 $1-\alpha$ 的单侧置信上限为

$$\overline{X} + t_\alpha(n-1)\frac{S}{\sqrt{n}} \tag{6.20}$$

类似地，可以得到方差 σ^2 的单侧置信限，具体结果如表 6.3 中的计算公式所示.

【例 6.20】 已知电子元件的寿命 X（单位：小时）服从正态分布，即 $X \sim N(\mu, \sigma^2)$，其中 μ 和 σ^2 都未知，随机抽取 6 个元件测试，得到数据 $\bar{x} = 4\,563.2$，$s^2 = 1\,024$. 设置信度为 95%，试分别求 μ 的单侧置信下限和 σ^2 的单侧置信上限.

解 由题知 $\bar{x} = 4\,563.2$，$s^2 = 1\,024$. 根据单侧置信区间的定义可知 μ 的置信

度为 $1-\alpha$ 的单侧置信下限为 $\hat{\mu}_1 = \bar{X} - \dfrac{S}{\sqrt{n}} t_\alpha(n-1)$,其中 $t_\alpha(n-1) = t_{0.05}(5) = 2.02$,代入样本观察值得

$$\hat{\mu}_1 = 4\,563.2 - \frac{32}{\sqrt{6}} \times 2.02 = 4\,563.2 - 26.39 = 4\,536.81$$

查附表 3 得 $\chi^2_{1-\alpha}(n-1) = \chi^2_{0.95}(5) = 1.145$,则 σ^2 的置信度为 $1-\alpha$ 的单侧置信上限为

$$\hat{\sigma}^2 = \frac{(n-1)s^2}{\chi^2_{1-\alpha}(n-1)} = \frac{5 \times 1\,024}{1.145} = 4\,471.62$$

在其他各种情形下,未知参数或参数间的差异的单侧置信下限或上限,都可以参照求解双侧置信区间的方式得到.实际上,无论是单个还是两个正态分布总体的单侧置信限估计,只需将对应情况下的双侧置信区间中的 $\alpha/2$ 换成 α 并取区间估计公式中的一侧就可以了,我们将 6.3 节、6.4 节和本节所介绍的双侧和单侧置信区间公式进行总结,列在表 6.3 中,其中的单侧置信区间公式的推导请读者自行完成.

表 6.3 正态分布总体未知参数的置信区间公式

待估计参数	估计条件	置信区间	单侧置信下限	单侧置信上限
μ	σ^2 已知	$\bar{X} \pm z_{\alpha/2} \dfrac{\sigma}{\sqrt{n}}$	$\bar{X} - z_\alpha \dfrac{\sigma}{\sqrt{n}}$	$\bar{X} + z_\alpha \dfrac{\sigma}{\sqrt{n}}$
	σ^2 未知	$\bar{X} \pm \dfrac{S}{\sqrt{n}} t_{\alpha/2}(n-1)$	$\bar{X} - \dfrac{S}{\sqrt{n}} t_\alpha(n-1)$	$\bar{X} + \dfrac{S}{\sqrt{n}} t_\alpha(n-1)$
σ^2	μ 未知	$\left(\dfrac{(n-1)S^2}{\chi^2_{\alpha/2}(n-1)}, \dfrac{(n-1)S^2}{\chi^2_{1-\alpha/2}(n-1)} \right)$	$\dfrac{(n-1)S^2}{\chi^2_\alpha(n-1)}$	$\dfrac{(n-1)S^2}{\chi^2_{1-\alpha}(n-1)}$
	μ 已知	$\left(\dfrac{\sum\limits_{i=1}^{n}(X_i-\mu)^2}{\chi^2_{\alpha/2}(n)}, \dfrac{\sum\limits_{i=1}^{n}(X_i-\mu)^2}{\chi^2_{1-\alpha/2}(n)} \right)$	$\dfrac{\sum\limits_{i=1}^{n}(X_i-\mu)^2}{\chi^2_\alpha(n)}$	$\dfrac{\sum\limits_{i=1}^{n}(X_i-\mu)^2}{\chi^2_{1-\alpha}(n)}$
$\mu_1 - \mu_2$	σ_1^2, σ_2^2 均已知	$\bar{X} - \bar{Y} \pm z_{\alpha/2}\sqrt{\dfrac{\sigma_1^2}{n_1} + \dfrac{\sigma_2^2}{n_2}}$	$\bar{X} - \bar{Y} - z_\alpha\sqrt{\dfrac{\sigma_1^2}{n_1} + \dfrac{\sigma_2^2}{n_2}}$	$\bar{X} - \bar{Y} + z_\alpha\sqrt{\dfrac{\sigma_1^2}{n_1} + \dfrac{\sigma_2^2}{n_2}}$
	$\sigma_1^2 = \sigma_2^2 = \sigma^2$ 未知	$\bar{X} - \bar{Y} \pm t_{\alpha/2}(n_1+n_2-2)$ $\times S_w\sqrt{\dfrac{1}{n_1} + \dfrac{1}{n_2}}$	$\bar{X} - \bar{Y} - t_\alpha(n_1+n_2-2)$ $\times S_w\sqrt{\dfrac{1}{n_1} + \dfrac{1}{n_2}}$	$\bar{X} - \bar{Y} + t_\alpha(n_1+n_2-2)$ $\times S_w\sqrt{\dfrac{1}{n_1} + \dfrac{1}{n_2}}$
$\dfrac{\sigma_1^2}{\sigma_2^2}$	μ_1, μ_2 未知	$\left(\dfrac{S_1^2/S_2^2}{F_{\alpha/2}(n_1-1, n_2-1)}, \dfrac{S_1^2/S_2^2}{F_{1-\alpha/2}(n_1-1, n_2-1)} \right)$	$\dfrac{S_1^2/S_2^2}{F_\alpha(n_1-1, n_2-1)}$	$\dfrac{S_1^2/S_2^2}{F_{1-\alpha}(n_1-1, n_2-1)}$

6.6 其他非正态分布参数的区间估计

上两节讨论的参数区间估计,是对正态分布总体中的参数进行的,而对非正态分布的总体,由于没有相应的抽样分布定理可应用,样本函数的分布难以确定,因而总体分布中未知参数的置信区间就难以构造,但当样本容量较大时,可以利用中心极限定理来近似估计.本节以 0-1 分布、卡方分布和泊松分布为例,讨论大样本情况下非正态分布总体的参数估计问题.

设总体 X 服从 0-1 分布,即 $X \sim B(1,p)$,$E(X) = p$,$D(X) = p(1-p)$,其概率分布为

$$P(X = x) = p^x (1-p)^{1-x} \quad (x = 0,1)$$

其中参数 p 未知,我们基于样本 $X_1, X_2, \cdots, X_n$ 对 p 作区间估计.

因为 $X_1, X_2, \cdots, X_n$ 为样本,所以 $X_1, X_2, \cdots, X_n$ 相互独立,且与 X 同分布,即

$$X_i \sim B(1,p), \quad E(X_i) = p, \quad D(X_i) = p(1-p) \quad (i = 1,2,\cdots,n)$$

而

$$\sum_{i=1}^{n} X_i \sim B(n,p), \quad E\left(\sum_{i=1}^{n} X_i\right) = np, \quad D\left(\sum_{i=1}^{n} X_i\right) = np(1-p)$$

根据德莫佛-拉普拉斯中心极限定理,当 n 充分大时,随机变量求和标准化后近似服从正态分布,即

$$Z = \frac{\sum_{i=1}^{n} X_i - np}{\sqrt{np(1-p)}} = \frac{\overline{X} - p}{\sqrt{\dfrac{p(1-p)}{n}}} \overset{\cdot}{\sim} N(0,1)$$

其中 $\overset{\cdot}{\sim}$ 表示近似分布,因此有

$$P\left[\frac{|\overline{X} - p|}{\sqrt{\dfrac{p(1-p)}{n}}} < z_{\alpha/2}\right] \approx 1 - \alpha \tag{6.21}$$

解括号内的不等式有

$$(n + z_{\alpha/2}^2)p^2 - (2n\overline{X} + z_{\alpha/2}^2)p + n(\overline{X})^2 < 0 \tag{6.22}$$

若记

$$a = n + z_{\alpha/2}^2, \quad b = -(2n\overline{X} + z_{\alpha/2}^2), \quad c = n(\overline{X})^2$$

则式(6.22)两个根分别为

$$p_1 = \frac{-b - \sqrt{b^2 - 4ac}}{2a}, \quad p_2 = \frac{-b + \sqrt{b^2 - 4ac}}{2a} \tag{6.23}$$

又因为 $a = n + z_{\alpha/2}^2 > 0$,故有

$$P(p_1 < p < p_2) \approx 1 - \alpha \tag{6.24}$$

若假设总体 $X \sim \chi^2(m)$,则类似可以得到关于参数 m 的两个根分别为

$$m_1 = \frac{\sum\limits_{i=1}^{n} X_i + z_{\alpha/2}^2 - z_{\alpha/2} \sqrt{z_{\alpha/2}^2 + 2\sum\limits_{i=1}^{n} X_i}}{n}$$

$$m_2 = \frac{\sum\limits_{i=1}^{n} X_i + z_{\alpha/2}^2 + z_{\alpha/2} \sqrt{z_{\alpha/2}^2 + 2\sum\limits_{i=1}^{n} X_i}}{n} \tag{6.25}$$

从而有

$$P(m_1 < m < m_2) \approx 1 - \alpha \tag{6.26}$$

若假设总体 $X \sim P(\lambda)$,则类似可以得到关于参数 λ 的两个根为

$$\lambda_1 = \frac{2\sum\limits_{i=1}^{n} X_i + z_{\alpha/2}^2 - z_{\alpha/2} \sqrt{z_{\alpha/2}^2 + 4\sum\limits_{i=1}^{n} X_i}}{2n}$$

$$\lambda_2 = \frac{2\sum\limits_{i=1}^{n} X_i + z_{\alpha/2}^2 + z_{\alpha/2} \sqrt{z_{\alpha/2}^2 + 4\sum\limits_{i=1}^{n} X_i}}{2n} \tag{6.27}$$

从而有

$$P(\lambda_1 < \lambda < \lambda_2) \approx 1 - \alpha \tag{6.28}$$

【例 6.21】 某工厂生产的某产品次品率不超过 5% 才能出厂.今抽检 100 件产品,发现次品 4 件,问这批产品能否出厂? 要求检验结果具有 95%的可信度.

解 由已知条件可知,$n = 100$,$\bar{x} = \dfrac{4}{100} = 0.04$,当 $1 - \alpha = 0.95$ 时,查附表 2 得 $z_{\alpha/2} = z_{0.025} = 1.96$,由于

$$a = n + z_{\alpha/2}^2 = 100 + 1.96^2 = 103.841\,6$$

$$b = -(2n\bar{x} + z_{\alpha/2}^2) = -(2 \times 100 \times 0.04 + 1.96^2) = -11.841\,6$$

$$c = n\bar{x}^2 = 100 \times 0.04^2 = 0.16$$

代入式(6.23)得

$$p_1 = \frac{1}{2a}(-b - \sqrt{b^2 - 4ac}) = 0.001\,4$$

$$p_2 = \frac{1}{2a}(-b + \sqrt{b^2 - 4ac}) = 0.078\,6$$

故这批产品比例 p 的置信度为 95% 的置信区间为 $(0.001\,4, 0.078\,6)$,由于上限超过了所允许的 5% 标准,因此这批产品不能出厂.

实际上,本例题也可以用假设检验来分析.这里使用了区间估计的方法进行假设检验,具体方法将在第 7 章中介绍.

习　题　6

A　　组

选择题

1. 设 $X_1, X_2, \cdots, X_n$ 是取自总体 $X \sim N(0, \sigma^2)$ 的样本,可以作为 σ^2 无偏估计量的是(　　).

    A. $\dfrac{1}{n} \sum\limits_{i=1}^{n} X_i^2$ 　　　　　　　　　　　B. $\dfrac{1}{n-1} \sum\limits_{i=1}^{n} X_i^2$

    C. $\dfrac{1}{n} \sum\limits_{i=1}^{n} X_i$ 　　　　　　　　　　　D. $\dfrac{1}{n-1} \sum\limits_{i=1}^{n} X_i$

2. 设总体 $X \sim N(0, \sigma^2)$,X_1, X_2 是其样本,下列 4 个 μ 的无偏估计中,最有效的是(　　).

    A. $\hat{\mu}_1 = 0.2X_1 + 0.8X_2$ 　　　　　　B. $\hat{\mu}_2 = 0.4X_1 + 0.6X_2$

    C. $\hat{\mu}_3 = 0.7X_1 + 0.3X_2$ 　　　　　　D. $\hat{\mu}_4 = 0.9X_1 + 0.1X_2$

3. 设 n 个随机变量 $X_1, X_2, \cdots, X_n$ 独立同分布,$S^2 = \dfrac{1}{n-1} \sum\limits_{i=1}^{n} (X_i - \overline{X})^2$,$\overline{X} = \dfrac{1}{n} \sum\limits_{i=1}^{n} X_i$,$D(X_1) = \sigma^2$,则(　　).

    A. S 是 σ 的无偏估计量 　　　　　　B. S 是 σ 的极大似然估计

    C. S 是 σ 的相一致估计量 　　　　　D. S 与 $\overline{X}$ 相互独立

4. 设一批零件的长度服从正态分布,即 $X \sim N(\mu, \sigma^2)$,其中 μ, σ^2 均未知.现从中随机抽取 16 个零件,测得样本均值 $\bar{x} = 20\,\text{cm}$,样本标准差 $s = 1\,\text{cm}$,则 μ 的置信度为 0.90 的置信区间是(　　).

A. $\left(20 - \dfrac{1}{4}\,t_{0.05}(16),\ 20 + \dfrac{1}{4}\,t_{0.05}(16)\right)$

B. $\left(20 - \dfrac{1}{4}\,t_{0.1}(16),\ 20 + \dfrac{1}{4}\,t_{0.1}(16)\right)$

C. $\left(20 - \dfrac{1}{4}\,t_{0.05}(15),\ 20 + \dfrac{1}{4}\,t_{0.05}(15)\right)$

D. $\left(20 - \dfrac{1}{4}\,t_{0.1}(15),\ 20 + \dfrac{1}{4}\,t_{0.1}(15)\right)$

5. 设 X_1, X_2, X_3 是来自总体 X 的一个样本,且 $E(X) = \mu$,$D(X) = \sigma^2$,则下面的估计量中为 μ 的无偏、方差最小的是( ).

A. $\hat{\mu}_1 = \dfrac{1}{5}X_1 + \dfrac{3}{10}X_2 + \dfrac{1}{2}X_3$ B. $\hat{\mu}_2 = \dfrac{1}{3}X_1 + \dfrac{1}{3}X_2 + \dfrac{1}{3}X_3$

C. $\hat{\mu}_3 = \dfrac{1}{3}X_1 + \dfrac{3}{4}X_2 + \dfrac{1}{12}X_3$ D. $\hat{\mu}_4 = \dfrac{1}{3}X_1 + \dfrac{3}{4}X_2 - \dfrac{1}{12}X_3$

证明题

1. 设 μ_n 是某事件 A 在 n 次独立重复试验中出现的次数,证明:事件 A 的频率 $p_n = \mu_n / n$ 是其概率 p 的无偏估计.

2. $\hat{\theta}$ 是参数 θ 的无偏估计,且有 $D(\hat{\theta}) > 0$,试证明:$(\hat{\theta})^2$ 不是 $\hat{\theta}^2$ 的无偏估计.

3. $X_1, X_2, \cdots, X_n$ 是来自参数为 $\lambda > 0$ 的泊松分布的样本,对于任意的 $\alpha\ (0 \leqslant \alpha \leqslant 1)$ 以及样本均值 $\overline{X}$、样本二阶中心矩 B_2,试证明:$\alpha \overline{X} + (1 - \alpha)\dfrac{n}{n-1}B_2$ 是 λ 的无偏估计.

4. 设总体 $X \sim N(\mu, \sigma^2)$,$X_1, X_2, \cdots, X_n$ 是来自 X 的一个样本.试证明:当 $c = \dfrac{1}{2(n-1)}$ 时,$c\displaystyle\sum_{i=1}^{n-1}(X_{i+1} - X_i)^2$ 是 σ^2 的无偏估计.

5. 设 $\hat{\theta}_1$ 和 $\hat{\theta}_2$ 为参数 θ 的两个独立的无偏估计量,且 $D(\hat{\theta}_1) = 2D(\hat{\theta}_2)$,试证明:当常数 $c = \dfrac{1}{3}$,$d = \dfrac{2}{3}$ 时,$\hat{\theta} = c\hat{\theta}_1 + d\hat{\theta}_2$ 为 θ 的无偏方差最小估计量.

计算题

1. 随机测定 8 包大米的重量(单位:kg)为 $20.1, 20.5, 20.3, 20.0, 19.3, 20.0,$ $20.4, 20.2$,试求总体均值 μ 及方差 σ^2 的矩估计值,并求样本方差 s^2.

2. 随机地取 8 只活塞环,测得它们的直径(单位:mm)为 $74.001, 74.005,$ $74.003, 74.001, 74.000, 73.998, 74.006, 74.002$,试求总体均值 μ 及方差

σ^2 的矩估计值,并求样本方差 s^2.

3. 设总体 X 以等概率 $1/\theta$ 取值 $1,2,\cdots,\theta$,求参数 θ 的矩估计量.

4. 设总体 X 在 $[a,b]$ 上服从均匀分布,求 a,b 的矩估计量.

5. 已知总体 X 在 $[a-b,3a+b]$ 上服从均匀分布,其中 $a>0,b>0$ 为待估参数.试求 a,b 的矩估计量.

6. 已知总体 X 的概率密度函数为

$$f(x) = \frac{\beta^k}{(k-1)!}x^{k-1}\mathrm{e}^{-\beta x} \quad (x>0)$$

其中 k 为常数,β 为待估参数,试求 β 的矩估计量(提示:用 Γ 函数进行积分计算).

7. 设 $X_1,X_2,\cdots,X_n$ 是来自对数级数分布

$$P(X=k) = -\frac{1}{\ln(1-p)} \cdot \frac{p^k}{k} \quad (0<p<1; k=1,2,\cdots)$$

的一个样本,求参数 p 的矩估计量.

8. 设总体 X 在 $[a,b]$ 上服从均匀分布,求 a,b 的极大似然估计量.

9. 设总体 X 的密度函数为 $f(x;\theta) = \dfrac{\theta^x \mathrm{e}^{-\theta}}{x!}$,求 θ 的极大似然估计量.

10. 设总体 X 的密度函数 $f(x,\theta) = (\theta a)x^{a-1}\mathrm{e}^{-\theta x^a}$ (a 已知),求参数 θ 的极大似然估计量.

11. 设某种元件的使用寿命 X 的概率密度函数为

$$f(x;\theta) = \begin{cases} 2\mathrm{e}^{-2(x-\theta)}, & x \geqslant \theta \\ 0, & x < \theta \end{cases}$$

其中 $\theta>0$ 为未知参数,又设 $x_1,x_2,\cdots,x_n$ 是总体 X 的一组样本观察值,求参数 θ 的极大似然估计值.

12. 设 $x_1,x_2,\cdots,x_n$ 是来自参数为 λ 的泊松分布总体的一个样本,试求 λ 的极大似然估计值及矩估计值.

13. 设总体 X 服从几何分布,$P(X=k) = p(1-p)^{k-1}$ ($k=1,2,\cdots$),$X_1,X_2,\cdots,X_n$ 为其样本,试求 p 的矩估计量和极大似然估计量.

14. 设总体 X 的密度函数如下(式中 θ 为未知参数),$x_1,x_2,\cdots,x_n$ 为其样本,试求参数 θ 的矩估计值和极大似然估计值.

(1) $f(x) = \begin{cases} \theta\mathrm{e}^{-\theta x}, & x \geqslant 0 \\ 0, & x < 0 \end{cases}$ ($\theta>0$);

(2) $f(x) = \begin{cases} \theta x^{\theta-1}, & 0<x<1 \\ 0, & \text{其他} \end{cases}$ ($\theta>0$);

(3) $f(x) = \begin{cases} \dfrac{x}{\theta^2} e^{-\frac{x^2}{2\theta^2}}, & x > 0 \\ 0, & x \leqslant 0 \end{cases}$ ($\theta > 0$);

(4) $f(x) = \begin{cases} \theta(\theta x)^{r-1} e^{-\theta x}/\Gamma(r), & x > 0 \\ 0, & x \leqslant 0 \end{cases}$ ，其中 $r > 0$ 为已知参数，$\theta > 0$ 为

未知参数；

(5) $f(x) = \begin{cases} \theta c^\theta x^{-(\theta+1)}, & x > c \\ 0, & 其他 \end{cases}$ ，其中 $c > 0$ 为已知参数，$\theta > 1$ 为未知参数；

(6) $f(x) = \begin{cases} \sqrt{\theta} x^{\sqrt{\theta}-1}, & 0 \leqslant x \leqslant 1 \\ 0, & 其他 \end{cases}$ ，其中 $\theta > 0$ 为未知参数.

15. 已知 $P(X = x) = C_m^x p^x (1-p)^{m-x}$ ($x = 0, 1, 2, \cdots, m$; $0 < p < 1$ 为未知参数)，求参数 p 的矩估计与极大似然估计量.

16. 设总体 $X \sim N(\mu, \sigma^2)$，其中 μ 为待估参数，σ^2 为已知参数，X_1, X_2, X_3 为样本. 试考察 μ 的下列估计量的无偏性与有效性：

$$\hat{\mu}_1 = \frac{4}{3} X_1 - \frac{2}{3} X_2 + \frac{1}{3} X_3, \quad \hat{\mu}_2 = \frac{1}{3} X_1 + \frac{2}{3} X_2 - \frac{2}{3} X_3$$

$$\hat{\mu}_3 = \frac{2}{3} X_1 + \frac{2}{3} X_2 - \frac{1}{3} X_3$$

17. 根据某大学100名学生的抽样调查，每人每月平均用于购买书籍的费用为4.5元，标准差为5元，求大学生每月用于购买书籍费用的区间估计（置信度为95%）.

18. 在一批中成药片中，随机抽取25片检查，称得平均片重0.5克，标准差0.08克. 如果已知药片的重量近似服从正态分布，试求该药片平均片重的置信度为90%的置信区间.

19. 随机地取某种炮弹9发做试验，得炮弹出口速度的样本标准差为 $s = 11\,\text{m/s}$. 设炮口速度服从正态分布. 求这种炮弹的炮口速度的标准差 σ 的置信度为0.95的置信区间.

20. 某种清漆的9个样品，其干燥时间（单位：小时）分别为6.0, 5.7, 5.8, 6.5, 7.0, 6.3, 5.6, 6.1, 5.0. 设干燥时间服从正态分布 $X \sim N(\mu, \sigma^2)$. 求在下列情况下 μ 的置信度为0.95的置信区间：(1) 若由以往经验知 $\sigma = 0.6$ 小时；(2) 若 σ 为未知.

21. 某炼铁厂冶炼的铁水含碳量服从 $X \sim N(\mu, \sigma^2)$ 分布，今随机测得5炉铁水，其含碳量为4.28, 4.40, 4.42, 4.35, 4.37. 试求平均含碳量 μ 在下列情况下的置信度为0.95的置信区间：(1) 若已知 $\sigma^2 = 0.108\,2$；(2) 若 σ^2 未知.

22. 某乳品厂用自动包装机包装奶粉,所装奶粉的净重服从 $X \sim N(\mu, \sigma^2)$,某天抽检了 9 袋奶粉,测得重量(单位:g)分别为 $452, 459, 470, 475, 443,$ $464, 463, 467, 465$,试求这天所装奶粉平均重量在下列情况下的置信度为 0.90 的置信区间:(1) 若已知 $\sigma = 12 \, \mathrm{g}$;(2) 若 σ 未知.

23. 从同一批号的阿司匹林中随机抽取 10 片,测定其溶解 50% 所需时间为 $5.3, 3.6, 5.1, 6.6, 4.9, 6.5, 5.2, 3.7, 5.4, 5.0$,求总体方差的置信度为 90% 的置信区间.

24. 为了解灯泡使用时间均值 μ 及标准差 σ,测量了 10 个灯泡,得 $\bar{x} = 1\,650$ 小时,$s = 20$ 小时.如果已知灯泡使用时间服从正态分布,求 μ 和 σ^2 的 95% 的置信区间.

25. 设某种品牌的灯泡寿命(单位:小时)$X \sim N(\mu, \sigma^2)$.从中抽测 9 只,测得平均寿命 $\bar{x} = 1\,000$,寿命方差 $s^2 = 1\,002$.在显著性水平 $\alpha = 0.05$ 下,试求总体均值 μ,总体方差 σ^2 及总体均方差 σ 的置信区间.

26. 研究两种固体燃料火箭推进器的燃烧率.设两者分别来自总体 $N(\mu_1, \sigma^2), N(\mu_2, \sigma^2)$,且相互独立,$\sigma^2 = 0.05 \, \mathrm{cm/s}$,取样本容量为 $n_1 = n_2 = 20$,得燃烧率的样本均值分别为 $\bar{x_1} = 18 \, \mathrm{cm/s}, \bar{x_2} = 24 \, \mathrm{cm/s}$,设两样本独立,求两燃烧率总体均值差 $\mu_1 - \mu_2$ 的置信度为 0.99 的置信区间.

27. 设 A,B 两种药品的保质期分别服从 $N(\mu_1, \sigma^2), N(\mu_2, \sigma^2)$,且两样本相互独立.为比较它们保质期的差异,随机抽取 A 药品 5 片,测得平均保质期 $\bar{x_A} = 3$ 年,标准差 $s_A = 0.5$ 年;抽取 B 药品 10 片,测得平均保质期 $\bar{x_B} = 2$ 年,标准差 $s_B = 0.2$ 年,试求两种药品平均保质期之差为 0.9 的置信区间.

28. 为考察温度对某物体断裂强度的影响,在 70 摄氏度与 80 摄氏度时分别重复了 8 次试验,测试值的样本方差依次为 $s_1^2 = 0.885\,7, s_2^2 = 0.826\,6$,假定 70 摄氏度下的断裂强度 $X \sim N(\mu_1, \sigma_1^2)$,80 摄氏度下的断裂强度 $Y \sim N(\mu_2, \sigma_2^2)$,且 X 与 Y 相互独立,试求方差比 $\dfrac{\sigma_1^2}{\sigma_2^2}$ 的置信度为 90% 的置信区间.

29. 根据对 100 户居民的抽样调查发现,居民用于食品费用占总收入的比例平均为 45%,比例的标准差为 20%.求食品费用占居民总收入比例的区间估计(置信度为 95%).

30. 某工厂对其 200 名青年职工的抽样调查发现,其中有 60% 的青年职工参加各种形式的业余学习.求青年职工参加业余学习比例的区间估计(置信度为 95%).

B 组

计算题

1. 设总体 X 有概率分布为

$$\begin{pmatrix} -1 & 0 & 2 \\ 2\theta & \theta & 1-3\theta \end{pmatrix}$$

其中 $0<\theta<1/3$ 为待估参数.

(1) 试求 θ 的矩估计量;

(2) 若某个容量为 n 的样本中出现 $-1,0,2$ 的次数分别为 n_1,n_2,n_3,求 θ 的极大似然估计量;

(3) 分别就样本 A:$(-1,0,2,-1,2)$ 与样本 B:$(-1,0,0,0,0,2)$ 求相应的矩估计值和极大似然估计值.

2. 设总体 X 的概率密度函数为

$$f(x) = \begin{cases} (\theta+1)x^\theta, & 0<x<1 \\ 0, & \text{其他} \end{cases}$$

其中 $\theta>-1$ 是未知的参数,$X_1,X_2,\cdots,X_n$ 是来自总体 X 的一个容量为 n 的简单随机样本,分别用矩估计法和极大似然估计法求 θ 的估计量.

3. 设总体 X 的概率分布为

X	0	1	2	3
p	θ^2	$2\theta(1-\theta)$	θ^2	$1-2\theta$

其中 $\theta(0<\theta<0.5)$ 是未知参数,总体 X 的样本值为 $3,1,3,0,3,1,2,3$,求 θ 的矩估计值和极大似然估计值.

4. 设总体 X 的分布函数为

$$F(x,\beta) = \begin{cases} 1-\dfrac{1}{x^\beta}, & x>1 \\ 0, & x\leqslant 1 \end{cases}$$

其中未知参数 $\beta>1$,$X_1,X_2,\cdots,X_n$ 为来自总体 X 的简单随机样本,求:

(1) β 的矩估计量;(2) β 的极大似然估计量.

5. 设总体 X 的概率密度函数为

$$f(x,\lambda) = \begin{cases} \lambda\alpha x^{\alpha-1}\mathrm{e}^{-\lambda x^\alpha}, & x>0 \\ 0, & x\leqslant 0 \end{cases}$$

其中 $\lambda > 0$ 是未知参数,$\alpha > 0$ 是已知常数. 试根据来自总体 X 的简单随机样本 $X_1, X_2, \cdots, X_n$, 求 λ 的极大似然估计量.

6. 设总体 X 的概率密度函数为

$$f(x) = \begin{cases} 2e^{-2(x-\theta)}, & x > \theta \\ 0, & x \leqslant \theta \end{cases}$$

其中 $\theta > 0$ 是未知参数,从总体 X 中抽取简单随机样本 $X_1, X_2, \cdots, X_n$, 记 $\hat{\theta} = \min(X_1, X_2, \cdots, X_n)$. 求:(1) 总体 X 的分布函数 $F(x)$;(2) 统计量 $\hat{\theta}$ 的分布函数 $F_{\hat{\theta}}(x)$;(3) 如果用 $\hat{\theta}$ 作为 θ 的估计量,讨论它是否具有无偏性.

7. 设随机变量 X 的分布函数为

$$F(x, \alpha, \beta) = \begin{cases} 1 - \left(\dfrac{\alpha}{x}\right)^{\beta}, & x > \alpha \\ 0, & x \leqslant \alpha \end{cases}$$

其中参数 $\alpha > 0, \beta > 1$. 设 $X_1, X_2, \cdots, X_n$ 为来自总体 X 的简单随机样本.
(1) 当 $\alpha = 1$ 时,求未知参数 β 的矩估计量;
(2) 当 $\alpha = 1$ 时,求未知参数 β 的极大似然估计量;
(3) 当 $\beta = 2$ 时,求未知参数 α 的极大似然估计量.

8. 设 $X_1, X_2, \cdots, X_n (n > 2)$ 为来自总体 $X \sim N(0, \sigma^2)$ 的简单随机样本,其样本均值为 $\overline{X}$, 记 $Y_i = X_i - \overline{X} (i = 1, 2, \cdots, n)$. 求:(1) $D(Y_i)(i = 1, 2, \cdots, n)$;(2) $\mathrm{Cov}(Y_1, Y_n)$;(3) 若 $c (Y_1 + Y_n)^2$ 是 σ^2 的无偏估计量,求常数 c.

9. 设总体 X 的概率密度函数为 $f(x, \theta) = \begin{cases} \theta, & 0 < x \leqslant 1 \\ 1-\theta, & 1 < x < 2 \\ 0, & 其他 \end{cases}$,其中 $\theta(0 < \theta < 1)$ 是未知参数,$X_1, X_2, \cdots, X_n$ 为来自总体的随机样本,记 N 为样本值 $X_1, X_2, \cdots, X_n$ 中小于 1 而大于 0 的个数,求:(1) θ 的矩估计;(2) θ 的极大似然估计.

10. 设总体 X 的分布函数为

$$F(x; \theta_1, \theta_2) = \begin{cases} 1 - \left(\dfrac{\theta_1}{x}\right)^{\theta_2}, & x \geqslant \theta_1 \\ 0, & x < \theta_1 \end{cases}$$

$\theta_1 > 0$ 已知,$\theta_2 > 1$ 未知,$x_1, x_2, \cdots, x_n$ 是来自该总体的样本值. 求未知参数 θ_2 的极大似然估计和矩估计.

11. 设 $X_1, X_2, \cdots, X_n$ 是来自均值为 θ 的指数分布总体的样本,其中 θ 未知,

设有估计量

$$T_1 = \frac{1}{6}(X_1 + X_2) + \frac{1}{3}(X_3 + X_4)$$

$$T_2 = \frac{(X_1 + 2X_2 + 3X_3 + 4X_4)}{5}$$

$$T_3 = \frac{(X_1 + X_2 + X_3 + X_4)}{4}$$

(1) 指出 T_1, T_2, T_3 中哪几个是 θ 的无偏估计量;

(2) 在上述 θ 的无偏估计中指出哪一个较为有效.

12. 对方差 σ^2 为已知的正态分布总体来说,问需取容量 n 为多大的样本,才能使总体均值 μ 的置信度为 $1 - \alpha$ 的置信区间的长度不大于 L?

13. 假定到某地旅游的一个游客的消费额 X 服从正态分布 $N(\mu, \sigma^2)$,且 $\sigma = 500, \mu$ 未知.要对平均消费额 μ 进行估计,使这个估计的绝对误差小于 50 元,且使置信度不小于 0.95,问至少需要随机调查多少个游客?

第7章 假设检验

假设检验是统计学的一个重要应用分支,实践中常常要对总体分布中的某些参数或总体的分布类型提出假设,然后对假设的合理性进行检验.本章首先介绍假设检验中涉及的基本概念;其次介绍如何利用参数区间估计的方法进行假设检验,在假设检验中难免会发生两类错误,如何计算和控制这两类错误也是本章讨论的内容之一;最后还简要介绍一些常用的非参数假设检验方法.

7.1 假设检验的一般问题和原理

7.1.1 假设检验的引出

为了更好地理解假设检验,首先考虑如下两个实际例子:

【例 7.1】 消费者协会接到消费者投诉,指控某种品牌纸包装饮料存在容量不足,有欺骗消费者之嫌.包装上标明的容量为 250 毫升,消费者协会从市场上随机抽取 50 盒该品牌的饮料,测试发现平均容量为 248 毫升,小于 250 毫升.由于饮料的实际容量受生产过程中人为不能控制因素的影响,因此它是一个随机变量.那么这是生产中正常的波动,还是厂商的有意行为? 消费者协会能否根据该样本数据,判定饮料厂商是否欺骗了消费者.这里我们假设饮料的容量服从正态分布,标准差为 4.

【例 7.2】 假定从某个未知的总体中抽取 50 个观察值,按照 $0\sim0.1$, $0.1\sim0.2,\cdots,0.9\sim1$ 的区间段进行统计,得到落入上述区间的观察值个数分别为 $6,4,5,6,7,4,6,5,3,4$,试根据这次抽样结果,判断该总体是否在 $[0,1]$ 上服从均匀分布.

在例 7.1 中,消费者协会实际要进行的是一项统计检验工作,检验总体平均容量是否等于包装上注明的 250 毫升,即检验总体期望 $\mu=250$ 是否成立.这是一个典型的参数假设检验问题,是在已知总体分布类型时,对其中的参数进行检验.在例 7.2 中,检验的对象是总体的分布类型,这属于非参数检验中拟合优度检验问题.

与参数区间估计不同的是,参数假设检验通常是根据某种先验信息提出参数可能的合理值,并计算参数的置信区间,然后检验其合理性.而相同的是,参数假设检验也要通过抽取样本来完成,在例 7.1 中要抽取 50 盒饮料,利用样本来构造检验量,同时还要构造一个事件的概率,因此这两者具有某种内在的联系,在 7.4 节中将分析这个问题.

在上述两个例题中,通常称要检验的假设为原假设,用 H_0 表示,也称零假设(null hypothesis).例如上述两个例题中的原假设分别为 $H_0: \mu = 250$ 和 $H_0:$ 总体服从 $U(0,1)$;而与原假设相对立的为备择假设(alternative hypothesis),用 H_1 表示.例 7.1 中可以考虑如下的几种备择假设:

第一种,如果消费者协会想知道的是该品牌饮料的平均容量是否为标明的 250 毫升,则 $H_1: \mu \neq 250$;

第二种,如果消费者协会想知道的是该品牌饮料的平均容量是否少于标明的 250 毫升,则 $H_1: \mu < 250$;

第三种,如果消费者协会想知道的是该品牌饮料的平均容量是否大于标明的 250 毫升,则 $H_1: \mu > 250$.

其中第一种情况为双边检验,第二种为左检验,第三种为右检验,后两种统称为单边检验.显然 H_1 可能与 H_0 完全互补,也可能不完全互补,但在一次检验中,两者必取其一.

为了更好地理解下面的内容,我们先讨论例 7.1 中的假设检验问题,这里取备择假设为 $H_1: \mu \neq 250$.

为了检验该原假设的合理性,必须从总体中抽取样本.由于样本均值统计量 $\bar{X}$ 与期望 μ 相对应,因此检验可以通过样本均值统计量 $\bar{X}$ 来进行.由参数估计理论知道,在 $X \sim N(\mu, \sigma^2)$ 的前提下有 $\bar{X} \sim N(\mu, \sigma^2/n)$,特别地,当 $H_0: \mu = 250$ 成立时有 $\bar{X} \sim N(250, \sigma^2/n)$.又已知 $n = 50$,$\sigma^2 = 4$,所以 $\bar{X} \sim N(250, 4/50)$,即 $E(\bar{X}) = 250$ 和 $D(\bar{X}) = 4/50$,因为 $D(\bar{X})$ 较小,所以我们有理由认为如果原假设成立,那么在多次试验中,大部分 $\bar{X}$ 的值落在以 250 为中心的小区间内,即大部分 $|\bar{X} - 250|$ 的值应该很小.因此对一个很小的 $\alpha > 0$,存在一个临界值 $k_\alpha > 0$,使得 $P(|\bar{X} - 250| < k_\alpha) = 1 - \alpha$;或者等价地,$P(|\bar{X} - 250| > k_\alpha) = \alpha$,即 $\{|\bar{X} - 250| > k_\alpha\}$ 是一个概率很小的事件,在多次试验中,$\bar{X}$ 的值落在区间

$[250-k_\alpha, 250+k_\alpha]$ 之外的次数很少. 特别地, 如果只进行一次试验, 这个不等式 $|\bar{X}-250|>k_\alpha$ 几乎是不可能成立的, 如果成立, 我们反而怀疑原假设 H_0: $\mu=250$ 的合理性, 转而认为备择假设 $H_1: \mu \neq 250$ 是合理的.

现在我们尝试求临界值 k_α, 使 k_α 满足

$$P(|\bar{X}-250|>k_\alpha) = \alpha \tag{7.1}$$

对式(7.1)进行变形有

$$P\left[\frac{|\bar{X}-250|}{\sigma/\sqrt{n}} > k_\alpha \frac{\sqrt{n}}{\sigma}\right] = \alpha \tag{7.2}$$

如果令 $Z = \dfrac{\bar{X}-250}{\sigma/\sqrt{n}}, k^* = k_\alpha \dfrac{\sqrt{n}}{\sigma}$, 那么 $Z \sim N(0,1)$ 是检验量. 根据标准正态分布 分位数的定义和式(7.2), 取 $k^* = z_{\alpha/2}$, 则有

$$P(|Z|>z_{\alpha/2}) = \alpha \tag{7.3}$$

因此一次试验中小概率事件是否发生的验证由原来考察 $|\bar{X}-250|>k_\alpha$ 是否成立 转化为现在考察统计量 $Z = \dfrac{\bar{X}-250}{\sigma/\sqrt{n}}$ 的取值 $|z|$ 是否满足 $|z|>z_{\alpha/2}$, 如果成立, 则 表明在一次试验中小概率事件发生, 从而拒绝原假设 $H_0: \mu=250$, 否则就接受原 假设; 如果不成立, 我们没有理由否定原假设, 只能接受原假设. 例如取 $\alpha=0.05$, 则临界值 $z_{0.025}=1.96$, 因此若 $|z|>1.96$, 则拒绝原假设; 或者等价地, 如果 $\bar{X}$ 的 观察值 x 落在区域

$$\left(-\infty, 250-z_{\alpha/2}\frac{\sigma}{\sqrt{n}}\right) \bigcup \left(250+z_{\alpha/2}\frac{\sigma}{\sqrt{n}}, +\infty\right) \tag{7.4}$$

中, 则拒绝原假设 $H_0: \mu=250$, 这个区域被称为拒绝域. 而区域

$$\left(250-z_{\alpha/2}\frac{\sigma}{\sqrt{n}}, 250+z_{\alpha/2}\frac{\sigma}{\sqrt{n}}\right) \tag{7.5}$$

被称为接受域. 根据分位数的定义, 当 $H_0: \mu=250$ 成立时, 在一次试验中, $\bar{X}$ 的观 察值 x 落在这个区间中的概率为 $1-\alpha$, 所以事件

$$\left\{\bar{X} \in \left(250-z_{\alpha/2}\frac{\sigma}{\sqrt{n}}, 250+z_{\alpha/2}\frac{\sigma}{\sqrt{n}}\right)\right\}$$

被称为大概率事件.

计算得到 $250-z_{\alpha/2}\dfrac{\sigma}{\sqrt{n}}=248.89, 250+z_{\alpha/2}\dfrac{\sigma}{\sqrt{n}}=251.11$, 显然 $x=248$ 落入拒 绝域中, 因此拒绝原假设. 关于使用接受域的检验问题, 我们将在 7.4 节和 7.5 节 中进一步讨论.

　　式(7.4)和式(7.5)也启发我们可以利用分位数来构造接受域和拒绝域,即构造小概率事件和大概率事件,这对概率密度函数为非对称的情况和单边检验非常简便有效.

7.1.2　假设检验的依据

　　从例7.1中可以发现,要完成假设检验,必须根据一定的依据做出合理的判断,这个依据就是小概率事件原理.所谓小概率事件原理也称实际不可能原理,是指一件概率很小的事件在一次试验中几乎不可能发生的原理.

　　要充分理解小概率事件原理,必须注意几点.首先,小概率的标准是多少,这个没有统一的规定,在实际中通常取0.01,0.05或者0.10,在要求不严格的情况下也可以适度放宽,例如取0.20,而在一些特殊情况下,可以适度降低,例如取0.001,一般用α表示,也称检验的显著性水平;其次,该原理中强调只进行一次试验,这点至关重要,因为概率再小的事件,只要不是不可能事件,那么当试验的次数足够大时,也能发生;最后,该原理强调几乎不可能发生,虽然并没有排除其发生的可能性,但更倾向于认为不会发生,实践中正是根据这点进行判断.然而正是这种"武断"的判断往往会导致误判,这就是假设检验中所谓的犯错误.

　　显然,小概率事件原理本身并没有告诉我们如何构造一个小概率事件,实际上小概率事件的构造是根据备择假设H_1来设定的,这是因为小概率事件的发生支持H_1成立.回顾例7.1,我们设定了$H_1:\mu\neq250$,实际上它包括了两种可能,一种是$\mu>250$或者$\mu<250$,无论是哪种情况成立,都有$\bar{x}$远离250,从而使得$|\bar{x}-250|$变得较大,$\bar{x}$落入拒绝域.值得注意的是,由于这里的H_1包括两种可能,即$\mu>250$和$\mu<250$,因此式(7.3)中的临界值使用了分位数$z_{\alpha/2}$而不是z_α,也就是说,设置$\mu>250$和$\mu<250$的概率各为$\alpha/2$,这样可以减少犯第二类错误的概率.

　　或许读者会这样认为,既然只要小概率事件发生就拒绝原假设H_0,因此小概率事件是通过原假设来构造的,实际上并不是这样的.例如例7.1中的原假设为$H_0:\mu=250$,不成立时就有$\mu>250$或者$\mu<250$成立,如果我们设定$H_1:\mu>250$,则原假设成立时$\{\bar{X}-250>k>0\}$出现的概率就很小;相反地,如果设定$H_1:\mu<250$,则原假设成立时$\{\bar{X}-250<k'<0\}$出现的概率就很小.所以对不同的备择假设,即使是相同的原假设$H_0:\mu=250$,所要构造的小概率事件也不同.关于上述两种单边检验将在7.2节中详细介绍.

　　为了更好地理解小概率事件原理,再考察这样的问题:某县教委上报数据声称,该县的儿童入学率为97%,为检验这个说法的可靠性,现进行一次检查,随机抽取了 5 名儿童,发现有 2 名儿童未入学,问该教委的说法是否可信. 显然这是检验入学率是否为 97% 的问题. 如果该教委的说法可信,那么问题就转化为在 97% 的入学率下,5 人中有 2 人未入学是不是小概率事件. 直观上我们会这样认为,既然入学率是如此之高,而实际抽样得到的未入学率达到 40%,这是不太可能的. 利用二项分布计算得到其概率为 0.8%,显然为小概率事件,根据小概率事件原理,应该怀疑该教委说法的可靠性.

7.1.3 假设检验中的误判

在例 7.1 中,我们是否就一定认为饮料的容量不是 250 毫升呢? 或者说我们的推断是否有犯错的可能呢? 实际上这样检验是完全存在犯错误的可能的,这是由于概率再小的事件在一次试验中仍然有发生的可能. 就上述饮料而言,如果容量的平均值的确为 250 毫升,但这并不意味着每袋包装的容量都为 250 毫升,有的低于 250 毫升,而有的高于 250 毫升,但总体来说与 250 毫升相差不大. 但在某次抽查时所抽到的那些包装的容量绝大多数或者极端地都低于 250 毫升,或者抽到的容量绝大多数或者极端地都高于 250 毫升,那么这个时候 $\{|\bar{X} - 250| > k_\alpha\}$ 就很可能发生,如果一旦在某次试验中观察到 $\{|\bar{X} - 250| > k_\alpha\}$ 发生,根据小概率原理就否认其为小概率事件,进而否定与小概率事件相关联的假设基础,也就是原假设 $H_0: \mu = 250$. 所以即使概率再小,只要不是不可能事件,这种情况是完全有可能发生的,发生这种情况的可能性有多大? 显然这个概率就是这样一个条件概率:

$$P(拒绝 H_0 | \mu = 250)$$

拒绝 H_0 就意味着样本均值落入拒绝域中,又由于 $\mu = 250$ 时,$Z = \dfrac{\bar{X} - 250}{\sigma}\sqrt{n} \sim N(0,1)$,由式 (7.4) 可知有

$$
\begin{aligned}
&P(拒绝 H_0 | \mu = 250)\\
&= P\left(\bar{X} \in \left(-\infty, 250 - z_{\alpha/2}\frac{\sigma}{\sqrt{n}}\right) \cup \left(250 + z_{\alpha/2}\frac{\sigma}{\sqrt{n}}, +\infty\right) \,\middle|\, \mu = 250\right)\\
&= P\left(\frac{\bar{X} - 250}{\sigma}\sqrt{n} < -z_{\alpha/2} \,\middle|\, \mu = 250\right) + P\left(\frac{\bar{X} - 250}{\sigma}\sqrt{n} > z_{\alpha/2} \,\middle|\, \mu = 250\right)\\
&= \alpha/2 + \alpha/2\\
&= \alpha
\end{aligned}
$$

我们称这种原假设 H_0 为真而由于一次实际试验中观察到小概率事件的发生进而否认 H_0 的真实性的错误为弃真错误,也称第一类错误. 上述计算表明,发生的概率就是小概率事件本身发生概率的 α,在假设检验中也称为显著性水平. 由于 α 是

事先给定的,因此我们可以加以控制,但犯这种错误是不可避免的.

那么在例 7.1 中,有没有存在这样一种可能情况,就是原假设 $H_0: \mu = 250$ 本身不成立,但我们依据小概率事件原理检验时并没有观察到小概率事件的发生而接受这个错误的假设.实际上由于抽样的随机性,当某次抽样的样本均值落入式 (7.5)表示的接受区域中,就会发生这种情况,显然这个概率为

$$P(\text{接受 } H_0 \mid \mu \neq 250) = P\left(\overline{X} \in \left(250 - z_{\alpha/2}\frac{\sigma}{\sqrt{n}}, 250 + z_{\alpha/2}\frac{\sigma}{\sqrt{n}}\right) \middle| \mu \neq 250\right)$$

如果原假设 H_0 为假,而进行假设检验时错误地接受原假设 H_0,称犯这种错误为取伪错误,也称为第二类错误,通常用 β 表示.由于抽样的随机性,犯这种错误也是很难避免的,我们希望能够采取措施尽可能地降低这类错误.

这里通过一个实际问题说明这两类错误的关系.按照法律,在证明被告有罪之前应先假定他是无罪的,也就是原假设是 H_0:被告无罪;备择假设 H_1:被告有罪.法庭可能犯的第一类错误是:被告无罪但判他有罪;第二类错误是:被告有罪但判他无罪.犯第一类错误的性质是"冤枉了好人",犯第二类错误的性质是"放过了坏人".为了减小"冤枉好人"的概率,应尽可能接受原假设,判被告无罪,这就有可能增大了"放过坏人"的概率;反过来,为了不"放过坏人",增大拒绝原假设的概率,相应地就又增加了"冤枉好人"的可能性,这就是 α 与 β 的关系.由于犯两类错误是不可避免的,因此实践中通常遵循在控制犯第一类错误的情况下,尽可能降低犯第二类错误的概率,其中可以采取的措施之一就是加大样本容量.关于如何计算第二类错误 β 以及它与第一类错误的关系将在 7.5 节中详细介绍.

7.1.4 假设检验的一般步骤

回顾例 7.1 的检验过程,我们可以把假设检验的过程归纳成以下五步来完成:

第一步,根据实际问题确定合适的原假设和备择假设.选取的基本原则是:首先通常把要证明的假设作为原假设,而与之对立的假设作为备择假设.例如例 7.1 中建立原假设为 $H_0: \mu = 250$;其次原假设的设立必须能够验证小概率事件是否发生,这是由于小概率事件的计算需要检验量有明确的分布,分布中的未知参数是由原假设确定的,例如例 7.1 中的检验量 Z 中的 250 就是由 $H_0: \mu = 250$ 指定的.通常,参数假设检验的原假设中一般含有等号"=".

第二步,构造合适的用于检验原假设是否成立的检验量.原假设的内容和检验的条件决定了检验量的选择.一般而言,检验量选择与原假设涉及的参数相对应,使得检验量不但有明确的分布从而能计算小概率事件,而且也要包含待检验的参数.例如检验正态分布总体的期望 μ,可以选择样本均值 $\overline{X}$;检验总体的方差 σ^2,

可以选择样本方差 S^2. 检验条件也很重要, 例如同样是检验正态分布总体的期望 μ, 虽然选择样本均值统计量 $\bar{X}$ 来进行, 但如果总体方差 σ^2 已知, 则可以构造具有正态分布的检验量, 例 7.1 就属于这种类型, 否则只能构造小样本下的具有 t 分布的检验量或者大样本下的近似正态分布的检验量. 总之, 检验量一定具有某种确定的分布, 要根据其分布决定判据.

第三步, 计算检验量在一次试验中的观察值. 检验量观察值是在假定原假设成立的条件下计算得到的, 这也就是原假设中一般含有等号"="的原因. 在例 7.1 中, 我们计算得到 $|z| = 3.535$.

第四步, 对于事先给定的显著性水平 α, 结合检验量的分布类型, 给出相应的临界值, 或者给出小概率事件是否发生时对应样本统计量应该落入的区域. 在例 7.1 中, 如果使用临界值方法, 则使用 $z_{\alpha/2} = z_{0.025} = 1.96$. 如果使用接受域和拒绝域, 接受域为 $\bar{x} \in (248.89, 251.11)$, 拒绝域为 $\bar{x} \in (-\infty, 248.89) \cup (251.11, +\infty)$.

第五步, 给出检验的结论. 方法是对比第三步和第四步的结果, 如果使用临界值方法, 则比较计算检验量的值 (或绝对值) 是否超过临界值, 若超过, 就拒绝原假设, 否则就接受原假设. 如果使用接受域或拒绝域, 则根据检验量的观察值落入哪个区域进行判断, 如果落入拒绝域就拒绝原假设, 如果落入接受域就接受原假设. 例如在例 7.1 中, 就临界值而言有 $|z| = 3.535 > z_{0.025} = 1.96$, 若采用拒绝域有 $\bar{x} = 248 \in (-\infty, 248.89)$, 因此都拒绝原假设.

需要说明的是, 随着统计软件的引入, 很多软件一般输出了检验量的观察值, 但不输出检验量的临界值, 取而代之的是与这个观察值对应的检验概率值, 通常称其为 p 值. 此时的判断方法是: 如果 $p < \alpha$ 就拒绝原假设 H_0, 否则就接受原假设 H_0. 关于 p 值的计算, 我们将在后两节中进行介绍. 在接下来的两节内容中, 将根据这五步来完成常见的参数假设检验.

7.2 单正态分布总体参数的假设检验

本节所考察的总体 X 都假设服从正态分布 $N(\mu, \sigma^2)$, 来自总体的样本记为 $X_1, X_2, \cdots, X_n$, 样本均值统计量记为 $\bar{X} = \dfrac{1}{n}\sum_{i=1}^{n} X_i$, 对应样本观察值与统计量观察值分别记为 $x_1, x_2, \cdots, x_n$ 和 $\bar{x} = \dfrac{1}{n}\sum_{i=1}^{n} x_i$, 样本方差统计量与它的值分别记为 $S^2 = \dfrac{1}{n-1}\sum_{i=1}^{n}(X_i - \bar{X})^2$ 和 $s^2 = \dfrac{1}{n-1}\sum_{i=1}^{n}(x_i - \bar{x})^2$, 给定的显著性水平记

为 α.

7.2.1 σ^2 已知时期望 μ 的检验

对于这种情况下的双边检验 $H_0:\mu=\mu_0$，$H_1:\mu\neq\mu_0$，已经在 7.1 节中作了详细介绍，这里不再赘述.只给出检验步骤作为总结：

(1) 建立假设 $H_0:\mu=\mu_0$，$H_1:\mu\neq\mu_0$；

(2) 构造检验量 $Z=\dfrac{(\bar{X}-\mu)\sqrt{n}}{\sigma}\sim N(0,1)$；

(3) 在原假设成立的情况下根据样本计算检验量的实现值 $z=\dfrac{\bar{x}-\mu_0}{\sigma/\sqrt{n}}$；

(4) 对于给定的显著性水平 α，查得临界值 $z_{\alpha/2}$；

(5) 进行比较并给出检验结论：如果 $|z|>z_{\alpha/2}$，表明小概率事件发生，拒绝原假设 $H_0:\mu=\mu_0$，接受备择假设 $H_1:\mu\neq\mu_0$，否则就接受原假设.

下面我们详细介绍单边检验的原理，以后其他情况下的单边检验都按照这个思路进行，先介绍左检验 $H_0:\mu=\mu_0$，$H_1:\mu<\mu_0$.

我们已经知道此时应使用样本均值统计量 $\bar{X}$.已知 $\bar{X}\sim N(\mu,\sigma^2/n)$，特别地，当 $H_0:\mu=\mu_0$ 成立时有 $\bar{X}\sim N(\mu_0,\sigma^2/n)$，这时 $E(\bar{X})=\mu_0$，$D(\bar{X})=\sigma^2/n$，因此我们有理由认为多次试验下的 $\bar{X}$ 的值应该几乎落在与 μ_0 有关的小区间内，因此对一个给定的小概率 α，存在临界值 $k_\alpha>0$，使得

$$P(\bar{X}-\mu_0<-k_\alpha)=\alpha \tag{7.6}$$

或

$$P(\bar{X}-\mu_0>k_\alpha)=\alpha$$

即在原假设成立的条件下，$\{\bar{X}-\mu_0<-k_\alpha\}$ 和 $\{\bar{X}-\mu_0>k_\alpha\}$ 都是小概率事件.

当备择假设为 $H_1:\mu<\mu_0$ 时，我们考虑小概率事件 $\{\bar{X}-\mu_0<-k_\alpha\}$.为了得到临界值，对式(7.6)进行变形有

$$P\left(\frac{\bar{X}-\mu_0}{\sigma}\sqrt{n}<-k_\alpha\frac{\sqrt{n}}{\sigma}\right)=\alpha \tag{7.7}$$

如果令 $Z=\dfrac{\bar{X}-\mu_0}{\sigma/\sqrt{n}}$ 和 $k^*=-k_\alpha\dfrac{\sqrt{n}}{\sigma}$，则在原假设成立的条件下，$Z$ 服从标准正态分布.根据标准正态分布分位数定义和式(7.7)，显然有 $k^*=z_{1-\alpha}=-z_\alpha$，即

$$P\left(Z=\frac{\bar{X}-\mu_0}{\sigma}\sqrt{n}<-z_\alpha\right)=\alpha$$

所以当原假设成立时,事件 $\left\{Z=\dfrac{\overline{X}-\mu_0}{\sigma}\sqrt{n}<-z_\alpha\right\}$ 是一个小概率事件. 一次试验

中验证这个小概率事件是否发生就等价为考察 $z=\dfrac{\bar{x}-\mu_0}{\sigma/\sqrt{n}}<-z_\alpha$ 是否成立,如果

成立,则表明在一次试验中小概率事件发生,从而拒绝原假设 $H_0:\mu=\mu_0$,但这时

意味着可能有两种情况,即 $\mu<\mu_0$ 或 $\mu>\mu_0$. 下面我们说明接受 $\mu<\mu_0$ 是合理的.

假设 $\mu=\mu_1<\mu_0$,这里 μ_1 为任意满足 $\mu_1<\mu_0$ 的实数,则

$$P\left(\frac{\overline{X}-\mu_0}{\sigma/\sqrt{n}}<-z_\alpha\right)=P\left[\frac{\overline{X}-\mu_1-(\mu_0-\mu_1)}{\sigma/\sqrt{n}}<-z_\alpha\right]$$

$$=P\left(\frac{\overline{X}-\mu_1}{\sigma/\sqrt{n}}-\frac{\mu_0-\mu_1}{\sigma/\sqrt{n}}<-z_\alpha\right)$$

$$=P\left(\frac{\overline{X}-\mu_1}{\sigma/\sqrt{n}}<-z_\alpha+\frac{\mu_0-\mu_1}{\sigma/\sqrt{n}}\right)$$

记

$$z'=-z_\alpha+\frac{\mu_0-\mu_1}{\sigma/\sqrt{n}}$$

则 $z'>-z_\alpha$,得 $P\left(\dfrac{\overline{X}-\mu_1}{\sigma/\sqrt{n}}<z'\right)>P\left(\dfrac{\overline{X}-\mu_1}{\sigma/\sqrt{n}}<z_{1-\alpha}\right)=\alpha$,所以在 $\mu=\mu_1<\mu_0$ 的

假设下,我们不能得出 $\mu\neq\mu_1$ 的结论,只能接受 $\mu=\mu_1<\mu_0$ 的假设. 于是我们得到

结论,不等式 $\dfrac{\bar{x}-\mu_0}{\sigma/\sqrt{n}}<-z_\alpha$ 可以用来检验备择假设 $H_1:\mu<\mu_0$. 如果不等式成立,

则接受 $H_1:\mu<\mu_0$;如果不成立,则接受 $H_0:\mu=\mu_0$. 同样的思路可以证明,不等式

$\dfrac{\bar{x}-\mu_0}{\sigma/\sqrt{n}}>z_\alpha$ 可用于右检验. 需要指出的是,上述方法对其他单边检验问题也是适

用的.

归纳起来,此种情况下检验可以分为如下的五个步骤:

(1) 建立假设 $H_0:\mu=\mu_0,H_1:\mu<\mu_0$;

(2) 构造检验量 $Z=\dfrac{(\overline{X}-\mu)\sqrt{n}}{\sigma}\sim N(0,1)$;

(3) 在原假设成立的情况下根据样本计算检验量的实现值 $z=\dfrac{\bar{x}-\mu_0}{\sigma/\sqrt{n}}$;

(4) 对于给定的显著性水平 α,查得临界值 z_α;

(5) 进行比较并给出检验结论:如果 $z<-z_\alpha$ 或等价地 $\bar{x}\in\left(-\infty,\mu_0-z_\alpha\dfrac{\sigma}{\sqrt{n}}\right)$,

表明小概率事件发生,拒绝原假设 $H_0:\mu=\mu_0$,接受备择假设 $H_1:\mu<\mu_0$,否则就接受原假设.

　　类似地,对于右检验 $H_0:\mu=\mu_0$,$H_1:\mu>\mu_0$,检验思路是一样的,前面四步完全相同,只是第五步验证小概率事件发生的临界值比较准则为 $z>z_\alpha$,拒绝域为 $\bar{x}\in\left(\mu_0+z_\alpha\dfrac{\sigma}{\sqrt{n}},+\infty\right)$.

　　对于非正态分布下的期望检验,在大样本下可以根据中心极限定理用正态分布来近似,检验过程和原理完全相同,这里不再赘述.

7.2.2　σ^2 未知时期望 μ 的检验

　　当总体方差 σ^2 未知时,需要使用样本方差 S^2 来代替总体方差 σ^2,对于双边检验 $H_0:\mu=\mu_0$,$H_1:\mu\neq\mu_0$.

　　构造小概率的事件 $\{|\bar{X}-\mu_0|>k_\alpha\}$,使其满足

$$P(|\bar{X}-\mu_0|>k_\alpha)=\alpha \tag{7.8}$$

为了得到临界值,对式(7.8)进行变形.因为 σ^2 是未知的,所以使用样本方差 S^2 来代替,于是式(7.8)变为

$$P\left(\frac{|\bar{X}-\mu_0|}{S/\sqrt{n}}>k_\alpha\frac{\sqrt{n}}{S}\right)=\alpha \tag{7.9}$$

于是我们采用检验量 $T=\dfrac{\bar{X}-\mu_0}{S/\sqrt{n}}$.在 H_0 成立的条件下,由定理 5.3 知,T 服从分布 $t(n-1)$.令 $k^*=k_\alpha\dfrac{\sqrt{n}}{S}$,则由分位数的定义知,$k^*=t_{\alpha/2}(n-1)$,即当 H_0 成立时有

$$P\left[\left|\frac{\bar{X}-\mu_0}{S/\sqrt{n}}\right|>t_{\alpha/2}(n-1)\right]=\alpha$$

所以在原假设成立的条件下,这是一个小概率事件.如果 $|t|>t_{\alpha/2}(n-1)$,则小概率事件发生,拒绝原假设,接受备择假设.如果 $|t|\leqslant t_{\alpha/2}$,则接受原假设.因此检验过程如下:

　　(1) 建立假设 $H_0:\mu=\mu_0$,$H_1:\mu\neq\mu_0$;

　　(2) 构造检验量 $T=\dfrac{\bar{X}-\mu}{S}\sqrt{n}\sim t(n-1)$;

　　(3) 在原假设成立的情况下根据样本计算检验量的实现值 $t=\dfrac{\bar{x}-\mu_0}{s}\sqrt{n}$;

(4) 对于给定的显著性水平 α,查附表 4 得到临界值 $t_{\alpha/2}(n-1)$;

(5) 进行比较并给出检验结论:如果 $|t|>t_{\alpha/2}(n-1)$,或等价地有

$$\bar{x} \in \left(-\infty, \mu_0 - t_{\alpha/2}(n-1)\frac{s}{\sqrt{n}}\right) \cup \left(\mu_0 + t_{\alpha/2}(n-1)\frac{s}{\sqrt{n}}, +\infty\right)$$

那么就拒绝原假设 $H_0:\mu=\mu_0$,否则就接受原假设 $H_0:\mu=\mu_0$.

对于这种情况下的单边检验,与方差 σ^2 已知时的思路完全相同.具体结论是, 对检验 $H_0:\mu=\mu_0, H_1:\mu<\mu_0$,拒绝原假设的条件为 $t<-t_\alpha(n-1)$,或等价地有 拒绝域

$$\bar{x} \in \left(-\infty, \mu_0 - t_\alpha(n-1)\frac{s}{\sqrt{n}}\right)$$

对检验 $H_0:\mu=\mu_0, H_1:\mu>\mu_0$,拒绝原假设的条件为 $t>t_\alpha(n-1)$,或等价地有拒 绝域

$$\bar{x} \in \left(\mu_0 + t_\alpha(n-1)\frac{s}{\sqrt{n}}, +\infty\right)$$

7.2.3 假设检验的 P 值方法

在参数的假设检验中,引入分位数是很自然的,但在计算机很普及的今天,采 用 P 值检验法也很方便,并且更容易理解.我们以正态分布总体的期望检验为例 来说明这一方法,其他检验也类似.考虑检验量

$$Z = \frac{(\bar{X}-\mu)\sqrt{n}}{\sigma}$$

当原假设 $H_0:\mu=\mu_0$ 成立时,Z 服从标准正态分布 $N(0,1)$,记 Z 的观测值为 z.所 谓 P 值,对于双边检验,就是计算这样的概率:

$$p_d = P(|Z| \geqslant |z|) = \int_{-\infty}^{-|z|} \frac{1}{\sqrt{2\pi}} e^{-\frac{t^2}{2}} \mathrm{d}t + \int_{|z|}^{+\infty} \frac{1}{\sqrt{2\pi}} e^{-\frac{t^2}{2}} \mathrm{d}t$$

对给定的显著性水平 α,如果 $p_d \leqslant \alpha$,则说明在原假设 $H_0:\mu=\mu_0$ 成立的条件下, 事件 $\{|Z| \geqslant |z|\}$ 发生的概率小于显著性水平 α,是一个小概率事件.现在小概率 事件居然发生了,因此拒绝原假设 $H_0:\mu=\mu_0$,接受备择假设 $H_1:\mu \neq \mu_0$.如果 $p_d > \alpha$,则接受原假设 $H_0:\mu=\mu_0$.

对左检验问题 $H_0:\mu=\mu_0, H_1:\mu<\mu_0$,计算

$$p_l = P(Z \leqslant z) = \int_{-\infty}^{z} \frac{1}{\sqrt{2\pi}} e^{-\frac{t^2}{2}} \mathrm{d}t$$

若 $p_l \leqslant \alpha$,则说明在原假设 $H_0:\mu=\mu_0$ 下,事件 $\{Z \leqslant z\}$ 发生的概率小于显著性水 平 α,是一个小概率事件,现在它发生了,因此拒绝原假设 $H_0:\mu=\mu_0$,接受备择假

设 $H_1:\mu<\mu_0$. 若 $p_l>\alpha$, 则接受原假设 $H_0:\mu=\mu_0$.

对右检验问题 $H_0:\mu=\mu_0$, $H_1:\mu>\mu_0$, 则计算

$$p_r = P(Z\geqslant z) = \int_z^{+\infty} \frac{1}{\sqrt{2\pi}} \mathrm{e}^{-\frac{t^2}{2}} \mathrm{d}t$$

若 $p_r\leqslant\alpha$, 则说明在原假设 $H_0:\mu=\mu_0$ 下, 事件 $\{Z\geqslant z\}$ 发生的概率小于显著性水平 α, 是一个小概率事件, 现在它发生了, 因此拒绝原假设 $H_0:\mu=\mu_0$, 接受备择假设 $H_1:\mu>\mu_0$. 若 $p_r>\alpha$, 则接受原假设 $H_0:\mu=\mu_0$.

上述 P 值检验可以对照图 7.1、图 7.2 和图 7.3 进行理解.

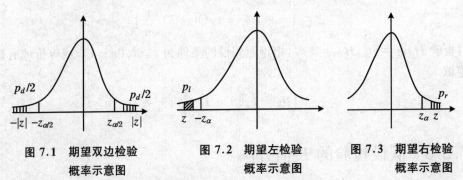

图 7.1　期望双边检验　　　　图 7.2　期望左检验　　　　图 7.3　期望右检验
　　概率示意图　　　　　　　　　概率示意图　　　　　　　　概率示意图

【例 7.3】　Hilltop 咖啡的标签标明:听内至少装有 3 磅的咖啡, 联邦委员会为了证实其陈述正确, 从市场上随机抽取了 36 听进行测试, 得到平均重量为 2.92 磅, 假设每听咖啡的重量服从正态分布, 且标准差为 0.18, 试给出检验结论 ($\alpha=0.01$).

　　解　根据题目要求, 建立的假设为 $H_0:\mu=3$, $H_1:\mu<3$, 计算得到检验量观察值为 $z=\dfrac{\bar{x}-\mu_0}{\sigma}\sqrt{n}=\dfrac{2.92-3}{0.18}\sqrt{36}=-2.67$, 而临界值 $z_{0.01}=2.33$, 因此有 $z=-2.67<-2.33=-z_{0.01}$, 所以拒绝原假设, 或者通过计算检验概率有 $p_l=P(Z<z)=P(Z<-2.67)=0.00379<0.01$, 结论相同, 也拒绝原假设. 这说明听内咖啡重量小于 3 磅.

【例 7.4】　根据美国高尔夫球协会的规定, 只有射程和滚动距离平均不超过 280 码的高尔夫球可以在比赛中使用. 假定某公司最近开发了一种高技术生产方法, 并声称射程和滚动距离平均为 280 码, 现随机抽取了 36 个高尔夫球, 得到平均距离为 278.5 码, 样本标准差为 12 码, 如果假设数据服从正态分布, 试检验其说法是否可靠 ($\alpha=0.05$).

　　解　根据题目要求, 建立的假设为 $H_0:\mu=280$, $H_1:\mu\neq280$, 计算得到检验量观察值为 $|t|=\dfrac{|\bar{x}-\mu_0|}{s}\sqrt{n}=\dfrac{|278.5-280|}{12}\sqrt{36}=0.75$, 而临界值 $t_{0.025}(35)=$

2.013,因此有 $|t| < t_{0.025}(35)$,所以接受原假设.或者通过计算检验概率有 $p_d = P(|T| > |t|) = P(|T| > 0.75) = 0.458 > 0.05$,结论相同,也接受原假设.这说明该公司生产的高尔夫球满足协会的规定.

7.2.4 μ 已知时方差 σ^2 的检验

首先考察双边检验,为此构造假设 $H_0 : \sigma^2 = \sigma_0^2$,$H_1 : \sigma^2 \neq \sigma_0^2$,当总体期望 μ 已知时,可以使用检验量为 $\chi^2 = \sum_{i=1}^{n} \left(\dfrac{X_i - \mu}{\sigma} \right)^2$.因为 $\dfrac{X_i - \mu}{\sigma} (1 \leqslant i \leqslant n)$ 服从标准正态分布,且相互独立,所以 $\chi^2 = \sum_{i=1}^{n} \left(\dfrac{X_i - \mu}{\sigma} \right)^2 \sim \chi^2(n)$.构造如下事件:

$$\left\{ \frac{1}{\sigma^2} \sum_{i=1}^{n} (X_i - \mu)^2 \leqslant \chi_{1-\alpha/2}^2(n) \right\} \bigcup \left\{ \frac{1}{\sigma^2} \sum_{i=1}^{n} (X_i - \mu)^2 \geqslant \chi_{\alpha/2}^2(n) \right\}$$

如果原假设成立,由分位数的定义知

$$P \left[\frac{1}{\sigma_0^2} \sum_{i=1}^{n} (X_i - \mu)^2 \leqslant \chi_{1-\alpha/2}^2(n) \right] + P \left[\frac{1}{\sigma_0^2} \sum_{i=1}^{n} (X_i - \mu)^2 \geqslant \chi_{\alpha/2}^2(n) \right] = \alpha$$

(7.10)

所以,在原假设成立的条件下,这是一个小概率事件.

将检验量 $\chi^2 = \sum_{i=1}^{n} \left(\dfrac{X_i - \mu}{\sigma_0} \right)^2$ 的实现值记为 $\lambda = \sum_{i=1}^{n} \left(\dfrac{x_i - \mu}{\sigma_0} \right)^2$.当 $\lambda \leqslant \chi_{1-\alpha/2}^2(n)$ 或者 $\lambda \geqslant \chi_{\alpha/2}^2(n)$ 时小概率事件发生,就拒绝原假设;当 $\chi_{1-\alpha/2}^2(n) < \lambda < \chi_{\alpha/2}^2(n)$ 时就接受原假设.

需要说明的是,这里我们采用了与前面略有不同的方法来求临界值,即首先构造检验量,使其分布的分位数是可以求的,然后构造小概率事件,使得临界值就是分位数.这种方法更一般化,适用于各种分布,特别是不对称分布的双边检验.以后介绍的检验问题都采用这种方法.

现在考虑 P 值检验法.因为卡方分布不是对称的,我们不能用 $P(|\chi^2| \geqslant |\lambda|) < \alpha$ 来判断.但注意到,原假设被拒绝,即小概率事件发生,当且仅当 $\lambda \leqslant \chi_{1-\alpha/2}^2(n)$ 或者 $\lambda \geqslant \chi_{\alpha/2}^2(n)$,这时检验量 χ^2 落在区间 $(0, \lambda]$ 内的概率 $P(\chi^2 < \lambda) \leqslant P(\chi^2 < \chi_{1-\alpha/2}^2) = \alpha/2$,而 χ^2 落在区间 $[\lambda, \infty)$ 内的概率 $P(\lambda < \chi^2 < \infty) \leqslant P(\chi_{\alpha/2}^2 < \chi^2 < \infty) = \alpha/2$.如果定义

$$p_d = 2\min \{ P(\chi^2 \leqslant \lambda), P(\chi^2 \geqslant \lambda) \}$$

那么在 H_0 成立的条件下,事件 $\{\chi^2 \leqslant \lambda\}$ 和 $\{\chi^2 \geqslant \lambda\}$ 中有一个是小概率事件,如果它发生,则 $p_d < 2 \times \alpha/2 = \alpha$,这时小概率事件发生,我们就拒绝 H_0.如果 $p_d > \alpha$,

则 $\min\{P(\chi^2 \leqslant \lambda), P(\chi^2 \geqslant \lambda)\} > \alpha/2$，我们没有理由否定 H_0，所以就接受原假设.关于检验概率的理解也可如图 7.4 所示.

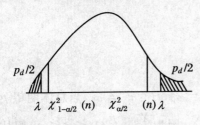

图 7.4　方差双边检验概率示意图

接下来考察单边检验.对于左检验,建立的假设 $H_0: \sigma^2 = \sigma_0^2, H_1: \sigma^2 < \sigma_0^2$.构造小概率事件 $\left\{ \frac{1}{\sigma^2} \sum_{i=1}^{n} (X_i - \mu)^2 \leqslant \chi_{1-\alpha}^2(n) \right\}$,在原假设成立的条件下,由分位数的定义知

$$P\left[\frac{1}{\sigma_0^2} \sum_{i=1}^{n} (X_i - \mu)^2 \leqslant \chi_{1-\alpha}^2(n) \right] = \alpha \tag{7.11}$$

计算检验量的实现值 $\lambda = \sum_{i=1}^{n} \left(\frac{x_i - \mu}{\sigma_0} \right)^2$,如果 $\lambda \leqslant \chi_{1-\alpha}^2(n)$,则小概率事件发生,拒绝原假设,否则就接受原假设.类似地,可以建立右检验的假设 $H_0: \sigma^2 = \sigma_0^2, H_1: \sigma^2 > \sigma_0^2$,构造小概率事件 $\left\{ \frac{1}{\sigma^2} \sum_{i=1}^{n} (X_i - \mu)^2 \geqslant \chi_{\alpha}^2(n) \right\}$,当原假设成立时,由分位数的定义

$$P\left[\frac{1}{\sigma_0^2} \sum_{i=1}^{n} (X_i - \mu)^2 \geqslant \chi_{\alpha}^2(n) \right] = \alpha \tag{7.12}$$

计算检验量的实现值 $\lambda = \sum_{i=1}^{n} \left(\frac{x_i - \mu}{\sigma_0} \right)^2$,当 $\lambda \geqslant \chi_{\alpha}^2(n)$ 时就拒绝原假设,否则就接受原假设.

再考虑 P 值检验法.记检验量 $\chi^2 = \sum_{i=1}^{n} \left(\frac{X_i - \mu}{\sigma} \right)^2$ 的实现值为 $\lambda = \sum_{i=1}^{n} \left(\frac{x_i - \mu}{\sigma_0} \right)^2$.对于左检验,如果 $p_l = P(\chi^2 \leqslant \lambda) \leqslant \alpha$,那么说明在 H_0 成立的条件下,事件 $\{\chi^2 \leqslant \lambda\}$ 是一个小概率事件,然而它现在发生了,我们就拒绝 H_0.如果 $p_l > \alpha$,我们没有理由否定 H_0,所以就接受原假设.关于检验概率的理解也可如图7.5 所示.

同理对于右检验,如果 $p_r = P(\chi^2 \geqslant \lambda) \leqslant \alpha$,那么就拒绝 H_0.如果 $p_r > \alpha$,就接受原假设.关于检验概率的理解也可如图 7.6 所示.

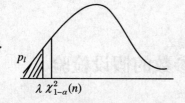

图 7.5 方差左检验概率示意图

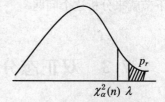

图 7.6 方差右检验概率示意图

7.2.5 μ 未知时方差 σ^2 的检验

设 $H_0:\sigma^2=\sigma_0^2,H_1:\sigma^2\neq\sigma_0^2$. 当总体期望 μ 未知时,可以使用的检验量为 $\chi^2=\dfrac{(n-1)S^2}{\sigma^2}$. 根据定理 5.2 知道 $\chi^2\sim\chi^2(n-1)$,于是构造如下的小概率事件:

$$\left\{\frac{(n-1)S^2}{\sigma^2}\leqslant\chi_{1-\alpha/2}^2(n-1)\right\}\bigcup\left\{\frac{(n-1)S^2}{\sigma^2}\geqslant\chi_{\alpha/2}^2(n-1)\right\}$$

当原假设成立时,根据分位数的定义

$$P\left[\frac{(n-1)S^2}{\sigma_0^2}\leqslant\chi_{1-\alpha/2}^2(n-1)\right]+P\left[\frac{(n-1)S^2}{\sigma_0^2}\geqslant\chi_{\alpha/2}^2(n-1)\right]=\alpha \quad (7.13)$$

计算检验量 $\chi^2=\dfrac{(n-1)S^2}{\sigma_0^2}$ 的实现值并记为 $\lambda=\dfrac{(n-1)s^2}{\sigma_0^2}$,当 $\lambda\leqslant\chi_{1-\alpha/2}^2(n-1)$ 或者 $\lambda\geqslant\chi_{\alpha/2}^2(n-1)$ 时,小概率事件发生,就拒绝原假设,当 $\chi_{1-\alpha/2}^2(n-1)<\lambda<\chi_{\alpha/2}^2(n-1)$ 时就接受原假设.

P 值检验法规则为:如果 $p_d=2\min\{P(\chi^2\leqslant\lambda),P(\chi^2\geqslant\lambda)\}\leqslant\alpha$,那么小概率事件发生,我们就拒绝 H_0. 如果 $p_d>\alpha$,就接受原假设.

对于这种情况下的单边检验和期望已知时检验的原理相同,请读者自行给出检验过程.

【例 7.5】 某种导线的电阻服从 $N(\mu,0.005^2)$. 从新生产的一批导线中取 9 根,测得电阻的样本方差 $s^2=0.008^2$. 假设 $\alpha=0.05$,能否认为这批导线的电阻标准差仍为 0.005?

解 这是一个关于方差的双边检验问题,建立假设为 $H_0:\sigma^2=0.005^2$,$H_1:\sigma^2\neq0.005^2$,检验量的实现值 $\lambda=\dfrac{(n-1)s^2}{\sigma_0^2}=\dfrac{8\times0.008^2}{0.005^2}=20.48$,查附表 3 得临界值分别为 $\chi_{0.975}^2(8)=2.18,\chi_{0.025}^2(8)=17.535$,从而有 $\lambda>\chi_{0.025}^2(8)$,因此拒绝原假设. 经计算,检验概率为 $p_d=0.0173<0.05$,从而也拒绝原假设. 因此,可以认为这批导线的电阻标准差不为 0.005.

以上的五步检验方法和检验概率判断方法很容易推广到两个正态分布总体的

情况,下节就来分析这个问题.

7.3　双正态分布总体参数的假设检验

本节所考察的总体都为正态分布总体,即 $X \sim N(\mu_1, \sigma_1^2)$ 和 $Y \sim N(\mu_2, \sigma_2^2)$,来自两个总体的样本分别记为 $X_1, X_2, \cdots, X_{n_1}$ 和 $Y_1, Y_2, \cdots, Y_{n_2}$,样本均值统计量分别为 $\bar{X} = \dfrac{1}{n_1} \sum\limits_{i=1}^{n_1} X_i$ 和 $\bar{Y} = \dfrac{1}{n_2} \sum\limits_{j=1}^{n_2} Y_j$,对应的样本观察值与统计量观察值分别为 $x_1, x_2, \cdots, x_{n_1}$ 和 $y_1, y_2, \cdots, y_{n_2}$,$\bar{x} = \dfrac{1}{n_1} \sum\limits_{i=1}^{n_1} x_i$ 和 $\bar{y} = \dfrac{1}{n_2} \sum\limits_{j=1}^{n_2} y_j$,样本方差统计量与观察值分别为 $S_1^2 = \dfrac{1}{n_1 - 1} \sum\limits_{i=1}^{n_1} (X_i - \bar{X})^2$ 和 $S_2^2 = \dfrac{1}{n_2 - 1} \sum\limits_{j=1}^{n_2} (Y_j - \bar{Y})^2$,$s_1^2 = \dfrac{1}{n_1 - 1} \sum\limits_{i=1}^{n_1} (x_i - \bar{x})^2$ 和 $s_2^2 = \dfrac{1}{n_2 - 1} \sum\limits_{j=1}^{n_2} (y_j - \bar{y})^2$. 把两个样本合并后得到的合并样本方差统计量和观察值分别记为 $S_W^2 = \dfrac{(n_1 - 1)S_1^2 + (n_2 - 1)S_2^2}{n_1 + n_2 - 2}$,$s_W^2 = \dfrac{(n_1 - 1)s_1^2 + (n_2 - 1)s_2^2}{n_1 + n_2 - 2}$.

7.3.1　σ_1^2, σ_2^2 均已知时 $\mu_1 = \mu_2$ 的双边检验

建立假设 $H_0: \mu_1 = \mu_2$,$H_1: \mu_1 \neq \mu_2$,根据对应原则可以选择如下分布的检验量:

$$Z = \frac{\bar{X} - \bar{Y} - (\mu_1 - \mu_2)}{\sqrt{\sigma_1^2/n_1 + \sigma_2^2/n_2}}$$

由式(5.25)知 $Z \sim N(0,1)$,从而构造如下小概率事件:

$$\left\{ \left| \frac{\bar{X} - \bar{Y} - (\mu_1 - \mu_2)}{\sqrt{\sigma_1^2/n_1 + \sigma_2^2/n_2}} \right| > z_{\alpha/2} \right\}$$

在原假设成立时,由分位数的定义知

$$P\left(\left| \frac{\bar{X} - \bar{Y}}{\sqrt{\sigma_1^2/n_1 + \sigma_2^2/n_2}} \right| > z_{\alpha/2} \right) = \alpha \tag{7.14}$$

计算检验量的实现值 $z = \dfrac{\bar{x} - \bar{y}}{\sqrt{\sigma_1^2/n_1 + \sigma_2^2/n_2}}$,从而如果有 $|z| > z_{\alpha/2}$,则小概率事件

发生,就拒绝原假设,否则 $|z| \leqslant z_{\alpha/2}$ 就接受原假设. 如果采用检验概率判断,则记 $p_d = P(|Z| > |z|)$,若 $p_d \leqslant \alpha$,则小概率事件发生,就拒绝原假设 $H_0 : \mu_1 = \mu_2$,接受备择假设 $H_1 : \mu_1 \neq \mu_2$. 若 $p_d > \alpha$,则接受原假设 $H_0 : \mu_1 = \mu_2$.

7.3.2 $\sigma_1^2 = \sigma_2^2$ 未知时 $\mu_1 = \mu_2$ 的双边检验

假设 $H_0 : \mu_1 = \mu_2$,$H_1 : \mu_1 \neq \mu_2$,根据对应原则可以选择如下分布的检验量:

$$T = \frac{\bar{X} - \bar{Y} - (\mu_1 - \mu_2)}{S_W \sqrt{1/n_1 + 1/n_2}}$$

由定理 5.5 知 $T \sim t(n_1 + n_2 - 2)$,构造如下小概率事件:

$$\left\{ \left| \frac{\bar{X} - \bar{Y} - (\mu_1 - \mu_2)}{S_W \sqrt{1/n_1 + 1/n_2}} \right| > t_{\alpha/2}(n_1 + n_2 - 2) \right\}$$

由分位数的定义知,在原假设成立的条件下有

$$P\left[\left| \frac{\bar{X} - \bar{Y}}{S_W \sqrt{1/n_1 + 1/n_2}} \right| > t_{\alpha/2}(n_1 + n_2 - 2) \right] = \alpha \tag{7.15}$$

计算检验量的实现值 $t = \dfrac{\bar{x} - \bar{y}}{s_W \sqrt{1/n_1 + 1/n_2}}$,如果有 $|t| > t_{\alpha/2}(n_1 + n_2 - 2)$,则小概率事件发生,就拒绝原假设,否则 $|t| \leqslant t_{\alpha/2}(n_1 + n_2 - 2)$ 就接受原假设.

这个问题的 P 值检验法是计算 $p_d = P(|T| > |t|)$. 若 $p_d \leqslant \alpha$,就拒绝原假设 $H_0 : \mu_1 = \mu_2$,接受备择假设 $H_1 : \mu_1 \neq \mu_2$. 若 $p_d > \alpha$,则接受原假设 $H_0 : \mu_1 = \mu_2$.

7.3.3 σ_1^2, σ_2^2 均已知时 $\mu_1 = \mu_2$ 的单边检验

这里考虑两个总体的方差都已知的情形. 对于左检验 $H_0 : \mu_1 = \mu_2$,$H_1 : \mu_1 < \mu_2$,由定理 5.4 知

$$Z = \frac{\bar{X} - \bar{Y} - (\mu_1 - \mu_2)}{\sqrt{\sigma_1^2/n_1 + \sigma_2^2/n_2}} \sim N(0,1)$$

构造如下小概率事件:

$$\left\{ \frac{\bar{X} - \bar{Y} - (\mu_1 - \mu_2)}{\sqrt{\sigma_1^2/n_1 + \sigma_2^2/n_2}} < -z_\alpha \right\}$$

在原假设成立的条件下,根据分位数的定义知

$$P\left(\frac{\bar{X} - \bar{Y}}{\sqrt{\sigma_1^2/n_1 + \sigma_2^2/n_2}} < -z_\alpha \right) = \alpha \tag{7.16}$$

计算检验量的实现值 $z = \dfrac{\bar{x} - \bar{y}}{\sqrt{\sigma_1^2/n_1 + \sigma_2^2/n_2}}$，如果 $z < -z_\alpha$，则小概率事件发生，拒绝原假设 $H_0 : \mu_1 = \mu_2$，接受备择假设 $H_1 : \mu_1 < \mu_2$. 如果 $z \geqslant -z_\alpha$，则接受原假设 $H_0 : \mu_1 = \mu_2$.

如果采用检验概率判断，则记 $p_l = P(Z < z)$，若 $p_l \leqslant \alpha$，则拒绝原假设 H_0：$\mu_1 = \mu_2$，接受 $H_1 : \mu_1 < \mu_2$. 若 $p_l > \alpha$，接受原假设 $H_0 : \mu_1 = \mu_2$.

对于右检验 $H_0 : \mu_1 = \mu_2$，$H_1 : \mu_1 > \mu_2$，构造如下小概率事件：

$$\left\{ \frac{\bar{X} - \bar{Y} - (\mu_1 - \mu_2)}{\sqrt{\sigma_1^2/n_1 + \sigma_2^2/n_2}} > z_\alpha \right\}$$

如果原假设成立，由分位数的定义知

$$P\left(\frac{\bar{X} - \bar{Y}}{\sqrt{\sigma_1^2/n_1 + \sigma_2^2/n_2}} > z_\alpha \right) = \alpha \tag{7.17}$$

计算检验量的实现值 $z = \dfrac{\bar{x} - \bar{y}}{\sqrt{\sigma_1^2/n_1 + \sigma_2^2/n_2}}$，如果 $z \geqslant z_\alpha$，则小概率事件发生，拒绝原假设，接受备择假设. 如果 $z < z_\alpha$，就接受原假设.

如果采用检验概率判断，则记 $p_r = P(Z > z)$，若 $p_r \leqslant \alpha$，则拒绝原假设 H_0：$\mu_1 = \mu_2$，接受 $H_1 : \mu_1 > \mu_2$. 若 $p_r > \alpha$，则接受原假设 $H_0 : \mu_1 = \mu_2$.

【例 7.6】 在针织品漂白工艺中，要考察温度对针织品断裂强力的影响，为比较 70 摄氏度与 80 摄氏度的影响有无差别，分别重复做了 8 次试验，测得的数据如下所示：

70 摄氏度：20.5, 18.8, 19.8, 20.9, 21.5, 19.5, 21.0, 21.2；

80 摄氏度：17.7, 20.3, 20.0, 18.8, 19.0, 20.1, 20.0, 19.1.

试检验两者的均值是否有显著差异（假设方差相等，取 $\alpha = 0.05$）.

解 这是一个双边检验问题，而且方差未知但假设相等，应采用具有 t 分布的检验量，建立假设 $H_0 : \mu_1 = \mu_2$，$H_1 : \mu_1 \neq \mu_2$，经过计算有

$$\bar{x} = 20.4, \quad \bar{y} = 19.4, \quad s_1^2 = 0.885\,7, \quad s_2^2 = 0.817, \quad s_w = 0.851\,35$$

计算检验量实现值有

$$|t| = \left| \frac{\bar{x} - \bar{y}}{s_w \sqrt{1/n_1 + 1/n_2}} \right| = \left| \frac{20.4 - 19.4}{0.851\,35 \sqrt{1/8 + 1/8}} \right| = 2.349$$

查得临界值为 $t_{0.025}(14) = 2.144\,79$，从而 $|t| > t_{0.025}(14)$，拒绝原假设. 也可以计算检验概率得 $p_d = 0.034 < \alpha$，从而也拒绝原假设，认为两者均值是有差别的.

7.3.4 μ_1, μ_2 均未知时 $\sigma_1^2 = \sigma_2^2$ 的双边检验

建立假设 $H_0 : \sigma_1^2 = \sigma_2^2$，$H_1 : \sigma_1^2 \neq \sigma_2^2$. 根据对应原则，此种条件下可以使用的检

验量为 $F = \dfrac{\sigma_2^2 S_1^2}{\sigma_1^2 S_2^2}$. 由定理 5.6 知, $F = \dfrac{\sigma_2^2 S_1^2}{\sigma_1^2 S_2^2} \sim F(n_1-1, n_2-1)$. 构造小概率事件

$$\left\{ \frac{\sigma_2^2 S_1^2}{\sigma_1^2 S_2^2} > F_{\alpha/2}(n_1-1, n_2-1) \right\} \bigcup \left\{ \frac{\sigma_2^2 S_1^2}{\sigma_1^2 S_2^2} < F_{1-\alpha/2}(n_1-1, n_2-1) \right\}$$

根据分位数的定义, 当原假设成立时有

$$P\left[\frac{S_1^2}{S_2^2} > F_{\alpha/2}(n_1-1, n_2-1) \right] + P\left[\frac{S_1^2}{S_2^2} < F_{1-\alpha/2}(n_1-1, n_2-1) \right] = \alpha \quad (7.18)$$

计算检验量的实现值 $F = \dfrac{s_1^2}{s_2^2}$, 如果有 $F > F_{\alpha/2}(n_1-1, n_2-1)$ 或者 $F < F_{1-\alpha/2}(n_1-1, n_2-1)$, 则小概率事件发生, 就拒绝原假设, 否则当 $F_{1-\alpha/2}(n_1-1, n_2-1) \leqslant \dfrac{s_1^2}{s_2^2} \leqslant F_{\alpha/2}(n_1-1, n_2-1)$ 时就接受原假设.

7.3.5 μ_1, μ_2 均未知时 $\sigma_1^2 = \sigma_2^2$ 的单边检验

类似地, 可以考察方差相等的单边检验. 考虑左检验, 假设 $H_0: \sigma_1^2 = \sigma_2^2, H_1: \sigma_1^2 < \sigma_2^2$. 构造的小概率事件为 $\left\{ \dfrac{\sigma_2^2 S_1^2}{\sigma_1^2 S_2^2} < F_{1-\alpha}(n_1-1, n_2-1) \right\}$, 根据分位数的定义, 在原假设成立时

$$P\left[\frac{S_1^2}{S_2^2} < F_{1-\alpha}(n_1-1, n_2-1) \right] = \alpha \quad (7.19)$$

如果有 $F < F_{1-\alpha}(n_1-1, n_2-1)$, 则小概率事件发生, 于是拒绝原假设, 接受备择假设. 否则, 如果 $F > F_{1-\alpha}(n_1-1, n_2-1)$, 就接受原假设.

对于右检验, 假设 $H_0: \sigma_1^2 = \sigma_2^2, H_1: \sigma_1^2 > \sigma_2^2$, 构造如下小概率事件:

$$\left\{ \frac{\sigma_2^2 S_1^2}{\sigma_1^2 S_2^2} > F_{\alpha}(n_1-1, n_2-1) \right\}$$

根据分位数的定义, 在原假设成立的条件下

$$P\left[\frac{S_1^2}{S_2^2} > F_{\alpha}(n_1-1, n_2-1) \right] = \alpha \quad (7.20)$$

如果有 $F > F_{\alpha}(n_1-1, n_2-1)$, 则小概率事件发生, 拒绝原假设, 否则 $F < F_{\alpha}(n_1-1, n_2-1)$ 就接受原假设.

如果通过检验概率来判断, 则定义检验概率分别为

$$p_d = 2\min\{ P[F(n_1-1, n_2-1) < F], P[F(n_1-1, n_2-1) > F] \}$$
$$p_l = P[F(n_1-1, n_2-1) < F]$$
$$p_r = P[F(n_1-1, n_2-1) > F]$$

图 7.7、图 7.8 和图 7.9 给出了检验概率的示意图. 判断的依据仍然是: 如果检

验概率小于显著性水平 α 就拒绝原假设,否则就接受原假设.

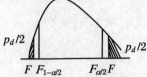

图 7.7 方差相等双边检验
概率示意图

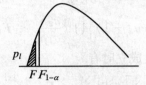

图 7.8 方差相等左检验
示意图

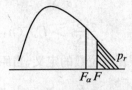

图7.9 方差相等右检验
示意图

【例 7.7】 两台车床生产同一种滚珠,假设滚珠的直径都服从正态分布,现从中分别抽取 8 个和 9 个产品,得到的数据如下:15.0,14.5,15.2,15.5,14.8,15.1,15.2,14.8;15.2,15.0,14.8,15.2,15.0,15.0,14.8,15.1,14.8,试检验两者的方差是否相等($\alpha = 0.05$).

解 建立假设为 $H_0: \sigma_1^2 = \sigma_2^2, H_1: \sigma_1^2 \neq \sigma_2^2$,经过计算有 $s_1^2 = 0.096, s_2^2 = 0.026$,从而得到检验量实现值 $\dfrac{s_1^2}{s_2^2} = 3.69$,同时查附表 5 得临界值为 $F_{0.025}(7,8) = 4.53$,计算有 $F_{0.975}(7,8) = 0.204$,从而有 $0.204 < F < 4.53$,因此接受原假设.另外经过计算得到 $p_d = 0.0872$,因此也表明接受原假设,认为两者的方差相等.

【例 7.8】 甲、乙两个铸造厂生产同一种铸件,假设铸件的质量都服从正态分布,现分别从两厂生产的产品中分别抽取 7 个和 6 个,测得的质量分别为:93.3,92.1,94.7,90.1,95.6,90.0,94.7;95.6,94.9,96.2,95.1,95.8,96.3,现检验甲厂的铸件的方差是否大于乙厂($\alpha = 0.05$).

解 建立假设 $H_0: \sigma_1^2 = \sigma_2^2, H_1: \sigma_1^2 > \sigma_2^2$,经过计算有 $s_1^2 = 5.136, s_2^2 = 0.326$,从而得到检验量实现值 $F = \dfrac{s_1^2}{s_2^2} = 15.75$,同时查附表 5 得临界值为 $F_{0.05}(6,5) = 4.95$,从而有 $F > F_{0.05}(6,5)$,因此拒绝原假设,表明甲厂铸件的方差大于乙厂.经过计算得检验概率 $p_r = 0.004 < 0.05$,从而也拒绝原假设.

【例 7.9】 从某锌矿的东、西两支矿脉中,各抽取样本容量分别为 9 与 8 的两个样本进行测试,得到的有关数据分别如下:

$$\bar{x} = 0.23, \quad s_1^2 = 0.1337, \quad n_1 = 9, \quad \bar{y} = 0.269, \quad s_2^2 = 0.1736, \quad n_2 = 8$$

假设东、西两个矿脉的含锌量都服从正态分布,试检验两个总体是否相同($\alpha = 0.05$).

解 检验两个总体是否相同.由于它们都服从正态分布,从而若它们的期望和方差都相等,那么就认为是相同的.这里由于方差都是未知的,从而首先检验方差是否相等,然后决定使用什么样的检验量来检验期望是否相等.检验的具体步骤如下:

$$H_0 : \sigma_1^2 = \sigma_2^2, \quad H_1 : \sigma_1^2 \neq \sigma_2^2$$

$$s_1^2 = 0.133\,7, \quad s_2^2 = 0.173\,6 \;\Rightarrow\; F = \frac{s_1^2}{s_2^2} = 0.770\,2$$

$$F_{0.025}(8,7) = 4.90, \quad F_{0.975}(8,7) = 1/F_{0.025}(7,8) = 1/4.53 = 0.204$$

从而检验结果表明接受原假设. 计算表明检验概率为 0.717 3, 大于显著性水平, 从而表明两者的方差是相等的. 接下来检验它们的期望是否相等, 过程如下:

$$H_0 : \mu_1 = \mu_2, \quad H_1 : \mu_1 \neq \mu_2$$

$$|t| = \left| \frac{\bar{x} - \bar{y}}{s_W \sqrt{1/n_1 + 1/n_2}} \right| = \left| \frac{0.23 - 0.269}{0.152\,3 \sqrt{1/9 + 1/8}} \right| = 0.527$$

查得临界值 $t_{0.025}(15) = 2.131\,5$, 因此应该接受原假设. 如果采用检验概率, 计算得检验概率为 0.606, 因此也接受原假设. 所以两个总体是相同的.

以上两节都是采用五步方法和检验概率判断方法来进行假设检验. 实际上, 我们还可以利用参数区间估计的方法完成相应的假设检验, 这种方法体现了假设检验与参数区间估计的完美统一, 下节介绍这方面的内容.

7.4 假设检验的区间估计方法

本节以单正态分布总体为代表讨论如何应用与参数区间估计相似的方法来进行假设检验, 这种方法很容易推广到双正态分布总体的假设检验.

7.4.1 σ^2 已知时 μ 的双边检验

首先考虑双边检验为 $H_0 : \mu = \mu_0, H_1 : \mu \neq \mu_0$, 当原假设成立时, 构造一个大概率事件 $\left\{ \dfrac{|\bar{X} - \mu_0|}{\sigma} \sqrt{n} \leqslant z_{\alpha/2} \right\}$ 及其概率为

$$P\left(\frac{|\bar{X} - \mu_0|}{\sigma} \sqrt{n} \leqslant z_{\alpha/2} \right) = 1 - \alpha \tag{7.21}$$

这与对应的参数估计是一样的, 但现在展开为

$$P\left(\mu_0 - z_{\alpha/2} \frac{\sigma}{\sqrt{n}} \leqslant \bar{X} \leqslant \mu_0 + z_{\alpha/2} \frac{\sigma}{\sqrt{n}} \right) = 1 - \alpha \tag{7.22}$$

如果 α 是一个小概率, 那么 $1 - \alpha$ 相对来说就是一个大概率, 从而式 (7.22) 表示一个大概率事件, 这个概率是如此之大, 以至于如果此时我们做一次试验, 那么 $\bar{X}$ 的

实现值 $\bar{x}$ 应落在区间 $\left(\mu_0 - z_{\alpha/2}\dfrac{\sigma}{\sqrt{n}}, \mu_0 + z_{\alpha/2}\dfrac{\sigma}{\sqrt{n}}\right)$ 内, 如果 $\bar{X}$ 的实现值 $\bar{x}$ 没有落在这个范围内, 我们就很自然地怀疑原假设的合理性. 这种检验方法正是小概率事件原理的翻版, 不妨称之为大概率事件原理. 因此得到如下假设检验的区间估计步骤:

(1) 构造假设检验 $H_0: \mu = \mu_0, H_1: \mu \neq \mu_0$;

(2) 构造检验量 $Z = \dfrac{(\bar{X} - \mu)\sqrt{n}}{\sigma} \sim N(0,1)$;

(3) 在 H_0 成立的假设下, 构造大概率事件 $\left\{\mu_0 - z_{\alpha/2}\dfrac{\sigma}{\sqrt{n}} \leqslant \bar{X} \leqslant \mu_0 + z_{\alpha/2}\dfrac{\sigma}{\sqrt{n}}\right\}$ 使

$$P\left(\mu_0 - z_{\alpha/2}\frac{\sigma}{\sqrt{n}} \leqslant \bar{X} \leqslant \mu_0 + z_{\alpha/2}\frac{\sigma}{\sqrt{n}}\right) = 1 - \alpha;$$

(4) 找出大概率事件对应 $\bar{X}$ 的接受域 (或者拒绝域), 其中接受域为 $\bar{X} \in \left(\mu_0 - z_{\alpha/2}\dfrac{\sigma}{\sqrt{n}}, \mu_0 + z_{\alpha/2}\dfrac{\sigma}{\sqrt{n}}\right)$, 拒绝域为 $\bar{X} \leqslant \mu_0 - z_{\alpha/2}\dfrac{\sigma}{\sqrt{n}}$ 或者 $\bar{X} \geqslant \mu_0 + z_{\alpha/2}\dfrac{\sigma}{\sqrt{n}}$;

(5) 利用样本观察值计算均值检验量的实现值 $\bar{x}$, 分析 $\bar{x}$ 是否落在拒绝域 (或接受域) 内, 并给出检验结论.

7.4.2　σ^2 未知时 μ 的双边检验

设 $H_0: \mu = \mu_0, H_1: \mu \neq \mu_0$. 这种情况和第一种情况极其相似, 只是使用 t 分布检验量和对应的分位数. 如果原假设成立, 一次试验下应该有

$$\bar{x} \in \left(\mu_0 - t_{\alpha/2}(n-1)\frac{s}{\sqrt{n}}, \mu_0 + t_{\alpha/2}(n-1)\frac{s}{\sqrt{n}}\right)$$

否则如果有

$$\bar{x} \leqslant \mu_0 - t_{\alpha/2}(n-1)\frac{s}{\sqrt{n}}$$

或者

$$\bar{x} \geqslant \mu_0 + t_{\alpha/2}(n-1)\frac{s}{\sqrt{n}}$$

就拒绝原假设.

最后简要介绍上述两种情况下的单边检验对应的拒绝域. 对于左检验 $H_0: \mu = \mu_0, H_1: \mu < \mu_0$ 和右检验 $H_0: \mu = \mu_0, H_1: \mu > \mu_0$, 可以仿照前面的分析, 得到一次试验下样本均值 $\bar{x}$ 的拒绝域如下:

(1) 当方差 σ^2 已知时左检验和右检验的拒绝域分别为

$$\bar{x} \leqslant \mu_0 - z_\alpha \frac{\sigma}{\sqrt{n}}, \quad \bar{x} \geqslant \mu_0 + z_\alpha \frac{\sigma}{\sqrt{n}}$$

（2）当方差 σ^2 未知时左检验和右检验的拒绝域分别为

$$\bar{x} \leqslant \mu_0 - t_\alpha(n-1)\frac{s}{\sqrt{n}}, \quad \bar{x} \geqslant \mu_0 + t_\alpha(n-1)\frac{s}{\sqrt{n}}$$

【例 7.10】 以例 7.1 为例，试利用区间估计的方法完成假设检验.

解 检验过程如下：

$$\alpha = 0.05 \Rightarrow z_{0.025} = 1.96, \quad \mu_0 - z_{\alpha/2}\frac{\sigma}{\sqrt{n}} = 248.891, \quad \mu_0 + z_{\alpha/2}\frac{\sigma}{\sqrt{n}} = 251.109$$

从而样本均值 $\bar{x} = 248 \notin (248.891, 251.109)$，落在拒绝域中，所以拒绝原假设.

【例 7.11】 以例 7.3 为例，试利用区间估计的方法完成假设检验.

解 检验过程如下：

$$\alpha = 0.01 \Rightarrow z_{0.01} = 2.33, \quad \bar{x} = 2.92 \leqslant \mu_0 - z_\alpha\frac{\sigma}{\sqrt{n}} = 2.930$$

样本均值落在拒绝域中，所以拒绝原假设.

7.4.3 μ 未知时 σ^2 检验

这里只考虑总体期望 μ 未知的情况，选择的检验量为 $\frac{(n-1)S^2}{\sigma^2} \sim \chi^2(n-1)$，首先考察双边检验 $H_0 : \sigma^2 = \sigma_0^2, H_1 : \sigma^2 \neq \sigma_0^2$. 当原假设成立时，构造一个大概率事件 $\left\{ \chi_{1-\alpha/2}^2(n-1) \leqslant \frac{(n-1)S^2}{\sigma_0^2} \leqslant \chi_{\alpha/2}^2(n-1) \right\}$ 及其对应的概率为

$$P\left[\chi_{1-\alpha/2}^2(n-1) \leqslant \frac{(n-1)S^2}{\sigma_0^2} \leqslant \chi_{\alpha/2}^2(n-1) \right] = 1 - \alpha \tag{7.23}$$

从而得到一次试验下接受原假设时样本方差 s^2 的接受域为

$$\left(\frac{\chi_{1-\alpha/2}^2(n-1)}{n-1}\sigma_0^2, \frac{\chi_{\alpha/2}^2(n-1)}{n-1}\sigma_0^2 \right)$$

如果 s^2 落在这个区域之外，就拒绝原假设.

类似地，可以得到单边假设检验时的情况，对于左检验 $H_0 : \sigma^2 = \sigma_0^2, H_1 : \sigma^2 < \sigma_0^2$ 和右检验 $H_0 : \sigma^2 = \sigma_0^2, H_1 : \sigma^2 > \sigma_0^2$. 原假设成立时一次试验下接受原假设的样本方差 s^2 左检验和右检验的接受域分别为 $\left(\frac{\chi_{1-\alpha}^2(n-1)}{n-1}\sigma_0^2, +\infty \right)$ 和 $\left(0, \frac{\chi_\alpha^2(n-1)}{n-1}\sigma_0^2 \right)$. 如果 s^2 不在对应的接受域内，就拒绝原假设.

【例 7.12】 以例 7.5 为例，试利用区间估计的方法完成假设检验.

解 检验的过程如下：

$$\frac{\chi^2_{1-\alpha/2}(n-1)}{n-1}\sigma_0^2 = \frac{2.18 \times 0.005^2}{9} = 6.06 \times 10^{-6}$$

$$\frac{\chi^2_{\alpha/2}(n-1)}{n-1}\sigma_0^2 = \frac{17.535 \times 0.005^2}{9} = 4.87 \times 10^{-5}$$

而 $s^2 = 0.008^2 = 6.4 \times 10^{-5} > \dfrac{\chi^2_{\alpha/2}(n-1)}{n-1}\sigma_0^2$，一次试验结果 s^2 落在接受域之外，因此拒绝原假设.

无论是根据小概率事件原理还是所谓的大概率事件原理，在假设检验决策过程中都会出现犯错误的可能，这就是第一类错误和第二类错误，如何尽可能降低以及计算这两类错误的概率将是下节所要介绍的内容.

7.5　单正态分布总体参数假设检验中的两类错误 *

假设检验中犯第一类错误和第二类错误是不可避免的，其中第一类错误为弃真错误，发生的概率为显著性水平 α 本身，这不需要计算，只需要加以控制即可.本节着重介绍单正态分布总体下的第二类错误概率的计算，最后给出它与样本容量之间的关系.对于双正态分布总体下第二类错误的概率也可以用类似的方法计算.

7.5.1　期望检验中第二类错误概率的计算

先考虑双边检验的情形.这时 $H_0: \mu = \mu_0, H_1: \mu \neq \mu_0$，则犯第二类错误的概率为 $P($接受 $H_0 | \mu \neq \mu_0)$.当 $H_1: \mu \neq \mu_0$ 为真时，有几种可能的情形：第一种是 $\mu = \mu_1 \neq \mu_0$，即 μ 只取 μ_0 以外的某一个值；第二种是 $\mu = \mu_i \neq \mu_0 (1 \leqslant i \leqslant m)$，或 $i = 1$，$2, 3, \cdots$，且 $P(\mu = \mu_i) = p_i$，即 μ 以一定的概率取 μ_0 以外的有限个或可列个值；第三种是 μ 可能取不包含 μ_0 的区域上的任意值，这时 μ 有概率分布函数 $F(x)$.

对单边假设也有类似的三种情形.这里我们都只考虑最简单的 μ 只取 μ_0 以外某一个值的情形.

对于犯第二类错误概率的计算，根据总体的方差 σ^2 已知和未知可以分两种情况（不考虑大样本下的分析），下面首先讨论总体方差 σ^2 已知的情况.

假设真实总体为 $N(\mu_1, \sigma^2)$.对于双边检验，如果在检验中错误地拒绝了 $\mu = \mu_1$ 而选择了 $\mu = \mu_0$，这时对于给定的显著性水平 α，可以知道样本均值 $\overline{X}$ 的取值落在

$$\left(\mu_0 - z_{\alpha/2}\frac{\sigma}{\sqrt{n}}, \mu_0 + z_{\alpha/2}\frac{\sigma}{\sqrt{n}}\right) \tag{7.24}$$

内. 而实际上样本均值 $\overline{X}$ 在真实期望为 $\mu = \mu_1$ 时服从分布 $N(\mu_1, \sigma^2/n)$, 所以犯第二类错误概率的计算公式为

$$\begin{aligned}
\beta_d &= P(\text{接受 } H_0 \mid \mu = \mu_1) \\
&= P\left(\mu_0 - z_{\alpha/2}\frac{\sigma}{\sqrt{n}} \leqslant \overline{X} \leqslant \mu_0 + z_{\alpha/2}\frac{\sigma}{\sqrt{n}} \,\Big|\, \mu = \mu_1\right) \\
&= P\left(\frac{\mu_0 - \mu_1}{\sigma/\sqrt{n}} - z_{\alpha/2} \leqslant \frac{\overline{X} - \mu_1}{\sigma/\sqrt{n}} \leqslant \frac{\mu_0 - \mu_1}{\sigma/\sqrt{n}} + z_{\alpha/2}\right) \\
&= \Phi\left(\frac{\mu_0 - \mu_1}{\sigma/\sqrt{n}} + z_{\alpha/2}\right) - \Phi\left(\frac{\mu_0 - \mu_1}{\sigma/\sqrt{n}} - z_{\alpha/2}\right) \tag{7.25}
\end{aligned}$$

从式 (7.25) 可以看出, 当两个期望 μ_1 和 μ_0 非常接近时, 犯第二类错误的概率非常大, 假设检验将很难区分它们, 反之当 μ_1 和 μ_0 相差较大时, 犯第二类错误的概率就较小. 这和直观感觉是一致的.

对于左检验, 当错误地拒绝 $\mu = \mu_1$ 而接受 $\mu = \mu_0$ 时, 样本均值 $\overline{X}$ 的取值落在 $\left(\mu_0 - z_{\alpha}\frac{\sigma}{\sqrt{n}}, +\infty\right)$ 内, 从而得到左检验时犯第二类错误概率的计算公式为

$$\begin{aligned}
\beta_l &= P(\text{接受 } H_0 \mid \mu = \mu_1) \\
&= P\left(\mu_0 - z_{\alpha}\frac{\sigma}{\sqrt{n}} \leqslant \overline{X} < +\infty \,\Big|\, \mu = \mu_1\right) \\
&= P\left(\frac{\mu_0 - \mu_1}{\sigma/\sqrt{n}} - z_{\alpha} \leqslant \frac{\overline{X} - \mu_1}{\sigma/\sqrt{n}} < +\infty\right) \\
&= 1 - \Phi\left(\frac{\mu_0 - \mu_1}{\sigma/\sqrt{n}} - z_{\alpha}\right) \tag{7.26}
\end{aligned}$$

类似地, 可以得到右检验时犯第二类错误概率的计算公式为

$$\begin{aligned}
\beta_r &= P(\text{接受 } H_0 \mid \mu = \mu_1) \\
&= P\left(-\infty < \overline{X} \leqslant \mu_0 + z_{\alpha}\frac{\sigma}{\sqrt{n}} \,\Big|\, \mu = \mu_1\right) \\
&= P\left(-\infty < \frac{\overline{X} - \mu_1}{\sigma/\sqrt{n}} \leqslant \frac{\mu_0 - \mu_1}{\sigma/\sqrt{n}} + z_{\alpha}\right) \\
&= \Phi\left(\frac{\mu_0 - \mu_1}{\sigma/\sqrt{n}} + z_{\alpha}\right) \tag{7.27}
\end{aligned}$$

其次, 如果总体方差 σ^2 未知, 则当接受错误的期望 $\mu = \mu_0$ 时, 对于给定的显著性水平 α, 样本均值的取值 $\overline{X}$ 落在

$$\left(\mu_0 - t_{\alpha/2}(n-1)\frac{S}{\sqrt{n}}, \mu_0 + t_{\alpha/2}(n-1)\frac{S}{\sqrt{n}}\right) \tag{7.28}$$

内,从而犯第二类错误概率的计算公式为

$$\beta_d = P(\text{接受 } H_0 \,|\, \mu = \mu_1)$$

$$= P\left[\mu_0 - t_{\alpha/2}(n-1)\frac{S}{\sqrt{n}} \leqslant \bar{X} \leqslant \mu_0 + t_{\alpha/2}(n-1)\frac{S}{\sqrt{n}} \,\Big|\, \mu = \mu_1\right]$$

$$= P\left[\frac{\mu_0 - \mu_1}{S/\sqrt{n}} - t_{\alpha/2}(n-1) \leqslant \frac{\bar{X} - \mu_1}{S/\sqrt{n}} \leqslant \frac{\mu_0 - \mu_1}{S/\sqrt{n}} + t_{\alpha/2}(n-1)\right]$$

$$= F_t\left[\frac{\mu_0 - \mu_1}{S/\sqrt{n}} + t_{\alpha/2}(n-1)\right] - F_t\left[\frac{\mu_0 - \mu_1}{S/\sqrt{n}} - t_{\alpha/2}(n-1)\right] \tag{7.29}$$

式(7.29)中的 $F_t[\cdot]$ 表示 $t(n-1)$ 的分布函数.

采用和方差 σ^2 已知时相类似的分析方法,可以得到方差 σ^2 未知时左检验和右检验犯第二类错误的概率计算公式,它们分别为

$$\beta_l = P(\text{接受 } H_0 \,|\, \mu = \mu_1) = P\left[\mu_0 - t_\alpha(n-1)\frac{S}{\sqrt{n}} \leqslant \bar{X} < \infty \,\Big|\, \mu = \mu_1\right]$$

$$= P\left[\frac{\mu_0 - \mu_1}{S/\sqrt{n}} - t_\alpha(n-1) \leqslant \frac{\bar{X} - \mu_1}{S/\sqrt{n}} < \infty\right]$$

$$= 1 - F\left[\frac{\mu_0 - \mu_1}{S/\sqrt{n}} - t_\alpha(n-1)\right] \tag{7.30}$$

$$\beta_r = P(\text{接受 } H_0 \,|\, \mu = \mu_1) = P\left[-\infty < \bar{X} \leqslant \mu_0 + t_\alpha(n-1)\frac{S}{\sqrt{n}} \,\Big|\, \mu = \mu_1\right]$$

$$= P\left[-\infty < \frac{\bar{X} - \mu_1}{S/\sqrt{n}} \leqslant \frac{\mu_0 - \mu_1}{S/\sqrt{n}} + t_\alpha(n-1)\right]$$

$$= F_t\left[\frac{\mu_0 - \mu_1}{S/\sqrt{n}} + t_\alpha(n-1)\right] \tag{7.31}$$

现在使用蒙特卡罗模拟技术进行模拟检验,以验证以上结果.首先讨论总体方差 σ^2 已知的情形:从 $N(10,3^2)$ 的真实总体中抽取 25 个样本,同时取两个错误的期望 μ_0,取值分别为 9 和 11,将它们分别作为左检验和右检验的参考值.由于它们与真实期望 10 的差距都为 1,因此根据式(7.25)知对应的双边检验犯第二类错误的概率相同.再根据式(7.26)和式(7.27)知对应的单边检验中犯第二类错误的概率也相同.假设取显著性水平为 $\alpha = 0.05$(下同),从而犯第一类错误的概率为 0.05,为了使问题更具有代表性,对每个检验,又分别模拟 1 000 次,10 000 次和 100 000 次(下同).

在表 7.1"方差已知"的栏目中列出了对真实期望为 10 进行双边检验和单边检

验时所犯第一类错误概率的模拟结果,表中的模拟结果表明随着试验次数的不断增多,犯第一类错误概率的模拟值与显著性水平 0.05 越来越接近.表 7.2 列出了错误期望分别为 9 和 11 时的双边检验和单边检验犯第二类错误的概率模拟值和根据式(7.26)和式(7.27)计算的理论值.表 7.2 中的模拟数据表明,随着模拟次数的不断增多,犯第二类错误概率的估计值与公式计算的理论值越来越接近,当试验次数为 100 000 时,精度高达两位小数,个别达到三位小数.这就验证了上述公式的正确性.

表 7.1　单总体期望检验犯第一类错误概率的模拟结果

检验次数	双 边 检 验		左 检 验		右 检 验	
	方差已知	方差未知	方差已知	方差未知	方差已知	方差未知
1 000 次	0.06	0.043	0.044	0.054	0.05	0.036
10 000 次	0.053 6	0.046 7	0.050 1	0.045 1	0.053 3	0.045 6
100 000 次	0.050 5	0.049 13	0.051 13	0.049 1	0.049 51	0.050 08

表 7.2　单总体方差已知时期望检验犯第二类错误概率的模拟结果

检验次数	双 边 检 验		左 检 验	右 检 验
	9	11	9	11
1 000 次	0.644	0.593	0.512	0.465
10 000 次	0.620 2	0.620 6	0.495 9	0.493 8
100 000 次	0.616 83	0.614 45	0.493 27	0.491 01
理论值	0.615 209	0.615 209	0.491 298 5	0.491 298 5

对于方差未知时的验验,只是使用样本方差 s^2 代替总体方差 σ^2,犯第一类错误的概率模拟值如表 7.1 中"方差未知"列所示.显然,随着模拟次数的增加,模拟值与显著性水平 0.05 也非常接近.表 7.3 列出了犯第二类错误的概率估计值,其中括号内的数值为根据式(7.29)至式(7.31)计算的犯第二类错误概率的理论平均值.由于两个参数下的犯第二类错误概率的平均值相同,因此仅以 $\mu_0 = 9$ 为代表列出理论平均值(以下模拟试验相同).表 7.3 中的模拟结果表明,随着试验次数的增多,单边检验下的模拟值与公式计算的理论平均值接近程度相对较差,双边检验在小数点后一位一致,总体上精度低于方差已知时的模拟结果,产生这种情况的原因是由于使用了样本方差代替总体方差,估计误差会增大,因此导致精度下降,但由于方差未知情况下的公式是方差已知情况下公式当方差未知时的自然推广,因此式(7.29)至式(7.31)仍是正确的.

表 7.3　单总体方差未知小样本时期望检验犯第二类错误概率的模拟结果

检验次数	双 边 检 验		左 检 验	右 检 验
	9	11	9	11
1 000 次	0.647(0.628 197)	0.636	0.506(0.496 511 2)	0.527
10 000 次	0.645 4(0.629 481 3)	0.649 5	0.512 6(0.497 733)	0.515 8
100 000 次	0.641 52(0.628 691 5)	0.644 28	0.511 63(0.497 023 6)	0.510 95

7.5.2　方差检验中第二类错误概率的计算

首先需要说明的是,和期望的假设检验相同,当原假设 $H_0:\sigma^2 = \sigma_0^2$ 为假时,σ^2 的取值也有三种情形,即 σ^2 只取某一个值,依某个分布律取多个值或可列个值,或按某个分布函数在某个区域内取值. 这里我们也只考虑第一种情况.

假设真实的总体为 $N(\mu, \sigma_1^2)$,根据总体期望 μ 是否已知可以分两种情况,首先考察 μ 已知的情况,在进行假设检验时应使用检验量 $\sum_{i=1}^{n}(X_i - \mu)^2/\sigma^2 \sim \chi^2(n)$. 如果在假设检验时错误地接受了方差 $\sigma^2 = \sigma_0^2$,那么对于给定的显著性水平 α 有

$$\sum_{i=1}^{n}(X_i - \mu)^2 \in (\sigma_0^2 \chi_{1-\alpha/2}^2(n), \sigma_0^2 \chi_{\alpha/2}^2(n)) \tag{7.32}$$

又因为当 $\sigma^2 = \sigma_1^2$ 成立时,$\sum_{i=1}^{n}(X_i - \mu)^2/\sigma_1^2 \sim \chi^2(n)$,所以双边检验时犯第二类错误的概率为

$$\beta_d = P(接受 H_0 \,|\, \sigma^2 = \sigma_1^2)$$

$$= P\left[\sigma_0^2 \chi_{1-\alpha/2}^2(n) \leqslant \sum_{i=1}^{n}(X_i - \mu)^2 < \sigma_0^2 \chi_{\alpha/2}^2(n) \,\Big|\, \sigma^2 = \sigma_1^2\right]$$

$$= P\left[\sigma_0^2 \chi_{1-\alpha/2}^2(n)/\sigma_1^2 \leqslant \sum_{i=1}^{n}(X_i - \mu)^2/\sigma_1^2 < \sigma_0^2 \chi_{\alpha/2}^2(n)/\sigma_1^2\right]$$

$$= F_{\chi^2}\left[\sigma_0^2 \chi_{\alpha/2}^2(n)/\sigma_1^2\right] - F_{\chi^2}\left[\sigma_0^2 \chi_{1-\alpha/2}^2(n)/\sigma_1^2\right] \tag{7.33}$$

公式中的 $F_{\chi^2}[\cdot]$ 为 $\chi^2(n)$ 的分布函数. 类似地,可以得到左检验和右检验时犯第二类错误的概率为

$$\beta_l = P(接受 H_0 \,|\, \sigma^2 = \sigma_1^2)$$

$$= P\left[\sigma_0^2 \chi_{1-\alpha}^2(n) \leqslant \sum_{i=1}^{n}(X_i - \mu)^2 < +\infty \,|\, \sigma^2 = \sigma_1^2\right]$$

$$= P\left[\sigma_0^2 \chi_{1-\alpha}^2(n)/\sigma_1^2 \leqslant \sum_{i=1}^n (X_i - \mu)^2/\sigma_1^2 < +\infty\right]$$

$$= 1 - F_{\chi^2}\left[\sigma_0^2 \chi_{1-\alpha}^2(n)/\sigma_1^2\right] \tag{7.34}$$

$$\beta_r = P(接受 H_0 | \sigma^2 = \sigma_1^2)$$

$$= P\left[0 < \sum_{i=1}^n (X_i - \mu)^2 \leqslant \sigma_0^2 \chi_\alpha^2(n) \,\big|\, \sigma^2 = \sigma_1^2\right]$$

$$= P\left[0 < \sum_{i=1}^n (X_i - \mu)^2/\sigma_1^2 \leqslant \sigma_0^2 \chi_{\alpha/2}^2(n)/\sigma_1^2\right]$$

$$= F_{\chi^2}\left[\sigma_0^2 \chi_\alpha^2(n)/\sigma_1^2\right] \tag{7.35}$$

现在考虑总体期望 μ 未知的情况. 根据抽样理论,这时有 $(n-1)^2 S^2/\sigma^2 \sim \chi^2(n-1)$,那么当执行双边假设检验时,错误地接受方差 $\sigma^2 = \sigma_0^2$ 时样本方差 S^2 满足条件

$$\sigma_0^2 \chi_{1-\alpha/2}^2(n-1)/(n-1) \leqslant S^2 \leqslant \sigma_0^2 \chi_{\alpha/2}^2(n-1)/(n-1) \tag{7.36}$$

从而当 $\sigma^2 = \sigma_1^2$ 成立时,双边检验犯第二类错误的概率为

$$\beta_d = P(接受 H_0 | \sigma^2 = \sigma_1^2)$$

$$= P\left[\frac{\sigma_0^2 \chi_{1-\alpha/2}^2(n-1)}{\sigma_1^2} \leqslant \frac{(n-1)S^2}{\sigma_1^2} \leqslant \frac{\sigma_0^2 \chi_{\alpha/2}^2(n-1)}{\sigma_1^2}\right]$$

$$= F_{\chi^2}\left[\sigma_0^2 \chi_{\alpha/2}^2(n-1)/\sigma_1^2\right] - F_{\chi^2}\left[\sigma_0^2 \chi_{1-\alpha/2}^2(n-1)/\sigma_1^2\right] \tag{7.37}$$

公式中 $F_{\chi^2}[\,\cdot\,]$ 为 $\chi^2(n-1)$ 的分布函数.

对于左检验和右检验,仿照上述过程可以得到犯第二类错误的概率为

$$\beta_l = P(接受 H_0 | \sigma^2 = \sigma_1^2) = P\left[\frac{\sigma_0^2 \chi_{1-\alpha}^2(n-1)}{\sigma_1^2} \leqslant \frac{(n-1)S^2}{\sigma_1^2} < +\infty\right]$$

$$= 1 - F_{\chi^2}\left[\sigma_0^2 \chi_{1-\alpha}^2(n-1)/\sigma_1^2\right] \tag{7.38}$$

$$\beta_r = P(接受 H_0 | \sigma^2 = \sigma_1^2) = P\left[0 < \frac{(n-1)S^2}{\sigma_1^2} \leqslant \frac{\sigma_0^2 \chi_{\alpha/2}^2(n-1)}{\sigma_1^2}\right]$$

$$= F_{\chi^2}\left[\sigma_0^2 \chi_\alpha^2(n-1)/\sigma_1^2\right] \tag{7.39}$$

为了检验式(7.33)至式(7.39)的正确性,现进行蒙特卡罗模拟检验. 从总体 $X \sim N(5,10)$ 中抽取 25 个样本,取 σ_0^2 分别为 7,13 作为双边检验和单边检验的参考值. 当总体期望已知时,表 7.4 中"期望已知"的列给出了对真实方差为 10 进行双边检验和单边检验时所犯第一类错误的模拟值,总体上它们与显著性水平 0.05 非常接近. 表 7.5 列出了"期望已知"时不同次数下的犯第二类错误的模拟值和根据公式计算的理论值,表 7.5 中的模拟数据表明:随着模拟次数的不断增多,无论是双边检验还是单边检验,犯第二类错误概率的模拟值随着试验次数的增多越来越接近公式计算的理论值,模拟精度达到小数点后两位,从而验证了式(7.33)至式(7.35)的正确性. 而当总体期望未知时,三种模拟次数下双边检验犯第一类错误概

率的模拟值分别如表 7.4 中"期望未知"列所示,显然这些模拟值随着模拟次数的不断增多,与真实概率 0.05 越来越接近. 表 7.6 列出了期望未知时不同模拟次数下犯第二类错误概率的模拟值和根据式(7.37)至式(7.39)计算的理论值. 表 7.6 中的模拟数据表明:随着模拟次数的增多,犯第二类错误概率的模拟值越来越接近根据公式计算的理论值,精度达到小数点后两位,个别精度达到小数点后三位,从而模拟证实了式(7.37)至式(7.39)的正确性.

表 7.4 单总体方差检验犯第一类错误概率的模拟结果

模拟次数	双 边 检 验		左 检 验		右 检 验	
	期望已知	期望未知	期望已知	期望未知	期望已知	期望未知
1 000 次	0.054	0.046	0.050	0.049	0.050	0.050
10 000 次	0.045 2	0.049 7	0.052 1	0.050 5	0.047 9	0.049 9
100 000 次	0.049 71	0.049 88	0.053 25	0.052 04	0.049 33	0.049 99

表 7.5 单总体期望已知方差检验中犯第二类错误概率的模拟结果

模拟次数	双 边 检 验		左 检 验	右 检 验
	7	13	7	13
1 000 次	0.793	0.821	0.663	0.743
10 000 次	0.805 3	0.813 0	0.697 9	0.735 5
100 000 次	0.808 7	0.814 85	0.700 07	0.732 36
理论值	0.809 107	0.816 052 6	0.699 645 1	0.734 553 2

表 7.6 单总体期望未知方差检验下犯第二类错误概率的模拟结果

模拟次数	双 边 检 验		左 检 验	右 检 验
	7	13	7	13
1 000 次	0.816	0.828	0.706	0.764
10 000 次	0.820 3	0.819 4	0.714 4	0.738 9
100 000 次	0.817 92	0.822 55	0.709 62	0.741 42
理论值	0.816 354 4	0.820 557 2	0.709 021 1	0.740 447 4

7.5.3 第二类错误概率与样本容量的关系

根据上述犯第二类错误概率的计算公式可以知道,这个概率与样本容量具有反向的关系,即在其他参数保持不变的情况下,如果增大样本容量则会降低犯第二类错误的概率,而减少样本容量这个概率就会增加. 为了对这个问题给出一个直观的理解,我们再做一个模拟试验. 试验的参数设定和前面的试验相同,只是增加了两组样本,一组为 36 个,另一组为 49 个,加上原有的 25 个样本,共 3 组样本. 对每组样本,我们进行了 10 000 次试验. 表 7.7 列出了模拟结果,括号中的数值为根据公式计算的理论结果. 由于两个错误期望参数 $\mu_0 = 9$ 和 $\mu_0 = 11$ 与真实期望 $\mu_1 = 10$ 的差距相同,因此犯第二类错误的概率也相同,所以这里仅列出 $\mu_0 = 9$ 的情况. 表 7.7 的模拟数据和理论值都表明了随着样本容量的增加,在相同的检验类型和检验参数下,犯第二类错误的概率呈下降趋势.

表 7.7　单总体已知方差时期望检验犯第二类错误概率与样本容量关系的模拟结果

样本容量	双 边 检 验		左 检 验	右 检 验
	9	11	9	11
25	0.620 2(0.615 209)	0.620 6	0.495 9(0.491 298 5)	0.493 8
36	0.487 4(0.483 994 7)	0.478 1	0.362 2(0.361 24)	0.357 5
49	0.356 3(0.354 428)	0.357 8	0.250 6(0.245 575 4)	0.248 2

7.5.4 犯两类错误概率之间的关系

上述计算公式也揭示了这样一个结论:如果样本容量保持不变,降低犯第一类错误的概率就会增大犯第二类错误的概率,这是因为降低犯第一类错误的概率必然会增大区间估计的宽度. 例如在式 (7.25) 中,如果犯第一类错误的概率 α 减小,则必有 $z_{\alpha/2}$ 增大,因此 $\Phi\left(\dfrac{\mu_0 - \mu_1}{\sigma\sqrt{n}} + z_{\alpha/2}\right)$ 增大而 $\Phi\left(\dfrac{\mu_0 - \mu_1}{\sigma\sqrt{n}} - z_{\alpha/2}\right)$ 减小,因此必有 β_d 增大. 其他的公式也可以通过类似的分析得出相同的结论.

为了验证这个结论,再做一个模拟试验. 试验的参数设置与前面相同,取显著性水平分别为 0.10 和 0.01. 对这两个显著性水平各模拟 10 000 次. 表 7.8 列出了模拟结果,同时也复制了显著性水平为 0.05 的模拟数据,其中括号内数值为根据公式计算的犯第二类错误的理论值. 表 7.8 的模拟数据和理论值都表明了随着犯第一类错误概率的降低,在相同的检验类型和检验参数下,犯第二类错误的概率呈上升趋势.

表 7.8 单总体已知方差时期望检验显著性水平与犯第二类错误概率的模拟结果

显著性水平	双 边 检 验		左 检 验	右 检 验
	9	11	9	11
0.10	0.504 8(0.490 834 6)	0.489 2	0.361 8(0.350 076 1)	0.348 0
0.05	0.620 2(0.615 209)	0.620 6	0.495 9(0.491 298 5)	0.493 8
0.01	0.817 5(0.818 356 8)	0.824 6	0.743 8(0.745 270 8)	0.753 0

最后我们粗略地考察一下 μ_1 和 σ_1^2 取多个值和在某区域上取值的情况. 首先要说明的是, 以上我们得出的是在 $\mu = \mu_1$ 或 $\sigma^2 = \sigma_1^2$ 的条件下犯第二类错误概率的条件概率, 即

$$P(\text{接受 } H_0 \mid \mu \neq \mu_0, \mu = \mu_1 \neq \mu_0), \quad P(\text{接受 } H_0 \mid \mu \neq \mu_0, \mu = \mu_1 < \mu_0)$$
$$P(\text{接受 } H_0 \mid \mu \neq \mu_0, \mu = \mu_1 > \mu_0), \quad P(\text{接受 } H_0 \mid \sigma^2 \neq \sigma_0^2, \sigma^2 = \sigma_1^2 \neq \sigma_0^2)$$
$$P(\text{接受 } H_0 \mid \sigma^2 \neq \sigma_0^2, \sigma^2 = \sigma_1^2 < \sigma_0^2), \quad P(\text{接受 } H_0 \mid \sigma^2 \neq \sigma_0^2, \sigma^2 = \sigma_1^2 > \sigma_0^2)$$

以 μ 的双边检验为例说明, 因为 μ 只取一个值, 所以有

$$P(\text{接受 } H_0 \mid \mu \neq \mu_0) = P(\text{接受 } H_0 \mid \mu \neq \mu_0, \mu = \mu_1 \neq \mu_0) P(\mu = \mu_1)$$
$$= P(\text{接受 } H_0 \mid \mu \neq \mu_0, \mu = \mu_1 \neq \mu_0)$$

其他几个概率也一样.

当 μ 可取至多可列个值 μ_i 时, 就有

$$P(\text{接受 } H_0 \mid \mu \neq \mu_0) = \sum_i P(\text{接受 } H_0 \mid \mu \neq \mu_0, \mu = \mu_i \neq \mu_0) P(\mu = \mu_i)$$

其他几个概率也一样.

当 μ 在某区域 D 上取值, 且有概率密度 $f(x)$ 时, 便有

$$P(\text{接受 } H_0 \mid \mu \neq \mu_0) = \int_D P(\text{接受 } H_0 \mid \mu \neq \mu_0, \mu = \mu_1 \neq \mu_0) f(x) \mathrm{d}x$$

其他几个概率也一样.

7.6 非参数假设检验

在假设检验中, 有时事先并不知道总体具有什么样的分布形式, 或者有时就是要对总体的分布形式进行检验, 例如例 7.2 中关于 50 个观察值是否服从均匀分布的检验. 这种检验总体的分布形式或在未知总体的分布形式的条件下对分布所含

的参数进行检验的统计方法称为非参数检验,本节就简要介绍几种常用的非参数检验方法.

7.6.1 拟合优度检验

现在我们回过头来考察例 7.2,取显著性水平 $\alpha = 0.05$. 如果观察值的分布是均匀的,那么落入每个间隔的概率应该相等且为 0.1. 从理论上说每段内有 5 个观测值,但实际情况并不是这样,如表 7.9 所示. 为了概括它们之间的差异,记观测频数为 f_{oi},理论频数为 f_{ti},其中 $i = 1, 2, \cdots, k$,这里 k 表示所分的组数,在本例中 $k = 10$. K. Person 提出并证明了以下统计量:

$$\chi^2 = \sum_{i=1}^{k} \frac{(f_{oi} - f_{ti})^2}{f_{ti}} \sim \chi^2(k - m)$$

其中 m 为约束的个数. 在本例中有一个约束,即 $\sum_{i=1}^{k} f_{oi} = \sum_{i=1}^{k} f_{ti} = 50$,所以本例的自由度为 9. 为便于比较,将上式计算结果列在表 7.9 中.

表 7.9 均匀分布检验表

区间段	观测频数 f_{oi}	理论频数 f_{ti}	$(f_{oi} - f_{ti})^2$	$(f_{oi} - f_{ti})^2/f_{ti}$
0~0.1	6	5	1	0.2
0.1~0.2	4	5	1	0.2
0.2~0.3	5	5	0	0
0.3~0.4	6	5	1	0.2
0.4~0.5	7	5	4	0.8
0.5~0.6	4	5	1	0.2
0.6~0.7	6	5	1	0.2
0.7~0.8	5	5	0	0
0.8~0.9	3	5	4	0.8
0.9~1	4	5	1	0.2
合计	50	50	—	2.8

在显著性水平 $\alpha = 0.05$ 的条件下,查得 $\chi^2_{0.05}(9) = 16.919$,由于 $\chi^2 = 2.8 < \chi^2_{0.05}(9)$,所以接受总体在 $[0,1]$ 上服从均匀分布这一假设.

对于其他形式的分布检验,也可以利用卡方检验. 另外卡方检验在检验总体的独立性和几个总体的齐一性中也有广泛的应用. 拟合优度检验的核心思想就是考察理论频数与实际频数的差别而进行的,有兴趣的读者可以参考非参数检验方面的文献.

7.6.2 符号检验

符号检验可以检验某个样本是否来自某个特定的总体,也可以使用成对样本来检验两个总体是否有显著的差异.下面结合具体例子来介绍成对样本检验用于检验两个总体是否有差异的过程,并以此来介绍符号检验的基本原理.

【例 7.13】 使用两种不同的猪饲料,记它们为饲料 A 和饲料 B,其效果用体重的增加来衡量.用 x 表示使用饲料 A 时体重的增加量,用 y 表示使用饲料 B 时体重的增加量.使用这两种饲料的结果如表 7.10 所示,试检验:

$$H_0 : P(x < y) = 1/2, \quad H_1 : P(x < y) \neq 1/2$$

表 7.10 两种饲料的增重情况

随机样本	饲料 A	饲料 B	$x - y$	随机样本	饲料 A	饲料 B	$x - y$
1	25	19	+	8	28	26	+
2	30	32	−	9	32	30	+
3	28	21	+	10	29	25	+
4	23	19	+	11	30	29	+
5	24	25	−	12	30	31	−
6	35	31	+	13	31	25	+
7	30	31	−	14	16	25	−

解 这是个双侧检验问题,如果原假设是正确的,即如果两种饲料的增重效果没有显著差异,则它们的随机样本之间的差值在"+"和"−"个数上应该大体相等,从而通过比较正、负号是否超过或者小于某个临界值来进行假设检验.对于本例而言,在原假设成立下显然有差值的正、负号个数应该服从 $B(14, 1/2)$,以正号个数为例说明,设正号的个数为 $X \sim B(14, 1/2)$,通过计算有

$$P(X \leqslant 3) + P(X \geqslant 11) = 0.057$$

这说明如果取 $\alpha = 0.057$,则当正号的个数在 4～10 之间时,就接受原假设,否则就拒绝原假设,经过检验有正号的个数为 9,落在接受域之内,从而接受原假设,说明饲料 A 的增重效果与饲料 B 的增重效果在 0.057 显著水平上没有显著差异.

7.6.3 Willcoxon 秩次和检验

秩次和检验是针对符号检验的不足而提出的,它不但考虑差值的符号,而且还进一步考虑差值的绝对值并加以排序,然后求秩次和,通过对秩次和求分布来进行假设检验.该检验要求总体的分布为连续型.下面结合一个关于中位数检验的实例,介绍该检验的步骤.

【例 7.14】 某电池厂认为其电池的寿命为 140 安培小时,现抽取 $n = 20$ 个进行测试,结果如表 7.11 所示,试根据数据资料检验中位数是等于 140 安培小时还是小于 140 安培小时,取 $\alpha = 0.05$.

表 7.11 某电池的寿命数据

x_i	$x_i - 140$	$\lvert x_i - 140 \rvert$	秩次	符号	x_i	$x_i - 140$	$\lvert x_i - 140 \rvert$	秩次	符号
137	-3	3	12	$-$	141.1	1.1	1.1	6	$+$
140	0	0	去掉		139.2	-0.8	0.8	2	$-$
138.3	-1.7	1.7	7.5	$-$	136.5	-3.5	3.5	13.5	$-$
139.0	-1	1	5.0	$-$	136.5	-3.5	3.5	13.5	$-$
144.3	4.3	4.3	16	$+$	135.6	-4.4	4.4	17	$-$
139.1	-0.9	0.9	3.5	$-$	138.0	-2.0	2.0	10	$-$
141.7	1.7	1.7	7.5	$+$	140.9	0.9	0.9	3.5	$+$
137.3	-2.7	2.7	11	$-$	140.6	0.6	0.6	1.0	$+$
133.5	-6.5	6.5	19	$-$	136.3	-3.7	3.7	15	$-$
138.2	-1.8	1.8	9	$-$	134.1	-5.9	5.9	18	$-$

解 建立假设如下:
$$H_0 : M_e = 140, \quad H_1 : M_e < 140$$
其中 M_e 为中位数.将原始数据减去中位数以后,再编秩次和,具体过程如下:

(1) 将每个观察值减去中位数;

(2) 对得到的数取绝对值,然后按照从小到大的顺序标上秩次号,如果有几个数相等,则使用平均的秩次,如果某个数正好等于中位数,则该数被删除;

(3) 计算带正号的秩次和,记为 $W = \sum R_i^+$,当观察值个数为 n 时,总的秩次和为 $\dfrac{n(n+1)}{2}$,如果原假设成立,那么 $W \in \left(0, \dfrac{n(n+1)}{2}\right)$,更精确地说,应该在其平均数 $\dfrac{n(n+1)}{4}$ 的左右变动(另一半为负号的秩次和).如果原假设不成立,那

么 W 应该向两个端点靠拢,如果偏向 0,则中位数小于给定的检验值,如果偏向 $\dfrac{n(n+1)}{2}$,则中位数大于给定的检验值;

(4) 查 Willcoxon 秩次和检验表(当 $n < 20$ 时).若当 $n \geqslant 20$ 时,则可以使用正态分布作近似检验,令 $z = \dfrac{W - E(W)}{\sigma_W^{1/2}}$,其中 $E(W) = \dfrac{n(n+1)}{4}$,$\sigma_W^{1/2} = \sqrt{\dfrac{n(n+1)(2n+1)}{24}}$,可以使用临界值和计算的检验量的值来比较分析.对于本例有 $n = 19$,采用近似检验的结果为

$$E(W) = \frac{19(19+1)}{4} = 95, \quad \sigma_W^{1/2} = \sqrt{\frac{19(19+1)(2 \times 19 + 1)}{24}} = 24.85$$

而 $W = \sum R_i^+ = 34$,从而有 $z = \dfrac{W - E(W)}{\sigma_W^{1/2}} = \dfrac{34 - 95}{24.85} = -2.45$,按照题意要进行左检验,当 $\alpha = 0.05$ 时,查得临界值为 -1.645,正好落在拒绝域内,所以拒绝原假设而接受备择假设,即应该认为中位数是小于 140.如果采用 Willcoxon 秩次检验,查表知 $W_{19}^{0.05} = 53$,而实际上有 $W = 34 < 53 = W_{19}^{0.05}$,从而也得出同样的结论.

7.6.4　游程检验

游程检验主要用于检验单个序列分布是否具有随机性以及两个样本是否具有同一分布.游程检验是基于游程个数和游程长度两个方面来检验的,把每个连续出现某一个观察值的段称为一个游程,每个游程包含的某一个样本观察值的个数称为游程的长度,如序列 $XXXYXYYYXYY$ 中有 6 个游程,游程长度分别为 3,1,1,3,1,2.下面结合一个实例来分析如何利用游程的个数检验单个序列是否具有随机性.

【例 7.15】　现有以下 16 个数据:61,74,70,63,64,58,82,78,60,76,85,72,68,54,62,56,试判断这批数据是否具有随机性.

解　首先以这批数据的中位数为参考对象,容易得到中位数为 $(64 + 68)/2 = 66$,将小于 66 的数记为 X,大于 66 的数据记为 Y,则容易得到这批数据对应的形式为

$$XYYXXXYYXYYYYXXX$$

如果该批数据具有随机性,那么 X,Y 必然会频繁交替出现,或者说游程的个数应该较多,相应游程的长度较小,所以可以通过求出游程个数对应的概率来确定小概率事件是否发生.假设现有 m 个 X 和 n 个 Y 构成的序列,则游程个数为 r 的概

率为:

(1) 当 $r = 2k$ 为偶数: $P(r = 2k) = \dfrac{2C_{n-1}^{k-1}C_{m-1}^{k-1}}{C_{n+m}^n}$;

(2) 当 $r = 2k + 1$ 为奇数: $P(r = 2k + 1) = \dfrac{C_{n-1}^k C_{m-1}^{k-1} + C_{n-1}^{k-1}C_{m-1}^k}{C_{n+m}^n}$.

对于本例有 $m = n = 8$,从而有

$$P(r = 2) = P(r = 16) = \frac{2C_{8-1}^{1-1}C_{8-1}^{1-1}}{C_{8+8}^8} = \frac{2}{12\,870}$$

$$P(r = 3) = P(r = 15) = \frac{C_{8-1}^1 C_{8-1}^{1-1} + C_{8-1}^{1-1}C_{8-1}^1}{C_{8+8}^8} = \frac{14}{12\,870}$$

$$P(r = 4) = P(r = 14) = \frac{2C_{8-1}^{2-1}C_{8-1}^{2-1}}{C_{8+8}^8} = \frac{98}{12\,870}$$

$$P(r = 5) = P(r = 13) = \frac{C_{8-1}^2 C_{8-1}^{2-1} + C_{8-1}^{2-1}C_{8-1}^2}{C_{8+8}^8} = \frac{294}{12\,870}$$

则

$$P(r = 2) + P(r = 3) + P(r = 4) + P(r = 5)$$
$$+ P(r = 16) + P(r = 15) + P(r = 14) + P(r = 13) = 0.063\,4$$

如果取显著性水平 $\alpha = 0.063\,4$,使用双侧检验,那么如果原序列是随机分布的,那么在理论上游程的个数应该在 $6 \sim 12$ 之间的概率为 $0.936\,6$,如果游程的个数超过这个范围,则认为小概率事件发生,在本例中不难发现游程的个数为 7,所以落入接受域中,从而在 $\alpha = 0.063\,4$ 的水平上接受该批数据具有随机性.

习　题　7

选择题

1. 按设计标准,某自动食品包装机所包装食品平均每袋中的量应为 500 克. 若要检验该机实际运行状况是否符合设计标准,应该采用(　　).

   A. 左侧检验　　　　　　　　　　B. 右侧检验

   C. 双侧检验　　　　　　　　　　D. 左侧检验或右侧检验

2. 假设检验中,如果原假设为真,而根据样本所得到的检验结论是否定原假设,则可认为(　　).

   A. 抽样是不科学的　　　　　　　B. 检验结论是正确的

   C. 犯了第一类错误　　　　　　　D. 犯了第二类错误

3. 当样本统计量的观察值未落入原假设的拒绝域时,表示( ).

　　A. 可以放心地接受原假设　　　　　B. 没有充足的理由否定原假设

　　C. 没有充足的理由否定备择假设　　D. 备择假设是错误的

4. 进行假设检验时,在其他条件不变的情况下,增加样本量,检验结论犯两类错误的概率会( ).

　　A. 都减少　　　　　　　　　　　　B. 都增大

　　C. 都不变　　　　　　　　　　　　D. 一个增大一个减小

5. 关于检验量,下列说法中错误的是( ).

　　A. 检验量是样本的函数

　　B. 检验量包含未知总体参数

　　C. 在原假设成立的前提下,检验量的分布是明确可知的

　　D. 检验同一总体参数可以用多个不同的检验量

6. 关于假设检验中的两类错误,下列叙述正确的是( ).

　　A. 两类错误的和为1

　　B. 在一定的样本容量下,两者存在反向变动关系

　　C. 两类错误没有必然联系

　　D. 改变样本容量对两类错误概率没有影响

7. 在假设检验中,原假设和备择假设( ).

　　A. 都有可能成立

　　B. 原假设一定成立,备择假设不一定成立

　　C. 只有一个成立而且必有一个成立

　　D. 都有可能不成立

8. 一种零件的标准长度为 5 cm,要检验某天生产的零件是否符合标准要求,建立的原假设和备择假设就为( ).

　　A. $H_0:\mu=5,H_1:\mu\neq5$　　　　　B. $H_0:\mu\neq5,H_1:\mu>5$

　　C. $H_0:\mu=5,H_1:\mu>5$　　　　　D. $H_0:\mu=5,H_1:\mu<5$

9. 若检验的假设为 $H_0:\mu=\mu_0,H_1:\mu<\mu_0$,则拒绝域为( ).

　　A. $z>z_\alpha$　　　　　　　　　　B. $z<-z_\alpha$

　　C. $z>z_{\alpha/2}$ 或 $z<-z_{\alpha/2}$　　D. $z>z_\alpha$ 或 $z<-z_\alpha$

10. 一家汽车生产企业在广告中宣称"我公司的汽车可以保证在2年或24 000公里内无事故",但该汽车的一个经销商认为保证"2年"这一项是不必要的,因为汽车车主在2年内行驶的平均里程超过24 000公里.假定这位经销商要检验假设 $H_0:\mu=2\,400,H_1:\mu>2\,400$,取显著性水平为 $\alpha=0.01$,并假设为大样本,则此项检验的拒绝域为( ).

A. $z>2.33$ B. $z<-2.33$ C. $|z|>2.33$ D. $z=2.33$

11. 设样本 $X_1,X_2,\cdots,X_9$ 来自 $N(\mu,0.2^2)$,在显著性水平 $\alpha=0.05$ 条件下,对于假设检验 $H_0:\mu=0.5,H_1:\mu>0.5$,若总体均值的真实值为 $\mu=0.65$,则此时的取伪概率为(   ).

   A. $\Phi(0.605)$ B. $\Phi(-0.605)$ C. $\Phi(1.65)$ D. $\Phi(-1.65)$

12. 某种产品的每小时的产量服从 $N(250,25^2)$,现对生产工艺进行改进,从对 25 个生产小组的检验中发现产量提高了 20 件,对于假设检验 $H_0:\mu=250,H_1:\mu>250$,如果有 $P(\overline{X}>c_0)$ 的概率正好为显著性水平 $\alpha=0.05$,则 c_0 为(   ).

   A. 259.8   B. 279.8   C. 278.25   D. 258.25

13. 现对某种电子管的寿命是否超过 1 300 小时进行检验,随机抽取 100 件进行检验,得到样本均值为 1 345 小时,已知 $\sigma=300$ 小时,经过计算有 $P\{\overline{X}>1\,345\}=0.062$,则对于假设为 $H_0:\mu=1\,300,H_1:\mu>1\,300$ 有 (   )成立.

   A. 若 $\alpha=0.05$,则接受 H_0 B. 若 $\alpha=0.05$,则接受 H_1

   C. 若 $\alpha=0.1$,则接受 H_0 D. 若 $\alpha=0.1$,则拒绝 H_1

14. 如果假设的形式为 $H_0:\mu=\mu_0,H_1:\mu\neq\mu_0$,当随机抽取一个样本,得到样本均值为 $\overline{x}=\mu_0$,则(   ).

   A. 接受原假设   B. 可能接受原假设

   C. 有 $1-\alpha$ 的可能接受原假设   D. 可能拒绝原假设

15. 设 $X\sim N(\mu_1,\sigma_1^2)$,$Y\sim N(\mu_2,\sigma_2^2)$,且 σ_1^2,σ_2^2 已知,欲检验 $H_0:\mu_1=\mu_2$,$H_1:\mu_1>\mu_2$ 则该假设下的拒绝域为(   ).

   A. $Z\leqslant z_\alpha$ B. $Z\geqslant -z_\alpha$ C. $Z\leqslant -z_\alpha$ D. $Z\geqslant z_\alpha$

16. 在一次假设检验中,当显著性水平为 $\alpha=0.01$ 时,原假设被拒绝,那么在显著性水平 $\alpha=0.05$ 时,则原假设(   ).

   A. 一定会被拒绝   B. 一定不会被拒绝

   C. 需要重新检验   D. 有可能被拒绝

17. 如果假设的形式为 $H_0:\mu=\mu_0,H_1:\mu<\mu_0$,当随机抽取一个样本时,其样本均值 $\overline{x}>\mu_0$,则(   ).

   A. 肯定接受原假设,但有可能犯第一类错误

   B. 有可能接受原假设,但有可能犯第一类错误

   C. 有可能接受原假设,但有可能犯第二类错误

   D. 肯定接受原假设,但有可能犯第二类错误

18. 在一次假设检验中,开始的假设形式为双侧检验,若现在改为单侧检验,

则会有(　　)发生.

A. 检验的结果由接受原假设改变为拒绝原假设

B. 检验的结果没有发生变化

C. 检验的结果由拒绝原假设改为接受原假设

D. 以上情况均有可能发生

19. 现在的大学生拥有电脑的比例高达 0.20,但有人认为这个比例还要高,为此从某大学中随机抽取 100 人,发现 30 人拥有电脑,现检验这种说法是否正确,取显著性水平为 $\alpha = 0.05$,则(　　).

A. 假设形式为 $H_0: p = 0.2, H_1: p > 0.2$,可能犯第一类错误

B. 假设形式为 $H_0: p = 0.2, H_1: p > 0.2$,可能犯第二类错误

C. 假设形式为 $H_0: p = 0.2, H_1: p < 0.2$,可能犯第一类错误

D. 假设形式为 $H_0: p = 0.2, H_1: p < 0.2$,可能犯第二类错误

20. 一项减肥计划声称,在计划实施的一周内,参加者体重至少会减轻 3.5 kg,随机抽取 40 位参加此项计划者的样本,结果显示,样本均值平均减少 3 kg,标准差为 1.6 kg,则原假设和备择假设是(　　),取显著性水平为 $\alpha = 0.05$.

A. $H_0: \mu = 3.5, H_1: \mu > 3.5$ 　　B. $H_0: \mu = 3.5, H_1: \mu < 3.5$

C. $H_0: \mu = 3, H_1: \mu > 3$ 　　D. $H_0: \mu = 3, H_1: \mu < 3$

计算题

1. 假定某种灯泡的寿命服从 $N(800, 40^2)$,现随机抽取 30 个样品,测得样本均值为 788 小时,试以 0.04 的显著性水平检验 $\mu = 800$ 小时是否成立.假如正确的期望 $\mu = 810$,试计算犯第二类错误的概率.

2. 为了降低贷款风险,银行内部规定,要求平均每项贷款额不能超过 120 万元,现对过去的贷款规模检验是否超过 120 万元,抽取了 144 个项目,测得样本均值为 128.1 万元,样本标准差为 45 万元,试以 0.01 的显著性水平检验贷款平均水平是否超过 120 万元.假设真实的期望为 130 万元,试计算犯第二类错误的概率.

3. 已知某种木材的抗压力服从正态分布,这种木材的标准抗压力不小于 470 kg/cm²,现对某木材厂的 10 根木材进行检验,得到的数据如下(单位:kg/cm²):

482, 493, 457, 471, 510, 446, 435, 418, 394, 469

(1) 若已知标准差为 36 kg/cm²,试以 0.05 的显著性水平来检验该批木材是否达标.若真实的期望为 450 kg/cm²,试计算犯第二类错误的概率.

(2) 若标准差是未知的,试以 0.05 的显著性水平来检验该批木材是否达标.

4. 某种饮料的瓶装容量服从正态分布,且方差如果超过 1.15 就被认为是失去控制,现随机抽取 25 瓶饮料,得到样本方差为 2.03,试在 0.05 的显著性水平下检验该饮料是否失控.

5. 为了检验两位新学员打字速度是否有差异,现进行了 10 次试验,测得他们完成任务平均花费时间分别为 25.2 分钟、22.5 分钟,样本方差分别为 16.54 分钟^2、14.92 分钟^2,假设打字花费的时间服从正态分布,且方差相等,以 0.05 的显著性水平检验这两位打字员的打字速度是否有差异.

6. 为了比较性别因素在完成某项任务方面是否有显著差别,现随机抽取 11 位男同志和 14 位女同志来完成某项任务,得到花费时间的样本标准差分别为 $s_1 = 6.1$,$s_2 = 5.3$,试以 0.01 的显著性水平检验男同志花费时间的方差是否大于女同志花费时间的方差.

7. 机器包装食盐,每袋净重量 X 服从正态分布,规定每袋净重量为 500 g,标准差不能超过 10 g. 某天开工后,为检验机器工作是否正常,从包装好的食盐中随机抽取 9 袋,测得其净重量为(单位:g)497,507,510,475,484,488,524,491,515. 以显著性水平 $\alpha = 0.05$ 检验这天包装机工作是否正常.

8. 在漂白工艺中,温度会对针织品的断裂强力有影响. 假定断裂强力服从正态分布,在两种不同温度下,分别进行了 8 次试验,测得断裂强力的数据如下(单位:kg):

70 ℃:20.5,18.8,19.8,20.9,21.5,19.5,21.0,21.2;

80 ℃:17.7,20.3,20.0,18.8,19.0,20.1,20.2,19.1.

判断这两种温度下的断裂强力有无明显差异(取显著性水平 $\alpha = 0.05$).

9. 在 20 世纪 70 年代后期人们发现,酿造啤酒时,在麦芽干燥过程中形成一种致癌物质亚硝基二甲胺(NDMA). 到了 20 世纪 80 年代初期开发了一种新的麦芽干燥过程,下面是老、新两种过程中形成的 NDMA 含量的抽样(以 10 亿份中的份数记):

老过程	6	4	5	5	6	5	5	6	4	6	7	4
新过程	2	1	2	2	1	0	3	2	1	0	1	3

设老、新两种过程中形成的 NDMA 含量服从正态分布,且方差相等. 记老、新过程的总体均值分别为 μ_1,μ_2,取显著性水平 $\alpha = 0.05$,检验 $H_0: \mu_1 - \mu_2 = 2$,$H_1: \mu_1 - \mu_2 > 2$.

10. 为了检验某批数据是否服从正态分布,对其进行分组,得到每组的实际频数和在正态分布下的期望频数,有关情况如下:

组　　别	实际频数	期望频数
小于 10	6	9
11～13	24	17
14～16	28	27
17～19	18	25
20～22	14	15
23 及以上	10	7

试以 0.05 的显著性水平来检验这批数据是否服从正态分布.

11. 为了检验某理发店来理发的人数是否具有随机性,特观察了 40 天,得到的具体数据如下:

21,19,24,33,23,22,26,29,31,13,28,24,21,10,28,18,19,27,28,30,23,27,32,23,20,26,28,21,24,17,23,14,27,22,35,17,24,21,28,18.

试以 0.05 的显著性水平来检验来理发店的人数是否具有随机性.

12. 现有某种产品 A、B 两个型号,为了比较它们的使用寿命是否有差别,在两个型号中各抽取了 10 件,测得数据如下:

型号	1	2	3	4	5	6	7	8	9	10
A	10	9	20	40	14	30	26	30	30	42
B	12	10	23	45	12	31	20	65	32	39

试用符号秩检验 A 种型号是否比 B 种型号差,显著性水平取 0.05.

第8章 方差分析

在许多实际问题中,一个复杂的现象或事物往往受若干因素的共同影响,例如商店中商品的销售情况取决于该商品的价格水平、品牌、材质、商品陈列状况以及顾客收入水平和顾客消费心理等多个因素;一种农作物的产量受种子、肥料、土质、气候等因素的影响,而每种因素可能有多个水平,例如考察农作物的产量,施肥量有不同的取值,种子有不同的品种,这些都属于这种情况.仍以农作物的产量为例来说明,不同品种的种子与不同的施肥量水平之间的合理搭配能提高产量,但不恰当的搭配也可能降低产量,这就是说因素之间可能会产生交互作用,但也可能没有交互作用,显然,实践中需要寻找一种大幅提高农作物产量的不同因素、不同水平之间的组合,这就需要检验因素之间是否存在交互作用.本章介绍的方差分析技术就是解决这些问题的一种有效的统计方法.

方差分析是由英国著名统计学家费歇尔(R. A. Fisher)在 20 世纪 20 年代首先提出并系统阐述,早期在农业、生物领域获得应用.经过几十年的发展,现在已经被推广到医学、心理学、社会学和工程技术等众多学科领域,目前它已经成为数理统计中应用最广泛的几个研究方向之一.本章将介绍方差分析的原理、单因素方差分析和双因素方差分析的方法,至于三个或更多因素的方差分析,其基本思想类似,本章不一一讨论.

需要指出的是,虽然方差分析所要解决的问题与第 7 章的假设检验不同,但方差分析法最后把问题归结为参数的假设检验问题,所以第 7 章介绍的假设检验的基本原理和方法同样被方差分析所采用,如构造分布函数已知的检验量和相应的小概率事件,根据小概率事件原理,判断原假设是否成立,这一点上两者是相同的.

8.1　单因素方差分析

8.1.1　方差分析模型的建立

假设我们考察一个研究对象的某个属性,这个属性可由一个量化的指标 X 来描述.我们要研究的是这个属性与某个因素 A 有没有关系.假设因素 A 有 r 种情况,用 $A_i(1 \leqslant i \leqslant r)$ 表示,我们称之为水平.我们要考察的就是,在因素的不同水平 A_i 下,指标 X 的取值是否有不同的倾向,这就是单因素方差分析的内容.我们先看一个例子.

【例 8.1】　某销售公司要研究某商品的五种包装形式哪种最有效,于是要考察不同的包装对该商品的销售量是否有显著影响.

在这个问题中,该商品是我们要研究的对象,商品的销售量是我们要考察的属性.商品的包装是一个因素.现在有五种包装,所以这个因素有五个水平.把商品的销售量记为 X,把包装记为 A,它的五个水平记为 $A_i(i=1,2,\cdots,5)$.为此我们做这样的试验,把包装好的商品放到某个商店进行试销售,经过四个月的销售之后,得到五种包装的月销售量如表 8.1 所示.从理论上说,销售量是一个随机变量,由于受各种随机因素的影响,即使是同一种包装,不同月的销售量也是不同的.假设当包装为 A_i 时,这时的指标就记为 X_i,可将它视为一个总体,且 $X_i \sim N(\mu_i,\sigma^2)$.记包装为 A_i 的商品的月销售量为 $X_{ij}(j=1,2,3,4)$,它可以看作来自 X_i 的样本,所以 $X_{ij} \sim N(\mu_i,\sigma^2)$.在因素方差分析中,通常假设各水平下的方差是相等的,即 $\sigma_i^2 = \sigma^2$.显然,如果 $\mu_1 = \mu_2 = \mu_3 = \mu_4 = \mu_5$,那就说明在五种包装下,商品的月销售量服从同一个分布 $N(\mu,\sigma^2)$,于是我们就可以做出判断,包装因素对商品的销售量没有影响;如果 $\mu_i(1 \leqslant i \leqslant 5)$ 不完全相同,那么就说明包装对商品的销售量有影响,所以我们的问题就转换为一个假设检验问题:

$$H_0:\mu_1 = \mu_2 = \mu_3 = \mu_4 = \mu_5, \quad H_1:\mu_1,\mu_2,\mu_3,\mu_4,\mu_5 \text{ 不完全相等}$$

我们要做的就是根据样本 X_{ij} 的观察值 $x_{ij}(i=1,2,3,4,5;j=1,2,3,4)$ 对这个假设检验做出科学判断.

表 8.1 五种包装的销售量情况

A_1	A_2	A_3	A_4	A_5
325	617	229	856	319
154	331	181	553	167
367	819	288	1 092	278
144	407	113	816	149

总结以上分析,我们就得到了单因素分析的一般数学模型.

存在一个指标 X 和一个因素 A, A 有 r 个水平 $A_1, A_2, \cdots, A_r$. 在水平 A_i 下的指标 X 记为 X_i,则有 $X_i \sim N(\mu_i, \sigma^2)$,视它为一个总体,来自总体 X_i 的样本记为 X_{ij} 且 $X_{ij} = \mu_i + \varepsilon_{ij}$,这里 $\varepsilon_{ij} \sim N(0, \sigma^2)$ 且独立. 已经得到样本的观测值 x_{ij} ($1 \leqslant i \leqslant r; 1 \leqslant j \leqslant n_i$),基于这些样本,我们要做如下假设检验:

$$H_0: \mu_1 = \mu_2 = \cdots = \mu_r = \mu, \quad H_1: \mu_i (1 \leqslant i \leqslant r) \text{ 不完全相等}$$

为了便于分析,我们通常把试验所得到的样本数据列在如表 8.2 所示的方差分析数据表中.

表 8.2 单因素方差分析数据表

水平	观察指标值				均值	方差
A_1	x_{11}	x_{12}	$\cdots$	x_{1n_1}	$\overline{x_1}$	s_1^2
A_2	x_{21}	x_{22}	$\cdots$	x_{2n_2}	$\overline{x_2}$	s_2^2
$\vdots$	$\vdots$	$\vdots$	$\vdots$	$\vdots$	$\vdots$	$\vdots$
A_r	x_{r1}	x_{r2}	$\cdots$	x_{rn_r}	$\overline{x_r}$	s_r^2

8.1.2 假设检验的方法

现在考虑如何进行假设检验,为此先定义如下几个量:

$$\overline{X} = \frac{1}{n} \sum_{i=1}^{r} \sum_{j=1}^{n_i} X_{ij}, \quad n = \sum_{i=1}^{r} n_i, \quad \overline{X}_i = \frac{1}{n_i} \sum_{j=1}^{n_i} X_{ij} \quad (i = 1, 2, \cdots, r)$$

$$SST = \sum_{i=1}^{r} \sum_{j=1}^{n_i} (X_{ij} - \overline{X})^2, \quad SSE = \sum_{i=1}^{r} \sum_{j=1}^{n_i} (X_{ij} - \overline{X}_i)^2$$

$$SSA = \sum_{i=1}^{r} \sum_{j=1}^{n_i} (\overline{X}_i - \overline{X})^2$$

现在说明这些量所代表的含义. $\overline{X}$ 是所有样本的均值,被称为总平均值. 因为所有

的样本 X_{ij} 都相互独立,根据正态分布随机变量的可加性知 $\bar{X}$ 也服从正态分布.又因为

$$E(\bar{X}) = \frac{1}{n}\sum_{i=1}^{r}\sum_{j=1}^{n_i}E(X_{ij}) = \frac{1}{n}\sum_{i=1}^{r}\sum_{j=1}^{n_i}\mu_i = \frac{1}{n}\sum_{i=1}^{r}n_i\mu_i \stackrel{\text{def}}{=} \bar{\mu}$$

$$D(\bar{X}) = \frac{1}{n^2}\sum_{i=1}^{r}\sum_{j=1}^{n_i}D(X_{ij}) = \frac{1}{n^2}\sum_{i=1}^{r}n_i\sigma^2 = \frac{\sigma^2}{n}$$

所以 $\bar{X} \sim N(\bar{\mu}, \sigma^2/n)$.

$\bar{X_i}$ 是总体 X_i 的样本均值,即指标 X 在因素 A_i 水平下的样本均值,被称为组内平均.与总平均值 $\bar{X}$ 的分析相同,容易验证 $\bar{X_i} \sim N(\mu_i, \sigma^2/n_i)$.

SST 是所有样本与总平均值之差的平方和,反映了所有样本对总平均值的分散程度,被称为总偏平方和.

SSE 是样本 X_{ij} 与其对应的组内均值 $\bar{X_i}$ 之差的平方的总和.因为

$$X_{ij} - \bar{X_i} = \left(1 - \frac{1}{n_i}\right)X_{ij} - \frac{1}{n_i}\sum_{\substack{j=1 \\ j \neq i}}^{n_i}X_{ij}$$

X_{ij} 相互独立,所以 $X_{ij} - \bar{X_i}$ 也服从正态分布,且

$$E(X_{ij} - \bar{X_i}) = \mu_i - \mu_i = 0$$

$$D(X_{ij} - \bar{X_i}) = D\left[\left(1 - \frac{1}{n_i}\right)X_{ij} - \frac{1}{n_i}\sum_{\substack{j=1 \\ j \neq i}}^{n_i}X_{ij}\right]$$

$$= \left(1 - \frac{1}{n_i}\right)^2\sigma^2 + \frac{1}{n_i^2}(n_i - 1)\sigma^2$$

$$= \left(1 - \frac{1}{n_i}\right)\sigma^2$$

所以 $X_{ij} - \bar{X_i}$ 是由抽样的随机性造成的样本个体与各总体 X_i 的差异,即与因素的不同水平下的指标 X_i 无关.因此 SSE 反映了同一个组内样本的分散程度,被称为组内平方和.

SSA 是组内均值 $\bar{X_i}$ 与总均值 $\bar{X}$ 之差的加权平方和,它反映了各总体之间的差异,即在不同的因素水平下指标 X 的差异,被称为组间平方和.

下面给出以上几个量的便捷的计算公式,它们在理论推导和实际检验计算时经常要用到.

$$SST = \sum_{i=1}^{r}\sum_{j=1}^{n_i}(X_{ij} - \bar{X})^2 = \sum_{i=1}^{r}\sum_{j=1}^{n_i}X_{ij}^2 - n(\bar{X})^2 \tag{8.1}$$

$$SSE = \sum_{i=1}^{r} \sum_{j=1}^{n_i} (X_{ij} - \overline{X}_i)^2 = \sum_{i=1}^{r} \sum_{j=1}^{n_i} X_{ij}^2 - \sum_{i=1}^{r} n_i (\overline{X}_i)^2 \tag{8.2}$$

$$SSA = \sum_{i=1}^{r} \sum_{j=1}^{n_i} (\overline{X}_i - \overline{X})^2 = \sum_{i=1}^{r} n_i (\overline{X}_i)^2 - n(\overline{X})^2 \tag{8.3}$$

为了便于下面的证明和使用引理 5.1、引理 5.2 的结论,下面以矩阵形式重新表示这几个公式,引入以下记号:

$$\boldsymbol{X}^{\mathrm{T}} = (\boldsymbol{X}_1^{\mathrm{T}}, \boldsymbol{X}_2^{\mathrm{T}}, \cdots, \boldsymbol{X}_r^{\mathrm{T}})_{1 \times n}, \quad \boldsymbol{X}_i^{\mathrm{T}} = (X_{i1}, X_{i2}, \cdots, X_{in_i})_{1 \times n_i}$$

$$\boldsymbol{e}_i^{\mathrm{T}} = (1, 1, \cdots, 1)_{1 \times n_i}, \quad \boldsymbol{e}^{\mathrm{T}} = (\boldsymbol{e}_1^{\mathrm{T}}, \boldsymbol{e}_2^{\mathrm{T}}, \cdots, \boldsymbol{e}_r^{\mathrm{T}})_{1 \times n}$$

则有

$$SST = \boldsymbol{X}^{\mathrm{T}} \Big(\boldsymbol{I}_n - \frac{1}{n} \boldsymbol{e}\boldsymbol{e}^{\mathrm{T}} \Big) \boldsymbol{X} = \boldsymbol{X}^{\mathrm{T}} \boldsymbol{M}_1 \boldsymbol{X}$$

$$SSA = \boldsymbol{X}^{\mathrm{T}} \Big[\mathrm{diag}\Big(\frac{1}{n_1} \boldsymbol{e}_1 \boldsymbol{e}_1^{\mathrm{T}}, \frac{1}{n_2} \boldsymbol{e}_2 \boldsymbol{e}_2^{\mathrm{T}}, \cdots, \frac{1}{n_r} \boldsymbol{e}_r \boldsymbol{e}_r^{\mathrm{T}} \Big) - \frac{1}{n} \boldsymbol{e}\boldsymbol{e}^{\mathrm{T}} \Big] \boldsymbol{X} = \boldsymbol{X}^{\mathrm{T}} \boldsymbol{M}_2 \boldsymbol{X}$$

$$SSE = \boldsymbol{X}^{\mathrm{T}} \Big[\boldsymbol{I}_n - \mathrm{diag}\Big(\frac{1}{n_1} \boldsymbol{e}_1 \boldsymbol{e}_1^{\mathrm{T}}, \frac{1}{n_2} \boldsymbol{e}_2 \boldsymbol{e}_2^{\mathrm{T}}, \cdots, \frac{1}{n_r} \boldsymbol{e}_r \boldsymbol{e}_r^{\mathrm{T}} \Big) \Big] \boldsymbol{X} = \boldsymbol{X}^{\mathrm{T}} \boldsymbol{M}_3 \boldsymbol{X}$$

其中 $\mathrm{diag}\Big(\frac{1}{n_1} \boldsymbol{e}_1 \boldsymbol{e}_1^{\mathrm{T}}, \frac{1}{n_2} \boldsymbol{e}_2 \boldsymbol{e}_2^{\mathrm{T}}, \cdots, \frac{1}{n_r} \boldsymbol{e}_r \boldsymbol{e}_r^{\mathrm{T}} \Big)$ 表示由括号中的元素构成的对角矩阵. 容易验证以下结论成立:

$$\boldsymbol{M}_i = \boldsymbol{M}_i^{\mathrm{T}}, \quad \boldsymbol{M}_i^2 = \boldsymbol{M}_i \quad (i = 1, 2, 3), \quad \boldsymbol{M}_2 \boldsymbol{M}_3 = \boldsymbol{O}$$

$$\mathrm{tr}(\boldsymbol{M}_1) = n - 1, \quad \mathrm{tr}(\boldsymbol{M}_2) = r - 1, \quad \mathrm{tr}(\boldsymbol{M}_3) = n - r$$

即 $\boldsymbol{M}_i (i = 1, 2, 3)$ 为幂等对称矩阵.

定理 8.1 对 SST, SSA 和 SSE 有公式 $SST = SSA + SSE$ 成立,我们称这个公式为平方和分解公式.

证明 由上面的式(8.1)、式(8.2)、式(8.3)容易验证 $SST = SSA + SSE$ 成立.

现在我们考虑统计量

$$F = \frac{SSA/(r-1)}{SSE/(n-r)}$$

因为

$$E(SSA) = \sum_{i=1}^{r} n_i E(\overline{X}_i)^2 - nE(\overline{X})^2$$

$$= \sum_{i=1}^{r} n_i \{ D(\overline{X}_i) + [E(\overline{X}_i)]^2 \} - n \{ D(\overline{X}) + [E(\overline{X})]^2 \}$$

$$= \sum_{i=1}^{r} n_i (\sigma^2/n_i + \mu_i^2) - n[\sigma^2/n + (\bar{\mu})^2]$$

$$= (r-1)\sigma^2 + \sum_{i=1}^{r} n_i (\mu_i - \bar{\mu})^2$$

$$E(SSE) = \sum_{i=1}^{r} \sum_{j=1}^{n_i} E(X_{ij}^2) - \sum_{i=1}^{r} n_i E(\overline{X_i})^2$$

$$= \sum_{i=1}^{r} \sum_{j=1}^{n_i} \{D(X_{ij}) + [E(X_{ij})]^2\} - \sum_{i=1}^{r} n_i \{D(\overline{X_i}) + [E(\overline{X_i})]^2\}$$

$$= \sum_{i=1}^{r} \sum_{j=1}^{n_i} (\sigma^2 + \mu_i^2) - \sum_{i=1}^{r} n_i (\sigma^2/n_i + \mu_i^2)$$

$$= n\sigma^2 - r\sigma^2$$

$$= (n-r)\sigma^2$$

所以当原假设 $H_0: \mu_1 = \mu_2 = \cdots = \mu_r = \mu$ 成立时，$E(SSA) = (r-1)\sigma^2$，SSA 的取值较小，当原假设不成立时，$E(SSA) > (r-1)\sigma^2$，SSA 的取值较大，可见这个统计量可以用于构造我们所要作的假设检验问题的统计量.

定理 8.2 当原假设 $H_0: \mu_1 = \mu_2 = \cdots = \mu_r = \mu$ 成立时，有

$$\frac{SSA}{\sigma^2} \sim \chi^2(r-1), \quad \frac{SSE}{\sigma^2} \sim \chi^2(n-r)$$

且 SSA 与 SSE 相互独立，从而有

$$F = \frac{SSA/(r-1)}{SSE/(n-r)} \sim F(r-1, n-r) \tag{8.4}$$

*证明** 当原假设 $H_0: \mu_1 = \mu_2 = \cdots = \mu_r = \mu$ 成立时，有 $X_{ij} \sim N(\mu, \sigma^2)$，从而由所有样本构成的向量 $\mathbf{X} \sim N(e\mu, \sigma^2 I_n)$，因此有 $\mathbf{X} - e\mu \sim N(\mathbf{O}, \sigma^2 I_n)$. 另外根据 $\mathbf{M}_i (i = 2, 3)$ 为幂等对称矩阵得到

$$\mathbf{X}^T \mathbf{M}_2 \mathbf{X} = (\mathbf{X} - e\mu)^T \mathbf{M}_2 \mathbf{M}_2 (\mathbf{X} - e\mu) = (\mathbf{X} - e\mu)^T \mathbf{M}_2 (\mathbf{X} - e\mu)$$

$$\mathbf{X}^T \mathbf{M}_3 \mathbf{X} = (\mathbf{X} - e\mu)^T \mathbf{M}_3 \mathbf{M}_3 (\mathbf{X} - e\mu) = (\mathbf{X} - e\mu)^T \mathbf{M}_3 (\mathbf{X} - e\mu)$$

由上分析已经得到 $SSA = \mathbf{X}^T \mathbf{M}_2 \mathbf{X}$ 和 $SSE = \mathbf{X}^T \mathbf{M}_3 \mathbf{X}$，而且 $\mathbf{M}_2$ 和 $\mathbf{M}_3$ 为幂等对称矩阵，因此由引理 5.1 得到

$$\frac{(\mathbf{X} - e\mu)^T \mathbf{M}_2 (\mathbf{X} - e\mu)}{\sigma^2} = \frac{SSA}{\sigma^2} \sim \chi^2(r-1)$$

$$\frac{(\mathbf{X} - e\mu)^T \mathbf{M}_3 (\mathbf{X} - e\mu)}{\sigma^2} = \frac{SSE}{\sigma^2} \sim \chi^2(n-r)$$

另一方面，由于 $\mathbf{M}_2 \mathbf{M}_3 = \mathbf{O}$，再根据引理 5.2 知道 SSA 与 SSE 相互独立. 最后由 F 分布的定义显然有

$$F = \frac{SSA/(r-1)}{SSE/(n-r)} \sim F(r-1, n-r)$$

成立，因此定理得证.

至此我们得到了单因素方差分析的假设检验方法，具体步骤如下：

(1) 根据样本 $X_{ij} (1 \leqslant j \leqslant n_i; 1 \leqslant i \leqslant r)$ 的观测值 $x_{ij} (1 \leqslant j \leqslant n_i; 1 \leqslant i \leqslant r)$ 计算

SSE 和 SSA 的观测值,为方便起见仍记它们为 SSE 和 SSA;

(2) 计算检验量 F 的值,仍记为 F,即 $F = \dfrac{SSA/(r-1)}{SSE/(n-r)} = \dfrac{MSA}{MSE}$,其中 $MSA = SSA/(r-1)$,$MSE = SSE/(n-r)$ 被称为均方误差;

(3) 根据给定的显著性水平 α,查得分布 $F(r-1, n-r)$ 的上 α 分位数 $F_\alpha(r-1, n-r)$,则当原假设 $H_0: \mu_1 = \mu_2 = \cdots = \mu_r = \mu$ 成立时

$$P\{F > F_\alpha(r-1, n-r)\} = \alpha$$

所以这时 $\{F > F_\alpha(r-1, n-r)\}$ 是一个小概率事件;

(4) 进行检验. 若 $F > F_\alpha(r-1, n-r)$,则否定原假设,认为因素 A 对指标 X 有影响,若 $F < F_\alpha(r-1, n-r)$,则接受原假设,认为因素 A 对指标 X 没有影响.

为了便于分析,通常把主要指标和计算结果列在表 8.3 中,这个表称为方差分析表.

表 8.3　单因素方差分析表

方差来源	离差平方和	自由度	均方误差	统计量 F	拒绝原假设的标准
因素 A	SSA	$r-1$	$MSA = SSA/(r-1)$	$F = \dfrac{MSA}{MSE}$	$F > F_\alpha(r-1, n-r)$ 或 $p < \alpha$
随机误差	SSE	$n-r$	$MSE = SSE/(n-r)$		
总和	SST	$n-1$	——		

下面就对例 8.1 中的数据进行单因素方差分析,回答五种不同的包装方式对商品销售的影响是否有显著差异.

解　根据表 8.1 的数据计算得

$$\bar{x} = \frac{1}{20}\sum_{i=1}^{5}\sum_{j=1}^{4} x_{ij} = 512.812\,5, \quad \bar{x}_1 = \frac{1}{4}\sum_{j=1}^{4} x_{1j} = 247.5$$

$$\bar{x}_2 = \frac{1}{4}\sum_{j=1}^{4} x_{2j} = 543.5, \quad \bar{x}_3 = \frac{1}{4}\sum_{j=1}^{4} x_{3j} = 202.75$$

$$\bar{x}_4 = \frac{1}{4}\sum_{j=1}^{4} x_{4j} = 829.25, \quad \bar{x}_5 = \frac{1}{4}\sum_{j=1}^{4} x_{5j} = 228.25$$

另有 $r = 5, n = 20$,于是得到

$$SSA = 1\,183\,937.5, \quad SSE = 368\,302.3$$

$$F = \frac{MSA}{MSE} = \frac{SSA/(r-1)}{SSE/(n-r)} = \frac{295\,984.4}{24\,553.5} = 12.05$$

把上述结果填入表 8.4 的各个项目中. 当显著性水平取 $\alpha = 0.05$ 时,临界值为 3.06,F 检验量值 12.05 已超过临界值. 如果采用 P 值检验,计算得检验概率值为 $p = 0.000\,319 < \alpha$,所以拒绝原假设,认为包装的不同对销售量的影响是显著的.

表 8.4 包装对销售量影响的单因素方差分析

方差来源	离差平方和	自由度	均方差	F 检验量	5%显著性水平下的 F 临界值和检验概率值(p)
组间	1 183 937.5	4	295 984.4		
组内	368 302.3	15	24 553.5	12.05	$F_{0.05}(4,15)=3.06$ $p=0.000319$
总和	1 552 239.8	19			

8.1.3 方差齐次性检验

在方差分析模型中,我们假设在因素各个水平下总体服从方差相同的正态分布,这就是所谓的方差齐次性假设.计算机模拟试验表明,如果方差的齐次性不满足,则方差分析的结果较差,所以在进行方差分析前,对方差进行齐次性检验是非常有必要的,这里只介绍比较常用的 Levene(1960)检验方法,该方法的基本原理如下:

首先建立原假设和备择假设分别为

$$H_0:\sigma_1^2 = \sigma_2^2 = \cdots = \sigma_r^2, \quad H_1:\sigma_i^2 \text{ 不完全相等}$$

构造的检验量为

$$W = \frac{\sum\limits_{i=1}^{r} n_i (\overline{Z}_i - \overline{Z})^2/(r-1)}{\sum\limits_{i=1}^{r}\sum\limits_{j=1}^{n_i} (Z_{ij} - \overline{Z}_i)^2/(n-r)} \tag{8.5}$$

其中 $Z_{ij} = |X_{ij} - \overline{X}_i|$ 或者 $Z_{ij} = (X_{ij} - \overline{X}_i)^2, \overline{Z}_i = \frac{1}{n_i}\sum\limits_{j=1}^{n_i} Z_{ij}, \overline{Z} = \frac{1}{n}\sum\limits_{i=1}^{r}\sum\limits_{j=1}^{n_i} Z_{ij}.$

为了提高检验的稳健性,有时也使用第 i 组的中位数替代该组的平均数 $\overline{X}_i$.显然,W 检验量相当于对数据 Z_{ij} 计算单因素方差分析的 F 检验量.当原假设成立时,W 服从分布 $F(r-1, n-1)$.实际检验时首先计算检验量值为

$$w = \frac{\sum\limits_{i=1}^{r} n_i (\overline{z}_i - \overline{z})^2/(r-1)}{\sum\limits_{i=1}^{r}\sum\limits_{j=1}^{n_i} (z_{ij} - \overline{z}_i)^2/(n-r)}$$

对给定的显著性水平 α,查得分布 $F(r-1, n-1)$ 上 α 分位数,则当 $w > F_\alpha(r-1, n-1)$ 时,小概率事件发生,拒绝原假设 $H_0:\sigma_1^2 = \sigma_2^2 = \cdots = \sigma_r^2$,接受备择假设 $H_1:\sigma_i^2$ 不完全相等,否则就接受原假设,表明方差齐次性成立.

【例 8.2】 对例 8.1 中的数据进行方差齐次性假设.

解 就例 8.1 中的数据而言,采用 $z_{ij} = (x_{ij} - \overline{x_i})^2$ 的数据形式时,经过计算有 $w = 1.9955$;若采用 $z_{ij} = |x_{ij} - \overline{x_i}|$ 的数据形式时,经过计算有 $w = 1.6381$.无论采用哪种数据形式都有 $w < F_{0.05}(4,15) = 3.06$,所以接受原假设,表明五种包装下销售量数据满足方差齐次性假设.

8.1.4 多重比较

以上分析表明,在例 8.1 中不同的包装对商品销售量有影响,但这并不意味着每两种包装平均水平之间的差异都是显著的,也不能具体说明哪些包装的平均水平有显著差异,哪些差异不显著,因此有必要进行两两包装平均水平之间的比较,以判断两两平均水平间差异的显著性,多重比较就是解决这个问题的统计方法.本节只简要介绍一种常见的多重比较方法,即最小显著差数法(LSD,Least Significant Difference),该方法适用于均衡数据分析模型,即因素每个水平下的样本容量都相等.该方法本质上是双总体下两个均值是否有差异的 t 检验方法,但对自由度和方差的估计进行了调整.该方法的步骤如下:

(1) 在 F 检验拒绝原假设的前提下,计算显著性水平 α 对应的最小显著差数 LSD_{α},计算公式为

$$LSD_{\alpha} = \sqrt{2 \times MSE/n^*} \times t_{\alpha/2}(n - r) \tag{8.6}$$

其中 n^* 表示每个水平下的试验次数.该最小显著差数的计算可以这样理解,由于双总体下两个均值是否有差异的 t 检验临界值计算公式为

$$s_w \sqrt{\left(\frac{1}{n_1} + \frac{1}{n_2}\right)} \times t_{\alpha/2}(n_1 + n_2 - 2)$$

其中 s_w 表示标准差 σ 的估计值.在多重比较时,对方差 σ^2 的估计为 MSE,从而使用了所有样本的信息,而不是只仅仅使用被比较两个样本的信息而计算出的 S_w^2.相应地在自由度上使用了 $n - r$ 替代了 $n_1 + n_2 - 2$,同时假设数据是均衡的,代入上述结果到式(5.26)就得到了 LSD_{α} 的计算公式;

(2) 计算任意两个处理平均数 $\overline{x_i}$ 与 $\overline{x_j}$ 的差数的绝对值 $d_{ij} = |\overline{x_i} - \overline{x_j}|$;

(3) 若 $d_{ij} > LSD_{\alpha}$ 时,则 μ_i 与 μ_j 在显著性水平 α 上有显著差异,否则差异不显著.

实际分析中通常将上述分析过程列在表中进行.

【例 8.3】 对例 8.1 中的数据进行多重比较.

解 就例 8.1 中的数据,将各个包装的平均水平按照由高到低进行排列,如表 8.5 所示.

表 8.5　包装对销售量影响的 *LSD* 分析

水平	平均数$\overline{x_i}$	$\overline{x_i}-202.75$	$\overline{x_i}-228.25$	$\overline{x_i}-247.5$	$\overline{x_i}-543.5$
A_4	829.25	626.5	600.75	582	285.75
A_2	543.5	340.75	315.25	296	
A_1	247.5	44.75	19.25		
A_5	228.25	25.5			
A_3	202.75				

如果取 $\alpha=0.05$ 有

$$LSD_{0.05}=\sqrt{2\times MSE/n^*}\times t_{0.05/2}(15)=\sqrt{2\times 24\,553.5/4}\times 2.13=236.00$$

这表明只要两种包装的平均销售量差异超过 236.00,则差异就显著. 根据表 8.5 的结果,在销售量上有包装 A_4 高于包装 A_2,而包装 A_2 高于包装 A_1,而且差异显著,但包装 A_1、包装 A_3 与包装 A_5 这三者差异不显著,总体上,包装对商品的销售量有显著影响.

8.2　双因素方差分析

单因素方差分析只研究一个因素是否对指标有影响,然而在实际中,反映事物属性的指标往往受多个因素的影响,因此有必要研究指标受多个因素影响的情形,双因素方差分析就是研究一个指标是否受两个因素的影响的统计方法. 双因素方差分析可以分为非重复试验的无交互作用和重复试验的有交互作用两种类型,本节将介绍这两种方差分析的方法.

8.2.1　无交互作用方差分析模型的建立

设考察的指标为 X,影响指标的两个因素为 A 和 B,并设 A 有 r 个水平,记为 $A_1,A_2,\cdots,A_r$,B 有 s 个水平,记为 $B_1,B_2,\cdots,B_s$,两个因素 A 和 B 共有 rs 个搭配,记为 $(A_i,B_j)(1\leqslant i\leqslant r;1\leqslant j\leqslant s)$. 在进行无交互作用的双因素方差分析时,对每一对搭配 (A_i,B_j) 只做一次试验,得到一个样本 X_{ij},并假设 $X_{ij}\sim N(\mu_{ij},\sigma^2)$,假设每次试验是独立进行的,所以 rs 个样本 $X_{ij}(1\leqslant i\leqslant r;1\leqslant j\leqslant s)$ 是相互独立的.

和单因素方差分析一样,先定义几个量.记 $\mu = \dfrac{1}{rs}\sum\limits_{i=1}^{r}\sum\limits_{j=1}^{s}\mu_{ij}$ 表示所有搭配的均值的平均值,它反映了指标总的平均值.记 $\mu_{i.} = \dfrac{1}{s}\sum\limits_{j=1}^{s}\mu_{ij}(i = 1,2,\cdots,r)$ 表示因素 A 的第 i 个水平 A_i 与因素 B 的所有水平的搭配 $(A_i,B_j)(1\leqslant j\leqslant s)$ 的均值的平均值,它反映的是在因素 A 的水平 A_i 下指标的平均值.记 $\mu_{.j} = \dfrac{1}{r}\sum\limits_{i=1}^{r}\mu_{ij}(j = 1,2,\cdots,s)$ 表示因素 B 的第 j 个水平 B_j 与因素 A 的所有水平的搭配 $(A_i,B_j)(1\leqslant i\leqslant r)$ 的均值的平均值,它反映的是在因素 B 的水平 B_j 下指标的平均值.记 $\alpha_i = \mu_{i.} - \mu(1\leqslant i\leqslant r)$,因为 $\mu_{i.}$ 是水平 A_i 与因素 B 的所有水平的搭配的均值的平均值,所以 α_i 表示了因素 A 的第 i 个水平 A_i 对指标的影响程度,被称为 A_i 的效应.记 $\beta_j = \mu_{.j} - \mu(1\leqslant j\leqslant s)$,$\beta_j$ 表示了 B 的第 j 个水平 B_j 对指标的影响程度,被称为 B_j 的效应.α_i 与 β_j 具有性质 $\sum\limits_{i=1}^{r}\alpha_i = 0$ 和 $\sum\limits_{j=1}^{s}\beta_j = 0$.事实上

$$\sum_{i=1}^{r}\alpha_i = \sum_{i=1}^{r}(\mu_{i.} - \mu) = \sum_{i=1}^{r}\frac{1}{s}\sum_{j=1}^{s}\mu_{ij} - \sum_{i=1}^{r}\left(\frac{1}{rs}\sum_{j=1}^{s}\sum_{i=1}^{r}\mu_{ij}\right)$$
$$= \frac{1}{s}\sum_{i=1}^{r}\sum_{j=1}^{s}\mu_{ij} - \frac{1}{s}\sum_{j=1}^{s}\sum_{i=1}^{r}\mu_{ij}$$
$$= 0$$

同理可证 $\sum\limits_{j=1}^{s}\beta_j = 0$.

在上述定义下有 $X_{ij} = \alpha_i + \beta_j + \mu + \varepsilon_{ij}$,其中 $\varepsilon_{ij}\sim N(0,\sigma^2)$ 且独立.由定义知,如果 $\alpha_i = \mu_{i.} - \mu = 0(1\leqslant i\leqslant r)$,则表明因素 A 的各水平对指标没有影响.同样,如果 $\beta_j = \mu_{.j} - \mu = 0(1\leqslant j\leqslant s)$,则表明因素 B 的各水平对指标没有影响.于是因素 A 与因素 B 是否对指标 X 有影响就转换成如下的假设检验问题:

$$H_{01}:\alpha_1 = \alpha_2 = \cdots = \alpha_r = 0, \quad H_{02}:\beta_1 = \beta_2 = \cdots = \beta_s = 0$$

若原假设 H_{01} 不成立,则因素 A 对指标 X 有影响,否则就无影响;若原假设 H_{02} 不成立,则因素 B 对指标 X 有影响,否则就无影响.

为了方便起见,通常把试验得到的样本数据列在如下的数据表 8.6 中.

表 8.6　无交互作用的双因素方差分析数据结构表

		因素 B				因素 A 各水平下的均值
		B_1	B_2	$\cdots$	B_s	
因素 A	A_1	x_{11}	x_{12}	$\cdots$	x_{1s}	$\overline{x_{1.}}$
	A_2	x_{21}	x_{22}	$\cdots$	x_{2s}	$\overline{x_{2.}}$

	因素 B				因素 A 各水平下的均值
	B_1	B_2	$\cdots$	B_s	
因素 A $\vdots$	$\vdots$	$\vdots$	$\vdots$	$\vdots$	$\vdots$
A_r	x_{r1}	x_{r2}	$\cdots$	x_{rs}	$\overline{x_{r\cdot}}$
因素 B 各水平下的均值	$\overline{x_{\cdot 1}}$	$\overline{x_{\cdot 2}}$	$\cdots$	$\overline{x_{\cdot s}}$	$\overline{x}$

8.2.2 无交互作用的检验方法

首先定义如下的统计量:

$$\overline{X} = \frac{1}{rs} \sum_{i=1}^{r} \sum_{j=1}^{s} X_{ij}, \quad \overline{X_{i\cdot}} = \frac{1}{s} \sum_{j=1}^{s} X_{ij} \quad (i = 1, 2, \cdots, r)$$

$$\overline{X_{\cdot j}} = \frac{1}{r} \sum_{i=1}^{r} X_{ij} \quad (j = 1, 2, \cdots, s)$$

$$SST = \sum_{i=1}^{r} \sum_{j=1}^{s} (X_{ij} - \overline{X})^2, \quad SSA = \sum_{i=1}^{r} \sum_{j=1}^{s} (\overline{X_{i\cdot}} - \overline{X})^2$$

$$SSB = \sum_{i=1}^{r} \sum_{j=1}^{s} (\overline{X_{\cdot j}} - \overline{X})^2, \quad SSE = \sum_{i=1}^{r} \sum_{j=1}^{s} (X_{ij} - \overline{X_{i\cdot}} - \overline{X_{\cdot j}} + \overline{X})^2$$

在以上的几个量中,SST 反映了所有样本 $X_{ij}(1 \leqslant i \leqslant r; 1 \leqslant j \leqslant s)$ 的分散程度,被称为总偏差平方和. SSA 反映了因素 A 的各水平对指标的影响程度,被称为因素 A 的偏差平方和. SSB 反映了因素 B 的各水平对指标的影响程度,被称为因素 B 的偏差平方和. SSE 的大小反映了随机抽样误差的大小,这在下面的分析中可以看到.下面给出这四个量的便捷计算公式,它们在理论推导和实际检验计算中很有用.

$$SST = \sum_{i=1}^{r} \sum_{j=1}^{s} (X_{ij} - \overline{X})^2 = \sum_{i=1}^{r} \sum_{j=1}^{s} X_{ij}^2 - rs(\overline{X})^2 \tag{8.7}$$

$$SSA = \sum_{i=1}^{r} \sum_{j=1}^{s} (\overline{X_{i\cdot}} - \overline{X})^2 = s \sum_{i=1}^{r} (\overline{X_{i\cdot}} - \overline{X})^2 = s \sum_{i=1}^{r} (\overline{X_{i\cdot}})^2 - rs(\overline{X})^2 \tag{8.8}$$

$$SSB = \sum_{i=1}^{r} \sum_{j=1}^{s} (\overline{X_{\cdot j}} - \overline{X})^2 = r \sum_{j=1}^{s} (\overline{X_{\cdot j}} - \overline{X})^2 = r \sum_{j=1}^{s} (\overline{X_{\cdot j}})^2 - rs(\overline{X})^2 \tag{8.9}$$

$$SSE = \sum_{i=1}^{r} \sum_{j=1}^{s} (X_{ij} - \overline{X_{i\cdot}} - \overline{X_{\cdot j}} + \overline{X})^2$$

$$= \sum_{i=1}^{r} \sum_{j=1}^{s} X_{ij}^2 - s \sum_{i=1}^{r} (\overline{X_{i\cdot}})^2 - r \sum_{j=1}^{s} (\overline{X_{\cdot j}})^2 + rs(\overline{X})^2 \qquad (8.10)$$

为了便于下面的证明,我们给出它们的矩阵表示形式,为此引入如下记号:

$$\boldsymbol{X} = (\boldsymbol{X}_1^{\mathrm{T}}, \boldsymbol{X}_2^{\mathrm{T}}, \cdots, \boldsymbol{X}_r^{\mathrm{T}})_{1\times rs}, \quad \boldsymbol{X}_i^{\mathrm{T}} = (X_{i1}, X_{i2}, \cdots, X_{is})_{1\times s}$$

$$\boldsymbol{e}_r^{\mathrm{T}} = (1, 1, \cdots, 1)_{1\times r}, \quad \boldsymbol{e}_s^{\mathrm{T}} = (1, 1, \cdots, 1)_{1\times s}, \quad \boldsymbol{e}^{\mathrm{T}} = (1, 1, \cdots, 1)_{1\times rs}$$

则有

$$SST = \sum_{i=1}^{r} \sum_{j=1}^{s} (X_{ij} - \overline{X})^2 = \boldsymbol{X}^{\mathrm{T}} \left(\boldsymbol{I}_{rs} - \frac{1}{rs} \boldsymbol{e}\boldsymbol{e}^{\mathrm{T}} \right) \boldsymbol{X} = \boldsymbol{X}^{\mathrm{T}} \boldsymbol{M}_0 \boldsymbol{X}$$

$$SSA = \sum_{i=1}^{r} \sum_{j=1}^{s} (\overline{X_{i\cdot}} - \overline{X})^2 = \boldsymbol{X}^{\mathrm{T}} \left(\frac{1}{s} \boldsymbol{I}_r \otimes \boldsymbol{e}_s \boldsymbol{e}_s^{\mathrm{T}} - \frac{1}{rs} \boldsymbol{e}\boldsymbol{e}^{\mathrm{T}} \right) \boldsymbol{X} = \boldsymbol{X}^{\mathrm{T}} \boldsymbol{M}_1 \boldsymbol{X}$$

$$SSB = \sum_{i=1}^{r} \sum_{j=1}^{s} (\overline{X_{\cdot j}} - \overline{X})^2 = \boldsymbol{X}^{\mathrm{T}} \left(\frac{1}{r} \boldsymbol{e}_r \boldsymbol{e}_r^{\mathrm{T}} \otimes \boldsymbol{I}_s - \frac{1}{rs} \boldsymbol{e}\boldsymbol{e}^{\mathrm{T}} \right) \boldsymbol{X} = \boldsymbol{X}^{\mathrm{T}} \boldsymbol{M}_2 \boldsymbol{X}$$

$$SSE = \sum_{i=1}^{r} \sum_{j=1}^{s} (X_{ij} + \overline{X} - \overline{X_{i\cdot}} - \overline{X_{\cdot j}})^2$$

$$= \boldsymbol{X}^{\mathrm{T}} \left(\boldsymbol{I}_{rs} - \frac{1}{s} \boldsymbol{I}_r \otimes \boldsymbol{e}_s \boldsymbol{e}_s^{\mathrm{T}} - \frac{1}{r} \boldsymbol{e}_r \boldsymbol{e}_r^{\mathrm{T}} \otimes \boldsymbol{I}_s + \frac{1}{rs} \boldsymbol{e}\boldsymbol{e}^{\mathrm{T}} \right) \boldsymbol{X}$$

$$= \boldsymbol{X}^{\mathrm{T}} \boldsymbol{M}_3 \boldsymbol{X}$$

容易验证

$$\boldsymbol{M}_i = \boldsymbol{M}_i^{\mathrm{T}}, \quad \boldsymbol{M}_i^2 = \boldsymbol{M}_i \quad (i = 0, 1, 2, 3)$$

$$\boldsymbol{M}_1 \boldsymbol{M}_3 = \boldsymbol{O}, \quad \boldsymbol{M}_2 \boldsymbol{M}_3 = \boldsymbol{O}$$

$$\mathrm{tr}(\boldsymbol{M}_1) = r - 1, \quad \mathrm{tr}(\boldsymbol{M}_2) = s - 1, \quad \mathrm{tr}(\boldsymbol{M}_3) = (r-1)(s-1)$$

即 $\boldsymbol{M}_i (i = 0, 1, 2, 3)$ 是幂等矩阵且对称. 这里的 $\otimes$ 表示矩阵直积(Kronecker 积)运算,例如 $\boldsymbol{A}_{m\times n} \otimes \boldsymbol{B}_{l\times s}$ 表示用矩阵 $\boldsymbol{A}$ 的每个元素与矩阵 $\boldsymbol{B}$ 的每个元素相乘形成一

个 $ml \times sn$ 的矩阵,例如 $\begin{bmatrix} b_{11} \\ b_{21} \end{bmatrix} \otimes \begin{bmatrix} a_{11}, a_{12} \\ a_{21}, a_{22} \end{bmatrix} = \begin{bmatrix} b_{11} a_{11} & b_{11} a_{12} \\ b_{11} a_{21} & b_{11} a_{22} \\ b_{21} a_{11} & b_{21} a_{12} \\ b_{21} a_{21} & b_{21} a_{22} \end{bmatrix}$.

定理 8.3 SST, SSA, SSB 和 SSE 满足关系式 $SST = SSA + SSB + SSE$.

证明 由上面式(8.7)至式(8.10)容易验证 $SST = SSA + SSB + SSE$ 成立.

现在我们计算 SSA, SSB 和 SSE 的均值. 首先给出结果,当假设

$$H_{01}: \alpha_1 = \alpha_2 = \cdots = \alpha_r = 0, \quad H_{02}: \beta_1 = \beta_2 = \cdots = \beta_s = 0$$

成立时有

$$E(SSA) = (r-1)\sigma^2 + s \sum_{i=1}^{r} \alpha_i^2$$

$$E(SSB) = (s-1)\sigma^2 + r\sum_{j=1}^{s}\beta_j^2$$

$$E(SSE) = (r-1)(s-1)\sigma^2$$

由以上结果可知,$E(SSA)$不仅和σ有关,还和因素 A 的效应$\alpha_i(1\leqslant i\leqslant r)$有关.当原假设 $H_{01}:\alpha_1 = \alpha_2 = \cdots = \alpha_r = 0$ 成立时,$E(SSA) = (r-1)\sigma^2$,$E(SSA)$的值较小,因此 SSA 相对取较小的值.当原假设不成立时,$E(SSA)$的值较大,因此 SSA 相对取较大的值.所以,SSA 可以用来检验因素 A 是否对指标有影响的检验量.同样,$E(SSB)$不仅和σ有关,还和因素 B 的效应$\beta_j(1\leqslant j\leqslant s)$有关.如果假设 $H_{02}:$ $\beta_1 = \beta_2 = \cdots = \beta_s = 0$ 成立,那么 $E(SSB) = (s-1)\sigma^2$,$E(SSB)$较小,SSB 的取值相对也较小,如果假设不成立,则 $E(SSB)$较大,SSB 的取值相对也较大.因此,SSB 可以用来检验因素 B 是否对指标有影响的检验量.另外 $E(SSE)$只与σ有关,所以 SSE 反映的是抽样的随机偏差,所以 SSE 大小与假设H_{01}和H_{02}是否成立无关.

现在我们就具体推导这几个公式.如果假设

$$H_{01}:\alpha_1 = \alpha_2 = \cdots = \alpha_r = 0, \quad H_{02}:\beta_1 = \beta_2 = \cdots = \beta_s = 0$$

成立,那么

$$\overline{X} \sim N(\mu, \sigma^2/rs), \quad \overline{X_{i\cdot}} \sim N(\mu_{i\cdot}, \sigma^2/s), \quad \overline{X_{\cdot j}} \sim N(\mu_{\cdot j}, \sigma^2/r)$$

所以

$$E[(\overline{X})^2] = D(\overline{X}) + [E(\overline{X})]^2 = \sigma^2/rs + \mu^2$$

$$E[(\overline{X_{i\cdot}})^2] = D(\overline{X_{i\cdot}}) + [E(\overline{X_{i\cdot}})]^2 = \sigma^2/s + \mu_{i\cdot}^2$$

$$E[(\overline{X_{\cdot j}})^2] = D(\overline{X_{\cdot j}}) + [E(\overline{X_{\cdot j}})]^2 = \sigma^2/r + \mu_{\cdot j}^2$$

于是

$$E(SSA) = s\sum_{i=1}^{r} E[(\overline{X_{i\cdot}})^2] - rsE[(\overline{X})^2]$$

$$= s\sum_{i=1}^{r}(\sigma^2/s + \mu_{i\cdot}^2) - rs(\sigma^2/rs + \mu^2)$$

$$= (r-1)\sigma^2 + s\sum_{i=1}^{r}(\mu_{i\cdot} - \mu)^2$$

用同样方法可以得到 $E(SSB)$和$E(SSE)$的公式.

至此,我们可以考虑假设 H_{01} 和 H_{02} 的检验方法.构造检验量

$$F_A = \frac{SSA/(r-1)}{SSE/[(r-1)(s-1)]}, \quad F_B = \frac{SSB/(s-1)}{SSE/[(r-1)(s-1)]}$$

由上面的分析可知,当 H_{01} 成立时,F_A 的取值相对较小;当 H_{01} 不成立时,F_A 的取值相对较大.同样,当 H_{02} 成立时,F_B 的取值相对较小;当 H_{02} 不成立时,F_B 的取值相对较大.

关于 F_A 和 F_B 的分布,有以下定理:

定理 8.4 当假设 $H_{01}:\alpha_1 = \alpha_2 = \cdots = \alpha_r = 0$ 成立时

$$\frac{SSA}{\sigma^2} \sim \chi^2(r-1), \quad \frac{SSE}{\sigma^2} \sim \chi^2[(r-1)(s-1)]$$

且 SSA 和 SSE 相互独立,从而有

$$F_A \sim F[r-1,(r-1)(s-1)] \tag{8.11}$$

当假设 $H_{02}:\beta_1 = \beta_2 = \cdots = \beta_s = 0$ 成立时

$$\frac{SSB}{\sigma^2} \sim \chi^2(s-1), \quad \frac{SSE}{\sigma^2} \sim \chi^2[(r-1)(s-1)]$$

且 SSB 和 SSE 相互独立,从而有

$$F_B \sim F[s-1,(r-1)(s-1)] \tag{8.12}$$

***证明** 当 $H_{01}:\alpha_1 = \alpha_2 = \cdots = \alpha_r = 0$ 成立时有 $X_{ij} = \mu + \beta_j + \varepsilon_{ij} = \mu_j + \varepsilon_{ij}$,其中 $\mu_j = \mu + \beta_j (j = 1,2,\cdots,s)$. 利用 M_1 满足 $M_1 = M_1^2$ 和 $M_1 = M_1^T$ 得到

$$X^T M_1 X = X^{*T} M_1 M_1 X^* = X^{*T} M_1 X^*$$

其中 $X^{*T} = (X_1^T - \mu^T, X_2^T - \mu^T, \cdots, X_r^T - \mu^T)$, $\mu^T = (\mu_1,\mu_2,\cdots,\mu_s)$. 此时有 $X_i - \mu \sim N(O,\sigma^2 I_s)(i = 1,2,\cdots,r)$,从而有 $X^* \sim N(O,\sigma^2 I_{rs})$. 因此根据引理 5.1 有

$$\frac{SSA}{\sigma^2} = \frac{X^T M_1 X}{\sigma^2} = \frac{X^{*T} M_1 X^*}{\sigma^2} \sim \chi^2(r-1)$$

类似地有

$$X^T M_3 X = X^{*T} M_3 M_3 X^* = X^{*T} M_3 X^*$$

根据引理 5.1 有

$$\frac{SSE}{\sigma^2} = \frac{X^T M_3 X}{\sigma^2} = \frac{X^{*T} M_3 X^*}{\sigma^2} \sim \chi^2[(r-1)(s-1)]$$

而且我们已经得到了结论 $M_1 M_3 = O$,从而根据引理 5.2 得到 SSA 和 SSE 相互独立,从而根据 F 分布的定义有

$$F_A \sim F[r-1,(r-1)(s-1)]$$

当 $H_{02}:\beta_1 = \beta_2 = \cdots = \beta_s = 0$ 成立时有 $X_{ij} = \mu + \alpha_i + \varepsilon_{ij} = \mu_i + \varepsilon_{ij}$,其中 $\mu_i = \mu + \alpha_i (i = 1,2,\cdots,r)$. 利用 M_2 满足 $M_2 = M_2^2$ 和 $M_2 = M_2^T$ 得到

$$X^T M_2 X = X^{\cdot T} M_2 M_2 X^\cdot = X^{\cdot T} M_2 X^\cdot$$

其中 $X^{\cdot T} = (X_1^T - e_s^T \mu_1, X_2^T - e_s^T \mu_2, \cdots, X_r^T - e_s^T \mu_r)$, $X_i - e_s \mu_i \sim N(O,\sigma^2 I_s)(i = 1,2,\cdots,r)$,从而有 $X^\cdot \sim N(O,\sigma^2 I_{rs})$. 因此根据引理 5.1 有

$$\frac{SSB}{\sigma^2} = \frac{X^T M_2 X}{\sigma^2} = \frac{X^{\cdot T} M_2 X^\cdot}{\sigma^2} \sim \chi^2(s-1)$$

类似地有

$$X^{\mathrm{T}} M_3 X = X^{\cdot \mathrm{T}} M_3 M_3 X^{\cdot} = X^{\cdot \mathrm{T}} M_3 X^{\cdot}$$

根据引理 5.1 有

$$\frac{SSE}{\sigma^2} = \frac{X^{\mathrm{T}} M_3 X}{\sigma^2} = \frac{X^{\cdot \mathrm{T}} M_3 X^{\cdot}}{\sigma^2} \sim \chi^2[(r-1)(s-1)]$$

而且我们已经得到了结论 $M_2 M_3 = O$, 从而根据引理 5.2 得到 SSB 和 SSE 相互独立, 从而根据 F 分布的定义有

$$F_B \sim F[s-1, (r-1)(s-1)]$$

于是我们得到了无交互作用的双因素方差分析的具体步骤如下:

(1) 根据所得的样本观测值 x_{ij} 计算 SSA, SSB 和 SSE 的值;

(2) 计算检验量的值

$$F_A = \frac{SSA/(r-1)}{SSE/[(r-1)(s-1)]}, \quad F_B = \frac{SSB/(s-1)}{SSE/[(r-1)(s-1)]}$$

(3) 给定检验显著性水平 α, 查附表 5 得到分位数

$$F_\alpha[r-1, (r-1)(s-1)], \quad F_\alpha[s-1, (r-1)(s-1)]$$

则在 H_{01} 和 H_{02} 各自成立时

$$P\{F_A \geqslant F_\alpha[r-1, (r-1)(s-1)]\} = \alpha$$
$$P\{F_B \geqslant F_\alpha[s-1, (r-1)(s-1)]\} = \alpha$$

所以, 事件 $\{F_A \geqslant F_\alpha[r-1, (r-1)(s-1)]\}$, $\{F_B \geqslant F_\alpha[s-1, (r-1)(s-1)]\}$ 分别为小概率事件;

(4) 给出检验结论, 如果 $F_A \geqslant F_\alpha[r-1, (r-1)(s-1)]$, 小概率事件发生, 则否定原假设 H_{01}, 认为因素 A 对指标有影响, 否则接受原假设 H_{01}, 认为因素 A 对指标无影响. 如果 $F_B \geqslant F_\alpha[s-1, (r-1)(s-1)]$, 小概率事件发生, 就否定原假设 H_{02}, 认为因素 B 对指标有影响, 否则接受原假设 H_{02}, 认为因素 B 对指标无影响.

【例 8.4】 现有 4 个品牌的彩色电视机(设为因素 A), 准备在 5 个地区(设为因素 B)销售, 为分析彩色电视机的品牌和销售地区对销售量(设为指标 X)的影响, 对每个品牌在各地区进行试销, 得到表 8.7 的数据, 试分析品牌因素和地区因素对彩色电视机的销售量是否有显著影响, 设 $\alpha = 0.05$.

表 8.7　不同品牌的彩色电视机在 5 个地区的销售量数据

	地区 1	地区 2	地区 3	地区 4	地区 5
品牌 1	365	350	343	340	323
品牌 2	345	368	363	330	333
品牌 3	358	323	353	343	308
品牌 4	288	280	298	260	298

解 对于表中的数据,根据式各个离差公式得到计算结果如下:
$$SSA = 13\,004.55, \quad SSB = 2\,011.7, \quad SSE = 2\,872.1$$
结合自由度,可以计算各部分均方差以及因素 A 和因素 B 对应的检验量,结果如表 8.8 所示.

表 8.8 彩色电视机销售量的双因素方差分析表

方差来源	离差平方和	自由度	均方差	F 值	5%显著性水平下的 F 临界值和检验概率值(p)
因素 A	13 004.55	3	4 334.85	18.11	$F(3,12) = 3.49, p = 0.000$
因素 B	2 011.7	4	502.925	2.10	$F(4,12) = 3.26, p = 0.143\,7$
随机误差	2 872.7	12	239.391 7		
总和	17 888.95	19			

很显然,检验量 F_A 落入拒绝域,检验的概率值 p 小于显著性水平 0.05. 因此拒绝 H_{0A},表明彩色电视机品牌因素对销售量有显著影响. 同样的分析知道,地区因素对彩色电视机的销售量没有显著影响.

接下来使用最小显著差数方法对彩电品牌因素进行区分有

$$LSD_A = \sqrt{2 \times MSE / n_A^*} \times t_{0.05/2}(12) = \sqrt{2 \times 239.391\,7/5} \times 2.178\,8 = 21.321$$

n_A^* 表示每个品牌因数下的试验次数,这里为 5. 根据彩色电视机的品牌因素的最小显著差数为 21.321 知道,品牌 1 至品牌 4 的平均销售量分别为 344.2,347.8,337 和 284.8. 显然品牌 1、品牌 2 和品牌 3 的平均销售量都显著高于品牌 4 的平均销售量,但这三个品牌之间的差异并不显著.

8.2.3 有交互作用方差分析模型的建立

在双因素方差分析中常常会发现这样的情况,指标不仅受两个因素的影响,还受两个因素的不同水平搭配的影响. 例如表 8.9 列出了一个具体的例子:某企业准备上市一种新型香水,但需要进行市场调研,经验表明,除了香水的香味影响销售额以外,香水的包装和广告策略对销售额的增长也会有影响,为此对香水采用三种不同的广告策略和三种不同的包装方式进行测试. 表 8.9 中的指标为销售额的增长百分量. 因素 A 为广告方式,有三个水平,分别为采用广播、电视和人工宣传方式. 因素 B 为包装方式,也有三个水平,分别为高雅型、激情型和流行型. 由表 8.9 可知,人工广告方式和激情包装方式的搭配销售量增长总体上最高,电视广告方式和流行包装方式的搭配销售量增长总体上最低. 这种因素水平的不同搭配对指标的影响被称为因素的交互作用. 因此我们有必要研究如何利用方差分析来检验两个因素之间是否存在交互作用.

表 8.9 某品牌香水的销售额增长数据

		因素 B					
		高雅型		激情型		流行型	
因素 A	广播	2.80%	2.73%	2.04%	1.33%	1.58%	1.26%
	电视	3.29%	2.68%	1.50%	1.40%	1.00%	1.82%
	人工	2.54%	2.59%	3.15%	2.88%	1.92%	1.33%

用方差分析来检验是否存在交互作用,对每一个搭配要做多次试验,所以数据表的形式如表 8.10 所示.

表 8.10 有交互作用的双因素方差分析数据结构表

		因素 B											
		B_1				B_2				$\cdots$	B_s		
因素 A	A_1	x_{111}	x_{112}	$\cdots$	x_{11n}	x_{121}	x_{122}	$\cdots$	x_{12n}	$\cdots$	x_{1s1}	x_{1s2}	$\cdots$	x_{1sn}
	A_2	x_{211}	x_{212}	$\cdots$	x_{21n}	x_{221}	x_{222}	$\cdots$	x_{22n}	$\cdots$	x_{2s1}	x_{2s2}	$\cdots$	x_{2sn}
	$\vdots$	$\vdots$	$\vdots$		$\vdots$	$\vdots$	$\vdots$		$\vdots$		$\vdots$	$\vdots$		$\vdots$
	A_r	x_{r11}	x_{r12}	$\cdots$	x_{r1n}	x_{r21}	x_{r22}		x_{r2n}	$\cdots$	x_{rs1}	x_{rs2}	$\cdots$	x_{rsn}

设因素 A 有 r 个水平为 $A_i(1\leqslant i\leqslant r)$,因素 B 有 s 个水平为 $B_j(1\leqslant j\leqslant s)$,对每一个搭配 (A_i,B_j) 做 n 次重复试验,得样本 $X_{ijk}(1\leqslant i\leqslant r;1\leqslant j\leqslant s;1\leqslant k\leqslant n)$. 假设在每个搭配 (A_i,B_j) 下所得的指标服从正态分布 $N(\mu_{ij},\sigma^2)$,则 $X_{ijk}\sim N(\mu_{ij},\sigma^2)(1\leqslant k\leqslant n)$. 和无交互作用的双因素方差分析一样,我们引入以下的量:

$$\mu = \frac{1}{rs}\sum_{j=1}^{s}\sum_{i=1}^{r}\mu_{ij},\quad \mu_{i.}=\frac{1}{s}\sum_{j=1}^{s}\mu_{ij},\quad \mu_{.j}=\frac{1}{r}\sum_{i=1}^{r}\mu_{ij}$$

$$\alpha_i = \mu_{i.}-\mu,\quad \beta_j = \mu_{.j}-\mu \quad (1\leqslant i\leqslant r;1\leqslant j\leqslant s)$$

进一步我们把 μ_{ij} 表示成以下形式:

$$\mu_{ij} = \mu + (\mu_{i.}-\mu) + (\mu_{.j}-\mu) + (\mu_{ij}-\mu_{i.}-\mu_{.j}+\mu)$$
$$= \mu + \alpha_i + \beta_j + \delta_{ij}$$

这里

$$\delta_{ij} = \mu_{ij}-\mu_{i.}-\mu_{.j}+\mu = (\mu_{ij}-\mu)-\alpha_i-\beta_j$$

对 δ_{ij} 我们可以这样直观地来理解,从 $\mu_{ij}-\mu$ 中减去因素 A_i 的效应 α_i 和因素 B_j 的效应 β_j,如果 δ_{ij} 不为 0,那么它就是 A_i 与 B_j 的交互作用引起的. 因此,要检验 A 与 B 是否有交互作用,就等价于检验原假设 $\delta_{ij}=0(1\leqslant i\leqslant r;1\leqslant j\leqslant s)$. 如果原假

设不成立,说明有交互作用.如果原假设成立,则说明没有交互作用.δ_{ij} 实际上还

有 $\sum\limits_{j=1}^{s} \delta_{ij} = 0$ 和 $\sum\limits_{i=1}^{r} \delta_{ij} = 0$ 成立.

在上述定义下有 $X_{ijk} = \mu + \alpha_i + \beta_j + \varepsilon_{ijk}$,其中 $\varepsilon_{ijk} \sim N(0, \sigma^2)$ 且相互独立.至此我们得到了有交互作用的方差分析的原假设分别为

$$H_{01}: \alpha_1 = \alpha_2 = \cdots = \alpha_r = 0, \quad H_{02}: \beta_1 = \beta_2 = \cdots = \beta_s = 0$$

$$H_{03}: \delta_{ij} = 0 \quad (1 \leqslant i \leqslant r; 1 \leqslant j \leqslant s)$$

8.2.4 有交互作用的检验方法

和无交互作用的方差分析一样,我们定义以下统计量:

$$\overline{X} = \frac{1}{rsn} \sum_{i=1}^{r} \sum_{j=1}^{s} \sum_{k=1}^{n} X_{ijk}, \quad \overline{X_{ij\cdot}} = \frac{1}{n} \sum_{k=1}^{n} X_{ijk} \quad (1 \leqslant i \leqslant r; 1 \leqslant j \leqslant s)$$

$$\overline{X_{i\cdot\cdot}} = \frac{1}{sn} \sum_{j=1}^{s} \sum_{k=1}^{n} X_{ijk} \quad (1 \leqslant i \leqslant r), \quad \overline{X_{\cdot j\cdot}} = \frac{1}{rn} \sum_{i=1}^{r} \sum_{k=1}^{n} X_{ijk} \quad (1 \leqslant j \leqslant s)$$

$$SST = \sum_{i=1}^{r} \sum_{j=1}^{s} \sum_{k=1}^{n} (X_{ijk} - \overline{X})^2, \quad SSA = \sum_{i=1}^{r} \sum_{j=1}^{s} \sum_{k=1}^{n} (\overline{X_{i\cdot\cdot}} - \overline{X})^2$$

$$SSB = \sum_{i=1}^{r} \sum_{j=1}^{s} \sum_{k=1}^{n} (\overline{X_{\cdot j\cdot}} - \overline{X})^2, \quad SSE = \sum_{i=1}^{r} \sum_{j=1}^{s} \sum_{k=1}^{n} (X_{ijk} - \overline{X_{ij\cdot}})^2$$

$$SS_{A \times B} = \sum_{i=1}^{r} \sum_{j=1}^{s} \sum_{k=1}^{n} (\overline{X_{ij\cdot}} - \overline{X_{i\cdot\cdot}} - \overline{X_{\cdot j\cdot}} + \overline{X})^2$$

其中 $SS_{A \times B}$ 被称为交互作用偏差平方和,其他统计量的意义和无交互作用的方差分析相同.下面给出以上统计量的便捷计算公式:

$$SST = \sum_{i=1}^{r} \sum_{j=1}^{s} \sum_{k=1}^{n} (X_{ijk})^2 - rsn(\overline{X})^2 \tag{8.13}$$

$$SSA = sn \sum_{i=1}^{r} (\overline{X_{i\cdot\cdot}} - \overline{X})^2 = sn \sum_{i=1}^{r} (\overline{X_{i\cdot\cdot}})^2 - rsn(\overline{X})^2 \tag{8.14}$$

$$SSB = rn \sum_{j=1}^{s} (\overline{X_{\cdot j\cdot}} - \overline{X})^2 = rn \sum_{j=1}^{s} (\overline{X_{\cdot j\cdot}})^2 - rsn(\overline{X})^2 \tag{8.15}$$

$$SS_{A \times B} = n \sum_{i=1}^{r} \sum_{j=1}^{s} (\overline{X_{ij\cdot}} - \overline{X_{i\cdot\cdot}} - \overline{X_{\cdot j\cdot}} + \overline{X})^2$$

$$= n \sum_{i=1}^{r} \sum_{j=1}^{s} (\overline{X_{ij\cdot}})^2 - sn \sum_{i=1}^{r} (\overline{X_{i\cdot\cdot}})^2 - rn \sum_{j=1}^{s} (\overline{X_{\cdot j\cdot}})^2 + rsn(\overline{X})^2$$

$$\tag{8.16}$$

$$SSE = \sum_{i=1}^{r} \sum_{j=1}^{s} \sum_{k=1}^{n} X_{ijk}^2 - n \sum_{i=1}^{r} \sum_{j=1}^{s} (\overline{X_{ij.}})^2 \qquad (8.17)$$

由这几个公式即可得平方和分解公式,即下面的定理:

定理 8.5 对 $SST, SSA, SSB, SS_{A \times B}$ 和 SSE 下面公式成立:

$$SST = SSA + SSB + SS_{A \times B} + SSE$$

证明 综合式(8.13)至式(8.17)即得这个分解公式.

利用以上各公式,还可以求得 $SST, SSA, SSB, SS_{A \times B}$ 和 SSE 的期望如下:

$$E(SSA) = (r-1)\sigma^2 + sn \sum_{i=1}^{r} \alpha_i^2$$

$$E(SSB) = (s-1)\sigma^2 + rn \sum_{j=1}^{s} \beta_j^2$$

$$E(SS_{A \times B}) = (r-1)(s-1)\sigma^2 + n \sum_{i=1}^{r} \sum_{j=1}^{s} \delta_{ij}^2$$

$$E(SSE) = rs(n-1)\sigma^2$$

从 $E(SS_{A \times B})$ 的表达式可以看出,当因素 A 和因素 B 无交互作用时,$SS_{A \times B}$ 取值总体上偏小;当因素 A 和因素 B 有交互作用时,$SS_{A \times B}$ 取值总体上偏大,所以 $SS_{A \times B}$ 可用来检验假设 $H_{03}: \delta_{ij} = 0 (1 \leqslant i \leqslant r; 1 \leqslant j \leqslant s)$.

采用与无交互作用的方差分析类似的方法可以得到如下定理:

定理 8.6 当假设 $H_{01}: \alpha_1 = \alpha_2 = \cdots = \alpha_r = 0$ 成立时有

$$SSA/\sigma^2 \sim \chi^2(r-1), \quad SSE/\sigma^2 \sim \chi^2[rs(n-1)]$$

且 SSA 和 SSE 相互独立并有

$$F_A = \frac{SSA/(r-1)}{SSE/[rs(n-1)]} \sim F[r-1, rs(n-1)] \qquad (8.18)$$

当假设 $H_{02}: \beta_1 = \beta_2 = \cdots = \beta_s = 0$ 成立时有

$$SSB/\sigma^2 \sim \chi^2(s-1), \quad SSE/\sigma^2 \sim \chi^2[rs(n-1)]$$

且 SSB 和 SSE 相互独立并有

$$F_B = \frac{SSB/(s-1)}{SSE/[rs(n-1)]} \sim F[s-1, rs(n-1)] \qquad (8.19)$$

当假设 $H_{03}: \delta_{ij} = 0 (1 \leqslant i \leqslant r; 1 \leqslant j \leqslant s)$ 成立时有

$$SS_{A \times B}/\sigma^2 \sim \chi^2[(r-1)(s-1)], \quad SSE/\sigma^2 \sim \chi^2[rs(n-1)]$$

且 $SS_{A \times B}$ 和 SSE 相互独立并有

$$F_{A \times B} = \frac{SS_{A \times B}/[(r-1)(s-1)]}{SSE/[rs(r-1)]} \sim F[(r-1)(s-1), rs(n-1)] \qquad (8.20)$$

***证明** 首先引入如下记号:

$$X = (X_1^T, X_2^T, \cdots, X_r^T)_{1 \times nrs}$$

$$\boldsymbol{X}_i^{\mathrm{T}} = (X_{i11}, X_{i12}, \cdots, X_{i1n}, \cdots, X_{is1}, X_{is2}, \cdots, X_{isn})_{1 \times sn} \quad (i = 1, 2, \cdots, r)$$

$$\boldsymbol{e}_r^{\mathrm{T}} = (1, 1, \cdots, 1)_{1 \times r}, \quad \boldsymbol{e}_n^{\mathrm{T}} = (1, 1, \cdots, 1)_{1 \times n}$$

$$\boldsymbol{e}_{sn}^{\mathrm{T}} = (1, 1, \cdots, 1)_{1 \times sn}, \quad \boldsymbol{e}^{\mathrm{T}} = (1, 1, \cdots, 1)_{1 \times nrs}$$

利用上述向量可以得到

$$SST = \sum_{i=1}^{r} \sum_{j=1}^{s} \sum_{k=1}^{n} (X_{ijk} - \bar{X})^2 = \boldsymbol{X}^{\mathrm{T}} \boldsymbol{M}_0 \boldsymbol{X}, \quad \boldsymbol{M}_0 = \boldsymbol{I}_{nrs} - \frac{1}{nrs} \boldsymbol{e} \boldsymbol{e}^{\mathrm{T}}$$

$$SSA = \sum_{i=1}^{r} \sum_{j=1}^{s} \sum_{k=1}^{n} (\overline{X_{i..}} - \bar{X})^2 = \boldsymbol{X}^{\mathrm{T}} \boldsymbol{M}_1 \boldsymbol{X}, \quad \boldsymbol{M}_1 = \frac{1}{sn} \boldsymbol{I}_r \otimes (\boldsymbol{e}_{sn} \boldsymbol{e}_{sn}^{\mathrm{T}}) - \frac{1}{nrs} \boldsymbol{e} \boldsymbol{e}^{\mathrm{T}}$$

$$SSB = \sum_{i=1}^{r} \sum_{j=1}^{s} \sum_{k=1}^{n} (\overline{X_{.j.}} - \bar{X})^2 = \boldsymbol{X}^{\mathrm{T}} \boldsymbol{M}_2 \boldsymbol{X}$$

$$\boldsymbol{M}_2 = \frac{1}{rn} (\boldsymbol{e}_r \boldsymbol{e}_r^{\mathrm{T}}) \otimes \boldsymbol{I}_s \otimes (\boldsymbol{e}_n \boldsymbol{e}_n^{\mathrm{T}}) - \frac{1}{nrs} \boldsymbol{e} \boldsymbol{e}^{\mathrm{T}}$$

$$SSE = \sum_{i=1}^{r} \sum_{j=1}^{s} \sum_{k=1}^{n} (X_{ijk} - \overline{X_{ij.}})^2 = \boldsymbol{X}^{\mathrm{T}} \boldsymbol{M}_3 \boldsymbol{X}, \quad \boldsymbol{M}_3 = \boldsymbol{I}_{nrs} - \frac{1}{n} \boldsymbol{I}_{rs} \otimes \boldsymbol{e}_n \boldsymbol{e}_n^{\mathrm{T}}$$

$$SS_{A \times B} = \sum_{i=1}^{r} \sum_{j=1}^{s} \sum_{k=1}^{n} (\overline{X_{ij.}} + \bar{X} - \overline{X_{i..}} - \overline{X_{.j.}})^2 = \boldsymbol{X}^{\mathrm{T}} \boldsymbol{M}_4 \boldsymbol{X}$$

$$\boldsymbol{M}_4 = \boldsymbol{M}_0 - \boldsymbol{M}_1 - \boldsymbol{M}_2 - \boldsymbol{M}_3$$

其中有

$$\boldsymbol{M}_i = \boldsymbol{M}_i^{\mathrm{T}}, \quad \boldsymbol{M}_i = \boldsymbol{M}_i^2 \quad (i = 0, 1, 2, 3, 4)$$

$$\boldsymbol{M}_1 \boldsymbol{M}_3 = \boldsymbol{M}_2 \boldsymbol{M}_3 = \boldsymbol{M}_4 \boldsymbol{M}_3 = \boldsymbol{O}$$

$$\mathrm{tr}(\boldsymbol{M}_1) = r - 1, \quad \mathrm{tr}(\boldsymbol{M}_2) = s - 1$$

$$\mathrm{tr}(\boldsymbol{M}_3) = rs(n - 1), \quad \mathrm{tr}(\boldsymbol{M}_4) = (r - 1)(s - 1)$$

即 $\boldsymbol{M}_i (i = 0, 1, 2, 3, 4)$ 都是对称幂等矩阵.

当 $H_{01} : \alpha_1 = \alpha_2 = \cdots = \alpha_r = 0$ 成立时有 $\mu_{ij} = \mu + \beta_j + \delta_{ij}$, 利用结论 $\sum_{j=1}^{s} \delta_{ij} = 0$ 得到

$$\boldsymbol{X}^{\mathrm{T}} \boldsymbol{M}_1 \boldsymbol{X} = (\boldsymbol{X} - \boldsymbol{v})^{\mathrm{T}} \boldsymbol{M}_1 \boldsymbol{M}_1 (\boldsymbol{X} - \boldsymbol{v}) = (\boldsymbol{X} - \boldsymbol{v})^{\mathrm{T}} \boldsymbol{M}_1 (\boldsymbol{X} - \boldsymbol{v})$$

$$\boldsymbol{X}^{\mathrm{T}} \boldsymbol{M}_3 \boldsymbol{X} = (\boldsymbol{X} - \boldsymbol{v})^{\mathrm{T}} \boldsymbol{M}_3 \boldsymbol{M}_3 (\boldsymbol{X} - \boldsymbol{v}) = (\boldsymbol{X} - \boldsymbol{v})^{\mathrm{T}} \boldsymbol{M}_3 (\boldsymbol{X} - \boldsymbol{v})$$

其中

$$\boldsymbol{v}^{\mathrm{T}} = (\mu_{11} \boldsymbol{e}_n^{\mathrm{T}}, \mu_{12} \boldsymbol{e}_n^{\mathrm{T}}, \cdots, \mu_{1s} \boldsymbol{e}_n^{\mathrm{T}}, \cdots, \mu_{r1} \boldsymbol{e}_n^{\mathrm{T}}, \mu_{r2} \boldsymbol{e}_n^{\mathrm{T}}, \cdots, \mu_{rs} \boldsymbol{e}_n^{\mathrm{T}})$$

从而 $\boldsymbol{X} - \boldsymbol{v} \sim N(\boldsymbol{O}, \sigma^2 \boldsymbol{I}_{rsn})$, 根据引理 5.1 得到

$$\frac{\boldsymbol{X}^{\mathrm{T}} \boldsymbol{M}_1 \boldsymbol{X}}{\sigma^2} \sim \chi^2(r - 1), \quad \frac{\boldsymbol{X}^{\mathrm{T}} \boldsymbol{M}_3 \boldsymbol{X}}{\sigma^2} \sim \chi^2[rs(n - 1)]$$

由于 $\boldsymbol{M}_1 \boldsymbol{M}_3 = \boldsymbol{O}$, 从而根据引理 5.2 得到 $\boldsymbol{X}^{\mathrm{T}} \boldsymbol{M}_1 \boldsymbol{X}$ 与 $\boldsymbol{X}^{\mathrm{T}} \boldsymbol{M}_3 \boldsymbol{X}$ 相互独立, 再根据 F 分布定义有

$$F_A = \frac{SSA/(r-1)}{SSE/[rs(n-1)]} \sim F[r-1, rs(n-1)]$$

当 $H_{02}: \beta_1 = \beta_2 = \cdots = \beta_s = 0$ 成立时有 $\mu_{ij} = \mu + \beta_j + \delta_{ij}$，利用 $\sum\limits_{i=1}^{r} \delta_{ij} = 0$ 得到

$$X^{\mathrm{T}} M_2 X = (X - v^*)^{\mathrm{T}} M_2 M_2 (X - v^*) = (X - v^*)^{\mathrm{T}} M_2 (X - v^*)$$

$$X^{\mathrm{T}} M_3 X = (X - v^*)^{\mathrm{T}} M_3 M_3 (X - v^*) = (X - v^*)^{\mathrm{T}} M_3 (X - v^*)$$

其中 $v^{*\mathrm{T}} = (\mu_{11} e_n^{\mathrm{T}}, \mu_{12} e_n^{\mathrm{T}}, \cdots, \mu_{1s} e_n^{\mathrm{T}}, \cdots, \mu_{r1} e_n^{\mathrm{T}}, \mu_{r2} e_n^{\mathrm{T}}, \cdots, \mu_{rs} e_n^{\mathrm{T}})$，从而，$X - v^* \sim N(O, \sigma^2 I_{rsn})$，根据引理 5.1 得到

$$\frac{X^{\mathrm{T}} M_2 X}{\sigma^2} \sim \chi^2(s-1), \quad \frac{X^{\mathrm{T}} M_3 X}{\sigma^2} \sim \chi^2[rs(n-1)]$$

由于 $M_2 M_3 = O$，从而根据引理 5.2 得到 $X^{\mathrm{T}} M_2 X$ 与 $X^{\mathrm{T}} M_3 X$ 相互独立，再根据 F 分布定义有

$$F_B = \frac{SSB/(s-1)}{SSE/[rs(n-1)]} \sim F[s-1, rs(n-1)]$$

当 $H_{03}: \delta_{ij} = 0 (1 \leqslant i \leqslant r; 1 \leqslant j \leqslant s)$ 成立时有 $\mu_{ij} = \mu + \alpha_i + \beta_j$，从而有

$$X^{\mathrm{T}} M_3 X = (X - v^{\cdot})^{\mathrm{T}} M_3 M_3 (X - v^{\cdot}) = (X - v^{\cdot})^{\mathrm{T}} M_3 (X - v^{\cdot})$$

$$X^{\mathrm{T}} M_4 X = (X - v^{\cdot})^{\mathrm{T}} M_4 M_4 (X - v^{\cdot}) = (X - v^{\cdot})^{\mathrm{T}} M_4 (X - v^{\cdot})$$

其中

$$v^{\cdot \mathrm{T}} = (\mu_{11} e_n^{\mathrm{T}}, \mu_{12} e_n^{\mathrm{T}}, \cdots, \mu_{1s} e_n^{\mathrm{T}}, \cdots, \mu_{r1} e_n^{\mathrm{T}}, \mu_{r2} e_n^{\mathrm{T}}, \cdots, \mu_{rs} e_n^{\mathrm{T}})$$

从而 $X - v^{\cdot} \sim N(O, \sigma^2 I_{rsn})$，根据引理 5.1 得到

$$\frac{X^{\mathrm{T}} M_4 X}{\sigma^2} \sim \chi^2[(s-1)(r-1)], \quad \frac{X^{\mathrm{T}} M_3 X}{\sigma^2} \sim \chi^2[rs(n-1)]$$

由于 $M_4 M_3 = O$，从而根据引理 5.2 得到 $X^{\mathrm{T}} M_4 X$ 与 $X^{\mathrm{T}} M_3 X$ 相互独立，再根据 F 分布定义有

$$F_{A \times B} = \frac{SS_{A \times B}/[(r-1)(s-1)]}{SSE/[rs(r-1)]} \sim F[(r-1)(s-1), rs(n-1)]$$

故定理 8.6 得证.

这样我们就得到了有关交互作用的双因素方差分析的基本原理和具体步骤如下：

(1) 根据所得的样本观测值 x_{ijk} 计算 $SSA, SSB, SS_{A \times B}$ 和 SSE 的值；

(2) 计算如下检验量的值：

$$F_A = \frac{SSA/(r-1)}{SSE/[rs(n-1)]}, \quad F_B = \frac{SSB/(s-1)}{SSE/[rs(n-1)]}$$

$$F_{A \times B} = \frac{SS_{A \times B}/[(r-1)(s-1)]}{SSE/[rs(n-1)]}$$

(3) 给定检验显著性水平 α，查出分位数

$$F_\alpha[r-1, rs(n-1)], \quad F_\alpha[s-1, rs(n-1)]$$
$$F_\alpha[(r-1)(s-1), rs(n-1)]$$

则在 H_{01}, H_{02} 和 H_{03} 各自成立时

$$P\{F_A \geqslant F_\alpha[r-1, rs(n-1)]\} = \alpha, \quad P\{F_B \geqslant F_\alpha[s-1, rs(n-1)]\} = \alpha$$
$$P\{F_{A\times B} \geqslant F_\alpha[(r-1)(s-1), rs(n-1)]\} = \alpha$$

所以事件

$$\{F_A \geqslant F_\alpha[r-1, rs(n-1)]\}, \quad \{F_B \geqslant F_\alpha[s-1, rs(n-1)]\}$$
$$\{F_{A\times B} \geqslant F_\alpha[(r-1)(s-1), rs(n-1)]\}$$

分别为小概率事件.

(4) 做检验,如果 $F_A \geqslant F_\alpha[r-1, rs(n-1)]$,小概率事件发生,则否定原假设 H_{01},认为因素 A 对指标有影响,否则接受原假设 H_{01},认为因素 A 对指标无影响. 如果 $F_B \geqslant F_\alpha[s-1, rs(n-1)]$,小概率事件发生,则否定原假设 H_{02},认为因素 B 对指标有影响,否则接受原假设 H_{02},认为因素 B 对指标无影响. 如果 $F_{A\times B} \geqslant F_\alpha[(r-1)(s-1), rs(n-1)]$,小概率事件发生,则否定原假设 H_{03},认为因素 A 和因素 B 有交互作用,否则接受原假设,认为因素 A 和因素 B 无交互作用.

【例 8.5】 根据表 8.9 中的数据,试分析不同的广告方式、不同的包装方式及它们的搭配是否对香水销售额的增长有影响.

解 根据表 8.9 中的数据,利用各个离差的公式进行计算,将相关结果列在表 8.11 中.

表 8.11 香水销售额增长量的考察交互作用的双因素方差分析表

方差来源	离差 平方和	自由度	均方差	F 值	5%显著性水平下的 F 临界值和 检验概率值(p)
因素 A	0.807 2	2	0.403 6	3.48	$F_{0.05}(2,9) = 4.256\,5, p = 0.075\,9$
因素 B	4.991 1	2	2.495 5	21.51	$F_{0.05}(2,9) = 4.256\,5, p = 0.000\,4$
交互项	2.277 1	4	0.569 3	4.90	$F_{0.05}(4,9) = 3.633\,1, p = 0.022\,5$
随机误差	1.044 7	9	0.116 1	——	——
总和	9.120 1	17	——	——	——

显然在 0.05 的显著性水平下,因素 A 即广告方式对香水销售额增长量的影响不够显著,而因素 B 即香水的包装方式对香水销售额增长量的影响高度显著,不同的广告方式和包装方式的组合也对香水销售额增长量的影响高度显著,即两者之间存在交互作用. 最后我们对不同搭配使用最小显著差数法进行分析,为此先计算最小显著差数有

$$LSD_{A\times B} = \sqrt{2 \times MSE / n^*_{A\times B}} \times t_{0.05/2}(9) = \sqrt{2 \times 0.116\,1/2} \times 2.262\,2 = 0.770\,8$$

这里 $n_{A\times B}^*$ 是每个交互作用下的试验次数,这里取值为 2. 因此,只要因素组合之间的平均水平差异的绝对值超过 0.770 8,则组合差异就显著,我们把上述各个水平组合下平均数按照从大到小进行排序,并计算差值,将结果列在表 8.12 中,表中加黑的数值表示两个组合差异是显著的. 因此,表中的数据显示组合 A_3B_2,A_2B_1,A_1B_1,A_3B_1 是最优组合,且这四个组合之间的差异不显著,其他组合之间的比较与结论也可类似得到.

表 8.12 香水销售额增长量试验的交互项的 *LSD* 分析

A	B	$\overline{x_{ij}}$	$\overline{x_{ij}}-1.41$	$\overline{x_{ij}}-1.42$	$\overline{x_{ij}}-1.45$	$\overline{x_{ij}}-1.625$	$\overline{x_{ij}}-1.685$	$\overline{x_{ij}}-2.565$	$\overline{x_{ij}}-2.765$	$\overline{x_{ij}}-2.985$
A_3	B_2	3.015	**1.605**	**1.595**	**1.565**	**1.39**	**1.33**	0.45	0.25	0.03
A_2	B_1	2.985	**1.575**	**1.565**	**1.535**	**1.36**	**1.3**	0.42	0.22	——
A_1	B_1	2.765	**1.355**	**1.345**	**1.315**	**1.14**	**1.08**	0.2	——	——
A_3	B_1	2.565	**1.155**	**1.145**	**1.115**	0.94	0.88	——	——	——
A_1	B_2	1.685	0.275	0.265	0.235	0.06	——	——	——	——
A_3	B_3	1.625	0.215	0.205	0.175	——	——	——	——	——
A_2	B_2	1.450	0.04	0.03	——	——	——	——	——	——
A_1	B_3	1.420	0.01	——	——	——	——	——	——	——
A_2	B_3	1.410	——	——	——	——	——	——	——	——

习　题　8

选择题

1. 从 A,B,C 三个学校随机抽取 4 名学生,测得语文成绩:A 学校分别为 74,82,70,76;B 学校分别为 88,80,85,83;C 学校分别为 71,73,74,70. 问:三个学校学生的语文成绩是否有显著差异?

2. 从 A,B,C 三个学校分别随机抽取 3,5,4 名学生,测得语文成绩:A 学校分别为 61,70,58;B 学校分别为 69,71,82,64,83;C 学校分别为 74,68,85,76. 问:三个学校学生的语文成绩是否有显著差异?

3. 用四种不同型号的检测仪器对机器零件的光洁表面进行检查,每种仪器分别在同一表面上反复测验四次,得到如下数据:

仪 器 型 号	测 验 结 果			
1	-0.21	-0.06	-0.17	-0.14
2	0.16	0.08	0.03	0.11
3	0.10	-0.07	0.15	-0.02
4	0.12	-0.04	-0.02	0.11

试用这些数据推断仪器型号不同对机器零件表面光洁度测量有无显著影响.

4. 某会计师事务所聘任了 3 名会计人员,每人独立担任 3 家单位的会计记账工作,并且 3 家单位均属于 3 种不同的类型(事业单位、工业企业、商业企业).一年后,事务所对这 3 位员工的记账情况进行检查,得出相关的差错率.检查结果如下所示:

员 工	事 业 单 位	工 业 企 业	商 业 企 业
A	1.3%	2.5%	1.6%
B	3.5%	6.8%	2.8%
C	5.8%	10.2%	4.5%

请问:3 位员工记账的差错率是否存在显著差异? 单位类型对会计记账工作的差错率是否有影响(取显著性水平为 5%)?

5. 为考察纤维弹性测量的误差,现将同一批原料由 4 个厂家(设为因素 A)同时测量.每个厂家各找 1 个检验员(设为因素 B),轮流使用各厂设备,并且每个组合重复进行 3 次测量.试验数据如下所示:

		检 验 员										
		B_1			B_2			B_3			B_4	
	A_1	71	73	75	73	75	74	76	72	73	71	76	73
	A_2	72	73	71	76	71	74	79	77	74	73	72	74
厂家	A_3	75	73	71	78	77	75	74	75	73	70	71	73
	A_4	77	75	73	76	74	72	74	73	71	59	69	71

试检验因素 A 与因素 B 以及两者交互作用的影响是否显著.

第 9 章 MATLAB 在概率论与数理统计中的应用

MATLAB 是一个功能强大的数学软件,它不但可以解决数学中的数值计算问题,还可以解决符号演算问题,并且能够方便地绘出各种函数图形.它具有简单、易学、界面友好和使用方便等特点,只要有一定的数学知识并了解计算机的基本操作方法,就能学习和使用 MATLAB.通过利用 MATLAB 提供的各种数学工具,可以方便地解决很多的数学问题,可以避免做烦琐的数学推导和计算.因此,掌握 MATLAB 在数学中的应用具有重要意义,本章主要结合本书介绍 MATLAB 7.0 在概率论与数理统计中的应用.

9.1 MATLAB 的基础知识

9.1.1 MATLAB 的变量与表达式

1. MATLAB 的变量

计算机是通过变量名找到变量的位置,MATLAB 的变量名区分大小写(一般函数和命令用小写),变量名第一个字符必须是字母,变量名可以包含下划线和数字,但不能是标点、空格.变量名不能与 MATLAB 中的内部函数或命令相同.在 MATLAB 中变量使用前不必先定义变量类型,可以即取即用.但是,如果使用与原来定义的变量一样的名字来赋值,原变量就会被自动覆盖,系统不会给出出错信息.

MATLAB 在系统内定义了几个特殊意义和用途的变量,具体如表 9.1 所示.

表9.1　特殊意义和用途的变量表

特殊的变量、常量	取　值
ans	用于结果的缺省变量名
pi	圆周率 π 的近似值(3.141 6)
eps	数学中无穷小(epsilon)的近似值(2.220 4e－016)
inf	无穷大,如 $1/0 = \inf$(infinity)
NaN	非数,如 $0/0 = $ NaN(Not a Number),$\inf/\inf = $ NaN
i,j	虚数单位 $i = j = \sqrt{-1}$

注:(1) clear 命令清除所有定义过的变量;(2) i,j 这两个变量在没有定义的时候默认为虚数单位;(3) whos命令查看工作空间变量和详细特征;(4) %后的内容不运行,一般用于注释说明,使命令、程序清晰易懂.

2. MATLAB 的运算符

MATLAB 的运算符有以下三种:

(1) 数学运算符:＋(加号),－(减号),＊(乘号),/(右除),\(左除),^(幂).

(2) 关系运算符:＞(大于),＜(小于),＞＝(不小于),＜＝(不大于),＝＝(等于),～＝(不等于).

(3) 逻辑运算符:&(逻辑与运算),|(逻辑或运算),～(逻辑非运算).

3. MATLAB 的表达式

MATLAB 采用的是表达式语言,用户输入的语句由 MATLAB 系统解释运行. MATLAB 语句由变量与表达式组成,MATLAB 语句有以下两种常见的形式:

形式1:表达式

形式2:变量＝表达式

表达式由运算符、函数、变量名和数字组成. 在第一种形式中,表达式运算后产生的结果如果为数值类型,系统自动赋值给内存变量 ans,并显示在屏幕上. 在第二种形式中,对等式右边表达式产生的结果,系统自动将其存储在左边的变量中并同时在屏幕上显示. 对于重要结果一定要用第二种形式,如果不想显示形式1或形式2 的运算结果,则可以在表达式后再加";"即可.

9.1.2　MATLAB 的算术运算

MATLAB 的算术运算功能在诸多数学计算软件中是非常突出的,对于简单的算术运算,直接在命令窗口输入即可得到结果. 同时,MATLAB 还提供了大量的数学中常用运算符和函数以供直接使用. 常见的算术运算符和数学函数如表9.2、表9.3所示.

表9.2　常见的算术运算符

算术操作符	功　能	算术操作符	功　能
+	加法	*	乘法
−	减法	/	除法
^	幂	sqrt	开方

表9.3　常见的数学函数表

函　数　名	功　能	函　数　名	功　能
sin(x)	正弦 $\sin x$	abs(x)	实数的绝对值
asin(x)	反正弦 $\arcsin x$	gcd(m,n)	求正整数 m 和 n 的最大公约数
cos(x)	余弦 $\cos x$	lcm(m,n)	求正整数 m 和 n 的最小公倍数
acos(x)	反余弦 $\arccos x$	exp(x)	指数函数 e^x
tan(x)	正切 $\tan x$	log(x)	自然对数(以 e 为底数)
atan(x)	反正切 $\arctan x$	log10(x)	常用对数(以 10 为底数)
cot(x)	余切 $\cot x$	round(x)	对 x 四舍五入到最接近的整数
acot(x)	反余切 $\text{arcot} x$	rem(m,n)	求正整数 m 和 n 的 m/n 之余数
nchoosek(n,m)	计算组合数 C_n^m	factorial(n)	求 n!

【例9.1】　计算 $2\sin\dfrac{\pi}{6}+5-2$.

解　在 MATLAB 的命令窗口中输入:

$\gg2*\sin(\text{pi}/6)+5-2$

然后按 Enter 键,在命令窗口显示:

ans =

　　4

9.1.3　MATLAB 的矩阵运算

　　MATLAB 的基本单位是矩阵,可见矩阵是 MATLAB 的精髓,掌握矩阵的输入、各种数值运算以及矩阵函数的使用是以后学好 MATLAB 的关键.矩阵的输入主要有两种方式:第一种是直接输入,这是一种最方便、最直接的方法;第二种是利用矩阵函数来创建特殊矩阵.

　　矩阵的直接输入方法:先键入左方括号"[",然后按行直接键入矩阵的所有元素,最后键入右方括号"]".注意:整个矩阵以"["和"]"作为首尾,同行的元素用","或空格隔开,不同行的元素用";"或按 Enter 键来分隔;矩阵的元素可以为数字也可以为表达式,如果进行的是数值计算,表达式中不能包含未知的变量.圆括号跟在变量后,括起来的相当于元素角标.

操作符":"的几点说明:

(1)":"表示增量语句,格式[初值:增量:终值],其中默认增量为 1.

[$j:k$]表示步长为 1 的等差数列构成的数组:[$j,j+1,j+2,\cdots,k$];

[$j:i:k$]表示步长为 i 的等差数列构成的数组:[$j,j+i,j+2i,\cdots,k$];

A($i:j$)表示 $\boldsymbol{A}(i),\boldsymbol{A}(i+1),\cdots,\boldsymbol{A}(j)$.

(2)":"还表示"到".

(3)":"还表示"所有".如 A=(:,2)表示矩阵 $\boldsymbol{A}$ 的第 2 列所有元素构成的列矩阵.

【例 9.2】　在 MATLAB 的命令窗口中输入:

>>A=[1,2,3;4,5,6;7,8,9]　　　　%输入 3 行、3 列的矩阵 A

A=

　　1　2　3

　　4　5　6

　　7　8　9

>>A(1,3)　　　　　　　　　　　%矩阵 A 的第 1 行、第 3 列处的元素

ans=

　　3

>>A(1)　　　　　　　　　　　　%矩阵 A 的第 1 个元素

ans=

　　1

>>A(3)　　　　　　　　　　　　%一个矩阵放在计算机内去存储是一维

　　　　　　　　　　　　　　　　的,存储方式是列优先

ans=

　　7

>>A(:,2)　　　　　　　　　　　%矩阵 A 的第 2 列所有元素构成的列矩阵

ans=

　　2

　　5

　　8

>>A=(2,:)　　　　　　　　　　%矩阵 A 的第 2 行所有元素构成的行矩阵

ans＝

　　　4　5　6

此外,MATLAB 还提供了一些函数来创建一些特殊的矩阵,表 9.4 给出了 MATLAB 常用的创建特殊矩阵的函数,而常见的矩阵运算命令如表 9.5 所示.

表 9.4　常用的创建特殊矩阵的函数表

函 数 名	功　　　能
eye(n)	创建 n 阶单位矩阵
rand(m,n)	创建 $m \times n$ 阶的元素为 $0 \sim 1$ 的随机矩阵
zeros(m,n)	创建 $m \times n$ 阶零矩阵
ones(n)	创建 n 阶元素都为 1 的矩阵

表 9.5　矩阵基本运算命令表

运　　　算	函数、命令	功　　　能
矩阵加法和减法	A±B	将两个同型矩阵相加(减)
数乘矩阵	k＊A	将数与矩阵做乘法
矩阵的乘法	A＊B	将两个矩阵进行矩阵相乘
矩阵的幂	A^n	计算 A 的 n 次幂
矩阵的左除	A\B	计算 $A^{-1}B$
矩阵的右除	A/B	计算 AB^{-1}

在 MATLAB 中,对于一行或一列的矩阵,也可看作是数组,它除了满足前面介绍矩阵的运算规则外,还提供了一些特殊运算:乘法为 .＊,左除为.\,右除为/.,乘幂为.^.

设 $\boldsymbol{\alpha} = (a_1, a_2, \cdots, a_n)$, $\boldsymbol{\beta} = (b_1, b_2, \cdots, b_n)$,则对应的具体运算为

$\boldsymbol{\alpha} \pm \boldsymbol{\beta} = (a_1 \pm b_1, a_2 \pm b_2, \cdots, a_n \pm b_n)$,　$\boldsymbol{\alpha}.\ast\boldsymbol{\beta} = (a_1 b_1, a_2 b_2, \cdots, a_n b_n)$,

$\boldsymbol{\alpha}.\hat{}k = (a_1^k, a_2^k, \cdots, a_n^k)$,　$\boldsymbol{\alpha}./\boldsymbol{\beta} = (a_1/b_1, a_2/b_2, \cdots, a_n/b_n)$,

$\boldsymbol{\alpha}.\backslash\boldsymbol{\beta} = (b_1/a_1, b_2/a_2, \cdots, b_n/a_n)$.

9.1.4　MATLAB 的符号运算

数学计算有数值计算和符号运算之分,这两者的根本区别是:数值计算表达式、矩阵运算中不允许有未定义的自由变量,而符号运算可以有含有未定义的符号变量.MATLAB 除了数值计算外,还有强大的符号运算功能,即表达式中带有 x, y, a, b 等符号变量的运算.

1. 符号变量的创建

在 MATLAB 中创建符号变量的目的是在 MATLAB 中输入我们需要的表达

式(或函数),由于表达式中带有 x,y,a,b 等符号变量,应先在 MATLAB 中创建符号变量. 创建符号变量的命令是 sym 和 syms, sym 命令创建单个的符号变量, sym 命令执行后,被创建的符号变量将显示在屏幕上. syms 命令一次可以创建多个符号变量, syms 命令执行后,在屏幕上不显示,但符号变量已存在于 MATLAB 的工作空间管理窗口中.

2. 符号表达式的创建

创建符号表达式有两种方法:直接创建法和间接创建法. 直接创建法是直接用 sym 命令来创建,用直接创建法得到的符号表达式一般不是真正数学意义的表达式.

格式:sym('表达式').

【例 9.3】　定义表达式 $ax^2 + bx + c$ 为符号表达式.

解　在 MATLAB 的命令窗口中输入:

$>>$f = sym('a * x^2 + b * x + c')

输出结果如下:

f =

　　a * x^2 + b * x + c

再在命令窗口输入:

$>>$f - c

结果显示:

?? Undefined function or variable 'c'

说明　虽然符号表达式赋给了符号变量 f,但对于表达式中的 a,b,c,x 并未创建,因此,系统并不认识符号 c.

间接创建法是在创建符号表达式之前先把符号表达式中的所有变量定义为符号变量,然后直接输入表达式. 用间接创建法得到的符号表达式是真正数学意义的表达式.

【例 9.4】　定义表达式 $ax^2 + bx + c$ 为符号表达式.

解　在 MATLAB 的命令窗口中输入:

$>>$syms a b c x

$>>$f = a * x^2 + b * x + c

输出结果如下:

f =

　　a * x^2 + b * x + c

再在命令窗口输入:

$>>$f - c

输出结果如下：

ans =

   $a * x^2 + b * x$

3. 符号方程的创建

符号方程与符号表达式是不同的,符号表达式是一个由数字和变量组成的代数式,而符号方程是由符号表达式和等号组成的等式.

创建符号方程的命令形式:equ = sym('eqution').

功能:把方程 eqution 定义为符号方程.

以下简单介绍本书使用到的符号运算:导数与积分.

对函数 f 求导的命令为 diff,有如下四种形式:

diff(f):函数 f 的表达式中只有一个变量,函数 f 关于该变量的一阶导数;

diff(f,n):函数 f 的表达式中只有一个变量,函数 f 关于该变量的 n 阶导数;

diff(f,x):函数 f 对变量 x 的一阶导数;

diff(f,x,n):函数 f 对变量 x 的 n 阶导数.

【例 9.5】 在 MATLAB 中求 $f(x) = ax^2 + bx + c$ 的导数.

解 在 MATLAB 的命令窗口中输入:

$>>$syms a b c x

$>>$f = a * x^2 + b * x + c;

$>>$diff(f,x)

输出结果如下:

ans =

   $2 * a * x + b$

故函数 $f(x) = ax^2 + bx + c$ 的导数为 $2ax + b$.

对函数 f 求积分用命令 int,有如下四种形式:

int(f):函数 f 的表达式中只有一个变量,函数 f 关于该变量的不定积分;

int(f,x):函数 f 关于变量 x 的不定积分;

int(f,a,b):函数 f 的表达式中只有一个变量,函数 f 关于该变量从 a 到 b 这个区间的积分;

int(f,x,a,b):函数 f 关于变量 x 从 a 到 b 这个区间的积分.

【例 9.6】 在 MATLAB 中求函数 $f(x) = ax^2 + bx + c$ 在区间 $[0,3]$ 上的定积分.

解 在 MATLAB 的命令窗口中输入:

$>>$syms a b c x

$>>$f = a * x^2 + b * x + c;

$>>$int(f,x,0,3)

输出结果如下:

ans =

　　　$9*a+9/2*b+3*c$

故函数 $f(x) = ax^2 + bx + c$ 在区间$[0,3]$上的定积分为 $9a + \dfrac{9}{2}b + 3c$.

9.1.5　MATLAB 的绘图

MATLAB 提供了丰富的绘图功能,它的绘图命令具有一定的通用性,容易操作,可以绘制出二维、三维甚至四维的图形.通过图形的线型、立面、色彩、光线、视角等属性的控制,可把数据的内在特征表现得淋漓尽致.下面仅简单介绍最常用的绘图函数 plot.

格式 1:plot(x,y)

功能:x, y 都是长度为 n 的数值向量,plot(x,y)在直角坐标系中按顺序用直线连接顶点($x(i), y(i)$),画出折线图.

格式 2:plot(x,y,'linespec')

功能:x, y 都是长度为 n 的数值向量,plot(x,y)在直角坐标系中作($x(i), y(i)$)的散点图,'linespec'指定 $x(i), y(i)$点的标记符号,颜色等.

关于该命令更详细的介绍请查阅其他相关文献,或使用 MATLAB 的帮助.

【例 9.7】　画出函数 $f(x) = \cos x$ 在区间$[-\pi, \pi]$上的图形.

解　在 MATLAB 的命令窗口中输入:

$>>$x = - pi : 0.1 : pi;

$>>$y = cos(x);

$>>$plot(x,y)

输出结果如图 9.1 所示.

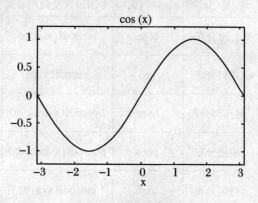

图 9.1　余弦曲线图

9.2　常见分布的密度函数(概率分布)

9.2.1　常见分布的密度函数值(概率分布)

对于常见概率密度函数值(概率分布)的计算,MATLAB 提供了相关函数供直接使用.这些函数都有两种形式:一是专用函数;二是通用函数.通用函数为 pdf,其格式如下:

　pdf($'$name$'$,K,A)　或　pdf($'$name$'$,K,A,B)　或　pdf($'$name$'$,K,A,B,C)

　　说明　name 指的是常见分布的名称,A,B,C 为参数,对于不同的分布,参数个数不同,与对应的通用参数格式完全相同.当随机变量为离散型随机变量,该函数计算由 name 指定分布随机变量取 K 值时的概率;当随机变量为连续型随机变量,该函数给出由 name 指定分布密度函数在 K 处的值.常见概率密度函数值(概率分布)的专用函数和 name 值具体如表 9.6 所示.

表 9.6　常见概率密度函数值(概率分布)的专用函数和 name 值表

常 见 分 布	name 的取值	专用函数及调用形式	注　　释
二项分布	bino	binopdf(x,n,p)	参数为 n,p 的二项分布在 $X=x$ 处的概率值
几何分布	geo	geopdf(x,p)	参数为 p 的几何分布在 $X=x$ 处的概率值
超几何分布	hyge	hygepdf(x,m,k,n)	参数为 m,k,n 的超几何分布在 $X=x$ 处的概率值
泊松分布	poiss	poisspdf(x,lambda)	参数为 λ 的泊松分布在 $X=x$ 处的概率值
均匀分布	unif	unifpdf(x,a,b)	$[a,b]$ 上均匀分布概率密度函数在 $X=x$ 处的值
指数分布	exp	exppdf(x,lambda)	参数为 λ 的指数分布概率密度函数在 $X=x$ 处的值
正态分布	norm	normpdf(x,mu,sigma)	参数为 μ,σ 的正态分布概率密度函数在 $X=x$ 处的值
χ^2 分布	chi2	chi2pdf(x,n)	自由度为 n 的 χ^2 分布概率密度函数在 $X=x$ 处的值

常 见 分 布	name 的取值	专用函数及调用形式	注　　释
t 分布	t	tpdf(x, n)	自由度为 n 的 t 分布概率密度函数在 $X = x$ 处的值
F 分布	f	fpdf(x, n1, n2)	自由度分别为 n_1，n_2 的 F 分布概率密度函数在 $X = x$ 处的值

【例 9.8】　已知随机变量 $X \sim B(10, 0.3)$，求 $P(X = 2)$.

解　在 MATLAB 的命令窗口中输入：

$>>$binopdf(2, 10, 0.3)

输出结果如下：

ans =

　　0.232 5

从结果知 $P(X = 2) = 0.232\,5$.

【例 9.9】　已知随机变量 $X \sim N(0, 1)$，求在 $x = 0.5$ 处的密度函数值.

解　在 MATLAB 的命令窗口中输入：

$>>$normpdf(0.5, 0, 1)

输出结果如下：

ans =

　　0.352 1

从结果知在 $x = 0.5$ 处的密度函数值为 $0.352\,1$.

9.2.2　常见分布的密度函数(概率分布)作图

利用常见分布的密度函数值(概率分布)函数，结合作图命令可以对其作图.

1. 二项分布

【例 9.10】　已知随机变量 $X \sim B(10, 0.3)$，作其概率分布图.

解　在 MATLAB 的命令窗口中输入：

$>>$x = 0 : 10;

$>>$y = binopdf(x, 10, 0.3);

$>>$plot(x, y, $'+'$)

输出结果如图 9.2 所示.

2. 泊松分布

【例 9.11】　已知随机变量 $X \sim P(1)$，作其概率分布图.

解　在 MATLAB 命令窗口中输入：

```
>>x = 0：10;
>>y = poisspdf(x,1);
>>plot(x,y,'*')
```
输出结果如图 9.3 所示.

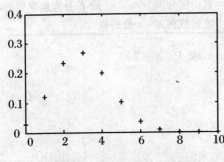

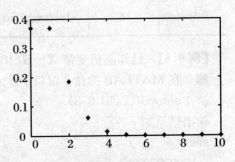

图 9.2　二项分布概率分布图　　图 9.3　泊松分布概率分布图

3. 均匀分布

【例 9.12】 已知随机变量 $X \sim U(0,5)$,作其密度函数图.

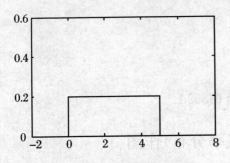

图 9.4　均匀分布密度函数图

```
>>x = 0：0.1：10
>>y = exppdf(x,2);
>>plot(x,y)
```
输出结果如图 9.5 所示.

5. 正态分布

【例 9.14】 已知随机变量 $X \sim$ $N(0,4)$,作其密度函数图.

解 在 MATLAB 命令窗口中输入:
```
>>x = -4：0.1：4;
>>y = normpdf(x,0,2);
```

解 在 MATLAB 命令窗口中输入:
```
>>x = -2：0.01：8;
>>y = unifpdf(x,0,5);
>>plot(x,y)
```
输出结果如图 9.4 所示.

4. 指数分布

【例 9.13】 已知随机变量 $X \sim$ $E(2)$,作其密度函数图.

解 在 MATLAB 命令窗口中输入:

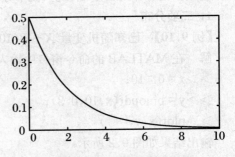

图 9.5　指数分布密度函数图

$>>$plot(x,y)

输出结果如图 9.6 所示.

6. χ^2 分布

【例 9.15】　已知随机变量 $\chi^2 \sim \chi^2(5)$，作其密度函数图.

解　在 MATLAB 的命令窗口中输入：

$>>$x $= 0:0.1:10;$

$>>$y $=$ chi2pdf$(x,5);$

$>>$plot(x,y)

输出结果如图 9.7 所示.

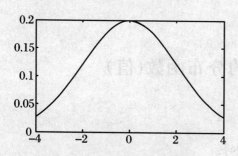

图 9.6　正态分布密度函数图

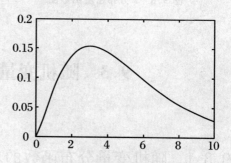

图 9.7　卡方分布密度函数图

7. t 分布

【例 9.16】　已知随机变量 $t \sim t(20)$，作其密度函数图.

解　在 MATLAB 的命令窗口中输入：

$>>$x $= -3:0.1:3;$

$>>$y $=$ tpdf$(x,20);$

$>>$plot(x,y)

输出结果如图 9.8 所示.

8. F 分布

【例 9.17】　已知随机变量 $X \sim F(5,4)$，作其密度函数图.

解　在 MATLAB 命令窗口中输入：

$>>$x $= 0:0.1:10;$

$>>$y $=$ fpdf$(x,5,4);$

$>>$plot(x,y)

输出结果如图 9.9 所示.

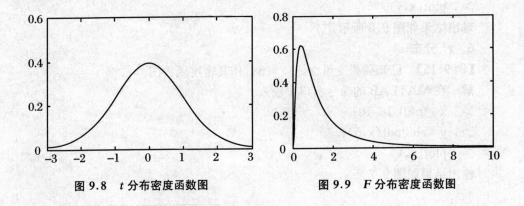

图 9.8　t 分布密度函数图　　　　　　图 9.9　F 分布密度函数图

9.3　随机变量的分布函数(值)

9.3.1　随机变量分布函数的求法

在 MATLAB 中,离散型随机变量 $F(x) = \sum\limits_{x_i \leqslant x} P(X = x_i)$,计算时只需将相关可能取值的概率进行相加即可. 设连续型随机变量 X 的密度函数为 $f(x)$,则其分布函数为 $F(x) = \int_{-\infty}^{x} f(x) \mathrm{d}x$. 这样我们可以利用 MATLAB 的求定积分函数进行求解.

【例 9.18】 已知随机变量 X 的密度函数为

$$f(x) = \begin{cases} \dfrac{1}{600} \mathrm{e}^{-\frac{x}{600}}, & x \geqslant 0 \\ 0, & x < 0 \end{cases}$$

求其分布函数.

解 显然当 $x \leqslant 0$ 时 $F(x) = 0$,所以积分只需要计算 $x > 0$ 时的结果,为此在命令窗口输入以下命令:

```
>>syms x y t
>>y = exp( - t/600)/600;
>>F = int(y,t,0,x)
```

输出结果如下:

F =

$-\exp(-1/600 * x) + 1$

故随机变量 X 的分布函数为

$$F(x) = \begin{cases} 0, & x \leqslant 0 \\ 1 - \exp(-x/600), & x > 0 \end{cases}$$

9.3.2　常见分布的分布函数值

对于常见分布的分布函数值的计算,MATLAB 提供了相关函数供直接使用,这些函数有两种形式:一是专用函数;二是通用函数.通用函数为 cdf,其格式如下:
cdf('name',x,A)　或　cdf('name',x,A,B)　或　cdf('name',x,A,B,C)

说明　name 指的是常见分布的名称,A,B,C 为参数,对于不同的分布,参数个数不同,与对应的通用参数格式完全相同,函数给出的 name 指定分布的分布函数值.

常见分布的分布函数值的专用函数如表 9.7 所示.

表 9.7　常见分布的分布函数值的专用函数表

常 见 分 布	函数及调用形式	注　　释
二项分布	binocdf(x,n,p)	参数为 n,p 的二项分布的分布函数值
几何分布	geocdf(x,p)	参数为 p 的几何分布的分布函数值
超几何分布	hygecdf(x,m,k,n)	参数为 m,k,n 的超几何分布的分布函数值
泊松分布	poisscdf(x,lambda)	参数为 λ 的泊松分布的分布函数值
均匀分布	unifcdf(x,a,b)	$[a,b]$ 上均匀分布的分布函数值
指数分布	expcdf(x,lambda)	参数为 λ 的指数分布的分布函数值
正态分布	normcdf(x,mu,sigma)	参数为 μ,σ 的正态分布的分布函数值
χ^2 分布	chi2cdf(x,n)	自由度为 n 的 χ^2 分布的分布函数值
t 分布	tcdf(x,n)	自由度为 n 的 t 分布的分布函数值
F 分布	fcdf(x,n1,n2)	自由度分别为 n_1,n_2 的 F 分布的分布函数值

【例 9.19】　有一繁忙的汽车站,每天有大量的汽车通过,设每一辆汽车在一天的某段时间内发生交通事故的概率为 0.000 1,在某天的该段时间内有 1 000 辆汽车通过,求发生事故的次数不大于 2 的概率.

解　用随机变量 X 表示该段时间内发生交通事故的次数,$X \sim B(1\,000, 0.000\,1)$,发生事故的次数不大于 2 的概率为 $P(X \leqslant 2)$.

在 MATLAB 的命令窗口中输入：

$$>>\text{binocdf}(2,1\,000,0.000\,1)$$

输出结果如下：

ans =

    0.999 8

输出结果表明发生事故的次数不大于 2 的概率为 0.999 8.

【例 9.20】 设 $X \sim N(1,2^2)$，求 $P(X \leqslant 5)$.

解 $P(X \leqslant 5) = F(5)$，在 MATLAB 的命令窗口中输入：

$$>>\text{normcdf}(5,1,2)$$

输出结果如下：

ans =

    0.977 2

故 $P(X \leqslant 5) = 0.977\,2$.

【例 9.21】 设 $F \sim F(4,5)$，求 $P(X \leqslant 3)$.

解 在 MATLAB 的命令窗口中输入：

$$>>\text{fcdf}(3,4,5)$$

输出结果如下：

ans =

    0.870 3

故 $P(X \leqslant 3) = 0.870\,3$.

9.3.3 常见分布的逆累积分布函数

分布的逆累积分布函数是指已知 $F(x) = P(X \leqslant x)$，求 x. 对于常见分布的逆累积分布函数的计算，MATLAB 提供了相关函数供直接使用. 这些函数有两种形式：一是专用函数；二是通用函数. 通用函数为 icdf，其格式如下：

$\text{icdf}('name',P,A)$ 或 $\text{icdf}('name',P,A,B)$ 或 $\text{icdf}('name',P,A,B,C)$

说明 name 指的是常见分布的名称，A，B，C 为参数，对于不同的分布，参数个数不同，与对应的专用参数格式完全相同，函数给出的 name 指定分布的逆累积分布函数.

常见分布的逆累积分布函数的专用函数如表 9.8 所示.

表9.8　常见分布的逆累积分布函数的专用函数表

常 见 分 布	函数及调用形式	注　　释
二项分布	x = binoinv(P,n,p)	参数为 n,p 的二项分布的逆累积分布函数值
几何分布	x = geoinv(P,p)	参数为 p 的几何分布的逆累积分布函数值
超几何分布	x = hygeinv(P,m,k,n)	参数为 m,k,n 的超几何分布的逆累积分布函数值
泊松分布	x = poissinv(P,lambda)	参数为 λ 的泊松分布的逆累积分布函数值
均匀分布	x = unifinv(P,a,b)	$[a,b]$ 上均匀分布(连续)的逆累积分布函数值
指数分布	x = expinv(P,lambda)	参数为 λ 的指数分布的逆累积分布函数值
正态分布	x = norminv(P,mu,sigma)	参数为 μ,σ 的正态分布逆累积分布函数值
χ^2 分布	x = chi2inv(P,n)	自由度为 n 的 χ^2 分布的逆累积分布函数值
t 分布	x = tinv(P,n)	自由度为 n 的 t 分布的逆累积分布函数值
F 分布	x = finv(P,n1,n2)	自由度分别为 n_1,n_2 的 F 分布的逆累积分布函数值

【例9.22】　设 $X \sim N(0,1)$，$P(X \leqslant x) = 0.975$，求 x．

解　在 MATLAB 的命令窗口中输入：

$>>$x = icdf('norm',0.975,0,1)

输出结果如下：

x =

　　1.960 0

结果表明 $x = 1.96$．

【例9.23】　设 $\chi^2 \sim \chi^2(8)$，$P(X \geqslant x) = 0.95$，求 x．

解　$P(X \geqslant x) = 0.95$，即 $P(X \leqslant x) = 0.05$．

在 MATLAB 的命令窗口中输入：

$>>$x = chi2inv(0.05,8)

输出结果如下：

x =

　　2.732 6

结果表明 $x = 2.732\,6$．

【例9.24】　设 $t \sim t(5)$，$P(t \geqslant x) = 0.025$，求 x．

解　$P(t \geqslant x) = 0.025$，即 $P(t \leqslant x) = 0.975$．

在 MATLAB 的命令窗口中输入：

$>>$x = tinv(0.975,5)

输出结果如下：

x =

　2.570 6

结果表明 $x = 2.570\ 6$.

【例 9.25】　设 $F \sim F(10,8)$，$P(F \leqslant x) = 0.975$，求 x.

解　在 MATLAB 的命令窗口中输入：

$\gg$x = finv(0.975,10,8)

输出结果如下：

x =

　4.295 1

结果表明 $x = 4.295\ 1$.

9.4　随机变量的数字特征

9.4.1　数学期望和方差的求法

1. 离散型随机变量的数学期望和方差

对于离散型随机变量的数学期望计算公式为 $E(X) = \sum x_i p_i$，方差的计算公式为 $D(X) = E(X^2) - [E(X)]^2$，其中 $E(X^2) = \sum x_i^2 p_i$. 这样，我们可以利用数组的相关计算函数来完成计算.

函数 sum(X) 表示数组 X 的所有元素之和.

【例 9.26】　设随机变量 X 的概率分布为

X	-3	-2	0	1	4	5
P	0.1	0.2	0.2	0.3	0.1	0.1

求 $E(X)$ 和 $D(X)$.

解　在 MATLAB 的命令窗口输入：

$\gg$x = [-3,-2,0,1,4,5];

$\gg$p = [0.1,0.2,0.2,0.3,0.1,0.1];

$\gg$EX = sum(x. * p)　　　　　　　　　%计算 E(X)

EX =

　　0.500 0

＞＞DX = sum(x.^2. * p) − [sum(x. * p)]^2　　　　　　　　%计算 D(X)

DX =

　　5.850 0

根据结果可得 $E(X) = 0.5, D(X) = 5.85$.

2. 连续型随机变量的数学期望和方差

对于连续型随机变量的数学期望计算公式为 $E(X) = \int_{-\infty}^{+\infty} xf(x)\mathrm{d}x$；方差的

计算公式为 $D(X) = E(X^2) - [E(X)]^2$，其中 $E(X^2) = \int_{-\infty}^{+\infty} x^2 f(x)\mathrm{d}x$. 这样，我

们可以利用定积分函数来完成计算.

【例 9.27】　设随机变量的密度函数为

$$f(x) = \begin{cases} 2x, & 0 < x < 1 \\ 0, & \text{其他} \end{cases}$$

求 $E(X)$ 和 $D(X)$.

解　在 MATLAB 的命令窗口输入：

＞＞syms x；

＞＞y = 2 * x；

＞＞EX = int(x * y, x, 0, 1)　　　　　　　　　　　%计算 E(X)

EX =

　　2/3

＞＞DX = int(x^2 * y, x, 0, 1) − [EX]^2　　　　　　　%计算 D(X)

DX =

　　1/18

根据结果可得 $E(X) = \dfrac{2}{3}, D(X) = \dfrac{1}{18}$.

9.4.2　计算常见分布的数学期望和方差的 MATLAB 函数

对于常见分布的数学期望和方差的计算，MATLAB 提供了专门的计算函数，
具体如表 9.9 所示.

表 9.9 常见分布的均值和方差

常 见 分 布	函数及调用形式	注　　释
二项分布	$[M,V] = binostat(n,p)$	二项分布的期望和方差,M 为期望,V 为方差
几何分布	$[M,V] = geostat(p)$	几何分布的期望和方差,M 为期望,V 为方差
超几何分布	$[M,V] = hygestat(m,k,n)$	超几何分布的期望和方差,M 为期望,V 为方差
泊松分布	$[M,V] = poisstat(lambda)$	泊松分布的期望和方差,M 为期望,V 为方差
均匀分布	$[M,V] = unifstat(a,b)$	均匀分布的期望和方差,M 为期望,V 为方差
指数分布	$[M,V] = expstat(p,lambda)$	指数分布的期望和方差,M 为期望,V 为方差
正态分布	$[M,V] = normstat(mu,sigma)$	正态分布的期望和方差,M 为期望,V 为方差
χ^2 分布	$[M,V] = chi2stat(x,n)$	χ^2 分布的期望和方差,M 为期望,V 为方差
t 分布	$[M,V] = tstat(n)$	t 分布的期望和方差,M 为期望,V 为方差
F 分布	$[M,V] = fstat(n1,n2)$	F 分布的期望和方差,M 为期望,V 为方差

【例 9.28】 已知随机变量 $X \sim B(100,0.3)$,求 $E(X)$ 和 $D(X)$.

解　在 MATLAB 的命令窗口中输入:

$>>[M,V] = binostat(100,0.3)$

输出结果如下:

M =

 30

V =

 21

根据结果可得 $E(X) = 30, D(X) = 21$.

9.5　参数的点估计

参数的点估计最常用的是矩估计和极大似然估计,对于参数的矩估计,MAT-LAB 并未提供专用函数,但可以利用 MATLAB 的相关数学函数编程来完成;对于常见分布的极大似然估计,MATLAB 提供了专用函数,对于其他分布的极大似然估计同样需要利用 MATLAB 的相关数学函数编程来完成.考虑篇幅的原因,这里仅介绍常见分布的极大似然估计,关于编程,请参阅其他相关文献.

9.5.1　期望和方差的矩估计

MATLAB 提供了专门函数计算样本均值、样本方差、样本标准差,其函数和调用格式如下:

mean(X)　　　　　　　　　%计算样本 X 的均值

var(X)　　　　　　　　　　%计算样本 X 的方差

std(X)　　　　　　　　　　%计算样本 X 的标准差

【例 9.29】　某种电子元件的寿命 X(单位:小时)服从正态分布,现随机抽取 16 只元件,测得寿命分别为 $159,280,101,212,224,379,179,264,222,362,168,250,149,260,485,170$,计算其样本均值、样本方差、样本标准差.

解　在 MATLAB 的命令窗口中输入:

$\gg$X = [159,280,101,212,224,379,179,264,222,362,168,250,149,260,

　　　485,170];

$\gg$mean(X)

ans =

　　241.500 0

$\gg$var(X)

ans =

　　9.746 8e + 003

$\gg$std(X)

ans =

　　98.7259

从运行结果知,样本均值、样本方差、样本标准差分别为 $241.5,9\,746.8,98.73$.

9.5.2　常见分布的极大似然估计

对于常见分布的极大似然估计,MATLAB 提供了相关专用函数,不仅给出了未知参数的点估计,还可以计算区间估计,具体函数及调用格式如表 9.10 所示.

表 9.10　常见分布的极大似然估计的专用函数及调用格式表

常 见 分 布	函数及调用格式	注　　释
二项分布	PHAT = binofit(X,N) [PHAT,PCI] = binofit(X,N) [PHAT,PCI] = binofit(X,N,ALPHA)	二项分布的参数 p 值的极大似然估计 置信度为 95% 的参数估计和置信区间 返回置信度为 $1-\alpha$ 的参数估计和置信区间
泊松分布	Lambdahat = poissfit(X) [Lambdahat,Lambdaci] = poissfit(X) [Lambdahat,Lambdaci] = poissfit(X, ALPHA)	泊松分布的参数的极大似然估计 置信度为 95% 的参数估计和置信区间 返回置信度为 $1-\alpha$ 的参数估计和置信区间
均匀分布	[ahat,bhat] = unifit(X) [ahat,bhat,ACI,BCI] = unifit(X) [ahat,bhat,ACI,BCI] = unifit(X,AL-PHA)	均匀分布参数 a,b 的极大似然估计 置信度为 95% 的参数估计和置信区间 返回置信度为 $1-\alpha$ 的参数估计和置信区间
指数分布	muhat = expfit(X) [muhat,muci] = expfit(X) [muhat,muci] = expfit(X,alpha)	指数分布参数的极大似然估计 置信度为 95% 的参数估计和置信区间 返回置信度为 $1-\alpha$ 的参数估计和置信区间
正态分布	[mu,sigma] = normfit(X) [muhat, sigmahat, muci, sigmaci] = normfit(X) [muhat, sigmahat, muci, sigmaci] = normfit(X,ALPHA)	正态分布参数的极大似然估计 置信度为 95% 的参数估计与置信区间 返回置信度为 $1-\alpha$ 的期望、方差值和置信区间

【例 9.30】　某种电子元件的寿命 $X \sim N(\mu,\sigma^2)$,现随机抽取 16 只元件,测得寿命为 159,280,101,212,224,379,179,264,222,362,168,250,149,260,485,170,求未知参数 μ,σ^2 的极大似然估计值和置信度为 0.975 的置信区间.

解　在 MATLAB 的命令窗口中输入:

$\gg$ X = [159,280,101,212,224,379,179,264,222,362,168,250,149,260,
　　485,170];

$\gg[\mathrm{mu}, \mathrm{sigma}, \mathrm{muci}, \mathrm{sigmaci}] = \mathrm{normfit}(\mathbf{X}, 0.025)$

输出结果如下：

mu =

　　241.500 0

sigma =

　　　98.725 9

muci =

　　180.046 1

　　302.953 9

sigmaci =

　　　69.993 0

　　163.682 8

从结果可知：μ 的极大似然估计值为 241.5，置信度为 0.975 的置信区间为 $[180.05, 302.95]$，σ^2 的极大似然估计值为 98.73，置信度为 0.975 的置信区间为 $[69.99, 163.68]$．

9.6　假设检验与区间估计

9.6.1　单正态分布总体方差已知时期望的假设检验与区间估计

方差已知时，单正态分布总体均值的假设检验与区间估计函数为 ztest．它有下列几种格式：

格式 1：h = ztest(x, m, sigma, alpha)　　　　%x 为正态分布总体的样本，m 为假设均值 μ_0，sigma 为标准差，alpha 为显著性水平，缺省时默认为 0.05

格式 2：[h, sig, ci] = ztest(x, m, sigma, alpha)　　%sig 为当原假设为真时得到的观察值的概率，当 sig 为小概率时则对原假设提出质疑，ci 为真正均值 μ 的置

信度 $1-$alpha 置信区间

格式 $3:[h,sig,ci] = ztest(x,m,sigma,alpha,tail)$

原假设:$H_0:\mu = \mu_0 = m$.

tail 取 0 时,备择假设:$H_1:\mu \neq \mu_0 = m$(双边检验,tail 值缺省时,默认为双边检验);

tail 取 1 时,备择假设:$H_1:\mu > \mu_0 = m$(右侧单边检验);

tail 取 -1 时,备择假设:$H_1:\mu < \mu_0 = m$(左侧单边检验).

说明 若 $h = 0$,表示在显著性水平 alpha 下,不能拒绝原假设;若 $h = 1$,表示在显著性水平 alpha 下,拒绝原假设.

使用该函数进行区间估计时,一般用格式 $2,m$ 可以取任意一常数,ci 为均值 μ 的置信度为 $1-\alpha$ 置信区间. 如果要进行单侧区间估计,选用格式 3,tail 取 1 时,ci 的下限值即为均值 μ 置信度为 $1-\alpha$ 的单侧置信下限,tail 取 -1 时,ci 的上限值即为均值 μ 置信度为 $1-\alpha$ 的单侧置信上限.

【例 9.31】 某食品厂用自动装罐机装罐头食品,装得的罐头重量是一个随机变量,它服从正态分布,当机器正常时,其均值为 500 克,标准差为 15 克. 某日开工后检验随机地抽取所装罐头 9 罐,称得净重为 $497,506,518,514,498,511,504,$$510,512$,试以 95% 的置信度检验机器工作是否正常?

解 依据题意,要根据样本值判断 $\mu = 500$ 还是 $\mu \neq 500$. 为此提出假设:

$$H_0:\mu = \mu_0 = 500, \quad H_1:\mu \neq \mu_0 = 500$$

在 MATLAB 的命令窗口中输入:

```
>>X = [497,506,518,514,498,511,504,510,512];
>>[h,sig,ci] = ztest(X,500,15,0.05,0)
```

输出结果如下:

h =

   0

sig =

   0.119 8

ci =

   497.978 0   517.577 6

结果表明 $h = 0$,说明在水平 $\alpha = 0.05$ 下,不能拒绝原假设,即认为包装机工作正常.

【例 9.32】 某种清漆的 9 个样品,其干燥时间(单位:小时)分别为 $6.0,5.7,$$5.8,6.5,7.0,6.3,5.6,6.1,5.0$,设干燥时间总体服从正态分布 $N(\mu,\sigma^2)$,若由以往经验知 $\sigma = 0.6$ 小时,求 μ 的置信度为 0.90 的置信区间.

解　在 MATLAB 的命令窗口中输入：

$>>$X = [6.0,5.7,5.8,6.5,7.0,6.3,5.6,6.1,5.0];

$>>$[h,sig,ci] = ztest(X,5,0.6,0.10)

输出结果如下：

h =

　　1

sig =

　　5.733 0e − 007

ci =

　　5.671 0　6.329 0

由 ci 的结果可得，μ 置信度为 0.90 时的置信区间为[5.671,6.329]，这里的 $m = 5$ 为任意指定的值.

9.6.2　单正态分布总体方差未知时期望的假设检验与区间估计

方差未知时，单正态分布总体均值的假设检验与区间估计函数为 ttest. 它有下列几种格式：

格式 1：h = ttest(x,m,alpha)　　　　%x 为正态分布总体的样本，m 为假设均值 μ_0，alpha 为显著性水平，缺省时默认为 0.05

格式 2：[h,sig,ci] = ttest(x,m,alphal)　　　　%sig 为当原假设为真时得到观察值的概率，当 sig 为小概率时则对原假设提出质疑，ci 为真正均值 μ 的 1 − alpha 置信区间

格式 3：[h,sig,ci] = ttest(x,m,alpha,tail)

原假设：$H_0 : \mu = \mu_0 = m$.

tail 取 0 时，备择假设：$H_1 : \mu \neq \mu_0 = m$（tail 值缺省时，默认为双边检验）；

tail 取 1 时，备择假设：$H_1 : \mu > \mu_0 = m$（右侧单边检验）；

tail 取 −1 时，备择假设：$H_1 : \mu < \mu_0 = m$（左侧单边检验）.

说明　若 h = 0，表示在显著性水平 alpha 下，不能拒绝原假设；若 h = 1，表示在显著性水平 alpha 下，可以拒绝原假设.

使用该函数进行区间估计时，一般用格式 2，m 可以取任意一常数，ci 为均值 μ 的置信度为 1 − α 置信区间. 如果要进行单侧区间估计，选用格式 3，tail 取 1 时，

ci 的下限值即为均值 μ 置信度为 $1-\alpha$ 的单侧置信下限,tail 取 -1 时,ci 的上限值即为均值 μ 置信度为 $1-\alpha$ 的单侧置信上限.

【例 9.33】 某种电子元件的寿命(单位:小时)X 服从正态分布,现随机抽取 16 只元件,测得寿命为 $159,280,101,212,224,379,179,264,222,362,168,250,$ $149,260,485,170$,问:

(1) 在显著性水平 $\alpha=0.05$ 下是否有理由认为元件的平均寿命大于 200 小时?

(2) 求该种电子元件寿命的置信度为 0.95 的置信下限.

解 由于 σ^2 未知,在显著性水平 $\alpha=0.05$ 下检验假设:$H_0:\mu\leqslant\mu_0=200,H_1:$ $\mu>200$.

在 MATLAB 的命令窗口中输入:

```
>>X=[159,280,101,212,224,379,179,264,222,362,168,250,149,260,
    485,170];
>>[h,sig,ci]=ttest(X,200,0.05,1)
```

输出结果如下:

```
h =
   0
sig =
    0.056 7
ci =
    198.232 1    Inf
```

结果 $h=0$,表示在水平 $\alpha=0.05$ 下应该接受原假设,即认为元件的平均寿命不大于 200 小时,由 ci 的结果可得,该电子元件平均寿命置信度为 0.95 时的置信下限为 198.23.

9.6.3 单正态分布总体方差的假设检验与区间估计

单正态分布总体方差的假设检验与区间估计函数为 vartest.它有下列几种格式:

格式 1:h=vartest(x,v,alpha)   %x 为正态分布总体的样本,v 为方差 σ_0^2,alpha 为显著性水平,缺省时默认为 0.05

格式 2:[h,sig,ci]=vartest(x,v,alpha)   %sig 为当原假设为真时得到观察值的概率,当 sig 为小概率时则对原假设提出质疑,ci 为真正方差 σ^2 的 $1-$alpha 置信区间

格式 3:$[h,sig,ci] = vartest(x,v,alpha,tail)$

原假设:$H_0:\sigma^2 = \sigma_0^2 = v$.

tail 取 0 时,备择假设:$H_1:\sigma^2 \neq \sigma_0^2 = v$(tail 值缺省时,默认为双边检验);

tail 取 1 时,备择假设:$H_1:\sigma^2 > \sigma_0^2 = v$(右侧单边检验);

tail 取 -1 时,备择假设:$H_1:\sigma^2 < \sigma_0^2 = v$(左侧单边检验).

说明　若 h = 0,表示在显著性水平 alpha 下,不能拒绝原假设;若 h = 1,表示在显著性水平 alpha 下,拒绝原假设.

使用该函数进行区间估计时,一般用格式 2,v 可以取任意一大于零的常数,ci 为均值 σ^2 的置信度为 $1-\alpha$ 置信区间.如果要进行单侧区间估计,选用格式 3,tail 取 1 时,ci 的下限值即为均值 σ^2 置信度为 $1-\alpha$ 的单侧置信下限,tail 取 -1 时,ci 的上限值即为均值 σ^2 置信度为 $1-\alpha$ 的单侧置信上限.

【例 9.34】　一个混杂的小麦品种,其株高的标准差为 14 cm,经提纯后随机抽取 10 株,它们的株高分别为 90,105,101,95,100,100,101,105,93,97.试问:经提纯后的群体是否比原群体整齐($\alpha = 0.01$)?

解　由于 σ^2 未知,在显著性水平 $\alpha = 0.05$ 下检验假设:$H_0:\sigma^2 = \sigma_0^2 = 14^2$,$H_1:\sigma^2 < 14^2$.

在 MATLAB 的命令窗口中输入:

$>>X = [90,105,101,95,100,100,101,105,93,97];$

$>>[h,p,ci] = vartest(X,196,0.01,-1)$

输出结果如下:

h =

　1

p =

　8.693 5e − 004

ci =

　0　104.459 0

结果表明:$h = 1$ 表示在水平 $\alpha = 0.01$ 下应该拒绝原假设,接受备择假设,即认为经提纯后的群体比原群体整齐.

【例 9.35】　某种清漆的 9 个样品,其干燥时间(单位:小时)分别为 6.0,5.7,5.8,6.5,7.0,6.3,5.6,6.1,5.0.设干燥时间总体服从正态分布 $N(\mu,\sigma^2)$.求 σ^2 的置信度为 0.99 的置信区间.

解　在 MATLAB 的命令窗口中输入:

$>>X = [6.0,5.7,5.8,6.5,7.0,6.3,5.6,6.1,5.0];$

$>>[h,p,ci] = vartest(X,1,0.01)$

输出结果如下：

h =

　　0

p =

　　0.090 2

ci =

　　0.120 2　　　1.963 7

由 ci 的结果可得，σ^2 的置信度为 0.99 的置信区间为 $[0.120\ 2, 1.963\ 7]$.

9.6.4　双正态分布总体期望的假设检验与区间估计

对于方差已知时双正态分布总体均值的假设检验和均值之差的区间估计可按照第 6 章和第 7 章的方法构造一个正态分布，然后用 ztest 函数进行计算.

方差未知时双正态分布总体均值的假设检验和均值之差的区间估计的函数为 ttest2. 它有下列几种格式：

格式 1：h = ttest2(X,Y,alpha)　　　　　　%X,Y 为双正态分布总体的样本，alpha 为显著性水平，缺省时默认为 0.05

格式 2：[h,sig,ci] = ttest2(X,Y,alpha)　　%alpha 为显著性水平，默认双正态分布总体方差相等

格式 3：[h,sig,ci] = ttest2(X,Y,alpha,tail,′vartype′)

%sig 为当原假设为真时得到观察值的概率，当 sig 为小概率时则对原假设提出质疑，ci 为真正两样本均值之差的 1 - alpha 置信区间，vartype 取 equal 或 unequal，当 vartype 取 equal 或缺省时，两总体方差相等，vartype 取 unequal 时，两总体方差不相等

说明　若 h = 0，表示在显著性水平 alpha 下，不能拒绝原假设；若 h = 1，表示在显著性水平 alpha 下，可以拒绝原假设.

原假设：$H_0: \mu_1 = \mu_2$（μ_1 为 X 的期望值，μ_2 为 Y 的期望值）.

tail 取 0 时，备择假设：$H_1: \mu_1 \neq \mu_2$（双边检验，tail 值缺省时，默认为双边

检验);

tail 取 1 时,备择假设:$H_1:\mu_1>\mu_2$(右侧单边检验);

tail 取 -1 时,备择假设:$H_1:\mu_1<\mu_2$(左侧单边检验).

使用该函数进行两正态分布总体均值之差的区间估计时,ci 为均值之差的置信度为 $1-\alpha$ 置信区间.如果要进行单侧区间估计,选用格式 3,tail 取 1 时,ci 的下限值即为均值之差的置信度为 $1-\alpha$ 的单侧置信下限,tail 取 -1 时,ci 的上限值即为均值之差置信度为 $1-\alpha$ 的单侧置信上限.

【例 9.36】　有甲、乙两台机床加工同种产品,从这两台机床加工的产品中随机抽取若干产品,测得产品直径(单位:cm)为机床甲:20.5,19.8,19.7,20.4,20.1,20.0,19.0,19.9;机床乙:19.7,20.8,20.5,19.8,19.4,20.6,19.2.试比较甲、乙两台机床加工的精度有无显著差异(假设方差相等,$\alpha=0.05$).

解　在显著水平性水平 $\alpha=0.05$ 下检验假设:$H_0:\mu_1=\mu_2,H_1:\mu_1<\mu_2$.

在 MATLAB 的命令窗口中输入:

>>X=[20.5,19.8,19.7,20.4,20.1,20.0,19.0,19.9];

>>Y=[19.7,20.8,20.5,19.8,19.4,20.6,19.2];

>>[h,sig,ci]=ttest2(X,Y,0.05)

输出结果如下:

h =

　　0

sig =

　　0.795 4

ci =

　　-0.687 0　　0.537 0

结果 $h=0$,表示在水平 $\alpha=0.05$ 下应该不能拒绝原假设,即甲、乙两台机床加工的精度无显著差异.由 ci 值可得甲、乙两台机床加工的产品均值之差置信度为 95% 的置信区间为 $[-0.687,0.537]$.

【例 9.37】　在平炉上进行一项试验以确定改变操作方法的建议是否会增加钢的产出率,试验是在同一只平炉上进行的.每炼一炉钢时除操作方法外,其他条件都尽可能做到相同,先用标准方法炼一炉,然后用建议的新方法炼一炉,以后交替进行,各炼 10 炉,其产出率如下:

标准方法:　78.1%　72.4%　76.2%　74.3%　77.4%　78.4%　76.0%
　　　　　 75.5%　76.7%　77.3%;

新方法:　　79.1%　81.0%　77.3%　79.1%　80.0%　79.1%　79.1%
　　　　　 77.3%　80.2%　82.1%.

设这两个样本相互独立,且分别来自正态分布总体 $N(\mu_1,\sigma_1^2)$ 和 $N(\mu_2,\sigma_2^2)$,μ_1,μ_2,σ_1^2,σ_2^2 未知.要求:(1) 求 $\mu_1-\mu_2$ 置信度为 0.95 的置信上限;(2) 在显著性水平 $\alpha=0.05$ 的条件下,问新操作方法是否提高产出率(假设 $\sigma_1^2\neq\sigma_2^2$)?

解 在显著水平 $\alpha=0.05$ 下检验假设:$H_0:\mu_1=\mu_2$,$H_1:\mu_1<\mu_2$.

在 MATLAB 的命令窗口中输入:

```
>> X=[78.1,72.4,76.2,74.3,77.4,78.4,76.0,75.5,76.7,77.3];
>> Y=[79.1,81.0,77.3,79.1,80.0,79.1,79.1,77.3,80.2,82.1];
>> [h,sig,ci]=ttest2(X,Y,0.05,-1,'unequal')
```

输出结果如下:

```
h =
    1
sig =
    2.354 8e-004
ci =
    -Inf   -1.905 5
```

根据输出结果 ci 的值可知,$\mu_1-\mu_2$ 置信度为 0.95 的置信上限为 $-1.905\,5$,由 $h=1$ 知在显著性水平 $\alpha=0.05$,应该拒绝原假设,即认为建议的新操作方法提高了产出率.

9.6.5 双正态分布总体方差的假设检验与区间估计

两正态分布总体方差的假设检验和方差之比的区间估计函数为 vartest2.它有下列几种格式:

格式 1:h = vartest2(X,Y)　　　　　　%X,Y 为两个正态分布总体的样本,显著性水平为 0.05

格式 2:[h,sig,ci] = vartest2(X,Y,alpha)　　%alpha 为显著性水平,sig 为当原假设为真时得到观察值的概率,当 sig 为小概率时则对原假设提出质疑,ci 为真正两样本方差之比的 $1-$ alpha 置信区间

格式 3:[h,sig,ci] = vartest2(X,Y,alpha,tail)

原假设:$H_0:\sigma_1^2=\sigma_2^2$($\sigma_1^2$ 为 X 的方差值,σ_2^2 为 Y 的方差值).

tail 取 0 时,备择假设:$H_1:\sigma_1^2\neq\sigma_2^2$(双边检验,tail 值缺省时,默认为双边

检验）；

tail 取 1 时,备择假设:$H_1:\sigma_1^2>\sigma_2^2$(右侧单边检验)；

tail 取 -1 时,备择假设:$H_1:\sigma_1^2<\sigma_2^2$(左侧单边检验).

说明　若 h = 0,表示在显著性水平 alpha 下,不能拒绝原假设；若 h = 1,表示在显著性水平 alpha 下,可以拒绝原假设.

使用该函数进行两正态分布总体方差之比的区间估计时,ci 为两方差之比的置信度为 $1-\alpha$ 置信区间.如果要进行单侧区间估计,选用格式 3,tail 取 1 时,ci 的下限值即为方差之比的置信度为 $1-\alpha$ 的单侧置信下限,tail 取 -1 时,ci 的上限值即为方差之比置信度为 $1-\alpha$ 的单侧置信上限.

【**例 9.38**】　以例 9.37 为例,要求:(1) 在显著性水平 $\alpha=0.05$ 的条件下判断两种方法产出率的方差是否相等;(2) 求置信度为 0.99 的两种方法产出率的方差之比的估计区间.

解　(1) 在显著性水平 $\alpha=0.05$ 的条件下检验假设:$H_0:\sigma_1^2=\sigma_2^2$,$H_1:\sigma_1^2\neq\sigma_2^2$.
在 MATLAB 的命令窗口中输入:

$>>$X = [78.1,72.4,76.2,74.3,77.4,78.4,76.0,75.5,76.7,77.3];

$>>$Y = [79.1,81.0,77.3,79.1,80.0,79.1,79.1,77.3,80.2,82.1];

$>>$[h,sig,ci] = vartest2(X,Y,0.05)

输出结果如下:

h =

　　0

sig =

　　　0.559 0

ci =

　　　0.371 2　　　6.016 8

结果 h = 0,不能拒绝原假设,即在显著性水平 0.05 的条件下认为两种方法产出率方差相等.

(2) 在命令窗口接着输入:

$>>$[h,sig,ci] = vartest2(X,Y,0.01)

输出结果如下:

h =

　　0

sig =

　　　0.559 0

ci =

  0.228 5   9.775 5

由 ci 的输出结果知,两种方法产出率的方差之比的置信度为 0.99 的估计区间为 $[0.228\,5, 9.775\,5]$.

9.6.6   单样本分布的拟合优度检验

单个样本的拟合优度检验函数为 kstest. 它有下列几种格式:

格式 1   h = kstest(X)   %测试向量 X 是否服从标准正态分布,测试水平为 5%

格式 2   h = kstest(X,[x cdf])   %指定累积分布函数为 cdf 的测试(cdf = []时表示标准正态分布),测试水平为 5%

格式 3   h = kstest(X,[x cdf],alpha)   %alpha 为指定测试水平

说明   若 h = 0 则不能拒绝原假设,h = 1 则可以拒绝原假设.

【例 9.39】 产生 100 个自由度为 100 的 t 分布的随机数,测试该随机数在显著性水平 0.025 的条件下是否服从标准正态分布.

解   在 MATLAB 的命令窗口中输入:

$>>$x = trnd(100,100,1);

$>>$h = kstest(x,[x normcdf(x,0,1)],0.025)   %测试是否服从标准正态分布

输出结果如下:

h =

  0

结果 $h = 0$,表示不能拒绝原假设,即在显著性水平 0.025 的条件下服从标准正态分布.

9.7   方 差 分 析

9.7.1   单因素方差分析

单因素方差分析是比较两组或多组数据的均值是否相等,函数为 anova1. 它

有下列几种格式:

格式 1:p = anova1(X)　　　　　　　　%X 的各列为彼此独立的样本观察值,其元素个数相同,p 为各列均值相等的概率值,若 p 值接近于 0,则原假设受到怀疑,说明至少有一列均值与其余列均值有明显不同

格式 2:p = anova1(X,group)　　　%X 和 group 为向量且 group 要与 X 对应

格式 3:p = anova1(X,group,'displayopt')

　　　　　　　　　　　　%displayopt = on/off 表示显示与隐藏方差分析表图和盒图,缺省时显示方差分析表图和盒图

anova1 函数产生两个图:标准的方差分析表图和盒图,方差分析表中有六列:第一列(source)显示:X 中数据可变性的来源;第二列(SS)显示:用于每一列的平方和;第三列(df)显示:与每一种可变性来源有关的自由度;第四列(MS)显示:是 SS/df 的比值;第五列(F)显示:F 统计量数值,它是 MS 的比率;第六列显示:从 F 累积分布中得到的概率 p.

【例 9.40】　试完成对例 8.1 中数据的方差分析,比较不同形式的包装对销售量是否有显著影响.哪一种包装效果最好?

解　在 MATLAB 的命令窗口中输入:

$\gg$X = [325,617,229,856,319;154,331,181,553,167;367,819,288,1092,278;144,407,113,816,149];

$\gg$p = anova1(X)

由图 9.10 得到检验概率为 $p = 0.000\,1$,小于显著性水平 0.05,因此不同的包装对商品的销售量有影响.图 9.11 的结果显示第四种包装对应的销售量最高.

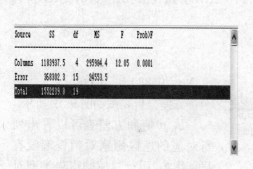

图 9.10　方差分析表图

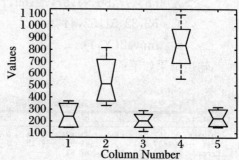

图 9.11　方差分析盒图

9.7.2 双因素方差分析

双因素方差分析函数为 anova2. 它有下列几种格式:

格式 1: p = anova2(X, reps);

格式 2: p = anova2(X, reps, 'displayopt').

执行平衡双因素试验的方差分析来比较 X 中两个或多个列(行)的均值,不同列的数据表示因素 A 的差异,不同行的数据表示另一因素 B 的差异. p 值有两个,分别表示因素 A 和因素 B 影响是否存在差异,如果行列对有多于一个的观察点,则变量 reps 指出每一单元观察点的数目,每一单元包含 reps 行,displayopt 与单因素方差分析含义相同.

【例 9.41】 为了研究广告效果,考虑 4 种广告方式:当地报纸,当地广播,店内销售员推销,店内展示,共设 24 个销售点,每种广告方式随机抽取 6 个销售点记录销售额,分布在 6 个地区的 24 个销售点销售情况如表 9.11 所示,试用双因素方差分析方法分析广告类型和地区对销售额是否有显著影响.

表 9.11 24 个销售点销售情况表

销售额　　地区　广告	地区 1	地区 2	地区 3	地区 4	地区 5	地区 6
当地报纸	83	77	86	94	87	79
当地广播	69	77	75	73	68	74
店内销售员推销	63	70	68	70	65	64
店内展示	44	52	33	51	52	44

解 在 MATLAB 的命令窗口中输入:

$>>$X = [83, 77, 86, 94, 87, 79; 69, 77, 75, 73, 68, 74; 63, 70, 68, 70, 65, 64; 44, 52, 33, 51, 52, 44];

$>>$p = anova2(X, 1)

输出结果如下:

```
                          ANOVA Table
Source      SS        df      MS        F       Prob>F
Columns    157.33      5      31.47     1.14    0.3805
Rows      4637.83      3    1545.94    56.19    0
Error      412.67     15      27.51
Total     5207.83     23
```

图 9.12 方差分析表图

p = 0.380 5　0.000

方差分析表图如图 9.12 所示.

从 p 值和方差表可以看出列所对应的地区因素对销售额没有显著影响,而行对应的广告类型对销售额都有显著影响.

附表 1　泊松分布数值表

$$P(X=m) = \frac{\lambda^m}{m!} \cdot e^{-\lambda}$$

λ \ m	0.1	0.2	0.3	0.4	0.5	0.6	0.7	0.8	0.9	1.0	1.5	2.0	2.5	3.0
0	0.904 8	0.818 7	0.740 8	0.670 3	0.606 5	0.548 8	0.496 6	0.449 3	0.406 6	0.367 9	0.223 1	0.135 3	0.082 1	0.049 8
1	0.090 5	0.163 7	0.222 3	0.268 1	0.303 3	0.329 3	0.347 6	0.359 5	0.365 9	0.367 9	0.334 7	0.270 7	0.205 2	0.149 4
2	0.004 5	0.016 4	0.033 3	0.053 6	0.075 8	0.098 8	0.121 6	0.143 8	0.164 7	0.183 9	0.251 0	0.270 7	0.256 5	0.224 0
3	0.000 2	0.001 1	0.003 3	0.007 2	0.012 6	0.019 8	0.028 4	0.038 3	0.049 4	0.061 3	0.125 5	0.180 5	0.213 8	0.224 0
4		0.000 1	0.000 3	0.000 7	0.001 6	0.003 0	0.005 0	0.007 7	0.011 1	0.015 3	0.047 1	0.090 2	0.133 6	0.168 1
5				0.000 1	0.000 2	0.000 3	0.000 7	0.001 2	0.002 0	0.003 1	0.014 1	0.036 1	0.066 8	0.100 8
6						0.000 1	0.000 2	0.000 3	0.000 5	0.003 5	0.012 0	0.027 8	0.050 4
7								0.000 1	0.000 8	0.003 4	0.009 9	0.021 6
8										0.000 2	0.000 9	0.003 1	0.008 1
9											0.000 2	0.000 9	0.002 7
10												0.000 2	0.000 8
11												0.000 1	0.000 2
12													0.000 1

λ \ m	3.5	4.0	4.5	5	6	7	8	9	10	11	12	13	14	15
0	0.030 2	0.018 3	0.011 1	0.006 7	0.002 5	0.000 9	0.000 3	0.000 1						
1	0.105 7	0.073 3	0.050 0	0.033 7	0.014 9	0.006 4	0.002 7	0.001 1	0.000 4	0.000 2	0.000 1			
2	0.185 0	0.146 5	0.112 5	0.084 2	0.044 6	0.022 3	0.010 7	0.005 0	0.002 3	0.001 0	0.000 4	0.000 2	0.000 1	
3	0.215 8	0.195 4	0.168 7	0.140 4	0.089 2	0.052 1	0.028 6	0.015 0	0.007 6	0.003 7	0.001 8	0.000 8	0.000 4	0.000 2
4	0.188 8	0.195 4	0.189 8	0.175 5	0.133 9	0.091 2	0.057 3	0.033 7	0.018 9	0.010 2	0.005 3	0.002 7	0.001 3	0.000 6
5	0.132 2	0.156 3	0.170 8	0.175 5	0.160 6	0.127 7	0.091 6	0.060 7	0.037 8	0.022 4	0.012 7	0.007 1	0.003 7	0.001 9
6	0.077 1	0.104 2	0.128 1	0.146 2	0.160 6	0.149 0	0.122 1	0.091 1	0.063 1	0.041 1	0.025 5	0.015 1	0.008 7	0.004 8
7	0.038 5	0.059 5	0.082 4	0.104 4	0.137 7	0.149 0	0.139 6	0.117 1	0.090 1	0.064 6	0.043 7	0.028 1	0.017 4	0.010 4
8	0.016 9	0.029 8	0.046 3	0.065 3	0.103 3	0.130 4	0.139 6	0.131 8	0.112 6	0.088 8	0.065 5	0.045 7	0.030 4	0.019 5
9	0.006 5	0.013 2	0.023 2	0.036 3	0.068 8	0.101 4	0.124 1	0.131 8	0.125 1	0.108 5	0.087 4	0.066 0	0.047 3	0.032 4
10	0.002 3	0.005 3	0.010 4	0.018 1	0.041 3	0.071 0	0.099 3	0.118 6	0.125 1	0.119 4	0.104 8	0.085 9	0.066 3	0.048 6
11	0.000 7	0.001 9	0.004 3	0.008 2	0.022 5	0.045 2	0.072 2	0.097 0	0.113 7	0.119 4	0.114 4	0.101 5	0.084 3	0.066 3

m \ λ	3.5	4.0	4.5	5	6	7	8	9	10	11	12	13	14	15
12	0.000 2	0.000 6	0.001 5	0.003 4	0.011 3	0.026 4	0.048 1	0.072 8	0.094 8	0.109 4	0.114 4	0.109 9	0.098 4	0.082 8
13	0.000 1	0.000 2	0.000 6	0.001 3	0.005 2	0.014 2	0.029 6	0.050 4	0.072 9	0.092 6	0.105 6	0.109 9	0.106 1	0.095 6
14		0.000 1	0.000 2	0.000 5	0.002 3	0.007 1	0.016 9	0.032 4	0.052 1	0.072 8	0.090 5	0.102 1	0.106 1	0.102 5
15			0.000 1	0.000 2	0.000 9	0.003 3	0.009 0	0.019 4	0.034 7	0.053 3	0.072 4	0.088 5	0.098 9	0.102 5
16				0.000 1	0.000 3	0.001 5	0.004 5	0.010 9	0.021 7	0.036 7	0.054 3	0.071 9	0.086 5	0.096 0
17					0.000 1	0.000 6	0.002 1	0.005 8	0.012 8	0.023 7	0.038 3	0.055 1	0.071 3	0.084 7
18						0.000 2	0.001 0	0.002 9	0.007 1	0.014 5	0.025 5	0.039 7	0.055 4	0.070 6
19						0.000 1	0.000 4	0.001 4	0.003 7	0.008 4	0.016 1	0.027 2	0.040 8	0.055 7
20							0.000 2	0.000 6	0.001 9	0.004 6	0.009 7	0.017 7	0.028 6	0.041 8
21							0.000 1	0.000 3	0.000 9	0.002 4	0.005 5	0.010 9	0.019 1	0.029 9
22								0.000 1	0.000 4	0.001 3	0.003 0	0.006 5	0.012 2	0.020 4
23									0.000 2	0.000 6	0.001 6	0.003 6	0.007 4	0.013 3
24									0.000 1	0.000 3	0.000 8	0.002 0	0.004 3	0.008 3
25										0.000 1	0.000 4	0.001 1	0.002 4	0.005 0
26											0.000 2	0.000 5	0.001 3	0.002 9
27											0.000 1	0.000 2	0.000 7	0.001 7
28												0.000 1	0.000 3	0.000 9
29													0.000 2	0.000 4
30													0.000 1	0.000 2
31														0.000 1

附表 2　标准正态分布累积函数表

$$\Phi(u) = \frac{1}{\sqrt{2\pi}} \int_{-\infty}^{u} e^{-\frac{x^2}{2}} dx \quad (u \geqslant 0)$$

u	0.00	0.01	0.02	0.03	0.04	0.05	0.06	0.07	0.08	0.09
0.0	0.500 0	0.504 0	0.508 0	0.512 0	0.516 0	0.519 9	0.523 9	0.527 9	0.537 9	0.535 9
0.1	0.539 8	0.543 8	0.547 8	0.551 7	0.555 7	0.559 6	0.563 6	0.567 5	0.571 4	0.575 3
0.2	0.579 3	0.583 2	0.587 1	0.591 0	0.594 8	0.598 7	0.602 6	0.606 4	0.610 3	0.614 1
0.3	0.617 9	0.621 7	0.625 5	0.629 3	0.633 1	0.636 8	0.640 6	0.644 3	0.648 0	0.651 7
0.4	0.655 4	0.659 1	0.662 8	0.666 4	0.670 0	0.673 6	0.677 2	0.680 8	0.684 4	0.687 9
0.5	0.691 5	0.695 0	0.698 5	0.701 9	0.705 4	0.708 8	0.712 3	0.715 7	0.719 0	0.722 4
0.6	0.725 7	0.729 1	0.732 4	0.735 7	0.738 9	0.742 2	0.745 4	0.748 6	0.751 7	0.754 9
0.7	0.758 0	0.761 1	0.764 2	0.767 3	0.770 3	0.773 4	0.776 4	0.779 4	0.782 3	0.785 2
0.8	0.788 1	0.791 0	0.793 9	0.796 7	0.799 5	0.802 3	0.805 1	0.807 8	0.810 6	0.813 3
0.9	0.815 9	0.818 6	0.821 2	0.823 8	0.826 4	0.828 9	0.831 5	0.834 0	0.836 5	0.838 9
1.0	0.841 3	0.843 8	0.846 1	0.848 5	0.850 8	0.853 1	0.855 4	0.857 7	0.859 9	0.862 1
1.1	0.864 3	0.866 5	0.868 6	0.870 8	0.872 9	0.874 9	0.877 0	0.879 0	0.881 0	0.883 0
1.2	0.884 9	0.886 9	0.888 8	0.890 7	0.892 5	0.894 4	0.896 2	0.898 0	0.899 7	0.901 5
1.3	0.903 2	0.904 9	0.906 6	0.908 2	0.909 9	0.911 5	0.913 1	0.914 7	0.916 2	0.917 7
1.4	0.919 2	0.920 7	0.922 2	0.923 6	0.925 1	0.926 5	0.927 8	0.929 2	0.930 6	0.931 9
1.5	0.933 2	0.934 5	0.935 7	0.937 0	0.938 2	0.939 4	0.940 6	0.941 8	0.943 0	0.944 1
1.6	0.945 2	0.946 3	0.947 4	0.948 4	0.949 5	0.950 5	0.951 5	0.952 5	0.953 5	0.954 5
1.7	0.955 4	0.956 4	0.957 3	0.958 2	0.959 1	0.959 9	0.960 8	0.961 6	0.962 5	0.963 3
1.8	0.964 1	0.964 8	0.965 6	0.966 4	0.967 1	0.967 8	0.968 6	0.969 3	0.970 0	0.970 6
1.9	0.971 3	0.971 9	0.972 6	0.973 2	0.973 8	0.974 4	0.975 0	0.975 6	0.976 2	0.976 7
2.0	0.977 2	0.977 8	0.978 3	0.978 8	0.979 3	0.979 8	0.980 3	0.980 8	0.981 2	0.981 7
2.1	0.982 1	0.982 6	0.983 0	0.983 4	0.983 8	0.984 2	0.984 6	0.985 0	0.985 4	0.985 7
2.2	0.986 1	0.986 4	0.986 8	0.987 1	0.987 4	0.987 8	0.988 1	0.988 4	0.988 7	0.989 0
2.3	0.989 3	0.989 6	0.989 8	0.990 1	0.990 4	0.990 6	0.990 9	0.991 1	0.991 3	0.991 6

u	0.00	0.01	0.02	0.03	0.04	0.05	0.06	0.07	0.08	0.09
2.4	0.991 8	0.992 0	0.992 2	0.992 5	0.992 7	0.992 9	0.993 1	0.993 2	0.993 4	0.993 6
2.5	0.993 8	0.994 0	0.994 1	0.994 3	0.994 5	0.994 6	0.994 8	0.994 9	0.995 1	0.995 2
2.6	0.995 3	0.995 5	0.995 6	0.995 7	0.995 9	0.996 0	0.996 1	0.996 2	0.996 3	0.996 4
2.7	0.996 5	0.996 6	0.996 7	0.996 8	0.996 9	0.997 0	0.997 1	0.997 2	0.997 3	0.997 4
2.8	0.997 4	0.997 5	0.997 6	0.997 7	0.997 7	0.997 8	0.997 9	0.997 9	0.998 0	0.998 1
2.9	0.998 1	0.998 2	0.998 2	0.998 3	0.998 4	0.998 4	0.998 5	0.998 5	0.998 6	0.998 6
3.0	0.998 7	0.999 0	0.999 3	0.999 5	0.999 7	0.999 8	0.999 8	0.999 9	0.999 9	1.000 0

附表 3　χ² 分布临界值表

$$P[\chi^2(n) > \chi^2_\alpha(n)] = \alpha$$

n	0.995	0.99	0.975	0.95	0.90	0.75	0.25	0.10	0.05	0.025	0.01	0.005
1	0.000	0.000	0.001	0.004	0.016	0.102	1.323	2.706	3.841	5.024	6.635	7.879
2	0.010	0.020	0.051	0.103	0.211	0.575	2.773	4.605	5.991	7.378	9.210	10.597
3	0.072	0.115	0.216	0.352	0.584	1.213	4.108	6.251	7.815	9.348	11.345	12.838
4	0.207	0.297	0.484	0.711	1.064	1.923	5.385	7.779	9.488	11.143	13.277	14.860
5	0.412	0.554	0.831	1.145	1.610	2.675	6.626	9.236	11.071	12.833	15.086	16.750
6	0.676	0.872	1.237	1.635	2.204	3.455	7.841	10.645	12.592	14.449	16.812	18.548
7	0.989	1.239	1.690	2.167	2.833	4.255	9.037	12.017	14.067	16.013	18.475	20.278
8	1.344	1.646	2.180	2.733	3.490	5.071	10.219	13.362	15.507	17.535	20.090	21.955
9	1.735	2.088	2.700	3.325	4.168	5.899	11.389	14.684	16.919	19.023	21.666	23.589
10	2.156	2.558	3.247	3.940	4.865	6.737	12.549	15.987	18.307	20.483	23.209	25.188
11	2.603	3.053	3.816	4.575	5.578	7.584	13.701	17.275	19.675	21.920	24.725	26.757
12	3.074	3.571	4.404	5.226	6.304	8.438	14.845	18.549	21.026	23.337	26.217	28.299
13	3.565	4.107	5.009	5.892	7.042	9.299	15.984	19.812	22.362	24.736	27.688	29.819
14	4.075	4.660	5.629	6.571	7.790	10.165	17.117	21.064	23.685	16.119	29.141	31.319
15	4.601	5.229	6.262	7.261	8.547	11.037	18.245	22.307	24.966	27.488	30.578	32.801
16	5.142	5.812	6.908	7.962	9.312	11.912	19.369	23.542	26.296	28.845	32.000	34.267
17	5.697	6.408	7.564	8.672	10.085	12.792	20.489	24.769	27.587	30.191	33.409	35.718
18	6.265	7.015	8.231	9.390	10.865	13.675	21.605	25.989	28.869	31.526	34.805	37.156
19	6.844	7.633	8.907	10.117	11.651	14.562	22.718	27.204	30.144	32.852	36.191	38.582
20	7.434	8.260	9.591	10.851	12.443	15.452	23.828	28.412	31.410	34.170	37.566	39.997
21	8.034	8.897	10.283	11.591	13.240	16.344	24.935	29.615	32.671	35.479	38.932	41.401
22	8.643	9.542	10.982	12.338	14.042	17.240	26.039	30.813	33.924	36.781	40.289	42.796
23	9.260	10.196	11.689	13.091	14.848	18.137	27.141	32.007	35.172	38.076	41.638	44.181
24	9.886	10.856	12.401	13.848	15.659	19.037	28.241	33.196	36.415	39.364	42.980	45.559
25	10.520	11.524	13.120	14.611	16.473	19.939	29.339	34.382	37.652	40.646	44.314	46.928

n	0.995	0.99	0.975	0.95	0.90	0.75	0.25	0.10	0.05	0.025	0.01	0.005
26	11.160	12.198	13.844	15.379	17.292	20.843	30.435	35.563	38.885	41.923	45.642	48.290
27	11.808	12.879	14.573	16.151	18.114	21.749	31.528	36.741	40.113	43.194	46.963	49.645
28	12.461	13.565	15.308	16.928	18.939	22.657	32.620	37.916	41.337	44.461	48.278	50.993
29	13.121	14.257	16.047	17.708	19.768	23.567	33.711	39.087	42.557	45.722	49.588	52.336
30	13.787	14.954	16.791	18.493	20.599	24.478	34.800	40.256	43.773	46.979	50.892	53.672
31	14.458	15.655	17.539	19.281	21.434	25.390	35.887	41.422	44.985	48.232	52.191	55.003
32	15.134	16.362	18.291	20.072	22.271	26.304	36.973	42.585	46.194	49.480	53.486	56.328
33	15.815	17.074	19.047	20.867	23.100	27.219	38.058	43.745	47.400	50.725	54.776	57.648
34	16.501	17.789	19.806	21.664	23.952	28.136	39.141	44.903	48.602	51.966	56.061	58.964
35	17.192	18.509	20.569	22.465	24.797	29.054	40.223	46.059	49.802	53.203	57.342	60.275
36	17.887	19.233	21.336	23.269	25.643	29.973	41.304	47.212	50.998	54.437	58.619	61.581
37	18.586	19.960	22.106	24.075	26.492	30.893	42.383	48.363	52.192	55.668	59.892	62.883
38	19.289	20.691	22.878	24.884	27.343	31.815	43.462	49.513	53.384	56.896	61.162	64.181
39	19.996	21.426	23.654	25.695	28.196	32.737	44.539	50.660	54.572	58.120	62.428	65.476
40	20.707	22.164	24.433	26.509	29.051	33.660	45.616	51.805	55.758	59.342	63.691	66.766
41	21.421	22.906	25.215	27.326	29.907	34.585	46.692	52.949	56.942	60.561	64.950	68.053
42	22.138	23.650	25.999	28.144	30.765	35.510	47.766	54.090	58.124	61.777	66.206	69.336
43	22.859	24.398	26.785	28.965	31.625	36.436	48.840	55.230	59.304	62.990	67.459	70.616
44	23.584	25.148	27.575	29.987	32.487	37.363	49.913	56.369	60.481	64.201	68.710	71.893
45	24.311	25.901	28.366	30.612	33.350	38.291	50.985	57.505	61.656	65.410	69.957	73.166

附表 4　t 分布临界值表

$$P[t(n) > \alpha] = \alpha$$

n	α = 0.25	0.10	0.05	0.025	0.01	0.005
1	1.000 0	3.077 7	6.313 8	12.706 2	31.820 7	63.657 4
2	0.816 5	1.885 6	2.920 0	4.320 7	6.964 6	9.924 8
3	0.764 9	1.637 7	2.353 4	3.182 4	4.540 7	5.840 9
4	0.740 7	1.533 2	2.131 8	2.776 4	3.746 9	4.604 1
5	0.726 7	1.475 9	2.015 0	2.570 6	3.364 9	4.032 2
6	0.717 6	1.439 8	1.943 2	2.446 9	3.142 7	3.707 4
7	0.711 1	1.414 9	1.894 6	2.364 6	2.998 0	3.499 5
8	0.706 4	1.396 8	1.859 5	2.306 0	2.896 5	3.355 4
9	0.702 7	1.383 0	1.833 1	2.262 2	2.821 4	3.249 8
10	0.699 8	1.372 2	1.812 5	2.228 1	2.763 8	3.169 3
11	0.697 4	1.363 4	1.795 9	2.201 0	2.718 1	3.105 8
12	0.695 5	1.356 2	1.782 3	2.178 8	2.681 0	3.054 5
13	0.693 8	1.350 2	1.770 9	2.160 4	2.650 3	3.012 3
14	0.692 4	1.345 0	1.761 3	2.144 8	2.624 5	2.976 8
15	0.691 2	1.340 6	1.753 1	2.131 5	2.602 5	2.946 7
16	0.690 1	1.336 8	1.745 9	2.119 9	2.583 5	2.902 8
17	0.689 2	1.333 4	1.739 6	2.109 8	2.566 9	2.898 2
18	0.688 4	1.330 4	1.734 1	2.100 9	2.552 4	2.878 4
19	0.687 6	1.327 7	1.729 1	2.093 0	2.539 5	2.860 9
20	0.687 0	1.325 3	1.724 7	2.086 0	2.528 0	2.845 3
21	0.686 4	1.323 2	1.720 7	2.079 6	2.517 7	2.831 4
22	0.685 8	1.321 2	1.717 1	2.073 9	2.508 3	2.818 8
23	0.685 3	1.319 5	1.713 9	2.068 7	2.499 9	2.807 3
24	0.684 8	1.317 8	1.710 9	2.063 9	2.492 2	2.796 9
25	0.684 4	1.316 3	1.708 1	2.059 5	2.485 1	2.787 4
26	0.684 0	1.315 0	1.705 6	2.055 5	2.478 6	2.778 7
27	0.683 7	1.313 7	1.703 3	2.051 8	2.472 7	2.770 7
28	0.683 4	1.312 5	1.701 1	2.048 4	2.467 1	2.763 3
29	0.683 0	1.311 4	1.699 1	2.045 2	2.462 0	2.756 4
30	0.682 8	1.310 4	1.697 3	2.042 3	2.457 3	2.750 0

附表 5　**F** 分布临界值表

$$P[F(f_1,f_2)>F_\alpha(f_1,f_2)]=\alpha$$

$\alpha=0.005$

f_1 / f_2	1	2	3	4	5	6	8	12	24	∞
1	16 211	20 000	21 615	22 500	23 056	23 437	23 925	24 426	24 940	25 465
2	198.5	199.0	199.2	199.2	199.3	199.3	199.4	199.4	199.5	199.5
3	55.55	49.80	47.47	46.19	45.39	44.84	44.13	43.39	42.62	41.83
4	31.33	26.28	24.26	23.15	22.46	21.97	21.35	20.70	20.03	19.32
5	22.78	18.31	16.53	15.56	14.94	14.51	13.96	13.38	12.78	12.14
6	18.63	14.45	12.92	12.03	11.46	11.07	10.57	10.03	9.47	8.88
7	16.24	12.40	10.88	10.05	9.52	9.16	8.68	8.18	7.65	7.08
8	14.69	11.04	9.60	8.81	8.30	7.95	7.50	7.01	6.50	5.95
9	13.61	10.11	8.72	7.96	7.47	7.13	6.69	6.23	5.73	5.19
10	12.83	9.43	8.08	7.34	6.87	6.54	6.12	5.66	5.17	4.64
11	12.23	8.91	7.60	6.88	6.42	6.10	5.68	5.24	4.76	4.23
12	11.75	8.51	7.23	6.52	6.07	5.76	5.35	4.91	4.43	3.90
13	11.37	8.19	6.93	6.23	5.79	5.48	5.08	4.64	4.17	3.65
14	11.06	7.92	6.68	6.00	5.56	5.26	4.86	4.43	3.96	3.44
15	10.80	7.70	6.48	5.80	5.37	5.07	4.67	4.25	3.79	3.26
16	10.58	7.51	6.30	5.64	5.21	4.91	4.52	4.10	3.64	3.11
17	10.38	7.35	6.16	5.50	5.07	4.78	4.39	3.97	3.51	2.98
18	10.22	7.21	6.03	5.37	4.96	4.66	4.28	3.86	3.40	2.87
19	10.07	7.09	5.92	5.27	4.85	4.56	4.18	3.76	3.31	2.78
20	9.94	6.99	5.82	5.17	4.76	4.47	4.09	3.68	3.22	2.69
21	9.83	6.89	5.73	5.09	4.68	4.39	4.01	3.60	3.15	2.61
22	9.73	6.81	5.65	5.02	4.61	4.32	3.94	3.54	3.08	2.55

f_1 / f_2	1	2	3	4	5	6	8	12	24	∞
23	9.63	6.73	5.58	4.95	4.54	4.26	3.88	3.47	3.02	2.48
24	9.55	6.66	5.52	4.89	4.49	4.20	3.83	3.42	2.97	2.43
25	9.48	6.60	5.46	4.84	4.43	4.15	3.78	3.37	2.92	2.38
26	9.41	6.54	5.41	4.79	4.38	4.10	3.73	3.33	2.87	2.33
27	9.34	6.49	5.36	4.74	4.34	4.06	3.69	3.28	2.83	2.29
28	9.28	6.44	5.32	4.70	4.30	4.02	3.65	3.25	2.79	2.25
29	9.23	6.40	5.28	4.66	4.26	3.98	3.61	3.21	2.76	2.21
30	9.18	6.35	5.24	4.62	4.23	3.95	3.58	3.18	2.73	2.18
40	8.83	6.07	4.98	4.37	3.99	3.71	3.35	2.95	2.50	1.93
60	8.49	5.79	4.73	4.14	3.76	3.49	3.13	2.74	2.29	1.69
120	8.18	5.54	4.50	3.92	3.55	3.28	2.93	2.54	2.09	1.43
∞	7.88	5.30	4.28	3.72	3.35	3.09	2.74	2.36	1.90	1.00

$\alpha = 0.01$

f_1 / f_2	1	2	3	4	5	6	8	12	24	∞
1	405 2	499 9	540 3	562 5	576 4	585 9	598 1	610 6	623 4	636 6
2	98.49	99.01	99.17	99.25	99.30	99.33	99.36	99.42	99.46	99.50
3	34.12	30.81	29.46	28.71	28.24	27.91	27.49	27.05	26.60	26.12
4	21.20	18.00	16.69	15.98	15.52	15.21	14.80	14.37	13.93	13.46
5	16.26	13.27	12.06	11.39	10.97	10.67	10.29	9.89	9.47	9.02
6	13.74	10.92	9.78	9.15	8.75	8.47	8.10	7.72	7.31	6.88
7	12.25	9.55	8.45	7.85	7.46	7.19	6.84	6.47	6.07	5.65
8	11.26	8.65	7.59	7.01	6.63	6.37	6.03	5.67	5.28	4.86
9	10.56	8.02	6.99	6.42	6.06	5.80	5.47	5.11	4.73	4.31
10	10.04	7.56	6.55	5.99	5.64	5.39	5.06	4.71	4.33	3.91
11	9.65	7.20	6.22	5.67	5.32	5.07	4.74	4.40	4.02	3.60
12	9.33	6.93	5.95	5.41	5.06	4.82	4.50	4.16	3.78	3.36
13	9.07	6.70	5.74	5.20	4.86	4.62	4.30	3.96	3.59	3.16
14	8.86	6.51	5.56	5.03	4.69	4.46	4.14	3.80	3.43	3.00
15	8.68	6.36	5.42	4.89	4.56	4.32	4.00	3.67	3.29	2.87

f_1 f_2	1	2	3	4	5	6	8	12	24	∞
16	8.53	6.23	5.29	4.77	4.44	4.20	3.89	3.55	3.18	2.75
17	8.40	6.11	5.18	4.67	4.34	4.10	3.79	3.45	3.08	2.65
18	8.28	6.01	5.09	4.58	4.25	4.01	3.71	3.37	3.00	2.57
19	8.18	5.93	5.01	4.50	4.17	3.94	3.63	3.30	2.92	2.49
20	8.10	5.85	4.94	4.43	4.10	3.87	3.56	3.23	2.86	2.42
21	8.02	5.78	4.87	4.37	4.04	3.81	3.51	3.17	2.80	2.36
22	7.94	5.72	4.82	4.31	3.99	3.76	3.45	3.12	2.75	2.31
23	7.88	5.66	4.76	4.26	3.94	3.71	3.41	3.07	2.70	2.26
24	7.82	5.61	4.72	4.22	3.90	3.67	3.36	3.03	2.66	2.21
25	7.77	5.57	4.68	4.18	3.86	3.63	3.32	2.99	2.62	2.17
26	7.72	5.53	4.64	4.14	3.82	3.59	3.29	2.96	2.58	2.13
27	7.68	5.49	4.60	4.11	3.78	3.56	3.26	2.93	2.55	2.10
28	7.64	5.45	4.57	4.07	3.75	3.53	3.23	2.90	2.52	2.06
29	7.60	5.42	4.54	4.04	3.73	3.50	3.20	2.87	2.49	2.03
30	7.56	5.39	4.51	4.02	3.70	3.47	3.17	2.84	2.47	2.01
40	7.31	5.18	4.31	3.83	3.51	3.29	2.99	2.66	2.29	1.80
60	7.08	4.98	4.13	3.65	3.34	3.12	2.82	2.50	2.12	1.60
120	6.85	4.79	3.95	3.48	3.17	2.96	2.66	2.34	1.95	1.38
∞	6.64	4.60	3.78	3.32	3.02	2.80	2.51	2.18	1.79	1.00

$\alpha = 0.025$

f_1 f_2	1	2	3	4	5	6	8	12	24	∞
1	647.8	799.5	864.2	899.6	921.8	937.1	956.7	976.7	997.2	1 018
2	38.51	39.00	39.17	39.25	39.30	39.33	39.37	39.41	39.46	39.50
3	17.44	16.04	15.44	15.10	14.88	14.73	14.54	14.34	14.12	13.90
4	12.22	10.65	9.98	9.60	9.36	9.20	8.98	8.75	8.51	8.26
5	10.01	8.43	7.76	7.39	7.15	6.98	6.76	6.52	6.28	6.02
6	8.81	7.26	6.60	6.23	5.99	5.82	5.60	5.37	5.12	4.85
7	8.07	6.54	5.89	5.52	5.29	5.12	4.90	4.67	4.42	4.14
8	7.57	6.06	5.42	5.05	4.82	4.65	4.43	4.20	3.95	3.67

续表

f_1 f_2	1	2	3	4	5	6	8	12	24	∞
9	7.21	5.71	5.08	4.72	4.48	4.32	4.10	3.87	3.61	3.33
10	6.94	5.46	4.83	4.47	4.24	4.07	3.85	3.62	3.37	3.08
11	6.72	5.26	4.63	4.28	4.04	3.88	3.66	3.43	3.17	2.88
12	6.55	5.10	4.47	4.12	3.89	3.73	3.51	3.28	3.02	2.72
13	6.41	4.97	4.35	4.00	3.77	3.60	3.39	3.15	2.89	2.60
14	6.30	4.86	4.24	3.89	3.66	3.50	3.29	3.05	2.79	2.49
15	6.20	4.77	4.15	3.80	3.58	3.41	3.20	2.96	2.70	2.40
16	6.12	4.69	4.08	3.73	3.50	3.34	3.12	2.89	2.63	2.32
17	6.04	4.62	4.01	3.66	3.44	3.28	3.06	2.82	2.56	2.25
18	5.98	4.56	3.95	3.61	3.38	3.22	3.01	2.77	2.50	2.19
19	5.92	4.51	3.90	3.56	3.33	3.17	2.96	2.72	2.45	2.13
20	5.87	4.46	3.86	3.51	3.29	3.13	2.91	2.68	2.41	2.09
21	5.83	4.42	3.82	3.48	3.25	3.09	2.87	2.64	2.37	2.04
22	5.79	4.38	3.78	3.44	3.22	3.05	2.84	2.60	2.33	2.00
23	5.75	4.35	3.75	3.41	3.18	3.02	2.81	2.57	2.30	1.97
24	5.72	4.32	3.72	3.38	3.15	2.99	2.78	2.54	2.27	1.94
25	5.69	4.29	3.69	3.35	3.13	2.97	2.75	2.51	2.24	1.91
26	5.66	4.27	3.67	3.33	3.10	2.94	2.73	2.49	2.22	1.88
27	5.63	4.24	3.65	3.31	3.08	2.92	2.71	2.47	2.19	1.85
28	5.61	4.22	3.63	3.29	3.06	2.90	2.69	2.45	2.17	1.83
29	5.59	4.20	3.61	3.27	3.04	2.88	2.67	2.43	2.15	1.81
30	5.57	4.18	3.59	3.25	3.03	2.87	2.65	2.41	2.14	1.79
40	5.42	4.05	3.46	3.13	2.90	2.74	2.53	2.29	2.01	1.64
60	5.29	3.93	3.34	3.01	2.79	2.63	2.41	2.17	1.88	1.48
120	5.15	3.80	3.23	2.89	2.67	2.52	2.30	2.05	1.76	1.31
∞	5.02	3.69	3.12	2.79	2.57	2.41	2.19	1.94	1.64	1.00

$\alpha = 0.05$

f_1 f_2	1	2	3	4	5	6	8	12	24	∞
1	161.4	199.5	215.7	224.6	230.2	234.0	238.9	243.9	249.0	254.3
2	18.51	19.00	19.16	19.25	19.30	19.33	19.37	19.41	19.45	19.50
3	10.13	9.55	9.28	9.12	9.01	8.94	8.84	8.74	8.64	8.53
4	7.71	6.94	6.59	6.39	6.26	6.16	6.04	5.91	5.77	5.63
5	6.61	5.79	5.41	5.19	5.05	4.95	4.82	4.68	4.53	4.36
6	5.99	5.14	4.76	4.53	4.39	4.28	4.15	4.00	3.84	3.67
7	5.59	4.74	4.35	4.12	3.97	3.87	3.73	3.57	3.41	3.23
8	5.32	4.46	4.07	3.84	3.69	3.58	3.44	3.28	3.12	2.93
9	5.12	4.26	3.86	3.63	3.48	3.37	3.23	3.07	2.90	2.71
10	4.96	4.10	3.71	3.48	3.33	3.22	3.07	2.91	2.74	2.54
11	4.84	3.98	3.59	3.36	3.20	3.09	2.95	2.79	2.61	2.40
12	4.75	3.88	3.49	3.26	3.11	3.00	2.85	2.69	2.50	2.30
13	4.67	3.80	3.41	3.18	3.02	2.92	2.77	2.60	2.42	2.21
14	4.60	3.74	3.34	3.11	2.96	2.85	2.70	2.53	2.35	2.13
15	4.54	3.68	3.29	3.06	2.90	2.79	2.64	2.48	2.29	2.07
16	4.49	3.63	3.24	3.01	2.85	2.74	2.59	2.42	2.24	2.01
17	4.45	3.59	3.20	2.96	2.81	2.70	2.55	2.38	2.19	1.96
18	4.41	3.55	3.16	2.93	2.77	2.66	2.51	2.34	2.15	1.92
19	4.38	3.52	3.13	2.90	2.74	2.63	2.48	2.31	2.11	1.88
20	4.35	3.49	3.10	2.87	2.71	2.60	2.45	2.28	2.08	1.84
21	4.32	3.47	3.07	2.84	2.68	2.57	2.42	2.25	2.05	1.81
22	4.30	3.44	3.05	2.82	2.66	2.55	2.40	2.23	2.03	1.78
23	4.28	3.42	3.03	2.80	2.64	2.53	2.38	2.20	2.00	1.76
24	4.26	3.40	3.01	2.78	2.62	2.51	2.36	2.18	1.98	1.73
25	4.24	3.38	2.99	2.76	2.60	2.49	2.34	2.16	1.96	1.71
26	4.22	3.37	2.98	2.74	2.59	2.47	2.32	2.15	1.95	1.69
27	4.21	3.35	2.96	2.73	2.57	2.46	2.30	2.13	1.93	1.67
28	4.20	3.34	2.95	2.71	2.56	2.44	2.29	2.12	1.91	1.65
29	4.18	3.33	2.93	2.70	2.54	2.43	2.28	2.10	1.90	1.64
30	4.17	3.32	2.92	2.69	2.53	2.42	2.27	2.09	1.89	1.62

续表

f_2 \ f_1	1	2	3	4	5	6	8	12	24	∞
40	4.08	3.23	2.84	2.61	2.45	2.34	2.18	2.00	1.79	1.51
60	4.00	3.15	2.76	2.52	2.37	2.25	2.10	1.92	1.70	1.39
120	3.92	3.07	2.68	2.45	2.29	2.17	2.02	1.83	1.61	1.25
∞	3.84	2.99	2.60	2.37	2.21	2.09	1.94	1.75	1.52	1.00

$\alpha = 0.10$

f_2 \ f_1	1	2	3	4	5	6	8	12	24	∞
1	39.86	49.50	53.59	55.83	57.24	58.20	59.44	60.71	62.00	63.33
2	8.53	9.00	9.16	9.24	9.29	9.33	9.37	9.41	9.45	9.49
3	5.54	5.46	5.36	5.32	5.31	5.28	5.25	5.22	5.18	5.13
4	4.54	4.32	4.19	4.11	4.05	4.01	3.95	3.90	3.83	3.76
5	4.06	3.78	3.62	3.52	3.45	3.40	3.34	3.27	3.19	3.10
6	3.78	3.46	3.29	3.18	3.11	3.05	2.98	2.90	2.82	2.72
7	3.59	3.26	3.07	2.96	2.88	2.83	2.75	2.67	2.58	2.47
8	3.46	3.11	2.92	2.81	2.73	2.67	2.59	2.50	2.40	2.29
9	3.36	3.01	2.81	2.69	2.61	2.55	2.47	2.38	2.28	2.16
10	3.29	2.92	2.73	2.61	2.52	2.46	2.38	2.28	2.18	2.06
11	3.23	2.86	2.66	2.54	2.45	2.39	2.30	2.21	2.10	1.97
12	3.18	2.81	2.61	2.48	2.39	2.33	2.24	2.15	2.04	1.90
13	3.14	2.76	2.56	2.43	2.35	2.28	2.20	2.10	1.98	1.85
14	3.10	2.73	2.52	2.39	2.31	2.24	2.15	2.05	1.94	1.80
15	3.07	2.70	2.49	2.36	2.27	2.21	2.12	2.02	1.90	1.76
16	3.05	2.67	2.46	2.33	2.24	2.18	2.09	1.99	1.87	1.72
17	3.03	2.64	2.44	2.31	2.22	2.15	2.06	1.96	1.84	1.69
18	3.01	2.62	2.42	2.29	2.20	2.13	2.04	1.93	1.81	1.66
19	2.99	2.61	2.40	2.27	2.18	2.11	2.02	1.91	1.79	1.63
20	2.97	2.59	2.38	2.25	2.16	2.09	2.00	1.89	1.77	1.61
21	2.96	2.57	2.36	2.23	2.14	2.08	1.98	1.87	1.75	1.59
22	2.95	2.56	2.35	2.22	2.13	2.06	1.97	1.86	1.73	1.57
23	2.94	2.55	2.34	2.21	2.11	2.05	1.95	1.84	1.72	1.55

续表

f_1 / f_2	1	2	3	4	5	6	8	12	24	∞
24	2.93	2.54	2.33	2.19	2.10	2.04	1.94	1.83	1.70	1.53
25	2.92	2.53	2.32	2.18	2.09	2.02	1.93	1.82	1.69	1.52
26	2.91	2.52	2.31	2.17	2.08	2.01	1.92	1.81	1.68	1.50
27	2.90	2.51	2.30	2.17	2.07	2.00	1.91	1.80	1.67	1.49
28	2.89	2.50	2.29	2.16	2.06	2.00	1.90	1.79	1.66	1.48
29	2.89	2.50	2.28	2.15	2.06	1.99	1.89	1.78	1.65	1.47
30	2.88	2.49	2.28	2.14	2.05	1.98	1.88	1.77	1.64	1.46
40	2.84	2.44	2.23	2.09	2.00	1.93	1.83	1.71	1.57	1.38
60	2.79	2.39	2.18	2.04	1.95	1.87	1.77	1.66	1.51	1.29
120	2.75	2.35	2.13	1.99	1.90	1.82	1.72	1.60	1.45	1.19
∞	2.71	2.30	2.08	1.94	1.85	1.17	1.67	1.55	1.38	1.00

参 考 答 案

习 题 1

A 组

选择题

1. A 2. B 3. D 4. D

计算题

1. （1）$S = \left\{ \dfrac{i}{n} \middle| i = 0, 1, \cdots, 100n \right\}$，其中，$n$ 为小班人数；（2）$S = \{3, 4, \cdots, 18\}$；（3）$S = \{10, 11, \cdots\}$；（4）$S = \{00, 100, 0100, 0101, 0110, 1100, 1010, 1011, 0111, 1101, 1110, 1111\}$，其中，0 表示次品，1 表示正品；（5）$S = \{(x, y) \mid x^2 + y^2 = 1\}$，其中，$x$，$y$ 分别表示为横坐标和纵坐标；（6）$S = \{(x, y, z) \mid x > 0, y > 0, z > 0, x + y + z = 1\}$，其中，$x$，$y$，$z$ 分别表示第一、二、三段的长度.

2. （1）$A\bar{B}\bar{C}$；（2）$AB\bar{C}$；（3）$A \cup B \cup C$；（4）ABC；（5）$\bar{A}\bar{B}\bar{C}$；（6）$\bar{A}\bar{B} \cup \bar{A}\bar{C} \cup \bar{B}\bar{C}$；（7）$\bar{A} \cup \bar{B} \cup \bar{C}$；（8）$AB \cup AC \cup BC$.

3. 5/8.　4. （1）1/12；（2）1/20.　5. （1）0.6；（2）1/3.　6. 24/91.　7. 0.1.

8. （1）0.65；（2）0.000 05.　9. 1/720.　10. r^2/R^2.　11. $1 - r/a$.

12. 7/16.　13. 67/91.　14. 5/6.　15. （1）0.188；（2）0.452；（3）0.336.

16. 0.9.　17. $1 - c + a + b$.　18. 0.76.　19. 0.5.　20. 0.85.　21. 0.78.

22. 0.5.　23. 10/17.　24. 19/43, 24/43.　25. 5/6.　26. 20/29.

27. (1) 0.306；(2) 0.481 3；(3) 0.518 7；(4) 0.624 5.

B 组

选择题

1. C 2. D 3. B 4. C 5. B 6. A 7. D 8. C

计算题

1. (1) 7/15；(2) 14/15. 2. 略. 3. 0.95. 4. 0.4. 5. 5/11. 6. 4/29. 7. 0.264. 8. 3/8,5/16. 9. (1) 1/2,3/8；(2) 11/16,5/16,四局取胜两局的概率大于五局取胜三局的概率.

习 题 2

A 组

选择题

1. B 2. C 3. C 4. D

计算题

1.

X	0	1	2	3
p	0.729	0.243	0.027	0.001

2.

X	0	1	2	3	4
p	0.656 1	0.291 6	0.048 6	0.003 6	0.000 1

3.

X	0	1	2
p	9/16	6/16	1/16

4.

X	0	1	2
p	1/45	16/45	28/45

5.

X	1	2	3
p	1/5	3/5	1/5

6. $0.180\,6$.   7. $(1)\ 0.919\,9$;$(2)\ 0.018\,9$;$(3)\ 0.632\,5$.   8. $(1)\ 0.224\,2$;
$(2)\ 0.198\,7$;$(3)\ 0.577\,1$;$(4)\ 0.950\,4$.   9. 0.25.   10. $0.5,0.25$.

11. $F(x)=\begin{cases}0, & x<2\\ 0.5, & 2\leqslant x<4\\ 0.7, & 4\leqslant x<7\\ 1, & x\geqslant 7\end{cases}$.   12. $F(x)=\begin{cases}0, & x<3\\ 0.2, & 3\leqslant x<4\\ 0.3, & 4\leqslant x<7\\ 0.7, & 7\leqslant x<10\\ 1, & x\geqslant 10\end{cases}$.

13. $f(x)=\begin{cases}\cos x, & x\in\left(0,\frac{\pi}{2}\right)\\ 0, & x\notin\left(0,\frac{\pi}{2}\right)\end{cases}$.   14. $f(x)=\begin{cases}2\cos 2x, & x\in\left(0,\frac{\pi}{4}\right)\\ 0, & x\notin\left(0,\frac{\pi}{4}\right)\end{cases}$.

15. $\dfrac{e^{-2}-e^{-4}}{2}\alpha$.   16. $\dfrac{\pi+2}{4\pi}$.   17. $F(x)=\begin{cases}0, & x\leqslant\pi/6\\ -\cos 3x, & \pi/6<x\leqslant\pi/3\\ 1, & x>\pi/3\end{cases}$.

18. $f(x)=\begin{cases}2x, & 0<x\leqslant 1\\ 0, & 其他\end{cases}$.   19. $\dfrac{1}{2\pi}$.

20. $0.5+\dfrac{1}{\pi}\arcsin\dfrac{1}{3},0.5-\dfrac{1}{\pi}\arcsin\dfrac{1}{3}$.   21. $0.135\,9$.

22. 0.004.   23. $0.919\,9$.   24. 略.   25. $0.554\,6$.

26. $G(z) = \begin{cases} 0, & z \leqslant 0 \\ \dfrac{z^2}{2}, & 0 < z \leqslant 1 \\ 1 - \dfrac{(2-z)^2}{2}, & 1 < z \leqslant 2 \\ 1, & z > 2 \end{cases}$, $\quad g(z) = \begin{cases} 0, & z \leqslant 0 \\ z, & 0 < z \leqslant 1 \\ 2 - z, & 1 < z \leqslant 2 \\ 0, & z > 2 \end{cases}$.

27.

X	3	10	12
p	0.27	0.43	0.30

Y	4	5
p	0.55	0.45

28.

X	26	30	41	50
p	0.14	0.42	0.19	0.25

Y	2.3	2.7
p	0.29	0.71

29. $f(x, y) = \begin{cases} 8e^{-4x-2y}, & x > 0, y > 0 \\ 0, & x < 0 \text{ 或 } y < 0 \end{cases}$.

30. $f(x, y) = \begin{cases} \ln^2 3 \cdot 3^{-x-y}, & x \geqslant 0, y \geqslant 0 \\ 0, & x < 0 \text{ 或 } y < 0 \end{cases}$.

31. (1) $3/(\pi R^3)$；(2) 0.5.

32. (1)

X	2	5	8
p	0.20	0.42	0.38

Y	0.4	0.8
p	0.8	0.2

(2)

X	2	5	8
p	0.187 5	0.375	0.437 5

(3)

Y	0.4	0.8
p	5/7	2/7

33. (1)

X	3	6
p	5/7	2/7

(2)

Y	10	14	18
p	5/14	5/28	13/28

34. (1) $f_1(x)=\sqrt{\dfrac{2}{5\pi}}\mathrm{e}^{-\frac{2}{5}x^2}$, $f_2(y)=\sqrt{\dfrac{2}{\pi}}\mathrm{e}^{-2y^2}$; (2) $f(x\,|\,y)=\dfrac{1}{\sqrt{2\pi}}\mathrm{e}^{-\frac{1}{2}(x+y)^2}$,

$f(y\,|\,x)=\dfrac{\sqrt{5}}{\sqrt{2\pi}}\mathrm{e}^{-\frac{1}{10}(x+6y)^2}$.

35. (1) $\dfrac{\sqrt{3}}{\pi}$; (2) $f_1(x)=\dfrac{\sqrt{3}}{2\sqrt{\pi}}\mathrm{e}^{-\frac{3}{4}x^2}$, $f_2(y)=\dfrac{\sqrt{3}}{\sqrt{\pi}}\mathrm{e}^{-3y^2}$;

(3) $f(x\,|\,y)=\dfrac{1}{\sqrt{\pi}}\mathrm{e}^{-(x+y)^2}$, $f(y\,|\,x)=\dfrac{2}{\sqrt{\pi}}\mathrm{e}^{-\frac{1}{4}(x+4y)^2}$.

36. 略.

37. (1) $f(x,y)=\begin{cases}\dfrac{1}{4ab}, & (x,y)\in(-a,a)\times(-b,b)\\[2mm] 0, & \text{其他}\end{cases}$;

(2) $f_1(x)=\begin{cases}\dfrac{1}{2a}, & x\in(-a,a)\\[2mm] 0, & \text{其他}\end{cases}$, $f_2(y)=\begin{cases}\dfrac{1}{2b}, & y\in(-b,b)\\[2mm] 0, & \text{其他}\end{cases}$.

38. (1) $f(x,y)=\begin{cases}0, & x<0\ \text{或}\ y<0\\[1mm] 10\mathrm{e}^{-(5x+2y)}, & x>0,\ y>0\end{cases}$.

(2) $F(x,y) = \begin{cases} 0, & x<0 \text{ 或 } y<0 \\ (1-e^{-5x})(1-e^{-2y}), & x>0, y>0 \end{cases}$.

39. (1) $f_Y(y) = \begin{cases} \dfrac{1}{y\sqrt{2\pi}}e^{-\frac{\ln^2 y}{2}}, & y>0 \\ 0, & y\leqslant 0 \end{cases}$;

(2) $f_Y(y) = \begin{cases} \dfrac{1}{2\sqrt{\pi(y-1)}}e^{-\frac{y-1}{4}}, & y>1 \\ 0, & y\leqslant 1 \end{cases}$;

(3) $f_Y(y) = \begin{cases} \sqrt{\dfrac{2}{\pi}}e^{-\frac{y^2}{2}}, & y>0 \\ 0, & y\leqslant 0 \end{cases}$.

40. 0.547.   41. (1) $P(X=2\,|\,Y=2)=0.2, P(Y=3\,|\,X=0)=\dfrac{1}{3}$;

(2)

V	1	2	3	4	5
p_k	0.04	0.16	0.28	0.24	0.28

(3)

U	0	1	2	3
p_k	0.28	0.30	0.25	0.17

(4)

W	1	2	3	4	5	6	7	8
p_k	0.02	0.06	0.13	0.19	0.24	0.19	0.12	0.05

42. (1)

$Z=\max(X,Y)$	0	1
p	0.25	0.75

(2)

$V=\min(X,Y)$	0	1
p	0.75	0.25

(3)

$U = XY$	0	1
p	0.75	0.25

B 组

选择题

1. A 2. C 3. A 4. A 5. B

计算题

1.

X	0	1	2	3
p	0.5	0.25	0.125	0.125

2. $F(x,y) = \begin{cases} 0, & x<0 \text{ 或 } y<0 \\ x^2 y^2, & 0 \leqslant x \leqslant 1, 0 \leqslant y \leqslant 1 \\ x^2, & 0 \leqslant x \leqslant 1, y>1 \\ y^2, & x>1, 0 \leqslant y \leqslant 1 \\ 1, & x>1, y>1 \end{cases}$.

3. $1-e^{-1}$. 4. $g(u)=0.3f(u-1)+0.7f(u-2)$. 5. 略.

6. $f(u) = \begin{cases} \dfrac{1}{2}(2-u), & 0<u<2 \\ 0, & \text{其他} \end{cases}$. 7. $\begin{pmatrix} -1 & 0 & 1 \\ 0.134\,4 & 0.731\,2 & 0.134\,4 \end{pmatrix}$.

8. $\dfrac{9}{64}$.

9.

X	1	2	3	$\cdots$	k	$\cdots$
p	0.79	0.79×0.21	0.79×0.21^2	$\cdots$	$0.79 \times 0.21^{k-1}$	$\cdots$

Y	0	1	2	$\cdots$	k	$\cdots$
p	0.3	0.553	0.553×0.21	$\cdots$	$0.553 \times 0.21^{k-1}$	$\cdots$

习 题 3

A 组

选择题

1. C 2. C 3. B

计算题

1. 4. 2. 10.5. 3. 20. 4. 0,2. 5. 0,16/3,28. 6. 1.2,18/25.

7. 1.2,9/25. 8. μ. 9. 0.6. 10. $\text{Cov}(X,Y)=0,\rho_{XY}=0$,不独立.

11. (1) 不存在;(2) 不存在. 12. $N\times\left[1-\left(1-\dfrac{1}{N}\right)^n\right]$.

13. $n\left[1-\left(1-\dfrac{1}{n}\right)^m\right]$. 14. $\dfrac{n-1}{4}$. 15. $\dfrac{1-(1-2p)^n}{2}$.

16. $\dfrac{1}{\pi}\ln 2+2$. 17. 11.67. 18. $1-\dfrac{2}{\pi}$.

19. (1)

x \ y	0	1	2
0	1/9	2/9	1/9
1	2/9	2/9	0
2	1/9	0	0

(2) 不独立;(3) $E(U)=\dfrac{10}{9}$,$E(V)=\dfrac{2}{9}$.

20. (1)

U \ V	0	1
0	1/4	0
1	1/4	1/2

(2) $\rho_{UV} = 1/\sqrt{3}$.

21. (1)

Y_2 Y_1	0	1
0	$1-e^{-1}$	0
1	$e^{-1}-e^{-2}$	e^{-2}

(2)

Y_1	0	1
p	$1-e^{-1}$	e^{-1}

Y_2	0	1
p	$1-e^{-2}$	e^{-2}

不独立;

(3) $e^{-1} + e^{-2}$.

22. (1)

Y X	0	1
0	2/3	1/12
1	1/6	1/12

(2) $\rho_{XY} = \sqrt{15}/15$;

(3)

Z	0	1	2
p	2/3	1/4	1/12

23. 1,1.   24. (1) 1/3,3;(2) $\rho_{XZ}=0$;(3) 不一定独立.

25. (1) 不独立,相关;(2) 1/6,5/36.   26. (1) 0,2;(2) 0,不相关;(3) 不独立.   27. 21.   28. 3 500.

证明题

1. 略.   2. 略.   3. 略.

B 组

选择题

1. B 2. D 3. A 4. B 5. A 6. A 7. B 8. D

计算题

1. $\sqrt{2\pi}/(2a)$. 2. (1) 0.5;(2) 1. 3. (1) 0;(2) 不独立. 4. 0.6,0.46.

5. (1) $a = 4^{\frac{1}{3}}$;(2) 3/4. 6. $\mu = 11 - \dfrac{1}{2}\ln\dfrac{25}{21}$. 7. 5.2. 8. 35/3.

9. $f(t) = \begin{cases} 25t\mathrm{e}^{-5t}, & t \geqslant 0 \\ 0, & t < 0 \end{cases}$,2/5,2/25. 10. 14 167.

11. (1)

X \ Y	−1	1
−1	1/4	0
1	1/2	1/4

(2) $D(X + Y) = 2$.

12. $F(y) = \begin{cases} 0, & y < 0 \\ 1 - \mathrm{e}^{-\frac{y}{5}}, & 0 \leqslant y < 2 \\ 1, & y \geqslant 2 \end{cases}$.

13. (1) $f_Y(y) = \begin{cases} \dfrac{3}{8\sqrt{y}}, & 0 < y < 1 \\ \dfrac{1}{8\sqrt{y}}, & 1 \leqslant y < 4 \\ 0, & 其他 \end{cases}$

(2) $\mathrm{Cov}(X, Y) = \dfrac{2}{3}$;(3) $F\left(-\dfrac{1}{2}, 4\right) = \dfrac{1}{4}$.

习 题 4

A 组

计算题

1. $1/12$. 2. $1/12$. 3. $0.768\,5$. 4. $1/9$. 5. $39/40$. 6. $250,68$.
7. $0.047\,5$. 8. $2\,265$. 9. (1) $0.894\,4$; (2) $0.137\,6$. 10. 0.682.
11. $884,916$.

证明题

1. 略. 2. 略.

B 组

计算题

1. (1) $P(X=k)=C_{100}^{k}0.2^{k}0.8^{100-k}(k=0,1,2,\cdots,100)$; (2) $p=0.927$.
2. (1) 0.616; (2) 0.616; (3) $0.487\,7$. 3. 98.
4. (1) $0.764\,8$. (2) $(37,53)$. 5. $0.951\,8,25$. 6. 537.

证明题

1. 略. 2. 略. 3. 略. 4. 略.

习　题　5

A　　组

选择题

　1. C　2. D　3. B

计算、证明题

　1. 略.　2. 0.95.　3. $C = \pm\sqrt{3/2}$.　4. 略.　5. $F(10,5)$.

B　　组

计算题

　1. 0.05, 0.01.　2. $t(9)$.　3. 0.656 7.　4. 0.866 4, 0.90.　5. 35.
6. $2(n-1)\sigma^2$.　7. σ^2.

证明题

　1. 略.　2. 略.　3. 略.　4. 略.

习　题　6

A　　组

选择题

　1. A　2. B　3. C　4. C　5. B

证明题

1. 略.　2. 略　3. 略.　4. 略.　5. 略.

计算题

1. $20.1, 0.12, 0.137$.　　2. $74.002, 6 \times 10^{-6}, 6.86 \times 10^{-6}$.　　3. $\hat{\theta}_{\mathrm{MM}} = 2\overline{X} - 1$.

4. $\hat{a}_{\mathrm{MM}} = \overline{X} - \sqrt{3B_2}, \hat{b}_{\mathrm{MM}} = \overline{X} + \sqrt{3B_2}$.

5. $\hat{a}_{\mathrm{MM}} = \overline{X}/2, \hat{b}_{\mathrm{MM}} = \sqrt{3B_2} - \overline{X}/2$.

6. $\hat{\beta}_{\mathrm{MM}} = k/\overline{X}$.　　7. $1 - \overline{X}/A_2$.　　8. $\hat{a}_{\mathrm{MLE}} = \min\{X_i\}, \hat{b}_{\mathrm{MLE}} = \max\{X_i\}$.

9. $\hat{\theta}_{\mathrm{MLE}} = \overline{X}$.　　10. $\hat{\theta}_{\mathrm{MLE}} = n \Big/ \sum_{i=1}^{n} X_i^{\alpha}$.　　11. $\hat{\theta}_{\mathrm{MLE}} = \min\{x_i\}$.

12. (1) $\hat{\lambda}_{\mathrm{MM}} = \bar{x}$; (2) $\hat{\lambda}_{\mathrm{MLE}} = \bar{x}$.　　13. (1) $\hat{p}_{\mathrm{MM}} = \dfrac{1}{\overline{X}}$; (2) $\hat{p}_{\mathrm{MLE}} = \dfrac{1}{\overline{X}}$.

14. (1) $\hat{\theta}_{\mathrm{MM}} = \dfrac{1}{\bar{x}}, \hat{\theta}_{\mathrm{MLE}} = \dfrac{1}{\bar{x}}$; (2) $\hat{\theta}_{\mathrm{MM}} = \dfrac{\bar{x}}{1 - \bar{x}}, \hat{\theta}_{\mathrm{MLE}} = -\dfrac{n}{\sum\limits_{i=1}^{n} \ln x_i}$;

(3) $\hat{\theta}_{\mathrm{MM}} = \sqrt{\dfrac{2}{\pi}} \bar{x}, \hat{\theta}_{\mathrm{MLE}} = \left(\dfrac{1}{2n} \sum\limits_{i=1}^{n} x_i^2\right)^{\frac{1}{2}}$; (4) $\hat{\theta}_{\mathrm{MM}} = \dfrac{r}{\bar{x}}, \hat{\theta}_{\mathrm{MLE}} = \dfrac{r}{\bar{x}}$;

(5) $\hat{\theta}_{\mathrm{MM}} = \dfrac{\bar{x}}{\bar{x} - c}, \hat{\theta}_{\mathrm{MLE}} = \dfrac{n}{\sum\limits_{i=1}^{n} \ln x_i - n \ln c}$;

(6) $\hat{\theta}_{\mathrm{MM}} = \left(\dfrac{\bar{x}}{1 - \bar{x}}\right)^2, \hat{\theta}_{\mathrm{MLE}} = \left(n \Big/ \sum\limits_{i=1}^{n} \ln x_i\right)^2$.

15. $\hat{p}_{\mathrm{MM}} = \dfrac{\overline{X}}{m}, \hat{p}_{\mathrm{MLE}} = \dfrac{\overline{X}}{m}$.

16. $\hat{\mu}_1, \hat{\mu}_3$ 都是 μ 的无偏估计量, $\hat{\mu}_3$ 较 $\hat{\mu}_1$ 有效估计量.

17. $(3.52, 5.48)$.　　18. $(0.474, 0.527)$.　　19. $(7.4, 21.1)$.

20. (1) $(5.608, 6.392)$; (2) $(5.558, 6.442)$.

21. (1) $(4.2693, 4.4587)$; (2) $(4.2968, 4.4312)$.

22. (1) $(455.42, 468.58)$; (2) $(456.03, 467.97)$.　　23. $(0.509, 2.587)$.

24. (1) $(1635.69, 1664.31)$; (2) $(189.247, 1333.14)$.

25. (1) $(975.668, 1024.33)$; (2) $(457.155, 3677.52)$; (3) $(21.38, 60.643)$.

26. $(-6.04, -5.96)$.　　27. $(0.69, 1.31)$.　　28. $(0.2829, 4.0578)$.

29. $(0.41, 0.49)$　　30. $(0.54, 0.66)$.

B 组

计算题

1. (1) $\hat{\theta}_{\mathrm{MM}} = (2 - \bar{X})/8$；(2) $\hat{\theta}_{\mathrm{MLE}} = (n_1 + n_2)/3n$；(3) A：$\hat{\theta}_{\mathrm{MM}} = \hat{\theta}_{\mathrm{MLE}} = 0.2$，$B$：$\hat{\theta}_{\mathrm{MM}} = 0.229\,2$，$\hat{\theta}_{\mathrm{MLE}} = 0.277\,8$．

2. $\hat{\theta}_{\mathrm{MM}} = \dfrac{2\bar{X} - 1}{1 - \bar{X}}$，$\hat{\theta}_{\mathrm{MLE}} = -1 - n \Big/ \sum\limits_{i=1}^{n} \ln X_i$．

3. $\hat{\theta}_{\mathrm{MM}} = \dfrac{1}{4}$，$\hat{\theta}_{\mathrm{MLE}} = \dfrac{7 - \sqrt{13}}{12}$．

4. (1) $\hat{\beta}_{\mathrm{MM}} = \dfrac{\bar{X}}{\bar{X} - 1}$；(2) $\hat{\beta}_{\mathrm{MLE}} = \dfrac{n}{\sum\limits_{i=1}^{n} \ln X_i}$．

5. $\hat{\lambda}_{\mathrm{MLE}} = \dfrac{n}{\sum\limits_{i=1}^{n} X_i^{\alpha}}$．

6. (1) $F(x) = \begin{cases} 0, & x < \theta \\ 1 - \mathrm{e}^{-2(x-\theta)}, & x \geqslant \theta \end{cases}$；(2) $F_{\hat{\theta}}(x) = \begin{cases} 0, & x < \theta \\ 1 - \mathrm{e}^{-2n(x-\theta)}, & x \geqslant \theta \end{cases}$；

(3) $E(\hat{\theta}) = \theta + \dfrac{1}{2n}$，有偏．

7. (1) $\hat{\beta}_{\mathrm{MM}} = \dfrac{\bar{X}}{\bar{X} - 1}$；(2) $\hat{\beta}_{\mathrm{MLE}} = \dfrac{n}{\sum\limits_{i=1}^{n} \ln X_i}$；(3) $\hat{\alpha}_{\mathrm{MLE}} = \min\{X_1, X_2, \cdots, X_n\}$．

8. (1) $\left(1 - \dfrac{1}{n}\right)\sigma^2$；(2) $-\dfrac{\sigma^2}{n}$；(3) $\dfrac{n}{2n - 4}$．

9. (1) $\hat{\theta} = \dfrac{3}{2} - \bar{X}$；(2) $\hat{\theta}_{\mathrm{MLE}} = \dfrac{N}{n}$．

10. $\hat{\theta}_{2\mathrm{MLE}} = \dfrac{n}{\sum\limits_{i=1}^{n} (\ln x_i - \ln \theta_1)}$，$\hat{\theta}_{2\mathrm{MM}} = \dfrac{\bar{x}}{\bar{x} - \theta_1}$．

11. (1) T_1, T_3 是 θ 的无偏估计量，T_2 是 θ 的有偏估计量；(2) T_3 较为有效．

12. $n \geqslant \left(\dfrac{2\sigma}{L} z_{\alpha/2}\right)^2$．　13. 385．

习　题　7

选择题

1. C　2. C　3. B　4. A　5. B　6. B　7. C　8. A　9. B　10. A　11. B
12. D　13. A　14. A　15. D　16. A　17. D　18. D　19. A　20. B

计算题

1. 接受原假设,0.752 4.　2. 接受原假设,0.377.

3. (1) 达标,0.455 4;(2) 达标.

4. 已经失控.　5. 没有差异.

6. 没有显著差异.　7. 不正常.

8. 有明显差异.　9. $\mu_1 - \mu_2 > 2$ 成立.

10. 服从正态分布.　11. 具有随机性.　12. 没有显著差别.

习　题　8

1. 有显著差异.　2. 没有显著差异　3. 有显著影响.

4. 没有差异,没有差异.

5. 厂家因素对测量没有显著影响,而测试员因素对测量结果有显著影响,两者的交互作用很显著.

参 考 文 献

[1] 复旦大学.概率论基础[M].北京:人民教育出版社,1979.

[2] 复旦大学.数理统计[M].北京:人民教育出版社,1979.

[3] 严士建,等.概率论基础[M].北京:科学出版社,1985.

[4] 陈希孺.数理统计引论[M].北京:科学出版社,1997.

[5] 盛骤,谢式千,潘承毅.概率论与数理统计[M].4 版.北京:高等教育出版社,2010.

[6] 严忠,岳朝龙.概率论与数理统计新编[M].合肥:中国科学技术大学出版社,2007.

[7] 茆诗松.概率论与数理统计教程[M].2 版.北京:高等教育出版社,2011.

[8] 贾心玉.概率论与数理统计[M].2 版.北京:北京邮电大学出版社,2005.

[9] 孙祥,徐流美,吴清.MATLAB 基础教程[M].北京:清华大学出版社,2005.